高等学校教材

建筑力学

（第3版）

李前程　安学敏　编著

李前程　李燕宁　哈　跃　修订

U0393292

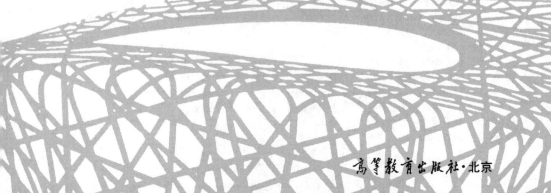

高等教育出版社·北京

内容提要

本书第 1 版于 2004 年出版,是普通高等教育"十五"国家级规划教材。第 3 版保持了第 1、2 版的风格,增强了前版力学理论的严谨性和系统性,调整并充实了新的内容。对每章的内容做了概括介绍,在语言叙述上注意通俗易懂,同时注意尽量扩展课程内容的知识面及实用性。增加了具有创新性、启发性的思考问题,更注重于创造性思维能力的培养。

本书共 16 章,内容包括绪论、结构计算简图·物体受力分析、力系简化的基础知识、平面力系的简化与平衡方程、平面体系的几何组成分析、静定结构的内力计算、轴向拉伸与压缩、剪切和扭转、梁的应力、组合变形、梁和结构的位移、力法、位移法、力矩分配法、压杆稳定、结构分析中的一些其他问题等。

本书可作为普通高等学校工科本科建筑学、城市规划、工程管理、建筑材料等专业的课程教材,也可供本科其他专业、高职高专、成人高校师生及有关工程技术人员参考。

图书在版编目(CIP)数据

建筑力学/李前程,安学敏编著. --3 版. --北京:高等教育出版社,2020.5(2023.5重印)
ISBN 978 - 7 - 04 - 053782 - 6

Ⅰ.①建… Ⅱ.①李… ②安… Ⅲ.①建筑科学-力学-高等学校-教材 Ⅳ.①TU311

中国版本图书馆 CIP 数据核字(2020)第 038619 号

建筑力学
JIANZHU LIXUE

策划编辑	赵向东	责任编辑	赵向东	封面设计	王 鹏	版式设计	王艳红
插图绘制	于 博	责任校对	张 薇	责任印制	存 怡		

出版发行	高等教育出版社	网 址	http://www.hep.edu.cn
社 址	北京市西城区德外大街 4 号		http://www.hep.com.cn
邮政编码	100120	网上订购	http://www.hepmall.com.cn
印 刷	大厂益利印刷有限公司		http://www.hepmall.com
开 本	787mm×960mm 1/16		http://www.hepmall.cn
印 张	25.25	版 次	2004 年 1 月第 1 版
			2020 年 5 月第 3 版
字 数	450 千字	印 次	2023 年 5 月第 6 次印刷
购书热线	010-58581118	定 价	46.80 元
咨询电话	400-810-0598		

本书如有缺页、倒页、脱页等质量问题,请到所购图书销售部门联系调换
版权所有 侵权必究
物 料 号 53782-00

建筑力学

（第3版）

1 计算机访问 http://abook.hep.com.cn/1224224，或手机扫描二维码、下载并安装 Abook 应用。

2 注册并登录，进入"我的课程"。

3 输入封底数字课程账号（20位密码，刮开涂层可见），或通过 Abook 应用扫描封底数字课程账号二维码，完成课程绑定。

4 单击"进入课程"按钮，开始本数字课程的学习。

课程绑定后一年为数字课程使用有效期。受硬件限制，部分内容无法在手机端显示，请按提示通过计算机访问学习。

如有使用问题，请发邮件至 abook@hep.com.cn。

扫描二维码
下载 Abook 应用

第 3 版前言

建筑力学的内容包含了理论力学、材料力学、结构力学的主要知识要点。这样的编排可以使这三门力学的联系更加紧密,形成更加连贯的力学课程体系,可满足和适合各相关专业对力学知识的主要需求,并尽快掌握建筑力学的基础知识。

本书是专为工科院校的建筑学、城市规划、工程管理、建筑材料等土木工程类专业编写的。通过本书的学习,可以初步掌握工程结构分析的基本方法,熟悉各类杆系结构的特点和结构选型的基本知识。

本次修订保留了第1、2版的风格和内容,增强了原教材力学理论的严谨性和系统性,并在内容和章节上做了一些调整,充实了新的内容。对每章的内容做了概括介绍,在语言叙述上注意通俗易懂,同时注意尽量扩展课程内容的知识面及实用性。增加了具有创新性、启发性的思考问题,更注重于创造性思维能力的培养。

本书由李前程(第一、五、六、十一、十二、十三、十四、十六章)、李燕宁(第二、三、四章)、吴勇义(第七、八、九章)、安学敏(第十、十五章)、哈跃(第七章§7–5,第十章§10-5,第十三章§13-7、§13-8和型钢表更新,并对部分习题及相关内容做了修改)修订。全书由李前程统稿。

本版由王焕定教授审阅,王教授非常认真地审阅了全书,并提出了宝贵的意见,谨在此表示由衷的感谢。

限于编者的水平,书中还存在一些不足之处,希望使用本书的读者和各位专家指正,提出有建设性的意见,以便再次修订时改进,不断提高本书的质量。

编 者

2019 年 11 月于哈尔滨工业大学

第 2 版前言

本书适用于工科院校建筑学、城市规划、工程管理、建筑材料等专业。根据上述专业的特点,以及相关力学知识的内在联系,融会贯通,形成建筑力学课程体系,涵盖了理论力学、材料力学、结构力学三门力学的部分知识内容。全书内容包括静力学基础,静定及超静定结构的内力计算,构件的强度、刚度、稳定性问题,静定结构的位移计算,移动荷载的概念,结构矩阵分析概念等。编排上注重力学理论的严谨性、逻辑推理的清晰性以及相关学科知识的连贯性。

本次修订仍保持了第 1 版的风格,在内容上做了如下变动:

1. 引入了复合材料的基本概念;

2. 增加了弯扭组合变形;

3. 补充了结构矩阵分析概念;

4. 介绍了移动荷载的概念;

5. 添加了部分工程实际例题、习题,并配备了电子版的教学课件。

上述内容可根据各专业需求,供使用者选择。

本书由李前程(第一、二、三、四、五、六、十一、十二、十三、十四章)、安学敏(第七、八、九、十、十一、十五章)编著。哈跃(第七章 §7-5、第十章 §10-5、第十三章 §13-7 和 §13-8 以及部分习题)、于玲(第五章 §5-4、第十五章 §15-4 以及部分思考题和习题)进行了第 2 版的修订工作。全书由李前程统稿。

本版由哈尔滨工业大学王焕定教授主审,王焕定教授非常认真地审阅了全书,并提出了宝贵的意见,在此表示衷心的感谢。

限于编者的水平,不足之处在所难免,衷心希望广大读者和专家多提宝贵意见,以使本书内容不断丰富,质量不断提高。

编　者

2013 年 1 月于哈尔滨工业大学

第1版前言

本书是根据普通高等学校建筑学、城市规划等专业的特点而编写的。根据力学知识自身的内在联系,将理论力学、材料力学、结构力学三门课程融会贯通形成新的建筑力学体系。全书讲述了静力学基础,静定、超静定结构的内力计算,构件的强度、刚度、稳定性问题,超静定结构的位移计算等内容。全书注重三门力学的理论严谨性、逻辑推理的清晰性以及与相关学科知识的连贯性。

本书于15年前形成初稿,由刘明威教授担任主编,刘明威、李前程、安学敏编著,1991年由中国建筑工业出版社出版。经过几年的使用后,为适应教学改革的需求,又于1998年进行了修订,此次修订由李前程、安学敏编著,修订过程中得到了刘明威的指导,修订后被指定为高等学校建筑专业系列教材。在教育部制定"十五"教材规划时,本书经申报被列为普通高等教育"十五"国家级规划教材,经专家评审并按评审意见修改后由高等教育出版社出版。

本书由李前程(第一、三、四、五、六、十二、十三章)、安学敏(第七、八、九、十、十一、十五章)、赵彤(第二、十一、十四章)编著。大连理工大学郑芳怀教授认真审阅了全书,并提出了很多宝贵意见。在编写过程中,始终得到刘明威教授的热心关注。谨此一并致谢。

教材的改革是一项长期的工作,由于编者的水平和时间所限,本书不足之处在所难免,衷心希望使用本书的广大读者和教师提出宝贵意见,使本书得到完善和充实。

编　者

2003年10月于哈尔滨工业大学

目　　录

第一章　绪论 ·· 1

　§1-1　建筑力学的内容和任务 ··· 1

　§1-2　刚体、变形固体及其基本假设 ·· 4

　§1-3　杆件变形的基本形式 ·· 5

　§1-4　荷载的分类 ·· 6

第二章　结构计算简图·物体受力分析 ·· 8

　§2-1　约束与约束力 ·· 8

　§2-2　结构计算简图 ··· 12

　§2-3　物体受力分析 ··· 16

　小结 ·· 19

　思考题 ··· 20

　习题 ·· 20

第三章　力系简化的基础知识 ·· 24

　§3-1　平面汇交力系的合成与平衡条件 ··· 24

　§3-2　力对点的矩 ··· 32

　§3-3　力偶·力偶矩 ··· 33

　§3-4　平面力偶系的合成与平衡条件 ·· 35

　§3-5　力的等效平移 ··· 37

　小结 ·· 38

　思考题 ··· 38

　习题 ·· 39

第四章　平面任意力系的简化与平衡方程 ·· 43

　§4-1　平面任意力系向一点的简化·主矢和主矩 ··································· 44

　§4-2　平面任意力系简化结果的讨论 ·· 46

　§4-3　平面任意力系的平衡条件·平衡方程 ·· 49

§4-4　平面平行力系的平衡方程 ·· 53

§4-5　物体系的平衡问题 ·· 55

§4-6　考虑摩擦的平衡问题 ·· 59

小结 ··· 65

思考题 ··· 65

习题 ··· 67

第五章　平面体系的几何组成分析 ··· 72

§5-1　几何不变与几何可变体系的概念 ·· 72

§5-2　刚片·自由度·联系的概念 ··· 73

§5-3　几何不变体系的组成规则 ·· 76

§5-4　静定结构和超静定结构 ·· 79

小结 ··· 81

思考题 ··· 81

习题 ··· 81

第六章　静定结构的内力计算 ··· 84

§6-1　杆件的内力·截面法 ·· 84

§6-2　内力方程·内力图 ·· 88

§6-3　用叠加法作剪力图和弯矩图 ·· 94

§6-4　静定平面刚架 ··· 97

§6-5　静定多跨梁 ·· 105

§6-6　三铰拱 ·· 107

§6-7　静定平面桁架 ·· 114

*§6-8　等跨不同结构形式内力分析的对比·悬索的受力特点 ·················· 121

*§6-9　常见的结构形式 ·· 123

小结 ·· 130

思考题 ·· 131

习题 ·· 131

第七章　轴向拉伸与压缩 ·· 139

§7-1　轴向拉伸与压缩的概念及实例 ··· 139

§7-2　直杆轴向拉伸（压缩）时横截面上的正应力 ··························· 139

§7-3　许用应力·强度条件 ··· 141

§7-4　轴向拉伸或压缩时的变形 ·············· 145

§7-5　材料拉伸、压缩时的力学性质 ············ 149

小结 ·································· 156

思考题 ································ 156

习题 ································· 157

第八章　剪切和扭转 ···················· 159

§8-1　剪切的概念及实例 ·················· 159

§8-2　连接接头的强度计算 ················ 160

§8-3　扭转的概念及实例 ·················· 166

§8-4　扭矩的计算·扭矩图 ················· 167

§8-5　圆轴扭转时的应力和变形 ·············· 169

§8-6　圆轴扭转时的强度条件和刚度条件 ········· 174

小结 ································· 175

思考题 ································ 176

习题 ································· 177

第九章　梁的应力 ····················· 180

§9-1　平面弯曲的概念及实例 ··············· 180

§9-2　梁的正应力 ····················· 181

§9-3　常用截面的惯性矩·平行移轴公式 ········· 185

§9-4　梁的切应力 ····················· 189

§9-5　梁的强度条件 ···················· 192

§9-6　提高梁弯曲强度的主要途径 ············· 197

小结 ································· 200

思考题 ································ 201

习题 ································· 202

第十章　组合变形 ····················· 205

§10-1　组合变形的概念 ·················· 205

§10-2　斜弯曲 ······················ 206

§10-3　拉伸（压缩）与弯曲的组合变形 ········· 210

§10-4　偏心拉伸（压缩） ················ 212

§10-5　弯扭组合变形 ··················· 216

小结 ……………………………………………………………………… 219

思考题 …………………………………………………………………… 219

习题 ……………………………………………………………………… 220

第十一章　梁和结构的位移 ……………………………………… 223

§11-1　概述 ……………………………………………………… 223

§11-2　梁的挠曲线近似微分方程及其积分 ………………… 224

§11-3　叠加法 …………………………………………………… 230

§11-4　单位荷载法 ……………………………………………… 234

§11-5　图乘法 …………………………………………………… 241

§11-6　线弹性体的互等定理 ………………………………… 247

§11-7　结构的刚度校核 ……………………………………… 252

小结 ……………………………………………………………………… 256

思考题 …………………………………………………………………… 256

习题 ……………………………………………………………………… 257

第十二章　力法 …………………………………………………… 261

§12-1　超静定结构的概念和超静定次数的确定 …………… 261

§12-2　力法的典型方程 ……………………………………… 264

§12-3　用力法计算超静定结构 ……………………………… 270

§12-4　结构对称性的利用 …………………………………… 278

§12-5　多跨连续梁、排架、刚架、桁架的受力特点 ………… 283

小结 ……………………………………………………………………… 286

思考题 …………………………………………………………………… 286

习题 ……………………………………………………………………… 287

第十三章　位移法 ………………………………………………… 291

§13-1　等截面单跨超静定梁的杆端内力 …………………… 291

§13-2　位移法的基本概念 …………………………………… 295

§13-3　位移法基本未知量数目的确定 ……………………… 299

§13-4　位移法典型方程 ……………………………………… 301

§13-5　用位移法计算超静定结构 …………………………… 306

§13-6　超静定结构的特性 …………………………………… 313

小结 ……………………………………………………………………… 314

思考题 ·· 315

习题 ·· 315

第十四章　力矩分配法 ····································· 318

§14–1　力矩分配法的基本概念 ························· 318

§14–2　用力矩分配法解连续梁 ························· 328

小结 ·· 334

思考题 ·· 335

习题 ·· 336

第十五章　压杆稳定 ·· 338

§15–1　压杆稳定的概念 ·································· 338

§15–2　细长压杆的临界力 ······························ 340

§15–3　压杆的临界应力 ································· 342

§15–4　压杆的稳定计算 ································· 346

§15–5　提高压杆稳定性的措施 ························· 354

小结 ·· 355

思考题 ·· 355

习题 ·· 356

第十六章　结构分析中的一些其他问题 ··············· 358

§16–1　结构矩阵分析的概念 ·························· 358

§16–2　移动荷载和影响线的概念 ····················· 366

小结 ·· 368

习题 ·· 369

附录　型钢表 ·· 370

参考文献 ·· 390

作者简介

第一章

绪　论

§1-1　建筑力学的内容和任务

各类工程的建设,首先要解决工程结构的设计分析,而工程结构的分析基础是力学分析,建筑力学就是为解决这类工程结构的分析而建立发展起来的。

建筑力学是将理论力学中的静力学、材料力学、结构力学等课程中的主要内容,依据知识自身的内在连续性和相关性,重新组织形成的建筑力学知识体系。这样的体系,可以让这门力学知识更加连贯、有效、便捷地解决工程实际问题。

随着城市现代化进程的加快和新材料、新技术、新工艺的不断涌现,工程设计理念和新型建筑结构形式不断创新,创造了许多工程奇迹,如新型体育建筑(图1-1)、海洋采油平台工程(图1-2)、大跨桥梁(图1-3)、高层建筑群(图1-4)、核电站、新能源工程、大海港及海洋工程等。现代建筑工程不断地为人类社会创造崭新的物质环境,成为人类社会现代文明的重要组成部分。

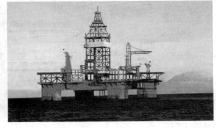

图 1-1　　　　　　　　　　　　　　　　图 1-2

这些发展对力学分析提出了新的课题和更高的要求,解决这些工程问题,既促进了工程建设的发展,同时也扩展了力学的研究领域。建筑力学可为上述各类工程建设提供必备的基础知识。

图 1-3　　　　　　　　　　　　　　图 1-4

1-1-1　结构与构件

建筑物中承受荷载而起骨架作用的部分称为**结构**。图 1-5 所示即为一单层厂房结构。结构受荷载作用时,如不考虑建筑材料的变形,其几何形状和位置不发生改变。

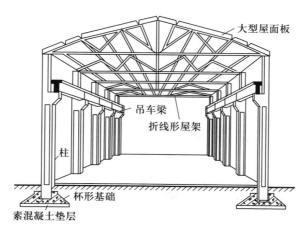

图 1-5

组成结构的各单独部分称为**构件**。图 1-5 中的基础、柱、吊车梁、屋面板等均为构件。

结构一般可按其几何特征分为三种类型:

(1)**杆系结构**　组成杆系结构的构件是杆件。杆件的几何特征是其长度远远大于横截面的宽度和高度。

(2)**薄壁结构**　组成薄壁结构的构件是薄板或薄壳。薄板、薄壳的几何特征是其厚度远远小于它的另两个方向的尺寸。

（3）实体结构　它是三个方向的尺寸基本为同量级的结构。

建筑力学以杆系结构作为研究对象。

1-1-2　建筑力学的任务和内容

建筑力学的任务是研究能使建筑结构安全、正常地工作且符合经济要求的理论和计算方法；同时，也考虑新型材料的力学性能和新材料结构的分析及应用。

建筑力学的内容包含以下几部分：

（1）静力学基础　研究物体的受力分析、力系简化与平衡的理论及杆系结构的组成规律等。

（2）内力分析　研究静定结构和构件的内力的计算方法及其分布规律。

（3）强度、刚度和稳定性问题　主要内容如下：

强度是指构件所具有的抵抗破坏的能力。构件在工作条件下不被破坏，即该构件具有抵抗破坏的能力，满足了强度要求。

强度问题是研究构件满足强度要求的计算理论和方法。解决强度问题的关键是作构件的应力分析。

当结构中的各构件均已满足强度要求时，整个结构也就满足了强度要求。因此，研究强度问题时，只需以构件为研究对象即可。

刚度是指结构或构件所具有的抵抗变形的能力。结构或构件在工作条件下所发生的变形未超过工程允许的范围，即该结构或构件具有抵抗变形的能力，满足了刚度要求。

刚度问题是研究结构或构件满足刚度要求的计算理论和方法。解决刚度问题的关键是求结构或构件的变形。

稳定性是指结构或构件的原有的形状保持稳定的平衡状态。结构或构件在工作条件下不会突然改变原有的形状，以致发生过大的变形而导致破坏，即是满足了稳定性要求。

稳定性问题是研究并确定结构或构件满足稳定性的计算理论和方法。

本书只着重介绍中心受压杆件稳定的概念，局限于研究不同支承条件下的压杆的稳定性问题。

（4）超静定结构问题　超静定结构在工程中广泛采用。只应用静力学平衡不能完全确定超静定结构的支座反力和内力，必须考虑结构的变形条件，从而获得补充方程才能求解。因此，求静定结构的变形是研究超静定结构问题的基础。

本书着重介绍求解超静定结构内力的基本概念和基本方法。在确定超静定结构的内力后，超静定结构的强度问题和刚度问题也就随之解决了。

§1-2 刚体、变形固体及其基本假设

结构和构件可统称为物体。在建筑力学中将物体抽象化为两种计算模型：刚体模型、理想变形固体模型。

1-2-1 刚体

刚体是受力作用而不变形的物体。实际上，任何物体受力作用都发生或大或小的变形，但在一些力学问题中，物体变形这一因素与所研究的问题无关，或对所研究的问题影响甚微，这时，就可以不考虑物体的变形，将物体视为刚体，从而使所研究的问题得到简化。

在微小变形情况下，变形因素对求解平衡问题和求解内力问题的影响甚微。因此，研究平衡问题和采用截面法求解内力问题时，可将物体视为刚体，即研究这些问题时，应用刚体模型。

1-2-2 变形固体及其基本假设

在另一些力学问题中，物体变形这一因素是不可忽略的主要因素，如不予考虑就得不到问题的正确解答。这时，将物体视为理想变形固体。所谓理想变形固体，是将一般变形固体的材料性质加以理想化，作出以下假设：

（1）连续性假设 认为物体的材料结构是密实的，物体内材料是无空隙地连续分布。

（2）均匀性假设 认为材料的力学性质是均匀的，从物体上任取或大或小的一部分，材料的力学性质均相同。

（3）各向同性假设 认为材料的力学性质是各向同性的，材料沿不同的方向具有相同的力学性质。有些材料沿不同方向的力学性质是不同的，称为各向异性材料。本书主要研究各向同性材料。

按照连续、均匀、各向同性假设而理想化了的一般变形固体称为理想变形固体。采用理想变形固体模型不但使理论分析和计算得到简化，且在大多数情况下，其所得结果的精度能满足工程的要求。

在研究强度、刚度、稳定性问题及超静定结构问题时，即使在小变形情况下，变形因素也是不可忽略的重要因素。因此，研究这些问题时，需将物体视为理想变形固体，应用理想变形固体模型。

无论是刚体还是理想变形固体，都是针对所研究的问题的性质，略去一些次要因素，保留对问题起决定性作用的主要因素，而抽象化形成的理想物体，它们

在生活和生产实践中并不存在,但解决力学问题时,它们是必不可少的理想化的力学模型。

变形固体受荷载作用时将产生变形。当荷载值不超过一定范围时,荷载撤去后,变形随之消失,物体恢复原有形状。**撤去荷载即可消失的变形称为弹性变形**。当荷载值超过一定范围时,荷载撤去后,一部分变形随之消失,另一部分变形仍然残留下来,物体不能恢复原有形状。**撤去荷载仍残留的变形称为塑性变形**。在多数工程问题中,要求构件只发生弹性变形。也有些工程问题允许构件发生塑性变形。本书中局限于研究弹性变形范围内的问题。

§1-3   杆件变形的基本形式

杆系结构中的杆件其轴线多为直线,也有轴线为曲线和折线的杆件。它们分别称为直杆、曲杆和折杆,分别如图 1-6a、b、c 所示。

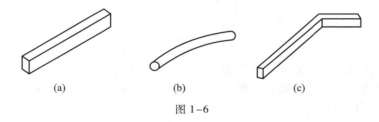

(a)   (b)   (c)

图 1-6

横截面相同的杆件称为等截面杆(图 1-6);横截面不同的杆件称为变截面杆(图 1-7a、b)。

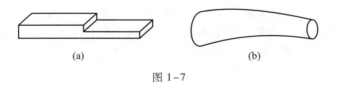

(a)   (b)

图 1-7

杆件受外力作用将产生变形。变形形式是复杂多样的,它与外力施加的方式有关。无论何种形式的变形,都可归结为下面四种基本变形形式之一,或者是基本变形形式的组合。直杆的这四种基本变形形式是:

(1)轴向拉伸或压缩   一对方向相反的外力沿轴线作用于杆件,杆件的变形主要表现为长度发生伸长或缩短的改变。这种变形形式称为**轴向拉伸或轴向压缩**(图 1-8a)。

(2)剪切   一对相距很近的方向相反的平行力沿横向(垂直于轴线)作用

于杆件,杆件的变形主要表现为横截面沿力作用方向发生错动。这种变形形式称为**剪切**(图1-8b)。

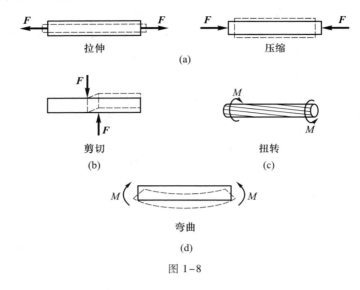

拉伸　　　　　　　　　　压缩

(a)

剪切　　　　　　　　　　扭转

(b)　　　　　　　　　　　(c)

弯曲

(d)

图1-8

（3）扭转　一对方向相反的力偶作用于杆件的两个横截面,杆件的相邻横截面绕轴线发生相对转动。这种变形形式称为**扭转**(图1-8c)。关于力偶的概念将在第三章中讲述。

（4）弯曲　一对方向相反的力偶作用于杆件的纵向平面(通过杆件轴线的平面)内,杆件的轴线由直线变为曲线。这种变形形式称为**弯曲**(图1-8d)。

各种基本变形形式都是在上述特定的受力状态下发生的。杆件正常工作时的实际受力状态往往比上述特定的受力状态复杂,所以,杆件的变形多为各种基本变形形式的组合。当某一种基本变形形式起主要作用时,可按这种基本变形形式计算,否则,即属于组合变形的问题(第十章)。

§1-4　荷载的分类

结构工作时所承受的外力称为荷载。荷载可分为不同的类型。

1. **按荷载作用的范围可分为分布荷载和集中荷载**

分布作用在体积、面积和线段上的荷载分别称为体荷载、面荷载和线荷载,并统称为**分布荷载**。重力属于体荷载,风、雪的压力等属于面荷载。本书局限于研究由杆件组成的结构,可将杆件所受的分布荷载视为作用在杆件的轴线上。这样,杆件所受的分布荷载均为线荷载。

如果荷载作用的范围与构件的尺寸相比十分微小,这时可认为**荷载集中作用于一点**,并称为**集中荷载**。

当以刚体为研究对象时,作用在构件上的分布荷载可用其合力(集中荷载)来代替。例如,分布的重力荷载可用作用在重心上的集中合力来代替。当以变形固体为研究对象时,作用在构件上的分布荷载则不能任意地用其集中合力来代替。

2. 按荷载作用时间的长短可分为恒荷载和活荷载

永久作用在结构上的荷载称为**恒荷载**。结构的自重、固定在结构上的永久性设备等属于恒荷载。

暂时作用在结构上的荷载称为**活荷载**。风、雪荷载等属于活荷载。

3. 按荷载作用的性质可分为静荷载和动荷载

由零缓慢增加到最后值的荷载称为**静荷载**。静荷载作用的基本特点是:荷载施加过程中,结构上各点产生的加速度不明显;荷载达到最后值以后,结构处于静止平衡状态。

大小或方向随时间而改变的荷载称为**动荷载**。机器设备的运动部分所产生的扰力荷载属于动荷载;地震时由于地面运动在结构上产生的惯性力荷载也属于动荷载。动荷载作用的基本特点是:由于荷载的作用,结构上各点产生明显的加速度,结构的内力和变形都随时间而发生变化。

从作用方式看,动荷载中还包括移动荷载和冲击荷载。荷载的作用位置不断移动、改变的荷载称为**移动荷载**。短时间内以一定的速度施加在结构上的荷载称为**冲击荷载**。

第二章

结构计算简图·物体受力分析

工程实际结构的组成方式是多种多样的,为了对结构进行分析,须将实际结构变成结构计算简图,将各类支承及连接作简化处理,然后再对结构计算简图进行受力分析。本章将介绍如何提取计算简图和受力分析的方法。

§2-1 约束与约束力

物体可分为**自由体**和**非自由体**两类。自由体可以自由位移,不受任何其他物体的限制。飞行的飞机是自由体,它可以任意地移动和旋转。非自由体不能自由位移,其某些位移受其他物体的限制而不能发生。如房屋结构的各构件是非自由体,它受其他构件的制约,不能自由移动。限制**非自由体位移的其他物体**称作**非自由体的约束**。约束的功能是限制非自由体的某些位移。例如,桌子放在地面上,地面具有限制桌子向下位移的功能,桌子是非自由体,地面是桌子的约束。**约束对非自由体的作用力称为约束力**。显然,**约束力的方向总是与它所限制的位移方向相反**。地面限制桌子向下位移,地面作用给桌子的约束力指向朝上。

工程中物体之间的约束形式是复杂多样的,在分析工程结构时,需要将其简化处理。为了便于理论分析和计算,只考虑其主要的约束功能,忽略其次要的约束功能,便可得到一些理想化的约束形式。本节中所讨论的正是这些理想化的约束,它们在力学分析和结构设计中被广泛采用,并已被大量实践所证实是与实验结果相吻合的。

1. 柔索约束

柔索约束由软绳、链条等构成。柔索只能承受拉力,即只能限制物体在柔索受拉方向的位移。这就是柔索的约束功能。所以,**柔索的约束力 F_T 通过接触点,沿柔索而背离物体**。

图 2-1 给出一受柔索约束的物体 A。物体 A 所受的约束力 F_T 如图中所示,拉力 F_T 的方向是沿柔索背离物体 A。约束力 F_T 的反作用力 F'_T 作用在柔索上,

使柔索受拉。作用力与反作用力 F_T 和 F'_T 共线、反向、等值地分别作用在物体 A 和柔索上。

2. 光滑面约束

光滑面约束是由两个物体光滑接触(摩擦忽略不计)所构成。两物体可以脱离开,也可以沿光滑面相对滑动,但沿接触面法线且指向接触面的位移受到限制。这是光滑面约束的约束功能。**光滑面的约束力作用于接触点,沿接触面的法线且指向物体**。

图 2-2a、b 中给出了光滑面约束及其约束力的例子。圆盘 O 为非自由体,各光滑接触面的约束力均沿接触面法线,指向圆盘中心 O。

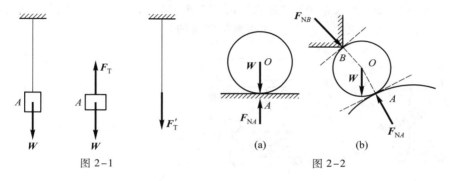

图 2-1   图 2-2

3. 光滑铰链约束

铰链约束是连接两个构件的常见的约束形式。光滑铰链约束是指连接处的摩擦可以忽略不计。铰链约束可以这样构成:在 A 和 B 两个物体上各做一大小相同的光滑圆孔,用光滑圆柱销钉 C 插入两物体的圆孔中,如图 2-3a 所示。这种约束可用简化图形图 2-3b 表示。根据构造情况可知其约束功能是:两物体的铰接处允许有相对转动(角位移)发生,不允许有相对移动(线位移)发生。相对线位移可分解为两个相互垂直的分量,与之对应,**铰链约束有两个相互垂直的约束力分量**。它们的指向是未知的,可假定一个物体所受约束力 F_x、F_y 的指向,另一物体所受的约束力 F'_x、F'_y 的指向按作用与反作用定律确定,如图 2-3c 所示。

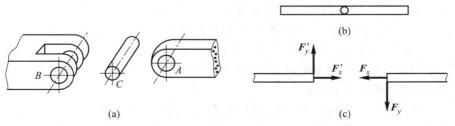

图 2-3

4. 铰支座

铰支座有固定铰支座和滚动铰支座两种。

将构件用铰链约束与地面相连接，这样的约束称为固定铰支座，其构造如图 2-4a 所示。将构件用铰链约束连接在支座上，支座用滚轴支持在光滑面上，这样的约束称为滚动铰支座，其构造如图 2-4b 所示。这两种支座的简化图形分别如图 2-4c、d 所示。

固定铰支座的约束功能与铰链约束相同，所以，其约束力也用两个相互垂直分力表示。滚动铰支座的约束功能与光滑面约束相同，所以，其约束力也是沿光滑面法线方向且指向构件。

图 2-4e 中的简支梁 AB 就是用这两种支座固定在地面上，支座的约束力示于该图中，其中约束力 F_{Ax} 和 F_{Ay} 的指向是假定的。

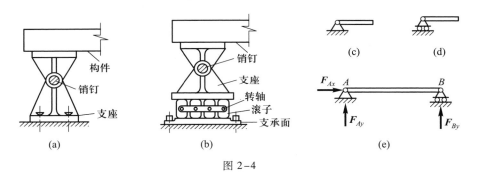

图 2-4

5. 链杆约束

链杆是两端用光滑铰链与其他物体连接，不计自重且中间不受力作用的杆件。 链杆只在两铰链处受力作用，因此又称**二力杆**。

处于平衡状态时，链杆所受的两个力，应是大小相等、方向相反地作用在两个铰链中心的连线上，其指向一般不能确定。按作用和反作用定律，**链杆对它所约束的物体的约束力必定沿着两铰链中心的连线作用在物体上。**

图 2-5a 中，当不计构件自重时，构件 BC 即为二力杆。它的一端用铰链 C 与构件 AD 连接，另一端用固定铰支座 B 与地面连接。BC 杆件所受的两个力 F_{NC} 和 F_{NB} 如图 2-5c 所示。杆件 BC 作用给杆件 AD 的约束力 F'_{NC} 是 F_{NC} 的反作用力，如图 2-5b 所示。图中 F_{NB}、F_{NC}、F'_{NC} 三个力中，只需假定一个力的指向，另外两个力的指向可由二力平衡条件和作用与反作用定律确定。对这三个力的指向都作随意的假定是错误的。

应该注意，一般情况下铰链约束的约束力是用两个相互垂直的分力来表示，但对连接二力杆的铰链来说，铰链约束的约束力作用线是确定的，不用两个相互垂直分力表示。在上述的例子中,如将 *AD* 上 *C* 点的反力用两个垂直分力表示,就会给计算工作带来麻烦。因此,对给定的结构和给定的荷载,应会识别结构中有无二力杆件,哪个构件是二力杆件。

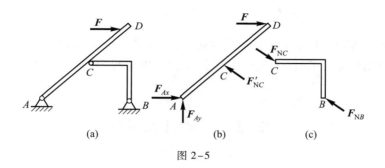

图 2-5

　　也可以用链杆作支座。图 2-6 中的简支梁 *AB*,其 *B* 端即为链杆支座。该支座约束力 F_{By} 的作用线沿链杆,图中该反力的指向是假定的。

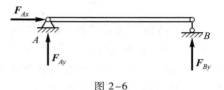

图 2-6

6. 固定端约束(固定支座)

　　图 2-7a 中,杆件 *AB* 的 *A* 端被牢固地固定,使杆件在该端既不能发生移动也不能发生转动,这种约束称为固定端约束或固定支座。固定端约束的简化图形如图 2-7b 所示。**固定端的约束力是两个相互垂直的分力 F_{Ax}、F_{Ay} 和一个力偶 M_A**,它们在图 2-7b 中的指向都是假定的。约束力 F_{Ax}、F_{Ay} 对应于约束限制移动的位移;约束力偶 M_A 对应于约束限制转动的位移。

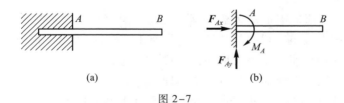

图 2-7

7. 定向支座

　　将构件用两根相邻的等长、平行链杆与地面相连接,如图 2-8a 所示。这种支座允许杆端沿与链杆垂直的方向移动,限制了沿链杆方向的移动,也限制了转动。因此**定向支座的约束力是一个沿链杆方向的力 F_N 和一个力偶 M**。图 2-8b 中反力 F_{Ay} 和反力偶 M_A 的指向都是假定的。

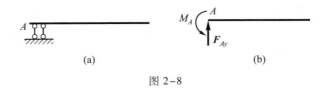

图 2-8

上面几种约束是工程中常见的约束类型,有了这些基本约束,就可以进行结构计算简图的分析了,对于工程中更复杂的约束情况,要根据具体情况进行分析、总结、确定。

§2-2   结构计算简图

2-2-1   结构计算简图

实际结构是很复杂的,很难按照结构的真实情况进行力学计算。因此,进行力学分析时,必须选用一个能反映结构主要工作特性的简化模型来代替真实结构,这样的简化模型称作**结构计算简图**。结构计算简图略去了真实结构的许多次要因素,是真实结构的简化,便于分析和计算;结构计算简图保留了真实结构的主要特点,是真实结构的代表,能够给出满足精度要求的分析结果。

给出一真实结构的计算简图,通常要进行荷载的简化、构件的简化、支座的简化、结点的简化、结构系统的简化等。计算简图的选定是重要而困难的工作。这里,仅从课程自身的需要出发,以示例的形式,对支座、结点的简化作简要说明。

1. 支座简化示例

§2-1 中介绍的固定铰支座、滚动铰支座、固定支座等都是理想的支座,这些理想的支座在建筑工程中很难见到。为便于计算,在确定结构的计算简图时,要分析实际结构支座的主要约束功能与哪种理想支座的约束功能相符合,据此将工程结构的真实支座简化为力学中的理想支座。

图 2-9 中所示的预制钢筋混凝土柱置于杯形基础中,基础下面是比较坚实的地基土壤。如杯口四周用细石混凝土填实(图 2-9a),柱端被坚实地固定,其约束功能基本上与固定支座相符合,则可简化为固定支座。如杯口四周填入沥青麻丝(图 2-9b),柱端可发生微小转动,但其约束功能基本上与固定铰支座相符合,则可简化为固定铰支座。

2. 结点简化示例

结构中构件的交点称为结点。结构计算简图中的结点有铰结点、刚结点、组合结点三种。

铰结点上的各杆件用铰链相连接。杆件受荷载作用产生变形时,结点上各杆件端部的夹角会发生改变。图 2-10a 中的结点 A 为铰结点。

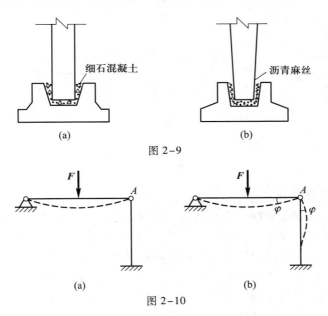

图 2-9

图 2-10

刚结点上的各杆件刚性连接。杆件受荷载作用产生变形时,结点上各杆件端部的夹角保持不变,即各杆件的刚接端都有一相同的旋转角度 φ。图 2-10b 中的结点 A 为刚结点。

如果结点上的一些杆件用铰链连接,而另一些杆件刚性连接,这种结点称为组合结点。图 2-11a、b 中的结点 A 为组合结点。铰结点上的铰链(图 2-10a 上铰链 A)称为全铰;组合结点上的铰链(图 2-11 上铰链 A)称为半铰。

图 2-11

对实际结构中的结点,要根据结点的构造情况及结构的几何组成情况等因素简化为上述三种结点。如图 2-12a 中的屋架端部和柱顶设置有预埋钢板,将钢板焊接在一起,构成结点。由于屋架端部和柱顶之间不能发生相对移动,但可发生微小的相对转动,故可将此结点简化为铰结点,如图 2-12b 所示。又如图 2-12c 中钢筋混凝土框架顶层的结点,梁与柱的结点简化为刚结点,如图 2-12d 所示。

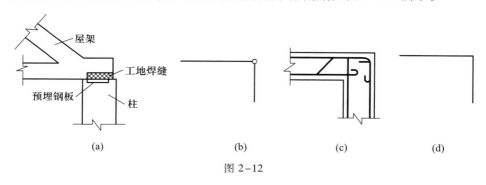

图 2-12

3. 计算简图示例

图 2-13a 所示的单层厂房结构是一个空间结构。厂房的横向是由柱子和屋架所组成的若干横向单元。沿厂房的纵向,由屋面板、吊车梁等构件将各横向单元联系起来。由于各横向单元沿厂房纵向有规律地排列,且风、雪等荷载沿纵向均匀分布,因此,当厂房足够长或两端无山墙时,可以通过纵向柱距的中线,取出图 2-13a 中阴影线所示部分作为一个计算单元,如图 2-13b 中所示。从而将空间结构简化为平面结构来计算。

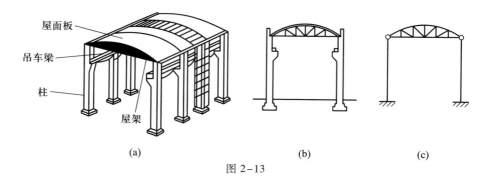

图 2-13

根据屋架和柱顶端结点的连接情况,进行结点的简化;根据柱下端基础的构造情况,进行支座的简化。参照前述支座简化示例和结点简化示例,便可得到单层厂房的结构计算简图,如图 2-13c 所示。

2-2-2　平面杆系结构的分类

工程中常见的平面杆系结构的计算简图有以下几种。

（1）梁 梁由受弯杆件构成,杆件轴线一般为直线。在图 2-14a、c 中所示的为单跨梁,在图 2-14b、d 中所示的为多跨梁。

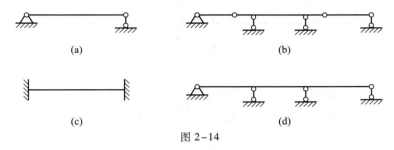

图 2-14

（2）拱 拱一般由曲杆构成。在竖向荷载作用下,支座产生水平约束力。在图 2-15a、b 中所示的分别为三铰拱和无铰拱。

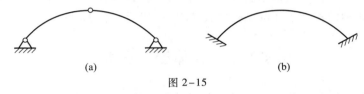

图 2-15

（3）刚架 刚架是由梁和柱组成的结构。刚架结构具有刚结点。在图 2-16a、b 中所示的结构为单层刚架,图 2-16c 中所示的结构为多层刚架。图 2-16d 中所示的结构称为排架,也称铰接刚架或铰接排架。

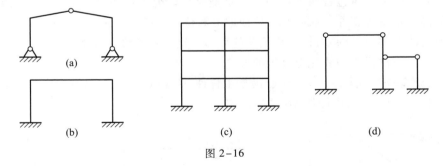

图 2-16

（4）桁架 桁架是由若干直杆用铰链连接组成的结构。在图 2-17 中所示的结构为桁架。

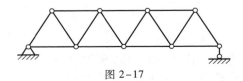

图 2-17

（5）组合结构　组合结构是桁架和梁或刚架组合在一起形成的结构,其中含有组合结点。在图2-18a、b中所示的结构都为组合结构。

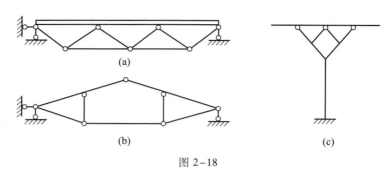

图 2-18

（6）树状结构　由多个直杆组成的类似树杈型的结构。如图2-18c所示。
上述几种结构都是实际结构的计算简图,以后将分别进行讨论。

§2-3　物体受力分析

在工程中常常将若干构件通过某种连接方式组成机构或结构,用以传递运动或承受荷载。这些机构或结构统称为**物体系统**。

进行力学计算时,首先要对物体系统和系统中的构件进行受力分析。

物体受力分析包含两个步骤。一是把所要研究的物体单独分离出来,画出其简图。这一步骤称作取研究对象或取分离体。二是在分离体图上画出研究对象所受的全部力,这些力包括荷载及约束力。这一步骤称作画受力图。

下面举例说明物体受力分析的方法。

【**例2-1**】　图2-19a所示起吊架由杆件 AB 和 CD 组成,起吊重物的重量为 W。不计杆件自重,作杆件 AB 的受力图。

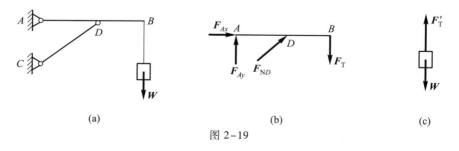

图 2-19

【**解**】　取杆件 AB 为分离体,画出其分离体图。

杆件 AB 上没有荷载,只有约束力。A 端为固定铰支座,约束力用两个相互

垂直分力 $\boldsymbol{F}_{Ax}$ 和 $\boldsymbol{F}_{Ay}$ 表示,二者的指向是假定的。D 点用铰链与 CD 杆连接,因为 CD 为二力杆,所以铰 D 约束力的作用线沿 C、D 两点连线,以 $\boldsymbol{F}_{ND}$ 表示。图中 $\boldsymbol{F}_{ND}$ 的指向也是假定的。B 点与绳索连接,绳索作用给 B 点的约束力 $\boldsymbol{F}_{T}$ 沿绳索、背离杆件 AB。图 2–19b 即为杆件 AB 的受力图。

　　应该注意,图 2–19b 中的力 $\boldsymbol{F}_{T}$ 不是起吊重物的重力 $\boldsymbol{W}$。力 $\boldsymbol{F}_{T}$ 是绳索对杆件 AB 的作用力;力 $\boldsymbol{W}$ 是地球对重物的作用力。这两个力的施力物体和受力物体是完全不同的。在绳索和重物的受力图(图 2–19c)上,作用有力 $\boldsymbol{F}_{T}$ 的反作用力 $\boldsymbol{F}_{T}'$ 和重力 $\boldsymbol{W}$。由二力平衡条件可知,力 $\boldsymbol{F}_{T}'$ 与力 $\boldsymbol{W}$ 是反向、等值的;由作用和反作用定律可知,力 $\boldsymbol{F}_{T}$ 与力 $\boldsymbol{F}_{T}'$ 是反向、等值的。所以,力 $\boldsymbol{F}_{T}$ 与力 $\boldsymbol{W}$ 大小相等,方向相同。

　　【例 2–2】 图 2–20a 所示结构中,构件 AB 和 BC 的自重分别为 W_1 和 W_2,BC 上受荷载 $\boldsymbol{F}$ 的作用。作构件 AB、BC 及结构整体的受力图。

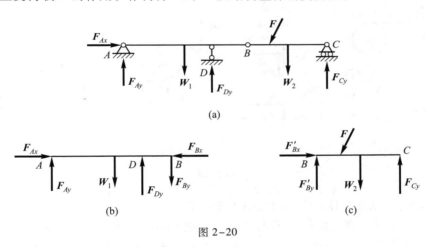

图 2–20

　　【解】　构件 AB 的受力图如图 2–20b 所示。

　　分离体 AB 上的荷载为 W_1。约束力有固定铰支座 A 处的力 $\boldsymbol{F}_{Ax}$ 和 $\boldsymbol{F}_{Ay}$,链杆支座 D 处的力 $\boldsymbol{F}_{Dy}$,以及铰链 B 处的力 $\boldsymbol{F}_{Bx}$ 和 $\boldsymbol{F}_{By}$。图中约束力的指向都是假定的。

　　构件 BC 的受力图如图 2–20c 所示。

　　分离体 BC 上的荷载为 $\boldsymbol{F}$ 和 W_2。约束力有滚动铰支座 C 的力 $\boldsymbol{F}_{Cy}$,按滚动铰支座的约束性质,该约束力垂直于接触面指向上。铰链 B 处的力 $\boldsymbol{F}_{Bx}'$ 和 $\boldsymbol{F}_{By}'$ 是图 2–20b 上力 $\boldsymbol{F}_{Bx}$ 和 $\boldsymbol{F}_{By}$ 的反作用力,在已假定力 $\boldsymbol{F}_{Bx}$ 和 $\boldsymbol{F}_{By}$ 的指向后,力 $\boldsymbol{F}_{Bx}'$ 和 $\boldsymbol{F}_{By}'$ 的指向根据作用与反作用定律确定如图 2–20c 中所示。

　　结构整体的受力图如图 2–20a 所示。其上的荷载有 W_1、W_2、$\boldsymbol{F}$;约束力有

F_{Ax}、F_{Ay}、F_{Dy}、F_{Cy}。构件 AB 和 BC 在铰 B 处的相互作用力在图 2-20a 上没有画出，这是因为两个构件相互作用的两对力 F_{Bx} 与 F'_{Bx}、F_{By} 与 F'_{By} 对结构整体来说是作用在一点上的平衡力，可以去掉。

分离体内各构件之间相互作用的力，称为**分离体的内力**。**分离体以外的物体对分离体作用的力**，称为**分离体的外力**。在受力图上只画外力，不画内力。内力、外力因分离体不同而相互转化。当取结构整体为分离体时，铰 B 处的约束力是分离体内二物体之间的相互作用力，是内力；当取构件 AB（或 BC）为分离体时，铰 B 处的约束力是分离体以外的物体对分离体的作用力，是外力。

【例 2-3】 图 2-21a 所示系统中，物体 K 重 W，其他各构件不计自重。分别取（1）整体；（2）AB 杆；（3）BE 杆；（4）CD 杆、轮 C、绳及物体 K 所组成的系统为分离体，作出四个分离体的受力图。

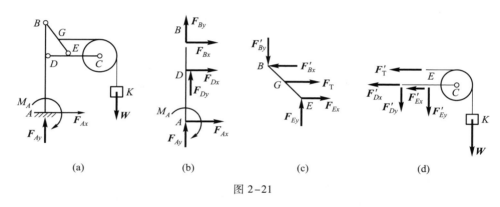

图 2-21

【解】 系统整体的受力图如图 2-21a 所示。

整体上的荷载为物体 K 的重力 W。约束力是固定端约束 A 处的两相互垂直约束力 F_{Ax}、F_{Ay} 和约束力偶 M_A。三者的指向都是假定的。铰链 C、D、E、B 的约束力及 G 点处的绳索拉力，对系统整体来说均为内力，在受力图上不应画出。

杆件 AB 的受力图如图 2-21b 所示。

由于杆件 BE 和 DC 都不是二力杆，铰 B 和铰 D 处的约束力都要用两个相互垂直的分力表示，约束力的指向可随意假定。

杆件 BE 的受力图如图 2-21c 所示。

其上点 G 处的拉力 F_T 沿绳索，指向背离杆件。铰 E 处的二相互垂直约束力 F_{Ex}、F_{Ey} 的指向是假定的。铰 B 处的二相互垂直约束力 F'_{Bx}、F'_{By} 是杆 AB 上约束力 F_{Bx}、F_{By} 的反作用力，约束力 F'_{Bx}、F'_{By} 的指向必须与约束力 F_{Bx}、F_{By} 反方向地画出。

杆件 CD、轮 C、绳和物体 K 所组成的系统的受力图如图 2-21d 所示。其上的约束力分别是图 2-21b 和图 2-21c 上相应力的反作用力,它们的指向分别与相应力的指向相反。如 F'_{Ex} 是图 2-21c 上 F_{Ex} 的反作用力,力 F'_{Ex} 的指向应与力 F_{Ex} 的指向相反,不能再随意假定。铰 C 的约束力为内力,受力图上不应画出。

作受力分析时应注意以下事项:

(1) 作结构上某一构件的受力分析时,必须单独画出该构件的分离体图,不能在整体结构图上作该构件的受力图。例如,例 2-3 中构件 BE 的受力图不能作在图 2-21a 上,因为在图 2-21a 上 BE 所受的力全是内力。

(2) 作受力图时必须按约束的功能画约束力,不能根据主观臆测来画约束力。例 2-3 中作受力图 2-21d 时,认为没有 BE 杆则 CD 杆将绕 D 点向下转动,所以,E 点受一个向上的力,这是错误的。铰链 E 限制了 BE、CD 二杆件在水平、铅垂两个方向的相对移动,铰 E 的约束力应该用两个相互垂直分力表示。

(3) 作用力与反作用力只能假定其中一个的指向,另一个则必须反方向画出,不能再随意假定指向。

(4) 分离体各构件之间的相互作用力是内力,受力图上不能画出。

(5) 同一约束力在不同受力图上出现时,其指向必须一致,如例 2-3 中 A 点的水平约束力 F_{Ax} 在图 2-21a 和图 2-21b 中都出现,在这两个受力图中约束力 F_{Ax} 的指向应相同。

小　结

(1) 限制非自由体位移的其他物体称作非自由体的约束。约束对非自由体的作用力称为约束力。

约束产生什么样的约束力取决于约束的功能。例如,固定铰支座限制物体任何方向的线位移,而不限制角位移,所以,其约束力用两个相互垂直分力表示;又如,固定支座既限制线位移又限制角位移,所以,其约束力用两个相互垂直分力和一个力偶表示。

(2) 结构计算简图是反映结构主要工作特性而又便于计算的结构简化图形。建立结构计算简图,需将真实结构的结点和支座进行简化,简化成理想的约束形式,简化时要考虑结构实际约束的约束功能与何种理想约束的约束功能相符合。

(3) 物体受力分析是进行力学计算的依据。作物体受力分析必须先作出分离体图,再画出所受荷载,按约束功能画出约束力。

作受力图时,要注意正确运用内力与外力和作用力与反作用力的概念。

思　考　题

2-1　什么是结构计算简图？结构计算简图的简化原则是什么？结构计算简图一般由哪几部分组成？

2-2　杆系结构的常用支座形式有哪些？它们各有什么特点？

2-3　杆系结构的常用结点形式有哪些？它们各有什么特点？

2-4　什么叫二力杆（构件）？凡是两端受力的杆件都是二力杆（构件）吗？如图所示三铰刚架中是否有二力杆（构件）？

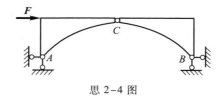

思 2-4 图

2-5　结构的计算简图与实际结构有何关系？怎样才能更好地符合结构的实际状态？

2-6　作受力分析的对象只限于结构吗？机构体系可以进行受力分析吗？

习　　题

2-1　指出以下受力图中的错误和不妥之处。

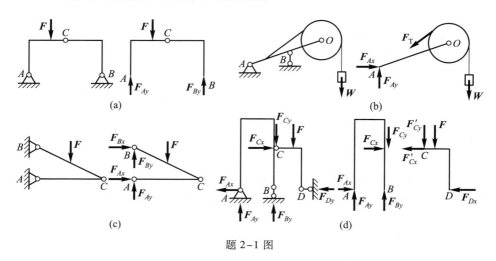

题 2-1 图

2-2　作 AB 杆件的受力图。图中接触面均为光滑面。

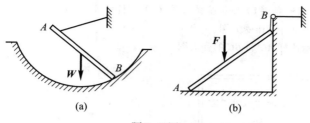

题 2-2 图

2-3　作图示杆件 *AB* 的受力图。

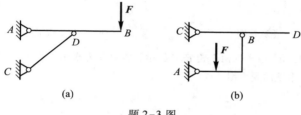

题 2-3 图

2-4　作图示系统的受力图。

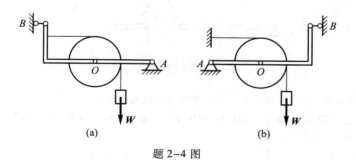

题 2-4 图

2-5　作图示系统的受力图。

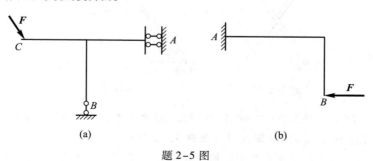

题 2-5 图

2-6　系统如图示。(1) 作系统受力图;(2) 作杆件 *AB* 受力图;(3) 以杆 *BC*、轮 *O*、绳索和重物作为一个分离体,作受力图。

2-7　作图示曲杆 *AC* 和 *BC* 的受力图。

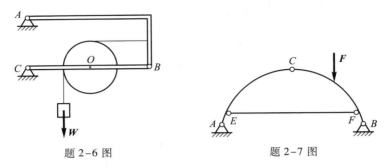

题 2-6 图　　　　　　　　　　题 2-7 图

2-8　系统如图示,吊车的两个轮 *E*、*F* 与梁的接触是光滑的。作吊车 *EFG*(包含重物)、梁 *AB*、梁 *BC* 及全系统的受力图。

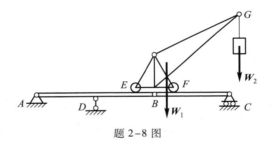

题 2-8 图

2-9　图示结构由 *AB*、*BC*、*AD* 三杆件两两铰接组成。作此三个杆件的受力图。

2-10　图示结构由 *AB*、*CD*、*BD*、*BE* 四杆件铰接组成。作杆件 *BD*、*CD* 的受力图。

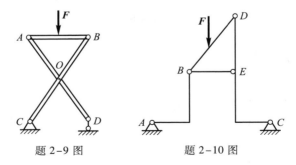

题 2-9 图　　　　　　　　　　题 2-10 图

2-11　按图示系统作(1) 杆 *CD*、轮 *O*、绳索及重物所组成的系统的受力图;(2) 折杆 *AB* 的受力图;(3) 折杆 *GE* 的受力图;(4) 系统整体的受力图。

2-12　图示结构中铰 *B*、*E* 为半铰,铰 *D* 为全铰。作杆件 *AB*、*CD* 及结构整体的受力图。

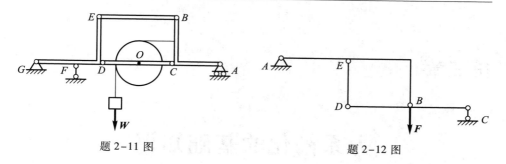

题 2-11 图　　　　　　　　　　题 2-12 图

第三章

力系简化的基础知识

进行结构分析时,首先要对其上的作用力进行分类、简化处理。这样就要掌握作用力的基本特点,以及不同作用力之间的内在联系、变化的规律。

作用在物体上的一组力称为**力系**。

如果某力与一力系等效,则此力称为力系的**合力**。

力系简化的目的是便于进行力学分析,并为建立力系的平衡条件提供理论依据。

本章将介绍力学中的几个重要基本概念:力对点的矩;力偶和力偶矩;力的等效平移等。这些概念不但是研究力系简化的基础知识,而且在工程问题中应用广泛。

§3-1　平面汇交力系的合成与平衡条件

力系中各力的作用线都在同一平面内且汇交于一点,这样的力系称为**平面汇交力系**。在工程中经常遇到平面汇交力系。例如在施工中起重机的吊钩所受各力就构成一平面汇交力系,如图3-1a、b所示。一种斜拉桥的桥顶受多个钢索的拉力作用,也构成一平面汇交力系,如图3-1c所示。

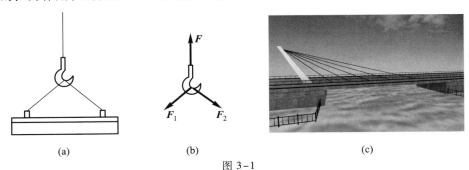

(a)　　　　　　　　(b)　　　　　　　　(c)

图 3-1

3-1-1 二汇交力的合成

由物理学可以知道：作用在物体上同一点的两个力，可以合成为作用在该点上的合力。合力矢量的大小和方向，由以这两个分力为邻边所组成的平行四边形的对角线来确定。上述结论就是**力的平行四边形法则**。

由矢量代数可知：合力矢量等于二分力矢量的矢量和，即

$$\boldsymbol{F}_{\mathrm{R}} = \boldsymbol{F}_1 + \boldsymbol{F}_2$$

在图 3-2a 中，点 A 上作用有两个力 $\boldsymbol{F}_1$ 和 $\boldsymbol{F}_2$，以二者为邻边作平行四边形 $ABCD$，对角线 AC 确定了此二力的合力 $\boldsymbol{F}_{\mathrm{R}}$，即 $\boldsymbol{F}_{\mathrm{R}} = \overrightarrow{AC}$。用作图法求合力矢量时，可以不作图 3-2a 所示的力的平行四边形，而采用作力三角形的方法来得到。作法是：选取适当的比例尺表示力的大小，按选定的比例尺依次作出两个分力矢量 $\boldsymbol{F}_1$ 和 $\boldsymbol{F}_2$，并使二矢量首尾相连。再从第一个矢量的起点向另一个矢量的终点引矢量 $\boldsymbol{F}_{\mathrm{R}}$，它就是按选定的比例尺所表示的合力矢量，如图 3-2b 所示。上述方法又称为**力的三角形法则**。

可以利用几何关系计算出合力 $\boldsymbol{F}_{\mathrm{R}}$ 的大小和方向。如果给定两个分力 $\boldsymbol{F}_1$ 和 $\boldsymbol{F}_2$ 的大小及它们之间的夹角 α，对图 3-2a 中平行四边形的一半（或图 3-2b 中的三角形）应用余弦定理，可求得合力 $\boldsymbol{F}_{\mathrm{R}}$ 的大小为

$$F_{\mathrm{R}} = \sqrt{F_1^2 + F_2^2 + 2F_1 F_2 \cos \alpha}$$

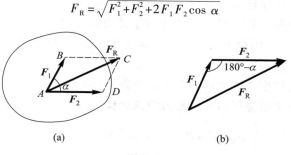

(a)　　　　　　　　　(b)

图 3-2

再用正弦定理确定合力 $\boldsymbol{F}_{\mathrm{R}}$ 与分力 $\boldsymbol{F}_1$ 的夹角 φ，即

$$\sin \varphi = \frac{F_2}{F_{\mathrm{R}}} \sin(180° - \alpha) = \frac{F_2}{F_{\mathrm{R}}} \sin \alpha$$

3-1-2 平面汇交力系的合成

1. 平面汇交力系合成的几何法

如图 3-3a 所示，在物体上的点 O 作用一平面汇交力系（$\boldsymbol{F}_1, \boldsymbol{F}_2, \boldsymbol{F}_3, \boldsymbol{F}_4$），此汇交力系的合成，可以先将力系中的两个力按力的平行四边形法则合成，用所得

的合力再与第三个力合成。如此连续地应用力的平行四边形法则,即可求得平面汇交力系的合力,具体作法如下:

任取一点 a,作矢量 $\overrightarrow{ab} = \boldsymbol{F}_1$,过 b 点作矢量 $\overrightarrow{bc} = \boldsymbol{F}_2$,由力的三角形法则,矢量 $\boldsymbol{F}_{R1} = \overrightarrow{ac} = \boldsymbol{F}_1 + \boldsymbol{F}_2$,即为力 $\boldsymbol{F}_1$ 与 $\boldsymbol{F}_2$ 的合力矢量。再过 c 点作矢量 $\overrightarrow{cd} = \boldsymbol{F}_3$,矢量 $\boldsymbol{F}_{R2} = \overrightarrow{ad} = \boldsymbol{F}_{R1} + \boldsymbol{F}_3 = \boldsymbol{F}_1 + \boldsymbol{F}_2 + \boldsymbol{F}_3$,即为力 $\boldsymbol{F}_1$、$\boldsymbol{F}_2$ 与 $\boldsymbol{F}_3$ 的合力矢量。最后,过 d 点作矢量 $\overrightarrow{de} = \boldsymbol{F}_4$,则矢量 $\boldsymbol{F}_R = \overrightarrow{ae} = \boldsymbol{F}_{R2} + \boldsymbol{F}_4 = \boldsymbol{F}_1 + \boldsymbol{F}_2 + \boldsymbol{F}_3 + \boldsymbol{F}_4$,即为力系中各力矢量的合矢量。

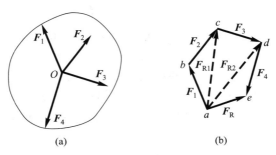

(a)　　　　　　　　　(b)

图 3-3

上述过程如图 3-3b 所示。可以看出,不需作出矢量 $\boldsymbol{F}_{R1}$ 与 $\boldsymbol{F}_{R2}$,直接将力系中的各力矢量首尾相连构成开口的力多边形 $abcde$,然后,由第一个力矢量的起点向最后一个力矢量的末端,引一矢量 $\boldsymbol{F}_R$ 将力多边形封闭,力多边形的封闭边矢量 $\boldsymbol{F}_R$ 即等于力系的合力矢量。这种通过几何作图求合力矢量的方法称为**力多边形法**。

上述方法可以推广到包含 n 个力的平面汇交力系中去,并得结论如下:**平面汇交力系的合力矢量等于力系中各力的矢量和**,即

$$\boldsymbol{F}_R = \boldsymbol{F}_1 + \boldsymbol{F}_2 + \cdots + \boldsymbol{F}_i + \cdots + \boldsymbol{F}_n = \sum_{i=1}^{n} \boldsymbol{F}_i \tag{3-1}$$

合力的作用线通过各力的汇交点。

值得注意的是,作力多边形时,改变各力的顺序,可得不同形状的力多边形,但合力矢量的大小和方向并不改变。

2. 力在轴上的投影、合力投影定理

力 $\boldsymbol{F}$ 在某轴 x 上的投影,等于力 $\boldsymbol{F}$ 的大小乘以力与该轴正向夹角 α 的余弦,记为 F_x,即

$$F_x = F\cos \alpha \tag{3-2}$$

力在轴上的投影是代数量。当力矢量与轴的正向夹角 α 为锐角时,此代数值取正,反之为负。从图 3-4a、b 中可以看出,过力矢量的起端 A 和终端 B 分别作轴

的垂线,所得垂足 a 和 b 之间的线段长度就是力 $\boldsymbol{F}$ 在轴上投影的绝对值。当从垂足 a 到垂足 b 的指向与轴的正向一致时,力的投影为正。反之力的投影为负。

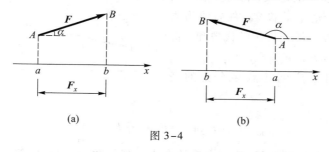

(a)   (b)

图 3−4

如果已知力 $\boldsymbol{F}$ 在两个正交轴上的投影 F_x 和 F_y,则该力的大小和方向可由式(3−3)确定,即

$$
\left.\begin{aligned}
F &= \sqrt{F_x^2 + F_y^2} \\
\cos\alpha &= \frac{F_x}{F}, \quad \cos\beta = \frac{F_y}{F}
\end{aligned}\right\} \tag{3−3}
$$

式中 α 和 β 分别为力 $\boldsymbol{F}$ 与 x 轴和 y 轴正向的夹角,如图 3−5 中所示。

由图 3−5 可以看出,当力 $\boldsymbol{F}$ 沿正交的 x 轴和 y 轴分解为两个分力 $\boldsymbol{F}_x'$ 和 $\boldsymbol{F}_y'$ 时,它们的大小恰好等于力 $\boldsymbol{F}$ 在这两个轴上的投影 F_x 和 F_y 的绝对值。但是当 x、y 两轴不相互垂直时(图 3−6),则沿两轴的分力 $\boldsymbol{F}_x'$ 和 $\boldsymbol{F}_y'$ 在数值上不等于力 $\boldsymbol{F}$ 在此两轴上的投影 F_x 和 F_y。此外还需注意,力 $\boldsymbol{F}$ 在轴上的投影是代数量,而力 $\boldsymbol{F}$ 沿轴方向的分量 $\boldsymbol{F}_x'$ 和 $\boldsymbol{F}_y'$ 是矢量。

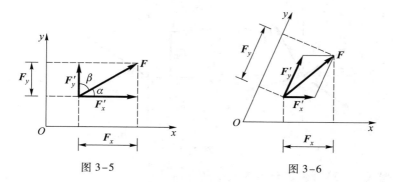

图 3−5   图 3−6

合力投影定理建立了合力在轴上的投影与各分力在同一轴上的投影之间的关系。

图 3−7 表示平面汇交力系的各力 F_1、F_2、F_3、F_4 组成的力多边形,F_R 为合力。将力多边形中各力矢投影到 x 轴上,由图可知

$$\vec{ae} = \vec{ab} + \vec{bc} + \vec{cd} - \vec{de}$$

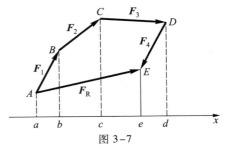

图 3-7

按力在轴上投影的定义,上式左端项为合力 F_R 在 x 轴上的投影,右端项为力系中四个力在 x 轴上投影的代数和,即

$$F_{Rx} = F_{x1} + F_{x2} + F_{x3} + F_{x4}$$

显然,上式可推广到任意多个力的情况,即

$$F_{Rx} = F_{x1} + F_{x2} + \cdots + F_{xi} + \cdots + F_{xn} = \sum_{i=1}^{n} F_{xi} \tag{3-4}$$

于是,得到合力投影定理如下:**力系的合力在任一轴上的投影,等于力系中各力在同一轴上的投影的代数和**。

3. 平面汇交力系合成的解析法

平面汇交力系合成的解析法,是应用合力在直角坐标轴上的投影来计算合力的大小,确定合力的方向。

作用于点 O 的平面汇交力系由 F_1、F_2、$\cdots$、F_n 等 n 个力组成,如图 3-8a 所示。以汇交点 O 为原点建立直角坐标系 Oxy,按合力投影定理求合力在 x、y 轴上的投影(图 3-8b)为

$$F_{Rx} = \sum_{i=1}^{n} F_{xi}$$

$$F_{Ry} = \sum_{i=1}^{n} F_{yi}$$

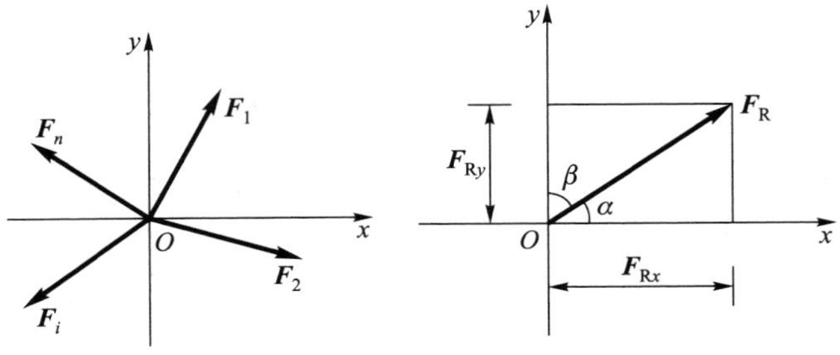

(a) (b)

图 3-8

根据式(3-3)可确定合力的大小和方向,即

$$\left. \begin{array}{l} F_R = \sqrt{F_{Rx}^2 + F_{Ry}^2} = \sqrt{\left(\sum_{i=1}^{n} F_{xi}\right)^2 + \left(\sum_{i=1}^{n} F_{yi}\right)^2} \\ \cos\alpha = \dfrac{F_{Rx}}{F_R}, \quad \cos\beta = \dfrac{F_{Ry}}{F_R} \end{array} \right\} \tag{3-5}$$

式中 α 和 β 分别为合力 $\boldsymbol{F}_\mathrm{R}$ 与 x 轴和 y 轴的正向夹角。

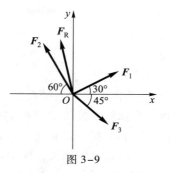

图 3-9

用上述公式计算合力大小和方向的方法，称为平面汇交力系合成的解析法。

【例 3-1】 在图 3-9 所示的平面汇交力系中，各力的大小分别为 $F_1 = 30$ N；$F_2 = 100$ N；$F_3 = 20$ N，方向给定如图，O 点为力系的汇交点。求该力系的合力。

【解】 取力系汇交点 O 为坐标原点，建立坐标轴如图所示。合力在各轴上的投影分别为

$$F_{\mathrm{R}x} = F_1 \cos 30° - F_2 \cos 60° + F_3 \cos 45° = -9.88 \text{ N}$$

$$F_{\mathrm{R}y} = F_1 \sin 30° + F_2 \sin 60° - F_3 \sin 45° = 87.46 \text{ N}$$

然后按式（3-5）求合力的大小和方向为

$$F_\mathrm{R} = \sqrt{F_{\mathrm{R}x}^2 + F_{\mathrm{R}y}^2} = 88.02 \text{ N}$$

$$\cos \alpha = \frac{F_{\mathrm{R}x}}{F_\mathrm{R}} = -0.112$$

$$\cos \beta = \frac{F_{\mathrm{R}y}}{F_\mathrm{R}} = 0.994$$

得 $\alpha = 96.5°$，$\beta = 6.5°$。合力作用于 O 点，合力作用线位于选定坐标系的第二象限。

3-1-3 平面汇交力系的平衡条件及应用

平面汇交力系平衡的充分和必要条件是：该力系的合力等于零，即力系中各力的矢量和为零：

$$\boldsymbol{F}_\mathrm{R} = \sum_{i=1}^n \boldsymbol{F}_i = \boldsymbol{0} \tag{3-6}$$

合力矢量 $\boldsymbol{F}_\mathrm{R} = 0$ 这一条件在力多边形上表现为，各力首尾相连构成的力多边形是自行封闭的。从而得到了平面汇交力系平衡的**几何条件是：该力系的力多边形是自身封闭的力多边形。**

当用解析法求合力时，平衡条件 $F_\mathrm{R} = 0$ 表示为

$$F_\mathrm{R} = \sqrt{\left(\sum_{i=1}^n F_{xi}\right)^2 + \left(\sum_{i=1}^n F_{yi}\right)^2} = 0$$

该式等价于

$$\left.\begin{array}{l} \sum\limits_{i=1}^{n} F_{xi} = 0 \\[2mm] \sum\limits_{i=1}^{n} F_{yi} = 0 \end{array}\right\} \qquad\qquad (3-7)$$

于是,平面汇交力系平衡的充分与必要条件,也可解析地表达为:**力系中各力在两个坐标轴上投影的代数和分别为零**。式(3-7)称为平面汇交力系的平衡方程。平面汇交力系有两个独立的平衡方程,可以求解两个未知量。

下面通过例题来说明平衡方程的应用。

【例 3-2】　小滑轮 C 铰接在三角架 ABC 上,绳索绕过滑轮,一端连接在绞车 D 上,另一端悬挂重为 $W=100$ kN 的重物(图 3-10a)。不计各构件的自重和滑轮的尺寸,不计摩擦。试求杆 AC 和 BC 所受的力。

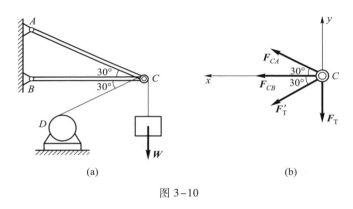

(a)　　　　　　　　　　　　　　　　(b)

图 3-10

【解】　(1)取分离体,作受力图。取滑轮 C 和绕在它上面的一小段绳索为分离体。绳索两端的拉力分别为 F_{T} 和 F_{T}',滑轮 C 平衡时有 $F_{\mathrm{T}}=F_{\mathrm{T}}'=W$。杆 AC 和 BC 都是二力杆,它们对轮 C 的约束力 F_{CA} 和 F_{CB} 分别沿两个杆,其指向可以事先假定,习惯上按照使杆件受拉来假定约束力的指向。因不计滑轮的尺寸,作用在滑轮上的力系可看作为平面汇交力系。受力图如图 3-10b 所示。约束力 F_{CB} 和 F_{CA} 的大小是未知的,可以用平面汇交力系的两个平衡方程求解。

(2)列平衡方程,求解未知量。取 C 点为坐标原点,选择坐标轴如图 3-10b 所示。列平衡方程

$$\sum F_x = 0, \qquad F_{CB} + F_{CA}\cos 30° + F_{\mathrm{T}}'\cos 30° = 0 \qquad (\mathrm{a})$$

$$\sum F_y = 0, \qquad F_{CA}\sin 30° - F_{\mathrm{T}}'\sin 30° - F_{\mathrm{T}} = 0 \qquad (\mathrm{b})$$

由式(b)解得

$$F_{CA} = 300 \text{ kN}$$

将 F_{CA} 的值代入式(a),解得

$$F_{CB} = -346.4 \text{ kN}$$

F_{CA} 为正值,表示此力的实际方向与假定的方向相同,杆 AC 受拉。F_{CB} 为负值,表示此力的实际方向与假定的方向相反,杆 BC 应受压。请注意,没有必要去改变受力图 3–10b 中力 F_{CB} 的方向,因为根据 F_{CB} 取负值这一事实,已经表明受力图中力 F_{CB} 的指向与实际指向相反。

【例 3–3】　连杆机构由三个无重杆铰接组成(图 3–11a),在铰 B 处施加一已知的竖向力 F_1,要使机构处于平衡状态,试问在铰 C 处施加的力 F_2 应取何值?

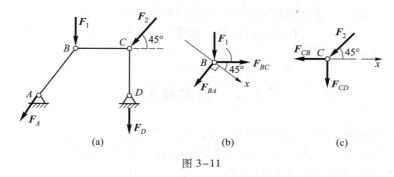

图 3–11

【解】　这是一个比较复杂的平衡问题。先分析解题思路对求解是很有帮助的。

从整个机构来看,它所受的四个力 F_1、F_2、F_A、F_D 不是平面汇交力系(图 3–11a)。所以,不能取整个机构作为研究对象来求解。要求解的未知力 F_2 作用于铰 C 上,铰 C 受平面汇交力系的作用,所以应该通过研究铰 C 的平衡来求解。

铰 C 除受未知力 F_2 的作用外,还受到二力杆 BC 和 DC 的约束力 F_{CB} 和 F_{CD} 的作用(图 3–11c)。这三个力都是未知的,只要能先求出 F_{CB} 或 F_{CD} 之中的任意一个,就能根据铰 C 的平衡求出力 F_2。

铰 B 除受已知力 F_1 的作用外,还受二力杆 AB 和 BC 的约束力 F_{BA} 和 F_{BC} 的作用。通过研究铰 B 的平衡可以求出 BC 杆的约束力 F_{BC}。

综合以上分析结果,得到本题的解题思路如下:先以铰 B 为分离体求 BC 杆的约束力 F_{BC};再以铰 C 为分离体,求未知力 F_1。

(1)取铰 B 为分离体,其受力图如图 3–11b 所示。因为只需要求约束力 F_{BC},所以,选取 x 轴与不需求的约束力 F_{BA} 垂直。由平衡方程

$$\sum F_x = 0, \qquad F_1 \cos 45° + F_{BC} \cos 45° = 0$$

解得

$$F_{BC} = -F_1$$

（2）取铰 C 为分离体,其受力图如图3-11c所示。图上力 $\boldsymbol{F}_{CB}$ 的大小是已知的,即 $F_{CB}=F_{BC}=-F_1$。为求力 $\boldsymbol{F}_2$ 的大小,选取 x 轴与约束力 $\boldsymbol{F}_{CD}$ 垂直,由平衡方程

$$\sum F_x=0, \qquad -F_{CB}-F_2\cos 45°=0$$

解得

$$F_2=\sqrt{2}\,F_1$$

通过以上分析和求解过程可以看出,在求解平衡问题时,要恰当地选取分离体和坐标轴,以最简捷、合理的途径完成求解工作。尽量避免求解联立方程,以提高计算的工作效率。这些都是求解复杂的平衡问题所必须注意的。形成正确的解题思路,不但是正确、顺利解题的指导和保证,更是培养分析问题、解决问题能力所必不可缺的训练。

§3-2　力对点的矩

作用在物体上的力可以使物体移动,力所产生的移动效果与力的大小和方向有关。力也能使物体转动,力所产生的转动效果与哪些因素有关,如何度量这一转动效果是这里将要讨论的问题。

在扳手上加一力 $\boldsymbol{F}$,可以使扳手绕螺母的轴线 O 旋转（图3-12）。经验证明,力 $\boldsymbol{F}$ 使扳手绕轴 O 的转动效果与三个因素有关:力 $\boldsymbol{F}$ 的大小;转动中心 O 到力 $\boldsymbol{F}$ 作用线的距离 d;力 $\boldsymbol{F}$ 使扳手转动的方向。总之,力 $\boldsymbol{F}$ 使扳手绕点 O 转动的效果可用代数量 $\pm Fd$ 来确定,正、负号表示扳手的两个不同的转动方向。确定力使物体绕点转动效果的这个代数量 $\pm Fd$,称为力 $\boldsymbol{F}$ 对点 O 的矩。点 O 称为矩心,点 O 到力 $\boldsymbol{F}$ 作用线的距离 d 称为力臂。

在一般情况下,物体受力 $\boldsymbol{F}$ 作用（图3-13）,力 $\boldsymbol{F}$ 使物体绕平面上任意点 O 的转动效果,可用力 $\boldsymbol{F}$ 对 O 点的矩来度量。于是,可将力对点的矩定义如下:**力对点的矩是力使物体绕点转动效果的度量,它是一个代数量,其绝对值等于力的大小与力臂之积,其正负可作如下规定:力使物体绕矩心逆时针转动时取正号,反之取负号。**

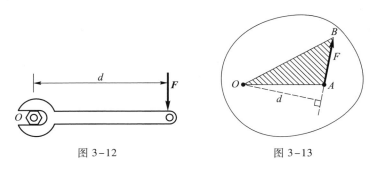

图 3-12　　　　　　　　　　　　　图 3-13

力 F 对 O 点的矩用符号 $M_O(F)$ 表示,即

$$M_O(F) = \pm Fd \tag{3-8}$$

由图 3-13 可以看出,力对点的矩还可以用以矩心为顶点,以力矢量为底边所构成的三角形的面积的 2 倍来表示,即

$$M_O(F) = \pm 2S_{\triangle OAB} \tag{3-9}$$

显然,当力的作用线通过矩心时,力臂 d 等于零,于是力对点的矩为零。

力矩的单位是牛顿米($\mathrm{N \cdot m}$)。

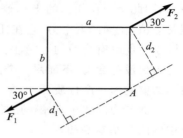

图 3-14

【例 3-4】 矩形板的边长 $a = 0.3$ m,$b = 0.2$ m,放置在水平面上。给定:力 $F_1 = 40$ N,$F_2 = 50$ N,二力与长边的夹角为 $\alpha = 30°$,如图 3-14 所示。试求两个力对 A 点的矩。如果以 A 点为一转轴,试判断在此二力的作用下矩形板绕 A 点转动的方向。

【解】 二力对 A 点的矩分别为

$$M_A(F_1) = F_1 \cdot d_1 = (40 \times 0.3 \sin 30°) \ \mathrm{N \cdot m}$$
$$= 6 \ \mathrm{N \cdot m}$$
$$M_A(F_2) = -F_2 \cdot d_2 = (-50 \times 0.2 \cos 30°) \ \mathrm{N \cdot m}$$
$$= -8.66 \ \mathrm{N \cdot m}$$

计算结果表明,力 F_2 使物体绕 A 点转动的效果大于 F_1 所产生的转动效果。板将绕 A 点顺时针方向转动。

§3-3 力偶·力偶矩

3-3-1 力偶·力偶的第一个性质

首先给出力偶的定义。

定义:**大小相等、方向相反且不共线的两个平行力称为力偶。**

在图 3-15 中的两个力,满足条件

$$F = -F'$$

且此二力不共线,这二力就组成一个力偶。两个力作用线之间的距离 d 称为力偶臂,两个力所在的平面称为力偶作用面。由 F 和 F' 所组成的力偶用记号 (F, F') 表示。力偶是客观存在着的一种机械作用。例如汽车司机转动方向盘时,用双手对方向盘所施加的一对力就是一个力偶。电动机的定

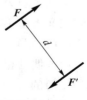

图 3-15

子磁场对转子两极磁场作用的电磁力,也构成力偶。下面将对力偶的概念作进一步的解释,指明力偶的特殊性质。

力偶中的两个力是不共线的,所以这两个力不能平衡。因此,力偶不是平衡力系。事实上,只受一个力偶作用的物体,一定产生转动的效果,即可以使物体的转动状态发生改变。力偶既然是一个不平衡力系,那么它是否有不为零的合力,可以用它的合力来等效代换呢?回答是否定的。因为,如果力偶有不为零的合力,则此合力在任选的坐标轴(不与合力作用线垂直)上必有投影。但是,力偶是等值、反向的两个力,它在任何一个轴上的投影的代数和都必然为零。这就排除了力偶具有合力的可能性。

力偶没有合力,不能用一个力来等效代换,也不能用一个力来与之平衡,这就是力偶的第一个性质。

力偶与力同属于机械作用的范畴,但又不同于力。因此,力偶与力分别是力学中的两个基本要素。

3-3-2 力偶矩·力偶的第二性质

力对物体具有转动效果,力使物体绕点转动的效果用力对点的矩来度量。力偶对物体也有转动效果,力偶使物体转动的效果用力偶矩来度量。

经验表明,力偶的作用效果取决于以下三个因素:

(1)构成力偶的力的大小。

(2)力偶臂的大小。

(3)力偶的转向。

因此,可以用代数量±Fd 来确定力偶使物体转动的效果,并称这个代数量为力偶矩。力偶矩用符号 M 表示,则

$$M = \pm Fd \tag{3-10}$$

于是,给出力偶矩的定义如下:

力偶矩是力偶使物体转动效果的度量,它是一个代数量,其绝对值等于力偶中力的大小与力偶臂之积,其正负号代表力偶的转向。规定逆时针转向取正号,反之取负。

力偶矩与力对点的矩的单位一样,也是牛顿米(N·m)。

力偶矩与力对点的矩无论在物理意义上还是在数学定义上都有相似之处。但力对点的矩一般地说与矩心的位置有关,对不同的矩心力的转动效果不同。而力偶则相反,力偶使物体绕不同点的转动效果都是相同的。为了验证这个论点,任意选取一点 O,来确定力偶使物体绕点 O 的转动效果。在图 3-16

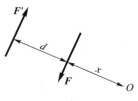

图 3-16

中,给定力偶的力偶矩为 $M=-Fd$。该力偶使物体绕任意点 O 的转动效果,为力偶中两个力所产生的转动效果之和,其值为

$$M_O(\boldsymbol{F})+M_O(\boldsymbol{F'})=Fx-F'(d+x)=-Fd=M$$

结果表明,**力偶使物体绕其作用面内任意一点的转动效果,是与矩心的位置无关的,这个效果完全由力偶矩来确定。这就是力偶的第二个性质。**

　　力偶的这一性质具有重要的理论意义,它阐明了力使物体转动的效果与力偶使物体转动的效果这二者在原则上的不同。同时,它也揭示了力偶等效的条件。作用在刚体同平面上的两个力偶,其等效的条件是:此二力偶的力偶矩相等。此条件又称为同平面内力偶的等效定理。因为,按力偶的第二个性质,每一力偶使物体的转动效果是唯一的,且此效果只由力偶矩确定,所以两个力偶的力偶矩相同,其作用效果也相同。

　　由力偶的等效定理引出下面两个推论:

　　推论一:力偶可以在其作用面内任意移动,不会改变它对刚体的作用效果,即力偶对刚体的作用效果与力偶在作用面内的位置无关。

　　推论二:在保持力偶矩不变的情况下,可以随意地同时改变力偶中力的大小及力偶臂的长短,而不会影响力偶对刚体的作用效果。

　　按照以上推论,只要给定力偶矩的大小及正负符号,力偶的作用效果就确定了,至于力偶中力的大小、力臂的长短如何,都是无关紧要的。根据以上推论就可以在保持力偶矩不变的条件下,把一个力偶等效地变换成另一个力偶。例如在图 3-17 中所进行的变换就是这样的等效变换。

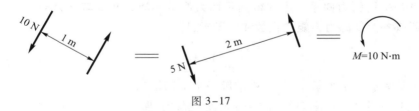

图 3-17

　　以后,可以这样表示力偶:用一圆弧箭头表示力偶的转向,箭头旁边标出力偶矩的值即可。

§3-4　平面力偶系的合成与平衡条件

3-4-1　平面力偶系的合成

设物体上的同一平面内作用 n 个力偶 $(\boldsymbol{F}_1,\boldsymbol{F}_1')$,$(\boldsymbol{F}_2,\boldsymbol{F}_2')$,$\cdots$,$(\boldsymbol{F}_n,\boldsymbol{F}_n')$,其

力偶矩分别为 $M_1, M_2, \cdots, M_n$。各力偶所产生的转动效果的总和与一个矩为 M 的力偶所产生的转动效果相同,如图 3-18 所示。称此力偶为力偶系的合力偶,且合力偶矩 M 应为

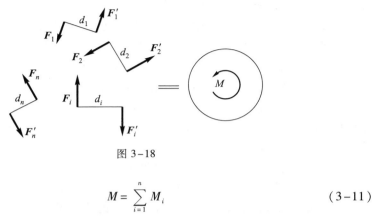

图 3-18

$$M = \sum_{i=1}^{n} M_i \qquad (3-11)$$

于是,可得结论如下:

平面力偶系可以合成为一个合力偶,此合力偶的力偶矩等于力偶系中各力偶的力偶矩的代数和。

3-4-2　平面力偶系的平衡条件

平面力偶系可以用它的合力偶来等效代换,因此,合力偶的力偶矩为零,则力偶系是平衡的力偶系。由此得到平面力偶系平衡的必要与充分条件是:力偶系中所有各力偶的力偶矩的代数和等于零,即

$$\sum_{i=1}^{n} M_i = 0 \qquad (3-12)$$

平面力偶系有一个平衡方程,可以求解一个未知量。

【例 3-5】　三铰刚架如图 3-19 所示,求在力偶矩为 M 的力偶作用下,支座 A 和 B 的约束力。

【解】　(1) 取分离体,作受力图。取三铰刚架为分离体,其上受到力偶及支座 A 和 B 的约束力的作用。由于 BC 是二力杆,支座 B 的约束力 F_B 的作用线应在铰 B 和铰 C 的连线上,其指向假定如图。支座 A 的约束力 F_A 的作用线是未知的。考虑到力偶只能用力偶来与之平衡,由此断定 F_A 与 F_B 必定组成一力偶。即 F_A 与

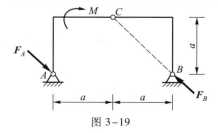

图 3-19

F_B 平行,且大小相等方向相反,如图 3-19 所示。

（2）列平衡方程,求解未知量。分离体在两个力偶作用下处于平衡,由力偶系的平衡条件,有

$$\sum M = 0, \qquad -M + \sqrt{2}\, aF_A = 0$$

解得

$$F_A = F_B = M/(\sqrt{2}\, a)$$

§3-5　力的等效平移

力的等效平移是进行力系简化的手段。力的平移定理给出了力等效平移所应满足的条件。

力的平移定理:作用在刚体上点 A 的力 F 可以等效地平移到此刚体上的任意一点 B,但必须附加一个力偶,附加力偶的力偶矩等于原来的力 F 对新的作用点 B 的矩。

下面分析定理的正确性。已知力 F 作用在刚体的 A 点上,在刚体上任选一点 B(图 3-20a),为了将力 F 等效地平移到点 B,在点 B 加两个等值反向的平行力 F' 和 F'',并使 $F = F' = F''$,如图 3-20b 所示。因为 F' 与 F'' 对物体的作用效果互相抵消,所以,力系(F,F',F'')与力 F 等效。其中力 F 和 F'' 构成一个力偶,于是,这三个力所组成的力系可以看成是作用在 B 点的一个力 F' 和一个力偶(F,F''),如图 3-20c 所示。称此力偶为附加力偶,附加力偶的力偶矩为

$$M = \pm Fd$$

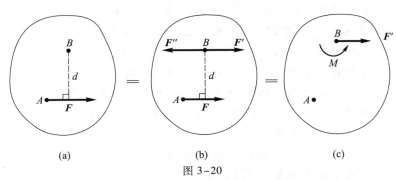

图 3-20

其中 d 是附加力偶的力偶臂,它等于点 B 到力 F 作用线的距离,故附加力偶矩就等于力 F 对 B 点的矩,即

$$M = M_B(F) = \pm Fd \tag{3-13}$$

这样,原来作用在点 A 的力 F,现在被一个作用在点 B 的力 F' 和一个力偶

M 等效代替,从而实现了力的等效平移。

力的平移定理不仅是力系向一点简化的工具,而且可以用来解释一些实际问题。例如图 3-21a 所示一厂房立柱,在立柱的突出部分(牛腿)承受吊车梁施加的压力 F。力 F 与柱轴线的距离为 e,称为偏心距。按力的平移定理,可将力 F 等效地平移到立柱的轴线上,同时附加一 $M=-Fe$ 的附加力偶,如图 3-21b 所示。移动后可以清楚地看到,力 F' 使柱产生压缩变形;力偶 M 使立柱产生弯曲变形。说明力 F 所引起的变形是压缩和弯曲两种变形的组合。

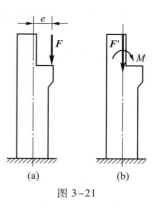

图 3-21

小　结

(1)平面汇交力系简化的结果是一合力。合力作用于力系的汇交点。确定合力大小和方向的解析法是:由合力投影定理求合力在两个相互垂直的坐标轴上投影,然后按式(3-5)求出合力的大小和方向。

(2)平面汇交力系的平衡条件是力系的合力为零,即合力 F_R 在两个相互垂直的坐标轴上的投影 F_{Rx} 和 F_{Ry} 同时为零。

应用平衡条件解题,在作受力分析时,需要假定未知力的指向,通过求解平衡方程(3-7)得到未知力的大小,并根据所求得的未知的正负号来判定假定的指向与实际的指向是否相同。

(3)力偶与力都是物体间相互的机械作用,力偶的作用效果是改变物体的转动状态。力偶无合力,不能用一个力等效代换,也不能与一个力平衡。力偶只能用力偶来平衡。这是力偶的第一性质。

(4)力使物体转动的效果与转动中心(矩心)的位置有关。力偶使物体转动的效果与转动中心的位置无关,完全由力偶矩这个代数量唯一地确定。这是力偶的第二性质。这一性质阐明了力对点的矩与力偶矩之间的共性和特性,并揭示了两个力偶等效的条件。

(5)平面力偶系可以合成为一合力偶,合力偶矩等于各力偶矩的代数和。合力偶矩为零是平面力偶系平衡的必要与充分条件。

思　考　题

3-1　已知力 F 在 x 轴上的投影为 F_x,又知力 F 沿 x 轴方向的分力大小为 $2F_x$。试问力

F 的另一个分力大小和方向与力矢 F 有何关系？

3-2　某平面汇交力系满足条件 $\sum F_x = 0$，试问此力系合成后，可能是什么结果？

3-3　建立力对点的矩的概念时，是否考虑了加力时物体的运动状态？是否考虑了加力时物体上有无其他力的作用？在图中所示的圆轮上点 A 作用有一力 F。

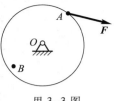

思 3-3 图

（1）加力时圆轮静止。

（2）加力时圆轮以角速度 ω 转动。

（3）加力时点 B 还受到一水平 F' 的作用。

试问在这三种情况下，力 F 对转轴 O 的矩是否相同？

若轮转动，是力 F 单独作用的结果吗？

3-4　上题图中所示的圆轮只能绕轴 O 转动，试问可以计算力 F 对轮上任意点 B 的矩吗？它的意义是什么？

3-5　半径为 R 的圆轮可绕轴 O 转动。轮上作用一力偶矩为 M 的力偶和一个与轮缘相切的力 F（如图所示）。在力偶和力的作用下，圆轮处于平衡状态。

（1）这是否说明力偶可以用一力来与之平衡？

（2）试求轴 O 的反力的大小和方向。

3-6　在图中，$F = 30$ N，$M = 30$ N·m。试问以下说法对吗？为什么？

（1）受此力和力偶的作用，物体一定顺时针转动。

（2）如果适当地改变力 F 的大小、方向和作用点，有可能使物体处于平衡状态。

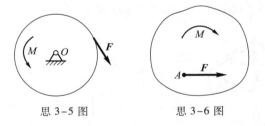

思 3-5 图　　　　思 3-6 图

3-7　对题 3-6 中的力和力偶，利用力的平移定理，将它们等效地转换为一力，并给出此力的大小和作用线位置。

3-8　平衡是一种受力状态，还是一种运动状态？

习　题

3-1　由 F_1、F_2、F_3 三个力组成的平面汇交力系如图所示。已知 $F_1 = 2$ kN，$F_2 = 2.5$ kN，$F_3 = 1.5$ kN。求该力系的合力。

3-2　平面汇交力系如图所示。$F_1 = 600$ N，$F_2 = 300$ N，$F_3 = 400$ N。求力系的合力。

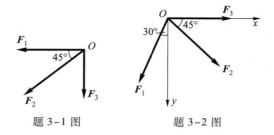

题 3-1 图　　　　　　　　题 3-2 图

3-3　图示简易起重机由吊臂 BC 和钢索 AB 组成。起吊重物重 W，W=5 kN，不计构件自重，求吊臂 BC 所受的力。

3-4　图示铰接三角支架悬挂一重物，重为 W=10 kN。已知 AB=AC=2 m，BC=1 m。求杆 AC 和 BC 所受的力。（提示：用平面汇交力系平衡的几何条件求解。）

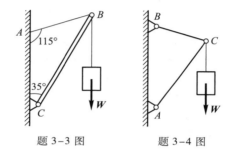

题 3-3 图　　　　　　　　题 3-4 图

3-5　铰接起重架的铰 C 处装有一小滑轮，绳索绕过滑轮，一端固定于墙上，另一端吊起重为 W=20 kN 的重物。试按图中给定的角度求杆 AC 和 BC 所受的力。

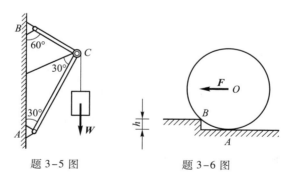

题 3-5 图　　　　　　　　题 3-6 图

3-6　图示压路机的碾子重 20 kN，半径 R=40 cm。由作用在碾子中心 O 的水平力 F 将其拉过高 h=8 cm 的石块，求水平力 F 的大小。如果要使作用力 F 为最小，问应沿哪个方向拉？并求此最小作用力的大小。

3-7　两根相同的圆钢管放在斜面上，并在管的两端用铅垂的挡板挡住，如图所示。每根圆钢管重 4 kN，求挡板所受的压力。

3-8　压榨机受力图如图所示。在铰 A 处加水平力 F，使压块 C 压紧物体 D。压块 C 与墙面为光滑接触。求物体 D 所受的压力。

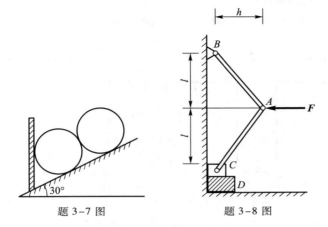

题 3-7 图　　　　题 3-8 图

3-9　按图中给定的条件,计算力 F 对 A 点的矩。

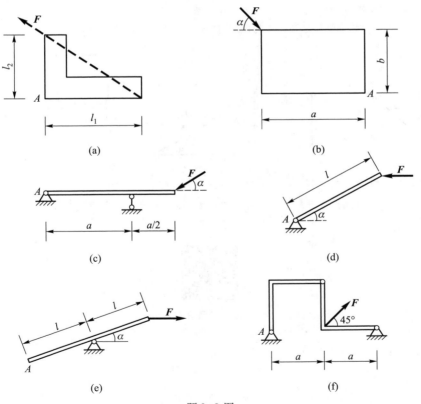

(a)　　　　(b)

(c)　　　　(d)

(e)　　　　(f)

题 3-9 图

3-10　T型板上受三个力偶的作用。已知 $F_1 = 50$ N，$F_2 = 40$ N，$F_3 = 30$ N。试按图中给定的尺寸求合力偶的力偶矩。

3-11　图示刚架 AB 上受一力偶的作用，其力偶矩 M 为已知。求支座 A 和 B 的约束力。

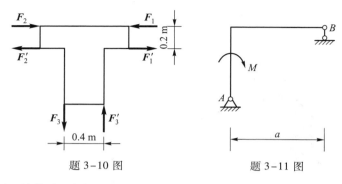

题 3-10 图　　　　　　　　　题 3-11 图

3-12　图示结构受一力偶矩为 M 的力偶作用，求支座 A 的约束力。

3-13　图示机构的连杆 O_2A 和 O_1B 上各作用一已知的力偶，使机构处于平衡状态。已知 $O_1B = r$，求支座 O_1 的约束力及连杆 O_2A 的长度。

3-14　图示结构受一已知力偶的作用，试求铰 A 和铰 E 的约束力。

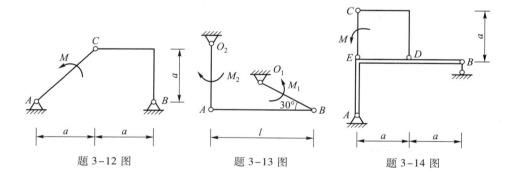

题 3-12 图　　　　　　　　　题 3-13 图　　　　　　　　　题 3-14 图

A3　习题答案

第四章

平面任意力系的简化与平衡方程

力系中各力的作用线都在同一平面内,且任意地分布,这样的力系称为**平面任意力系**。

平面力系的简化问题是具有普遍代表性的,通过对平面力系的研究,可以掌握最一般力系的简化与平衡问题,为本书中其他类型结构的力学分析奠定基础,是起到承上启下作用的基本方法。

在工程实际中经常遇到平面任意力系的问题。例如图 4-1 所示的简支梁受有外荷载及支座约束力的作用,这个力系就是平面任意力系。

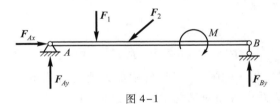

图 4-1

有些结构所受的力系本不是平面任意力系,但可以简化为平面任意力系来处理。例如图 4-2 所示的屋架,在忽略它与其他屋架之间的联系之后,单独分离出来,视为平面结构来考虑。这时屋架上的荷载及支座约束力都作用在屋架自身平面内,组成一平面任意力系。

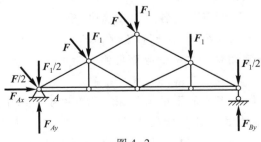

图 4-2

当物体所受的力对称于某一平面时,也可以简化为平面任意力系来处理。事实上,工程中的多数问题都简化为平面任意力系问题来解决。所以,本章的内容在工程实践中有重要的意义。

§4-1 平面任意力系向一点的简化·主矢和主矩

设物体受平面任意力系作用,该力系由 F_1、F_2、F_3 三个力组成,如图 4-3a 所示。在力系作用面内任选一点 O,将各力向点 O 简化。称点 O 为简化中心。应用力的平移定理,将各力向简化中心 O 等效平移,得到汇交于点 O 的力 F_1'、F_2'、F_3',其中

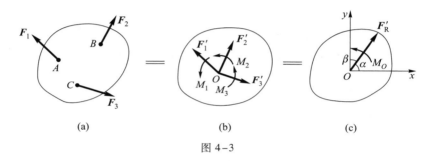

图 4-3

$$F_1' = F_1, \qquad F_2' = F_2, \qquad F_3' = F_3$$

此外,还应附加相应的附加力偶,各附加力偶的力偶矩用 M_1、M_2、M_3 表示,它们分别等于原力系中各力对简化中心 O 之矩,即

$$M_1 = M_O(F_1), \qquad M_2 = M_O(F_2), \qquad M_3 = M_O(F_3)$$

这样,就将给定的平面任意力系通过力的等效平移转化为给定的平面汇交力系和力偶系,如图 4-3b 所示。平面任意力系的简化问题转化为平面汇交力系和平面力偶系的简化问题。

对力 F_1'、F_2'、F_3' 所组成的平面汇交力系,可简化为作用于简化中心 O 的一个力 F_R',该力的矢量等于 F_1'、F_2'、F_3' 各力的矢量和,即

$$F_R' = F_1' + F_2' + F_3' = F_1 + F_2 + F_3$$

式中 F_R' 称为**平面任意力系的主矢**。**平面任意力系的主矢等于力系中各力的矢量和。**

由三个附加力偶所组成的平面力偶系,可简化为一个力偶,此力偶的矩用 M_O 表示,它等于各附加力偶矩的代数和,即

$$M_O = M_1 + M_2 + M_3 = M_O(F_1) + M_O(F_2) + M_O(F_3)$$

式中 M_O 称为平面任意力系相对于简化中心 O 的主矩。**平面任意力系对简化中心 O 的主矩等于力系中各力对简化中心 O 之矩的代数和。**

在一般情况下,平面任意力系由 n 个力组成,则该力系向任意点 O 简化的主矢和主矩应分别为

$$F'_R = \sum_{i=1}^{n} F_i \tag{4-1}$$

$$M_O = \sum_{i=1}^{n} M_O(F_i) \tag{4-2}$$

于是,对平面任意力系向任一点简化的结果可以总结如下:

在一般情况下,平面任意力系向平面内任选的简化中心简化,可以得到一个力和一个力偶。此力作用在简化中心,它的矢量等于力系中各力的矢量和,称为平面任意力系的主矢。此力偶的矩等于力系中各力对简化中心的矩的代数和,称为平面任意力系相对于简化中心的主矩。

力系的主矢可以用解析的方法求得。按图 4-3c 中所选定的坐标系,有

$$\left. \begin{aligned} F_{Rx} &= \sum_{i=1}^{n} F_{xi} \\ F_{Ry} &= \sum_{i=1}^{n} F_{yi} \end{aligned} \right\} \tag{4-3}$$

$$F'_R = \sqrt{F_{Rx}^2 + F_{Ry}^2} = \sqrt{\left(\sum F_{xi}\right)^2 + \left(\sum F_{yi}\right)^2} \tag{4-4}$$

$$\left. \begin{aligned} \cos \alpha &= \frac{F_{Rx}}{F'_R} \\ \cos \beta &= \frac{F_{Ry}}{F'_R} \end{aligned} \right\} \tag{4-5}$$

式中 F_{xi} 和 F_{yi} 是力 F_i 在 x 轴和 y 轴上的投影;α 和 β 分别代表主矢 F'_R 与 x 和 y 轴正向的夹角。

力系的主矩可以直接用式(4-2)求得。

必须注意的是:

(1)在一般情况下,平面任意力系等效于一力和一力偶。由此判定:主矢 F'_R 一般不与原力系等效,不是原力系的合力;附加力偶系的合力偶 M,一般不与原力系等效,不是原力系的合力偶。

(2)主矢 F'_R 由力系中各力的矢量和确定,所以,**主矢与简化中心的位置无关**。对于给定的力系,选取不同的简化中心,所得主矢相同。

(3)主矩 M_O 的数值由力系中各力对简化中心 O 的矩的代数和确定,简化中心 O 的位置不同,各力对点 O 的矩不同,所以,主矩一般与简化中心的位置有

关。对于给定的力系,选取不同的简化中心,所得主矩一般不同。

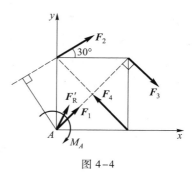

图 4-4

【例 4-1】   在边长为 $a = 1$ m 的正方形的四个顶点上,作用有 F_1、F_2、F_3、F_4 四个力(图 4-4)。已知 $F_1 = 40$ N, $F_2 = 60$ N, $F_3 = 60$ N, $F_4 = 80$ N。试求该力系向点 A 简化的结果。

【解】   选坐标系如图 4-4 所示。

求力系的主矢 F'_R

$$
\begin{aligned}
F_{Rx} &= F_{x1} + F_{x2} + F_{x3} + F_{x4} \\
&= F_1 \cos 45° + F_2 \cos 30° + F_3 \sin 45° - F_4 \cos 45° \\
&= 66.10 \text{ N}
\end{aligned}
$$

$$
\begin{aligned}
F_{Ry} &= F_{y1} + F_{y2} + F_{y3} + F_{y4} \\
&= F_1 \sin 45° + F_2 \sin 30° - F_3 \cos 45° + F_4 \sin 45° \\
&= 72.42 \text{ N}
\end{aligned}
$$

$$
F'_R = \sqrt{F_{Rx}^2 + F_{Ry}^2} = 98.05 \text{ N}
$$

$$
\cos \alpha = \frac{F_{Rx}}{F'_R} = 0.67
$$

$$
\cos \beta = \frac{F_{Ry}}{F'_R} = 0.74
$$

解得主矢与 x 和 y 轴正向夹角为

$$
\alpha = 47.93°, \qquad \beta = 42.27°
$$

力系相对于简化中心 A 的主矩的大小为

$$
\begin{aligned}
M_A &= \sum_{i=1}^{4} M_A(F_i) \\
&= -F_2 a \cos 30° - F_3 a / \cos 45° + F_4 a \sin 45° \\
&= -80.24 \text{ N} \cdot \text{m}
\end{aligned}
$$

负号表明力偶为顺时针转向。

§4-2   平面任意力系简化结果的讨论

平面任意力系向简化中心 O 简化,一般得一力和一力偶(图 4-5a)。可能出现的情况有四种:

(1) $F'_R \neq 0$, $M_O = 0$;

（2）$F_R' \neq \mathbf{0}$，$M_O \neq 0$；

（3）$F_R' = \mathbf{0}$，$M_O \neq 0$；

（4）$F_R' = \mathbf{0}$，$M_O = 0$。

下面逐一进行讨论。

1. 主矢不为零，主矩为零

$$F_R' \neq \mathbf{0}, \qquad M_O = 0$$

在这种情况下，由于附加力偶系的合力偶矩为零，原力系只与一个力等效，因此在这种特殊情况下，力系简化为一合力，此合力的矢量即为力系的主矢 F_R'，合力作用线通过简化中心 O。

2. 主矢、主矩均不为零

$$F_R' \neq \mathbf{0}, \qquad M_O \neq 0$$

在这种情况下，力系等效于一作用于简化中心 O 的力 F_R' 和一力偶矩为 M_O 的力偶。由力的平移定理知，一个力可以等效地变换成为一个力和一个力偶；那么，反过来，也可将一力和一力偶等效地变换成为一个力。作法如下：

将力偶矩为 M_O 的力偶用两个力 F_R 和 F_R'' 表示，并使 $F_R' = F_R = F_R''$，F_R'' 作用在点 O，F_R 作用在点 O_1，如图 4-5b 所示。F_R' 与 F_R'' 组成一平衡力系，将其去掉后得到作用于 O_1 点的 F_R（图 4-5c）。力 F_R 与原力系等效，是原力系的合力。

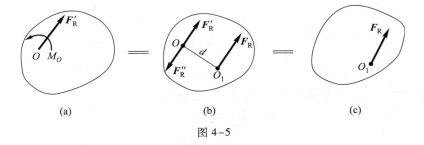

(a)   (b)   (c)

图 4-5

可见，当主矢和主矩均不为零时，可进一步简化为一合力。合力 F_R 与主矢 F_R' 具有相同的大小和方向。合力作用线不通过简化中心 O，而是位于主矢 F_R' 的一侧，使得合力 F_R 对 O 点的矩与主矩 M_O 具有相同的正负号，且合力 F_R 与主矢 F_R' 间的距离 d 可由下式确定：

$$d = \frac{|M_O|}{F_R'} \tag{4-6}$$

借助这个分析过程，可推导出合力矩定理。

由图 4-5b 可知，合力 F_R 对 O 点的矩为

$$M_O(F_R) = F_R \cdot d = M_O$$

而 M_O 是力系中各力(分力)对 O 点的矩的代数和

$$M_O = \sum_{i=1}^{n} M_O(\boldsymbol{F}_i)$$

所以

$$M_O(\boldsymbol{F}_R) = \sum_{i=1}^{n} M_O(\boldsymbol{F}_i) \tag{4-7}$$

因为简化中心 O 是任选的,上式有普遍意义。

于是,得合力矩定理如下:**平面任意力系的合力对作用面内任意一点的矩等于力系中各力对同一点的矩的代数和。**

这里针对平面任意力系推导的合力矩定理适用于各种力系。

【例 4-2】 求例 4-1 中所给定的力系的合力作用线。

【解】 在例 4-1 中已求出力系向点 A 简化的结果,且主矢和主矩都不为零。这说明力系可简化为一合力 $\boldsymbol{F}_R$,该力系的合力为

$$\boldsymbol{F}_R = \boldsymbol{F}_R'$$

只要求出合力 $\boldsymbol{F}_R$ 的作用线与 x 轴的交点 K 的坐标 x_K,则合力作用线位置就完全确定。设想将合力 $\boldsymbol{F}_R$ 沿作用线移至 K 点,并分解为两个分力 $\boldsymbol{F}_{Rx}$ 和 $\boldsymbol{F}_{Ry}$,如图 4-6 所示。根据合力矩定理

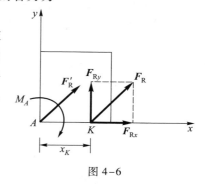

图 4-6

$$\begin{aligned}
M_A &= \sum M_A(\boldsymbol{F}_i) \\
&= M_A(\boldsymbol{F}_R) \\
&= M_A(\boldsymbol{F}_{Rx}) + M_A(\boldsymbol{F}_{Ry})
\end{aligned}$$

M_A 是力系向点 A 简化的主矩,而 $M_A(\boldsymbol{F}_{Rx}) = 0$,所以有

$$M_A = M_A(\boldsymbol{F}_{Ry}) = F_{Ry} x_K$$

解得

$$x_K = \frac{M_A}{F_{Ry}} = \frac{-80.24}{72.42} \text{ m} = -1.11 \text{ m}$$

式中负号表明 K 点在坐标原点 A 的左侧。

3. 主矢为零,主矩不为零

$$\boldsymbol{F}_R' = \boldsymbol{0}, \qquad M_O \neq 0$$

在这种情况下,平面任意力系中各力向简化中心等效平移后,所得到的汇交力系是平衡力系,原力系与附加力偶系等效。原力系简化为一合力偶,该力偶的矩就是原力系相对于简化中心 O 的主矩 M_O。由于原力系等效于一力偶,而力偶对平面内任意一点的矩都相同,因此当力系简化为一力偶时,主矩与简化中心

的位置无关,向不同点简化,所得主矩相同。

4. 主矢与主矩均为零

$$F'_R = 0, \qquad M_O = 0$$

在这种情况下,平面任意力系是一个平衡力系。下节将对此详细讨论。

总之,对不同的平面任意力系进行简化,综合起来其最后结果只有三种可能性:

(1)合力;

(2)合力偶;

(3)平衡。

§4-3   平面任意力系的平衡条件·平衡方程

当平面任意力系的主矢和主矩都等于零时,说明力系向简化中心等效平移后,施加在简化中心 O 的汇交力系是平衡力系,附加力偶系也是平衡力系,所以该平面任意力系一定是平衡力系。于是得知,**平面任意力系的主矢和主矩同时为零**,即

$$\left.\begin{array}{l} F'_R = 0 \\ M_O = 0 \end{array}\right\} \tag{4-8}$$

是平面任意力系平衡的必要与充分条件。

上述平衡条件可以用解析式等价地表示。$F'_R = 0$ 等价于

$$F_{Rx} = 0 \text{ 和 } F_{Ry} = 0$$

$M_O = 0$ 等价于

$$\sum_{i=1}^{n} M_O(\boldsymbol{F}_i) = 0$$

于是,式(4-8)可写作

$$\left.\begin{array}{l} \displaystyle\sum_{i=1}^{n} F_{xi} = 0 \\[2mm] \displaystyle\sum_{i=1}^{n} F_{yi} = 0 \\[2mm] \displaystyle\sum_{i=1}^{n} M_O(\boldsymbol{F}_i) = 0 \end{array}\right\} \tag{4-9}$$

由此得出结论:**平面任意力系平衡的必要与充分条件可解析地表达为:力系中所有各力在两个任选的坐标轴中每一轴上的投影的代数和分别等于零,以及各力对任意一点的矩的代数和等于零。**

式(4-9)称为**平面任意力系的平衡方程**。该方程组是由两个投影方程和一

个取矩方程所组成的,称为一矩式平衡方程。平面任意力系的平衡方程(4-9)中有三个方程,只能求解三个未知数。

【例4-3】 图4-7a所示的刚架 AB 受均匀分布的风荷载的作用,单位长度上承受的风压为 $q(\mathrm{N/m})$,称 q 为均布荷载集度。给定 q 和刚架尺寸,求支座 A 和 B 的约束力。

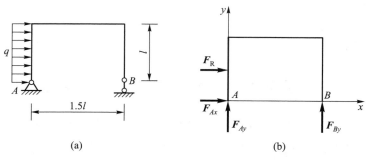

图4-7

【解】 (1)取分离体,作受力图。取刚架 AB 为分离体。它所受的分布荷载用其合力 $\boldsymbol{F}_\mathrm{R}$ 来代替,合力 $\boldsymbol{F}_\mathrm{R}$ 的大小等于荷载集度 q 与荷载作用长度之积,即

$$F_\mathrm{R} = ql$$

合力 $\boldsymbol{F}_\mathrm{R}$ 作用在均布荷载作用线的中点。固定铰支座 A 的约束力为 $\boldsymbol{F}_{Ax}$ 、 $\boldsymbol{F}_{Ay}$,链杆支座 B 的约束力为 $\boldsymbol{F}_{By}$ 。受力图如图4-7b所示。

(2)列平衡方程,求解未知力。刚架受平面任意力系的作用,三个支座约束力是未知量,可由平衡方程求出。取坐标轴如图4-7b所示。列平衡方程

$$\sum F_x = 0, \qquad F_\mathrm{R} + F_{Ax} = 0 \qquad\qquad (\mathrm{a})$$

$$\sum F_y = 0, \qquad F_{By} + F_{Ay} = 0 \qquad\qquad (\mathrm{b})$$

$$\sum M_A(\boldsymbol{F}) = 0, \qquad 1.5lF_{By} - 0.5lF_\mathrm{R} = 0 \qquad\qquad (\mathrm{c})$$

由(a)式解得

$$F_{Ax} = -F_\mathrm{R} = -ql$$

由(c)式解得

$$F_{By} = \frac{1}{3}ql$$

将 F_{By} 的值代入(b)式,得

$$F_{Ay} = -F_{By} = -\frac{1}{3}ql$$

负号说明约束力 $\boldsymbol{F}_{Ay}$ 的实际方向与受力图中假设的方向相反。

【例4-4】 图4-8所示构件的 A 端为固定端, B 端自由,求在已知外力的作

用下,固定端 A 的约束力。

【解】　（1）取分离体,作受力图。
取构件 AB 为分离体,其上除作用有已
知主动力外,固定端约束力为 $\pmb{F}_{Ax}$、$\pmb{F}_{Ay}$
和约束力偶 M_A。

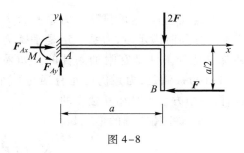

图 4-8

（2）列平衡方程,求解未知量。
取坐标轴如图所示。因为力偶在任何
轴上的投影为零,所以投影方程为

$$\sum F_x = 0 , \qquad F_{Ax} - F = 0 \qquad\qquad (\text{a})$$

$$\sum F_y = 0 , \qquad F_{Ay} - 2F = 0 \qquad\qquad (\text{b})$$

在列取矩方程时,可选未知力的交点 A 为矩心,矩方程为

$$\sum M_A(\pmb{F}) = 0 , \qquad M_A - 2F \cdot a - F \cdot \frac{a}{2} = 0 \qquad (\text{c})$$

由（a）、（b）、（c）式解得

$$F_{Ax} = F$$

$$F_{Ay} = 2F$$

$$M_A = 2.5Fa$$

在以上各例的求解中,都是取未知力的交点为矩心,力求减少每一平衡方程
中未知力的数目。否则,不但平衡方程中的项数增多,而且导致求解联立方程,
增大了计算工作量。

平面任意力系的平衡方程还可以写成二矩式和三矩式的形式。

二矩式平衡方程的形式是

$$\left.\begin{array}{l} \displaystyle\sum_{i=1}^{n} M_A(\pmb{F}_i) = 0 \\[2mm] \displaystyle\sum_{i=1}^{n} M_B(\pmb{F}_i) = 0 \\[2mm] \displaystyle\sum_{i=1}^{n} F_{xi} = 0 \end{array}\right\} \qquad (4\text{-}10)$$

其中**矩心 A 和 B 两点的连线不能与 x 轴垂直**。

方程组式（4-10）也是平面任意力系平衡的必要与充分条件,作为平衡的必
要条件,是十分明显的。下面对条件的充分性作一解释:当力系满足条件
$\sum M_A(\pmb{F}) = 0$ 时,说明这个力系不可能简化为一个力偶;或者是通过点 A 的一合
力,或者平衡。如果力系同时又满足条件 $\sum M_B(\pmb{F}) = 0$,则这个力系或有一通过
A、B 两点连接的合力,或者平衡。如果力系又满足 $\sum F_x = 0$,其中 x 轴不与 A、B

两点的连线垂直,这就排除了力系有合力的可能性。由此断定,当式(4-10)的三个方程同时满足时,力系一定是平衡力系。但须注意,式(4-10)作为平衡的必要与充分条件是有附加条件的。如果 x 轴垂直矩心 A、B 两点的连线,即便式(4-10)被满足,力系仍可能有通过两个矩心的合力,而不一定是平衡力系。这时,三个方程不是相互独立的。

三矩式平衡方程的形式是

$$\left. \begin{array}{l} \sum\limits_{i=1}^{n} M_A(\boldsymbol{F}_i) = 0 \\[2mm] \sum\limits_{i=1}^{n} M_B(\boldsymbol{F}_i) = 0 \\[2mm] \sum\limits_{i=1}^{n} M_C(\boldsymbol{F}_i) = 0 \end{array} \right\} \tag{4-11}$$

其中 A、B、C **三点不能共线**。

在对三个矩心附加上述条件后,式(4-11)是平面任意力系平衡的必要充分条件。读者可参考对式(4-10)的论证方法对其充分性作出解释。

这样,平面任意力系共有三种不同形式的平衡方程组,每一组方程中都只含有三个独立的方程,都只能求解三个未知量。应用时可根据问题的具体情况,选用不同形式的平衡方程组,以达到计算方便的目的。

下面举例说明多矩平衡方程的应用。

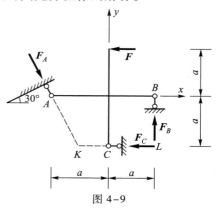

图 4-9

【**例 4-5**】 十字交叉梁用三个链杆支座固定,如图 4-9 所示。求在水平力 $\boldsymbol{F}$ 的作用下各支座的约束力。

【**解**】 (1)取分离体,作受力图。取十字交叉梁为分离体,其上受主动力 $\boldsymbol{F}$、约束力 $\boldsymbol{F}_A$、$\boldsymbol{F}_B$、$\boldsymbol{F}_C$ 的作用。

(2)列平衡方程,求解未知力。下面分别用二矩式和三矩式平衡方程求解。

用二矩式平衡方程求解:

分别以约束力 $\boldsymbol{F}_C$ 和 $\boldsymbol{F}_B$ 的交点 L 及点 B 为矩心,列平衡方程

$$\sum M_L(\boldsymbol{F}) = 0 , \quad 2aF + 2aF_A\cos 30° - aF_A\sin 30° = 0 \tag{a}$$

$$\sum M_B(\boldsymbol{F}) = 0 , \quad aF - aF_C + 2aF_A\cos 30° = 0 \tag{b}$$

$$\sum F_y = 0 , \quad F_B - F_A\cos 30° = 0 \tag{c}$$

解得

$$F_A = -1.62F$$
$$F_B = -1.40F$$
$$F_C = -1.81F$$

如果投影方程(c)选用 $\sum F_x = 0$，就违背了二矩式平衡方程的附加条件，方程中不包含 F_B，故不能求出 F_B 的值。

用三矩式平衡方程求解：

取 L、K、A 三点为矩心，列平衡方程

$$\sum M_L(\boldsymbol{F}) = 0, \quad 2aF + 2aF_A\cos 30° - aF_A\sin 30° = 0 \tag{a}$$

$$\sum M_K(\boldsymbol{F}) = 0, \quad 2aF + (a + CK)F_B = 0 \tag{b}$$

$$\sum M_A(\boldsymbol{F}) = 0, \quad aF + 2aF_B - aF_C = 0 \tag{c}$$

式中

$$CK = a\left(1 - \frac{1}{\sqrt{3}}\right) = 0.426a$$

解得 F_A、F_B、F_C 的值与前面结果相同。

§4-4　平面平行力系的平衡方程

力系中各力的作用线在同一平面内且相互平行，这样的力系称为**平面平行力系**。平面汇交力系、平面力偶系、平面平行力系都是平面任意力系的特殊情况。这三种力系的平衡方程都可以作为平面任意力系平衡方程的特例而导出。下面导出平行力系的平衡方程。

如图4-10所示，物体受由 n 个力所组成的平面平行力系作用。若选 x 轴与各力垂直，y 轴与各力平行，则无论力系是否平衡，方程

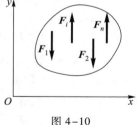

图4-10

$$\sum_{i=1}^{n} F_{xi} = 0$$

都自然得到满足，不再具有判断平衡与否的功能。于是，平面任意力系的平衡方程式(4-9)中的后两个方程

$$\left. \begin{array}{l} \sum\limits_{i=1}^{n} F_{yi} = 0 \\[2mm] \sum\limits_{i=1}^{n} M_O(\boldsymbol{F}_i) = 0 \end{array} \right\} \tag{4-12}$$

为平面平行力系的平衡方程。

平面平行力系的平衡方程也可以写成二矩式平衡方程的形式

$$\left.\begin{array}{c} \displaystyle\sum_{i=1}^{n} M_A(\boldsymbol{F}_i) = 0 \\[2mm] \displaystyle\sum_{i=1}^{n} M_B(\boldsymbol{F}_i) = 0 \end{array}\right\} \qquad (4-13)$$

其中 A、B 的连线不能与各力作用线平行，否则，式(4-13)不是平面平行力系平衡的充分条件。

平面平行力系有两个独立的平衡方程，可以求解两个未知量。

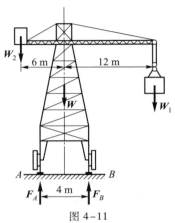

图 4-11

【例 4-6】 塔式起重机如图 4-11 所示。机架自重 $W = 700$ kN，作用线通过塔架轴线。最大起重量 $W_1 = 200$ kN，最大吊臂长为 12 m，平衡块重 W_2，它到塔架轴线的距离为 6 m。为保证起重机在满载和空载时都不翻倒，试求平衡块的重量应为多大。

【解】 (1) 取分离体，作受力图。取起重机为分离体，其上作用有主动力 W、W_1、W_2。两个轨道的约束力为 $\boldsymbol{F}_A$ 和 $\boldsymbol{F}_B$。这些力组成一个平面平行力系。

(2) 列平衡方程，求解未知力。从受力图上看，$\boldsymbol{F}_A$、$\boldsymbol{F}_B$ 和 W_2 三个力都是未知的，独立的平衡方程只有两个，求解时需利用塔架翻倒条件建立补充方程。

当起重机满载时，起重机最大起吊重量 $W_1 = 200$ kN。这时，平衡块的作用是不使塔架绕 B 轮翻倒。研究即将这样翻倒而尚未翻倒的临界平衡状态，则有补充方程 $F_A = 0$。在这个平衡状态下求得的力 W_2 值，是满载时使塔架不翻倒的最小值，用 W_{min} 来表示。列平衡方程

$$\sum M_B(\boldsymbol{F}) = 0 , (6+2)W_{min} + 2W - (12-2)W_1 = 0$$

解得

$$W_{min} = 75 \text{ kN}$$

当起重机空载时，$W_1 = 0$。这时平衡块不能过重，以免使起重机绕 A 轮翻倒。研究即将这样翻倒而尚未翻倒的临界平衡状态，有补充方程 $F_B = 0$。在这个平衡状态下求得的 W_2 值，是空载时使塔架不翻倒的最大值，用 W_{max} 来表示。列平衡方程

$$\sum M_A(\boldsymbol{F}) = 0 , \quad (6-2)W_{max} - 2W = 0$$

解得

$$W_{max} = 350 \text{ kN}$$

从对空载和满载两种临界平衡状态的研究得知，为使起重机在正常工作状态下不翻倒，平衡块重量的取值范围为

$$75 \text{ kN} \leqslant W_2 \leqslant 350 \text{ kN}$$

在工程实践中,意外因素的影响是难免的,为保障安全工作,应用中需要把理论计算的取值范围适当地缩小。

§4-5　物体系的平衡问题

图 4-12 是机械中常见的曲柄连杆机构。图 4-13 是一个拱的简图。图 4-14 是一个厂房刚架结构的简图。它们都由若干构件所组成,是物体系的工程实例。

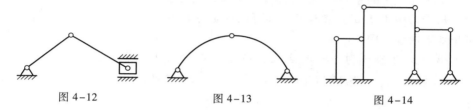

图 4-12　　　　　　图 4-13　　　　　　图 4-14

求解物体系的平衡问题具有重要的实际意义。当物体系处于平衡状态时,该体系中的每一个物体也必定处于平衡状态。如果每个物体都受平面任意力系的作用,可对每一个物体写出三个独立的平衡方程。若物体系由 n 个物体组成,则可写 $3n$ 个独立的平衡方程,可求解 $3n$ 个未知量。假如物体系中有受平面汇交力系或平面平行力系作用的物体,独立的平衡方程数目相应减少。按照上述的方法求解物体系的平衡问题,在理论上并没有任何困难。但是,针对具体问题选择有效、简便的解题途径,对初学者来说不是件容易的事情。下面通过例题来说明如何求解物体系的平衡问题及有关注意事项。

【例 4-7】　由折杆 AC 和 BC 铰接组成的厂房刚架结构如图 4-15a 所示。求固定铰支座 B 的约束力。

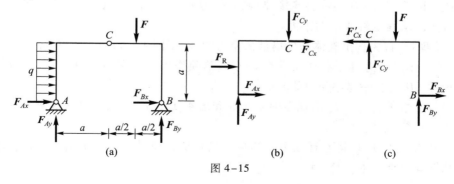

(a)　　　　　　　　(b)　　　　　　　　(c)

图 4-15

【解】　作出整体和各局部(构件 AC 和 BC)的受力图,分别如图 4-15a、b、c 所示。

待求未知力 F_{Bx}、F_{By} 出现在图 4-15a 和图 4-15c 上,可断定将从这两个受力图上求得待求未知力。

观察图 4-15a,其上有四个未知力:F_{Ax}、F_{Ay}、F_{Bx}、F_{By}。对图 4-15a 只能写出三个独立的平衡方程,不可能求出四个未知力。但 F_{Ax}、F_{Ay}、F_{Bx} 三个力汇交于点 A,对点 A 写取矩方程可求出待求力 F_{By}。

观察图 4-15c,其中有四个未知力:F_{Bx}、F_{By}、F'_{Cx}、F'_{Cy}。对图 4-15c 只能写出三个独立的平衡方程,不可能求出四个未知力。但是,如能从其他受力图上求出这四个未知力中的某一个,则另外三个未知力则可全部求出。

从受力图 4-15a 上求出 F_{By},即可以从受力图 4-15c 上求出 F_{Bx}。于是本题可按如下两步求解:

第一步:取整体为分离体,其受力图见图 4-15a,列平衡方程

$$\sum M_A(F) = 0, \quad -\frac{1}{2}qa^2 - \frac{3}{2}Fa + 2aF_{By} = 0$$

解得

$$F_{By} = \frac{1}{4}(qa + 3F)$$

第二步:取 BC 构件为分离体,其受力图见图 4-15c,列平衡方程

$$\sum M_C(F) = 0, \quad -\frac{1}{2}Fa + F_{Bx}a + F_{By}a = 0$$

代入 F_{By} 的值,解得

$$F_{Bx} = -\frac{1}{4}(qa + F)$$

如果需要,可由 $\sum F_x = 0$ 和 $\sum F_y = 0$ 两个平衡方程从受力图 4-15c 上求出铰 C 处的约束力 F'_{Cx} 和 F'_{Cy}。

【例 4-8】　图 4-16a 所示的结构由杆件 AB、BC、CD、圆轮 O、软绳和重物 E 组成。圆轮与杆 CD 用铰链连接,圆轮半径为 $r = l/2$。物 E 重为 W,其他构件不计自重。求固定端 A 的约束力。

【解】　首先作出整体和各局部的受力图,示于图 4-16a、b、c。BC 杆为二力杆,不必作出受力图。轮 O 和重物 E 不必单独作出受力图,将它们与联结滑轮的构件 CD 放在一起作受力图。

待求量 F_{Ax}、F_{Ay}、M_A 出现在图 4-16a 和图 4-16b 上,可断定将从这两个受力图上求得待求量。

观察图 4-16a,其上有五个未知量。只有从其他受力图上求出 F_{Dx}、F_{Dy},才能从图 a 上求出 F_{Ax}、F_{Ay}、M_A。

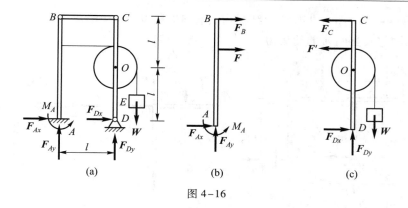

图 4-16

观察图 4-16b,其上有四个未知量。只有从其他受力图上求出 F_B,就可从图 4-16b 上求出 F_{Ax}、F_{Ay}、M_A。

因为从图 4-16a 和图 4-16b 上都不能直接解出待求量,再来观察图 4-16c。其上有三个未知力:F_C、F_{Dx}、F_{Dy},可写出三个平衡方程,解出这三个未知力。其中 $F_C = F_B$。

于是本题有两个求解方案:一是从图 4-16c 上求出 F_C,再从图 4-16b 上求出 F_{Ax}、F_{Ay}、M_A;二是从图 4-16c 上求出 F_{Dx}、F_{Dy},再从图 4-16a 上求出 F_{Ax}、F_{Ay}、M_A。第一方案需用四个平衡方程,第二方案需用五个平衡方程。现选用第一方案求解如下:

求固定端 A 的约束力可分为两步。

第一步:取杆件 CD、圆轮、绳索及重物组成的体系为分离体,如受力图 4-16c 所示,列平衡方程

$$\sum M_D(\boldsymbol{F}) = 0, \quad 2lF_C + 1.5lF' - 0.5lW = 0$$

其中 $F' = W$,解得

$$F_C = -0.5W$$

第二步,取杆件 AB 为分离体,其受力图如图 4-16b 所示,列平衡方程

$$\sum F_x = 0, \quad F_B + F + F_{Ax} = 0$$

$$\sum F_y = 0, \quad F_{Ay} = 0$$

$$\sum M_A(\boldsymbol{F}) = 0, \quad M_A - 2lF_B - 1.5lF = 0$$

其中 $F = F' = W$,$F_B = F_C = -0.5W$,解得

$$F_{Ax} = -0.5W$$

$$F_{Ay} = 0$$

$$M_A = 0.5lW$$

【例 4-9】　图 4-17a 所示结构由折杆 AB 和 DC 铰接组成。按图示尺寸和荷载求固定铰支座 A 的约束力。

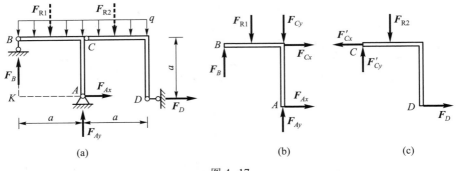

图 4-17

【解】　作整体和各局部的受力图分别如图 4-17a、b、c 所示。二杆件上的均布荷载分别用其合力 F_{R1} 和 F_{R2} 表示，且 $F_{R1} = F_{R2} = qa$。

如从整体受力图 4-17a 上求支座 A 的约束力，需事先求出链杆支座 D 的约束力 F_D；如从杆 AB 的受力图 4-17b 上求支座 A 的约束力，需要事先求出铰 C 处的约束力 F_{Cx}、F_{Cy}。选用前一方案求解如下：

第一步：取构件 CD 为分离体，受力图如图 4-17c 所示。列平衡方程

$$\sum M_C(F) = 0, \quad F_D \cdot a - F_{R2} \cdot \frac{a}{2} = 0$$

解得

$$F_D = \frac{F_{R2}}{2} = \frac{1}{2}qa$$

第二步：取整体为分离体，受力图如图 4-17a 所示。列平衡方程

$$\sum F_x = 0, \quad F_{Ax} + F_D = 0$$

解得

$$F_{Ax} = -\frac{1}{2}qa$$

为求约束力 F_{Ay}，可选约束力 F_B 和 F_D 的作用线的交点 K 为矩心，由平衡方程

$$\sum M_K(F) = 0, \quad F_{Ay} \cdot a - F_{R1} \cdot \frac{a}{2} - F_{R2} \cdot \frac{3a}{2} = 0$$

解得

$$F_{Ay} = 2qa$$

从上面的例题可以看到，物体系的平衡问题比单个物体的平衡问题复杂一

些。将解决物体系平衡问题的思路和注意事项总结如下：

（1）解决物体系统的平衡问题时，应该针对问题的具体条件和要求，构思合理的解题思路。要在了解整体和各局部受力情况的基础上，恰当地选取分离体，恰当地选择平衡方程。列方程时，要选择适当的投影轴和矩心，尽量使不需要求的未知量不出现在所列的方程中。盲目地对体系中每一物体都写出三个平衡方程，最终也能得到问题的解答，但这样做工作量大，易于出错，不利于培养分析问题和解决问题的能力。

（2）正确地分析物体系整体和各局部的受力情况，正确地区分内力和外力，注意作用力与反作用力之间的关系，是解题的关键。

（3）物体系是由多个物体所组成，求解过程中一般都要选取两次以上的分离体，才能解出所要求的未知量。

§4-6　考虑摩擦的平衡问题

摩擦现象是普遍存在的，绝对光滑的接触面并不存在。置于斜面上的重物，当斜面的倾角不大时，重物一般不会下滑。只有当摩擦足够小，在所研究的问题中其作用可以忽略不计的情况下才能将接触面视为绝对光滑的。无论在生活中还是在生产中，摩擦总是无处不在。有了摩擦，人才能行走，汽车才能开动，并能够利用制动器来刹车；在机械中，带轮用摩擦来传动；重力水坝依靠摩擦来阻止坝体的滑动等。但摩擦也有不利的一面，例如摩擦会使机器发热，会加速零件的磨损，会降低机器的效率。研究摩擦的规律，利用其有利的一面，减少其不利的影响，无疑有着重要的实际意义。

关于摩擦机理和摩擦规律的研究，已有专门学科，这里只研究滑动摩擦力的性质，以及考虑摩擦时平衡问题的解法。

4-6-1　静滑动摩擦力

放在光滑接触面上的物体，只受到沿接触面法线方向的约束。如果物体受到沿接触面切线方向的主动力的作用，无论这个力多么小，都会使物体由静止而进入运动。这说明光滑接触面不阻碍物体沿切线方向的运动。如果将重 W 的物体放在有摩擦的粗糙面上，再沿接触面的切线方向施加一力 $\boldsymbol{F}$。只要 $\boldsymbol{F}$ 的值不超过某一限度，物体仍处于平衡。这表明，在接触面处除了有沿支承面法线方向的约束力 $\boldsymbol{F}_\mathrm{N}$ 之外，必定还有一个阻碍重物沿水平方向滑动的力 $\boldsymbol{F}_\mathrm{s}$（图4-18），$\boldsymbol{F}_\mathrm{s}$ 称为**静滑动摩擦力**。当水平力 $\boldsymbol{F}$ 指向右时，静滑动摩擦力指向左。这说明：静滑动摩擦力的方向与物体相对滑动的趋势相反。这里所说的"相对滑动的趋势"是指设想不存在摩擦时,物体在主动力 F 作用下相对滑动的方向。由于在力 F 的值未超过某一限度时,物体只有相对滑动的趋势而未发生滑动,仍然处在平衡状态,所以,应由静力学平衡方程来求解静摩擦力 F_s 的大小。由平衡方程 $\sum F_x = 0$,解得 $F_s = F$。可见,静滑动摩擦力 F_s 的值随主动力 F 的增大而增大。

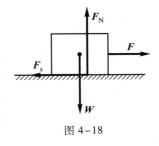

图 4-18

4-6-2   最大静滑动摩擦力·静滑动摩擦定律

对图 4-18 所示的物体,当水平力 F 增大到某一限度时,如果再继续增大,物体的平衡状态就将被破坏而产生滑动。将物体即将滑动而尚未滑动的平衡状态称为**临界平衡状态**。在临界平衡状态下,静滑动摩擦力达到最大值,称为**最大静滑动摩擦力**,用 F_{max} 表示。如果力 F 继续增大,物体就开始运动。所以,平衡时静滑动摩擦力只能在零与最大静滑动摩擦力 F_{max} 之间取值,即

$$0 \leq F_s \leq F_{max} \tag{4-14}$$

法国物理学家库仑对干燥接触面做了大量的实验。实验结果表明,最大静滑动摩擦力的方向与相对滑动的趋势相反,其大小与相互接触的两物体间的正压力(法向反力)成正比,即

$$F_{max} = f_s \cdot F_N \tag{4-15}$$

式中 f_s 是比例系数,称为**静摩擦因数**。这一规律称为静滑动摩擦定律,或库仑定律。

静摩擦因数 f_s 的大小由实验确定。它与相接触物体的材料及接触面的粗糙程度、温度和湿度等有关。在材料和表面情况确定的条件下,可近似地看作常数。其数值可在有关的工程手册中查到。表 4-1 中列出几种常见材料间的静摩擦因数值。

表 4-1   几种常见材料间的静摩擦因数值

材料名称	静摩擦因数	材料名称	静摩擦因数
钢-钢	0.15	木材-木材	0.4 ~ 0.6
软钢-铸铁	0.3	砖与混凝土	0.76
软钢-青铜	0.15	砖与砖或砖与石	0.5 ~ 0.73
皮革-铸铁	0.3 ~ 0.5		

由静摩擦定律可知,要增大静摩擦力,可通过增大正压力或增大摩擦因数来实现。例如,汽车一般都用后轮驱动,因后轮正压力大于前轮;冬天雪后路滑,在

路面上撒砂子以增大摩擦因数,避免车轮打滑。要减小最大静摩擦力,可通过减少 f_s 值或正压力来实现。例如用增加接触面的光洁度、加润滑剂等方法来实现。

4-6-3　动滑动摩擦力·动滑动摩擦定律

对图 4-18 所示的物体,当它已处于临界平衡状态,再继续增大主动力 F 的值时,物体就会沿接触面发生滑动,这时接触面间的摩擦力已不能阻止相对滑动的发生,只能起阻碍相对滑动的阻力作用,称之为**动滑动摩擦力**,以 F_m 表示。实验证明:动滑动摩擦力的方向与物体相对滑动的方向相反,动滑动摩擦力的大小与相互接触物体间的正压力成正比,即

$$F_m = f \cdot F_N \tag{4-16}$$

式中 f 称为**动摩擦因数**。这一规律称为动滑动摩擦定律。

动摩擦因数 f 与相互接触的物体的材料性质和表面情况有关,也与相对滑动的速度有关。在相对滑动速度不大时,可以近似地取为常数。对多数材料来说,动摩擦因数略小于静摩擦因数,即

$$f < f_s$$

在法向约束力不变的情况下,动滑动摩擦力不像静滑动摩擦力那样可以在某一范围内取值。它是由式(4-16)所确定的一个常数。

前面所介绍的静滑动摩擦定律和动滑动摩擦定律,都是近似的,但由于其公式简单,便于计算又有一定的精度,因而在工程实际中被广泛地采用。

4-6-4　摩擦角和自锁现象

当有摩擦时,接触面的约束力由两个分量组成,即法向约束力 F_N 和切向摩擦力 F_s。这两个力的矢量和

$$F_{RA} = F_N + F_s$$

称为支承面的**全约束力**。全约束力 F_{RA} 与接触面法线的夹角用 φ 表示,如图 4-19a 所示。由图可见,当法向约束力 F_N 不变时,φ 角随摩擦力 F_s 的增大而增大,当物体处于临界平衡状态时,静摩擦力达到最大值 F_{max},此时角 φ 也达到最大值 $\varphi_{max} = \varphi_f$,如图 4-19b 所示。全约束力与法线的最大夹角 φ_f 称为**摩擦角**。**摩擦角是在临界平衡状态下全约束力与法线的夹角**。由图可知

$$\tan \varphi_f = \frac{F_{max}}{F_N} = \frac{f_s F_N}{F_N} = f_s \tag{4-17}$$

即**摩擦角的正切等于摩擦因数**。

将作用在物体上的各主动力用其合力 F_R 表示,将接触面的法向约束力、摩擦力用全约束力 F_{RA} 表示。当物体在主动力合力 F_R 和全约束力 F_{RA} 作用下处于

平衡状态时,F_R、F_{RA}二力应共线、反向、等值,即:主动力合力 F_R 与法线的夹角等于全约束力 F_{RA} 与法线的夹角 φ。因为平衡时 $\varphi \leqslant \varphi_f$,所以说,平衡时主动力合力 F_R 与接触面法线的夹角小于或等于摩擦角 φ_f,或说主动力合力作用在摩擦角内,如图 4-20a 所示。反之,如主动力合力 F_R 作用在摩擦角外(图4-20b),它与全约束力 F_{RA} 不满足二力平衡条件,物体不能维持平衡。

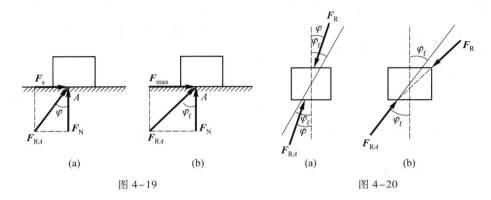

图 4-19   图 4-20

无论主动力合力的大小如何,只要它作用在摩擦角内就能使物体处于静止平衡状态,这种现象称为**自锁现象**。

自锁现象在工程中有重要的应用。如千斤顶、压榨机等就利用了自锁原理。

4-6-5 考虑摩擦的平衡问题

求解考虑摩擦的平衡问题,需要注意以下三点:

(1)研究临界平衡状态,作受力图时,在有摩擦力的接触面除了要画出法向约束力 F_N 之外,还要画出最大静滑动摩擦力 F_{max},力 F_{max} 的指向与物体的运动趋势相反。

(2)列出平衡方程之后,还要写补充方程 $F_{max} = f_s F_N$。有几个不光滑的接触面,就要写几个补充方程。

(3)由于考虑摩擦的平衡问题的解是有范围的,求解后要分析解的范围,将问题的解用不等式表示。

下面,通过例题说明。

【**例 4-10**】   物块重 W,放在倾斜角为 α 的斜面上,接触面的静摩擦因数为 f_s。用水平力 F_H 维持物块的平衡,试求力 F_H 的大小。

【**解**】   由经验可知,当水平力 F_H 过大时,物块将向上滑动;当 F_H 过小时,物块将向下滑动。只有力 F_H 的值在某一适当的范围内时,物块才能处于平衡状态。

先求使物块平衡时力 F_H 的最大值 F_{Hmax}。研究物块即将向上滑动而尚未向上滑动的临界平衡状态,此时,摩擦力取最大值,其方向沿斜面指向下(图4-21a)。物块共受四个力作用,主动力 $\boldsymbol{W}$、未知力 $\boldsymbol{F}_{\text{Hmax}}$、$\boldsymbol{F}_{\text{N}}$、$\boldsymbol{F}_{\text{max}}$ 组成平面汇交力系。列平衡方程

$$\sum F_x = 0, \qquad -W\sin\alpha + F_{\text{Hmax}}\cos\alpha - F_{\text{max}} = 0 \qquad (\text{a})$$

$$\sum F_y = 0, \qquad -W\cos\alpha - F_{\text{Hmax}}\sin\alpha + F_{\text{N}} = 0 \qquad (\text{b})$$

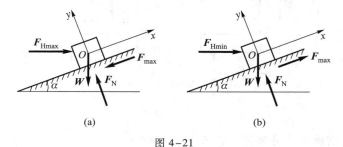

图 4-21

由摩擦定律,有补充方程

$$F_{\text{max}} = f_s F_{\text{N}} \qquad (\text{c})$$

将(c)式代入(a)式,再从(a)、(b)式中消去 F_{N},可解得

$$F_{\text{Hmax}} = \frac{\tan\alpha + f_s}{1 - f_s\tan\alpha}W$$

再求使物块平衡的力 $\boldsymbol{F}_{\text{H}}$ 的最小值 F_{Hmin}。研究物块即将向下滑动而尚未向下滑动的临界平衡状态。此时,摩擦力仍取最大值,其方向沿斜面指向上(图4-21b)。物块所受的主动力为 $\boldsymbol{W}$ 和 $\boldsymbol{F}_{\text{Hmin}}$,约束力为 $\boldsymbol{F}_{\text{N}}$ 和 $\boldsymbol{F}_{\text{max}}$。列平衡方程

$$\sum F_x = 0, \quad -W\sin\alpha + F_{\text{Hmin}}\cos\alpha + F_{\text{max}} = 0 \qquad (\text{d})$$

$$\sum F_y = 0, \quad -W\cos\alpha - F_{\text{Hmin}}\sin\alpha + F_{\text{N}} = 0 \qquad (\text{e})$$

补充方程

$$F_{\text{max}} = f_s F_{\text{N}} \qquad (\text{f})$$

将(f)式代入(d)式,再从(d)、(e)式中消去 F_{N},可解得

$$F_{\text{Hmin}} = \frac{\tan\alpha - f_s}{1 + f_s\tan\alpha}W$$

综合以上两个结果得知,为使物块维持平衡,水平力 $\boldsymbol{F}_{\text{H}}$ 的取值范围应为

$$F_{\text{Hmin}} \leqslant F_{\text{H}} \leqslant F_{\text{Hmax}}$$

即

$$\frac{\tan\alpha - f_s}{1 + f_s\tan\alpha}W \leqslant F_{\text{H}} \leqslant \frac{\tan\alpha + f_s}{1 - f_s\tan\alpha}W$$

【例4-11】 图4-22a所示的推杆可在滑道内滑动。已知滑道的长度为 b,

宽度为 d，与推杆的静摩擦因数为 f_s。在推杆上加一力 $\boldsymbol{F}$，问力 $\boldsymbol{F}$ 与推杆轴线的距离 a 为多大时推杆才不致被卡住。不计推杆自重。

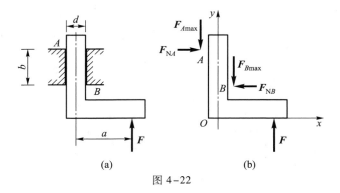

图 4-22

【解】　取推杆为分离体。研究它具有向上滑动趋势的临界平衡状态。此时推杆在 A、B 两点与滑道接触，摩擦力均取最大值，且方向指向下，如图 4-22b 所示。推杆受主动力 $\boldsymbol{F}$ 及约束力 $\boldsymbol{F}_{NA}$、$\boldsymbol{F}_{A\max}$、$\boldsymbol{F}_{NB}$、$\boldsymbol{F}_{B\max}$ 的作用。五个力构成一平面任意力系。列平衡方程

$$\sum F_x = 0，\quad F_{NA} - F_{NB} = 0 \tag{a}$$

$$\sum F_y = 0，\quad F - F_{A\max} - F_{B\max} = 0 \tag{b}$$

$$\sum M_A(\boldsymbol{F}) = 0，\quad F\left(a + \frac{d}{2}\right) - F_{NB}b - F_{B\max}d = 0 \tag{c}$$

补充方程

$$F_{A\max} = f_s F_{NA} \tag{d}$$

$$F_{B\max} = f_s F_{NB} \tag{e}$$

以上五个方程包含五个未知量，F_{NA}、F_{NB}、$F_{A\max}$、$F_{B\max}$ 和 a。将式（d）、（e）代入式（b），再从式（a）、（b）中消去 F_{NA}，解得

$$F_{NB} = \frac{F}{2f_s}$$

再将 F_{NB} 的值代入式（c），得

$$a = \frac{b}{2f_s}$$

可以证明，将临界平衡状态下的解中的静摩擦因数减小，即得一般平衡状态的解。所以本题在一般平衡状态下的解应为

$$a \geqslant \frac{b}{2f_s}$$

这是使推杆平衡（卡住）的 a 值，要使推杆运动，则应取 $a < \dfrac{b}{2f_s}$。

小 结

（1）平面任意力系向一点 O 简化的一般结果是一个力 F'_R 和一个力偶 M_O，即平面任意力系一般来说等效于一力和一力偶。此力的矢量等于平面任意力系中各力的矢量和，称为该力系的主矢；此力偶的矩等于平面任意力系中各力对简化中心之矩的代数和，称为该力系的主矩。

（2）主矢与简化中心的位置无关。一般地说，力 F'_R 不是力系的合力。在主矩等于零的这种特殊情况下，力 F'_R 是原力系的合力。

主矩一般与简化中心的位置有关，在主矢等于零的这种特殊情况下，主矩与简化中心的位置无关。此时主矩可以称为原力系的合力偶矩。

（3）平面任意力系有三个独立的平衡方程，可以求解三个未知量。平衡方程可以写成一矩式、二矩式、三矩式三种形式。后两种形式的平衡方程是有附加条件的。

（4）物体系的平衡问题是本章中最难掌握的内容之一。也是本章的重点。求解物体系的平衡问题的基本原则是：要正确地分析物体系整体和各局部的受力情况，并在此基础上根据问题的条件和要求，恰当地选取分离体，恰当地选择平衡方程，恰当地选择投影轴和矩心，建立最优的解题思路。

（5）静滑动摩擦力的方向与接触面间相对滑动趋势相反，其大小由平衡方程决定。当物体处于临界平衡状态时，静摩擦力达到最大值，其值由静滑动摩擦定律给出，$F_{max} = f_s F_N$。在静止平衡状态下，摩擦力的可能取值范围是

$$O \leqslant F_s \leqslant F_{max}$$

物体运动时，接触面产生动滑动摩擦力，其方向与相对滑动的方向相反，其大小可由动滑动摩擦定律给出

$$F_m = f F_N$$

摩擦角 φ_f 为全约束力与接触面法线间夹角的最大值，且有

$$\tan \varphi_f = f_s$$

其中 f_s 为静摩擦因数。

当主动力的合力作用线与接触面法线间夹角小于或等于摩擦角时，无论主动力合力如何大，物体都能处于平衡状态。这种现象称为自锁现象。

思 考 题

4-1 平面任意力系向一点简化，其基本思想是什么？

4-2 已知平面任意力系向点 A 简化的主矢为 F'_R,主矩为 M_A。在下面四种情况下:

(1) $F'_R \neq 0, M_A \neq 0$;   (2) $F'_R = 0, M_A \neq 0$;

(3) $F'_R \neq 0, M_A = 0$;   (4) $F'_R = 0, M_A = 0$。

该力系向另外的任意点 B 简化的结果如何?

4-3 有一汇交于点 O 的平面汇交力系,将该力系向作用面内点 A 简化,所得主矩 $M_A = 0$。如果该力系有合力,能否确定合力作用线的位置?汇交于点 O 的平面汇交力系的平衡方程可写作

$$\left. \begin{array}{l} \sum M_A(\boldsymbol{F}) = 0 \\ \sum M_B(\boldsymbol{F}) = 0 \end{array} \right\}$$

其中矩心 A 和 B 与力系汇交点不共线。在这一附加条件下,上式是平面汇交力系平衡的必要与充分条件。试对此作出解释。

4-4 作图示结构中 AB 和 BC 构件的受力图。运用所学知识定出各约束力的作用线及指向。

4-5 重为 $W = 100$ N 的物块放在水平面上,静摩擦因数 $f_s = 0.3$,动摩擦因数为 $f = 0.25$。在物块上加一水平力 F 如图所示,当 F 的值分别为 10 N、30 N、40 N 时,试分析物块是否平衡? 如平衡,静滑动摩擦力为多大?

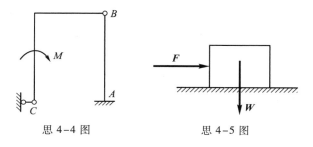

思 4-4 图   思 4-5 图

4-6 物块重 $W = 100$ N,用力 $F = 500$ N 将其压在一铅直表面上,如图所示。静摩擦因数 $f_s = 0.3$,求摩擦力。要想使物块不滑下,力 F 的最小值应为多少?

4-7 物块重 $W = 100$ N,斜面倾角 $\alpha = 30°$,静摩擦因数 $f_s = 0.38$。试问物块是否静止? 为什么?

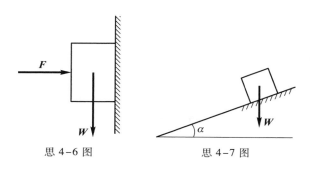

思 4-6 图   思 4-7 图

4-8　能否将一些空间结构简化为平面结构处理？这样做可以吗？会有什么影响？

4-9　物体的静止或运动状态与什么因素有关？

4-10　怎样测定静滑动摩擦因数？

习　　题

4-1　图示挡土墙自重 $W = 400$ kN，土压力 $F = 320$ kN，水压力 $F_H = 176$ kN，试求这些力向底边中点简化的结果，并求合力作用线的位置。

4-2　图示桥墩所受的力 $F_1 = 2\ 740$ kN，$W = 5\ 280$ kN，$F_2 = 193$ kN，$F_3 = 140$ kN，$M = 5\ 125$ kN·m。求力系向点 O 简化的结果，并求合力作用线的位置。

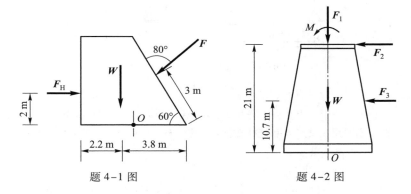

题 4-1 图　　　　　　题 4-2 图

4-3　图示外伸梁受力 F 和力偶矩为 M 的力偶作用。已知 $F = 2$ kN，$M = 2$ kN·m。求支座 A 和 B 的约束力。

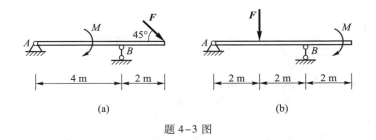

(a)　　　　　　　　　　(b)

题 4-3 图

4-4　图示简支梁中点受力 F 作用，已知 $F = 20$ kN，求支座 A 和 B 的约束力。

4-5　图示悬臂梁受均布荷载作用，均布荷载集度为 q，求固定端 A 的约束力。

4-6　已知：(a) $M = 2.5$ kN·m，$F = 5$ kN；(b) $q = 1$ kN/m，$F = 3$ kN。求图示刚架的支座 A 和 B 的约束力。

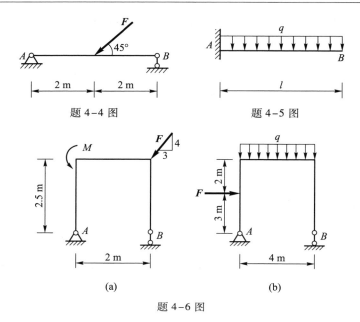

题 4-4 图   题 4-5 图

(a)   (b)

题 4-6 图

4-7   支架如图所示。求在力 F 作用下,支座 A 的约束力和杆 BC 所受的力。

4-8   图示刚架用铰支座 B 和链杆支座 A 固定。$F = 2$ kN,$q = 500$ N/m。求支座 A 和 B 的约束力。

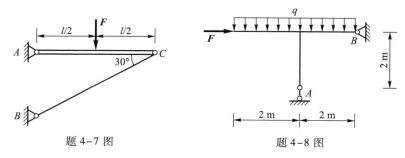

题 4-7 图   题 4-8 图

4-9   图示梁 AB 用支座 A 和杆 BC 固定。轮 O 铰接在梁上,绳绕过轮 O 一端固定在墙上,另一端挂重 W。已知轮 O 半径 $r = 100$ mm,$BO = 400$ mm,$AO = 200$ mm,$\alpha = 45°$,$W = 1\ 800$ N。求支座 A 的约束力。

4-10   图示台秤空载时,支架 BCE 的重量与杠杆 AB 的重量恰好平衡,秤台上有重物时,在 OA 上加一秤锤,秤锤重 W_1,$OB = a$。求 OA 上的刻度 x 与重量之间的关系。

4-11   切断钢筋的设备如图所示。欲使钢筋 E 受到 12 kN 的压力,问加于 A 点的力应多大?图中尺寸单位为 mm。

4-12   三铰拱桥如图所示。已知 $W = 300$ kN,$l = 32$ m,$h = 10$ m。求支座 A 和 B 的约束力。

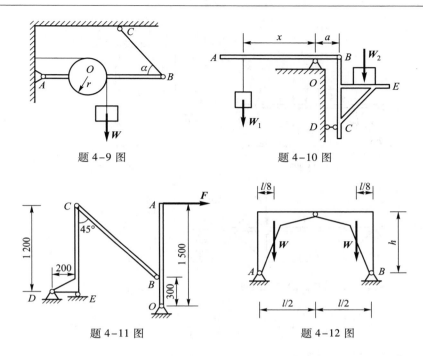

题 4-9 图　　　　　　　　　题 4-10 图

题 4-11 图　　　　　　　　题 4-12 图

4-13　图示梁 AB 的 A 端为固定端，B 端与折杆 BEC 铰接。圆轮 D 铰接在折杆 BEC 上。其半径 $r = 100$ mm，$CD = DE = 200$ mm，$AC = BE = 150$ mm，$W = 1$ kN。求固定端 A 的约束力。

4-14　图示多跨梁由 AC 和 CD 两段组成，起重机放在梁上，重量为 $W = 50$ kN，重心通过 C 点，起重荷载 $F = 10$ kN。求支座 A 和 B 的约束力。

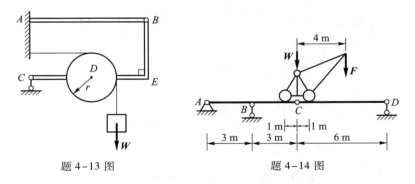

题 4-13 图　　　　　　　　题 4-14 图

4-15　多跨梁如图所示。$q = 10$ kN/m，$M = 40$ kN·m，求铰支座 A 的约束力。

4-16　图示结构由 AB 和 CD 两部分组成，中间用铰 C 连接。求在均布荷载 q 的作用下铰支座 A 的约束力。

4-17　求图示组合结构在荷载 F 的作用下，杆件 1、2 所受的力。

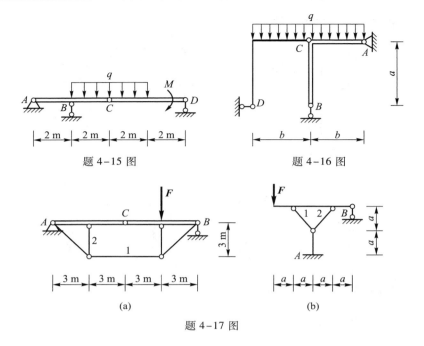

题 4-15 图

题 4-16 图

题 4-17 图

4-18　图示结构由 *AB*、*BC*、*CE* 和滑轮 *E* 组成，*W* = 1 200 N。求铰 *D* 的约束力。

4-19　图示刚架所受均布荷载 *q* = 15 kN/m 及力 *F* = 60 kN 作用。求支座 *B* 的约束力。

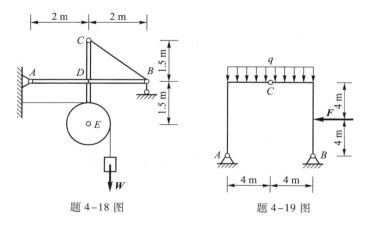

题 4-18 图

题 4-19 图

4-20　图示结构由 *AB*、*CD*、*DE* 三个杆件组成。杆 *AB* 和 *CD* 在中点 *O* 用铰连接，在 *B* 处为光滑接触。求铰 *O* 的约束力。

4-21　重 *W* 的物体放在倾角为 α 的斜面上，如图所示，已知摩擦角为 φ_f。在物体上施加一力 *F*，此力与斜面的夹角为 θ，求能拉动物体的力 *F* 的值。当 θ 角取何值时，力 *F* 最小？

4-22　图示梯子 AB 长 l,重为 $W=200$ N,与水平面的夹角 $\alpha=60°$。已知两个接触面的静摩擦因数均为 0.25。问重 $W=650$ N 的人所能达到的最高点 C 到点 A 的距离 s 应为多少?

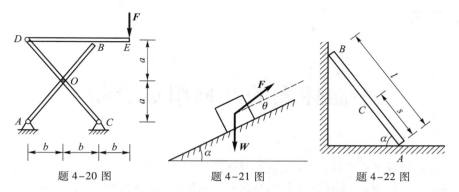

题 4-20 图　　　　　　题 4-21 图　　　　　　题 4-22 图

4-23　图示梯子重 W_1,支撑在光滑的墙面上,梯子与地面间的静摩擦因数为 f_s。问梯子与地面的夹角 α 为何值时,重 W_2 的人才能爬到梯子顶点 B?

4-24　图示圆柱重为 $W=400$ N,直径 $D=250$ mm,置于 V 型槽中,其上作用一力偶,当力偶矩 $M=15$ N·m 时,刚好可使圆柱转动。试求圆柱与 V 型槽之间的静摩擦因数 f_s。

4-25　图示鼓轮 B 重 500 N,置于墙角,它与地面间的静摩擦因数为 0.25,墙面是光滑的。$R=200$ mm,$r=100$ mm。求平衡时物体 A 的最大重量。

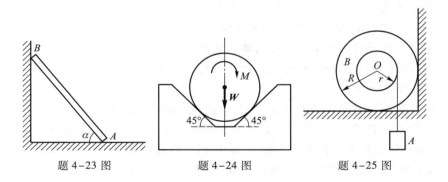

题 4-23 图　　　　　　题 4-24 图　　　　　　题 4-25 图

A4　习题答案

第五章

平面体系的几何组成分析

设计组成平面结构体系时,需要对体系的杆件组成方式作分析判断,既要满足体系受力合理,又要保证体系的稳定的几何形状,这是结构设计的几何组成问题。这些问题将在这一章中分析解决。

§5-1 几何不变与几何可变体系的概念

体系受到荷载作用后,构件将产生变形,通常这种变形是很微小的。在不考虑材料微小变形的条件下,体系受力后,能保持其几何形状和位置的不变,而不发生刚体形式的运动,这类体系称为**几何不变体系**。如图 5-1 所示的例子,杆件 AC、BC 在点 C 铰接,A、B 处用铰与地面连接,构成一三角形体系。在外力作用下,不考虑杆件的变形时,它的几何形状和位置都不会改变。因此,这样的体系就是几何不变体系。

图 5-2 所示体系由 AB、BC、CD 三杆件铰接而成,在 A、D 处用铰与地面连接。在荷载 F 的作用下,该体系必然发生刚体形式的运动。此时无论 F 值如何小,它的几何形状和位置都要发生变化(如图中虚线所示)。这样的体系称为**几何可变体系**。几何可变体系不能作为建筑结构使用。因为在荷载作用下,它将产生运动,它不能保持体系的几何形状万变、承受外力并抵抗变形。

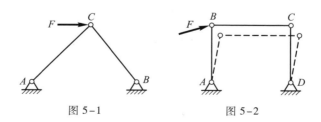

图 5-1   图 5-2

图 5-3a 所示体系,由在一条直线上的三个铰及 AC、BC 两个杆件组成。在外力 F 的作用下会产生微小的位移(图 5-3b)。发生位移后,由于三个铰不再共线,它就不能再继续运动了。这种在原来的位置上发生微小位移后不能再继续移动的体系称为**瞬变体系**。瞬变体系承受荷载后,构件将产生很大的内力。内力值可按受力图 5-3c 求得。

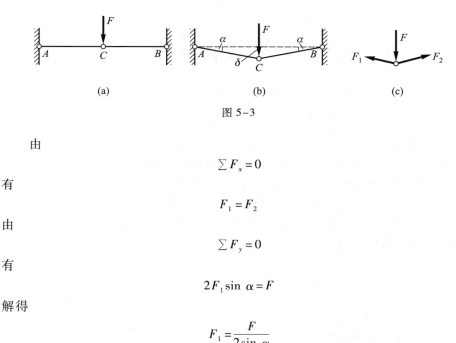

(a)　　　　　　　　　(b)　　　　　　　　　(c)

图 5-3

由

$$\sum F_x = 0$$

有

$$F_1 = F_2$$

由

$$\sum F_y = 0$$

有

$$2F_1 \sin \alpha = F$$

解得

$$F_1 = \frac{F}{2\sin \alpha}$$

当位移 δ 很小时,α 也很小,此时杆件的内力 F_1 是很大的。当 $\alpha \to 0$ 时,$F_1 \to \infty$。由于瞬变体系能产生很大的内力,所以它也不能用作建筑结构。

研究几何不变体系的几何组成规律,称为**几何组成分析**。几何组成分析是进行结构设计的基础知识。

§5-2　刚片·自由度·联系的概念

对体系进行几何组成分析时,由于不考虑材料的变形,所以各个构件均为刚体,由若干个构件组成的几何不变体系也是一个刚体。研究平面体系时,将刚体称为刚片。

为了判断一个体系是否是几何不变的,需引入自由度的概念。**自由度是确定体系位置时所需的独立参数的数目**。例如,在平面内的点 A(图 5-4),其位

置可由两个坐标 x 和 y 来确定,所以,平面内点的自由度等于 2。在平面内的刚片(图 5-5),其位置可由刚片上任一线段 AB 的位置来确定。而线段 AB 的位置,可由 A 点的坐标 x 和 y 及 AB 直线与 x 轴的夹角 α 来确定。当 x、y 和 α 给定后,刚片的位置就确定了。所以平面内刚片的自由度等于 3。

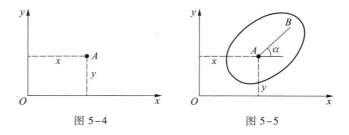

图 5-4   图 5-5

当对刚片施加约束时,它的自由度将减少。能减少一个自由度的约束称为**一个联系**。常见的约束有链杆和铰。用一链杆将一刚片与地面相联,则刚片将不能沿链杆方向移动(图 5-6a),这样就减少了一个自由度,其位置可用参数 φ_1 和 φ_2 确定。所以,一个链杆为一个联系。如果在图中点 A 处再加一链杆将刚片与地面连接(图 5-6b),此时,刚片只能绕 A 点转动而不能做平移运动。这样,又减少了一个自由度,刚片只有一个自由度,其位置可用参数 φ 确定。

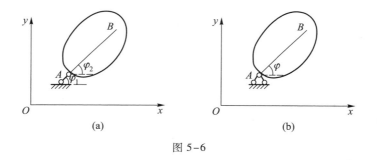

(a)   (b)

图 5-6

联结两个刚片的铰称为**单铰**。图 5-7a 所示刚片 Ⅰ 与 Ⅱ 用单铰联结在一起。如果用三个坐标(x、y 和 α)确定了刚片 Ⅰ 的位置,则刚片 Ⅱ 便只能绕单铰 A 转动,因此只需要一个坐标便可以确定刚片 Ⅱ 与刚片 Ⅰ 的相对位置。于是两个刚片的自由度由六个变成了四个,减少了两个。可见,一个单铰相当于两个联系,能减少两个自由度。同理可知,联结三个刚片的铰(图 5-7b)能减少四个自由度,相当于四个联系,因而,可以把它看作两个单铰。

联结三个或三个以上的刚片的铰称为**复铰**。

当 n 个刚片用一个复铰联结在一起时,从减少自由度的观点来看,联结 n 个刚片的复铰可以当作 $n-1$ 个单铰。

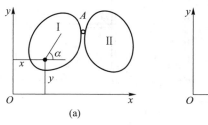 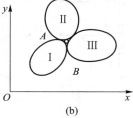

图 5-7

不难看出,两个链杆相当于一个单铰。图 5-8a 中所示刚片用铰 A 与地面相联,铰 A 的作用是使刚片只能绕 A 点转动,而不能移动。如果用两个链杆 1、2 将一刚片与地面相联(图 5-8b),则在图示位置刚片可以绕两个链杆延长线的交点 O 转动,两个链杆的作用就像在 O 点的一个铰的作用一样,称 O 点为**虚铰**。当两个刚片用不平行的两个链杆相互联结时,二链杆的交点为虚铰,即可说二刚片用一虚铰联结。

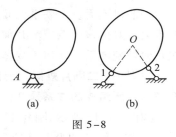

图 5-8

有了上面的知识,下面给出体系自由度的计算公式。用 m 表示体系的刚片数,单铰数为 h,链杆数为 r,则体系的自由度数 W 为

$$W = 3m - 2h - r \qquad (5-1)$$

式中 $3m$ 为体系无约束情况下的自由度数;$2h$ 为 h 个单铰作用所减少的自由度数;r 为 r 个链杆作用所减少的自由度数。

应用式(5-1)时需注意,如体系中某个铰与 n 个刚片相联结,则该铰相当于 $n-1$ 个单铰。

【例 5-1】　计算图 5-9 所示体系的自由度。

【解】　体系由 AB、BC、DE 三个刚片组成,B、D、E 为三个单铰,A、C 两点处共有三个链杆支座。所以

$$W = 3 \times 3 - 2 \times 3 - 3 = 0$$

即体系自由度等于零。

【例 5-2】　计算图 5-10 所示体系的自由度。

【解】　体系由 ADE、BE、EFC、DG、FG 五个刚片组成。铰 E 相当于两个单铰,共有五个单铰。链杆支座有五个,所以

$$W = 3 \times 5 - 2 \times 5 - 5 = 0$$

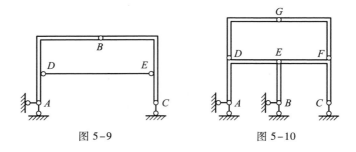

图 5-9   图 5-10

§5-3   几何不变体系的组成规则

本节讨论无多余联系的几何不变体系的组成方法。无多余联系是指体系内的约束恰好使该体系成为几何不变体系，只要去掉任意一个约束就会使体系变成几何可变体系。几何不变体系的基本组成规则有三。

规则一：二刚片规则。两刚片用既不完全平行，也不相交于一点的三根链杆联结。所组成的体系是几何不变的。

如图 5-11a 所示，刚片 I、II 用三根链杆连在一起，其中链杆 1、2 可看作交于 O 点的虚铰。如没有链杆 3，刚片 I、II 有可能发生绕点 O 的相对转动。但是，由于链杆 3 的存在，限制了刚片 I 与刚片 II 之间的相对转动，所以，这时所组成的体系是几何不变的。

如果三根链杆相交于一点（图 5-11b），两刚片可绕交点 O（虚铰）相对转动。转动后，三杆就不再交于一点了。刚片 I 和刚片 II 就不能继续相对运动了，所以该体系为瞬变体系。

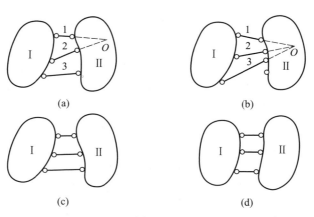

(a)   (b)

(c)   (d)

图 5-11

　　如果刚片用三根完全平行且不等长的链杆相联（图5-11c），刚片Ⅰ和刚片Ⅱ可作微小的相对移动。移动后三杆不再平行，这种体系也是瞬变体系。

　　如果用三根平行且等长的链杆将两个刚片相联（图5-11d），刚片Ⅰ和刚片Ⅱ可发生相对移动，移动后三杆仍平行，是一几何可变体系。

　　规则二：三刚片规则。三个刚片用不在一条直线的铰两两相联结组成的体系是几何不变的。

　　如图5-12a所示，刚片Ⅰ、Ⅱ、Ⅲ用不在同一直线上的三个单铰A、B、C联结在一起，这三个点的联结组成一个三角形，因为三边的长度AB、AC、BC是定值，所组成的三角形是唯一的；形状不会改变，所以该体系是几何不变的。

　　图5-12b所示的体系由三个刚片组成，每两个刚片之间都用两根链杆相联，而且每两根链杆都相交于一点，构成一个虚铰。这三个刚片由三个不在同一直线的虚铰两两相联，所构成的体系也是几何不变的。

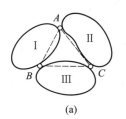 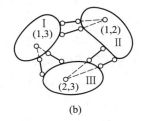

図 5-12

　　如果三个铰在一条直线上（图5-13），此时铰C可发生微小的移动。发生移动后，由于三个铰不再共线，因而就不能继续运动，所以该体系是一瞬变体系。其静力性质已在前面介绍过。

　　二杆结点是用两根不共线的链杆铰接形成的结点。图5-14所示的结点A即为一个二杆结点。

　　规则三：二杆结点规则。在刚片上加或减去二杆结点时，形成的体系是几何不变的。

　　在刚片Ⅰ上加二杆结点后，可以把二根杆看成二个刚片，这样就相当于三个刚片用不在同一直线上的三个铰相联结，符合规则二的要求，所构成的体系是几何不变的。通过这一规则可以用依次增加二杆结点的方法构成新体系。所构成的新体系是几何不变的。反过来，拆去二杆结点时并不会改变原体系的几何组成性质。

　　以上介绍了组成几何不变体系的三项基本规则。可以根据这些规则对体系进行几何组成分析。作几何组成分析时，为使分析过程简化，应注意以下两点：

　　（1）可根据上述规则将体系中的几何不变部分当作一个刚片来处理。

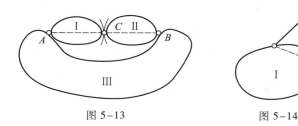

图 5-13　　　　　　　　　　　图 5-14

（2）可逐步拆去二杆结点，使所分析的体系简化，这样做并不影响原体系的几何组成性质。

下面举例说明如何应用三条规则对体系进行几何体组成分析。

【例 5-3】　分析图 5-15 所示体系的几何组成。

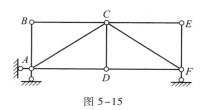

【解】　将杆件 AB、AC、BC 分别视为刚片。按三刚片规则，ABC 为几何不变体系。

结点 D 为加在刚片 ABC 上的二杆结点，按规则三，ABCD 为几何不变体系。

图 5-15

在刚片 ABCD 上加二杆结点 F，在刚片 ABCDF 上加二杆结点 E，ABCDEF 为几何不变体系。

将地面视为一刚片，按二刚片规则，刚片 ABCDEF 与地面组成几何不变体系。

【例 5-4】　分析例 5-1 中所给出的体系的几何组成。

【解】　如图 5-16 所示，将构件 AB、BC、DE 分别看作三个刚片，三个刚片用不在一条直线上的铰两两相联，按三刚片规则，ABC 是一几何不变体系，即体系内部为几何不变，可以视为一刚片。将地面视为另一刚片，两刚片用三个链杆相联，三链杆既不平行，也不交于一点，按二刚片规则，这个体系是几何不变的。

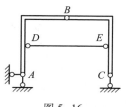

图 5-16

【例 5-5】　分析图 5-17 所示两个桁架体系的几何组成。

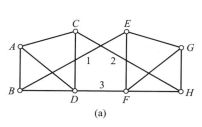

(a)

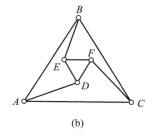

(b)

图 5-17

【解】 （1）首先分析图 5-17a 所示体系的几何组成。

三角形 ABD 是几何不变，加上 AC、CD 杆后，ABCD 是两个三角形，也是几何不变的。同理 EFGH 也是几何不变的。ABCD 与 EFGH 可视为二个刚片，此二刚片用既不平行，也不汇交于一点的三根链杆 1、2、3 联结，按二刚片规则，该体系是几何不变的。

（2）再分析图 5-17b 所示体系的几何组成。

外围大三角形 ABC 是几何不变的。内部小三角形 DEF 也是一几何不变的体系。大三角形 ABC 与小三角 DEF 可视为二个刚片，它们之间用 AD、BE、CF 三根杆联结，由二刚片规则知，整个体系是几何不变的。

【例 5-6】 分析图 5-18 所示体系的几何组成。

【解】 取杆 AC 为刚片 I，杆 BC 为刚片 II。取基础为刚片 III。则刚片 I 和 II 以铰 C 联结。刚片 I 和 III 以虚铰 O_1 联结。刚片 II 和 III 以虚铰 O_2 联结。上述三个铰不共线，按三刚片规则可判定该体系为几何不变体系。

【例 5-7】 分析图 5-19a 所示体系的几何组成。

【解】 首先去掉二杆结点 D，如图 5-19b 所示。结点 A 为加在地面上的二杆结点，与地面一起看成刚片 I，BC 为另一刚片，二刚片之间用三根链杆 AB、1、2 联结。按二刚片规则该体系是几何不变的。

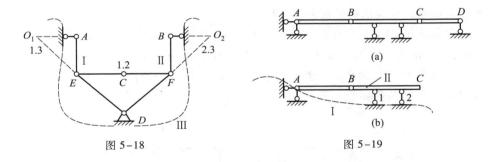

图 5-18   图 5-19

§5-4 静定结构和超静定结构

用来作为结构的体系，必须是几何不变的。几何不变体系可分为无多余联系（图 5-20a、b）和有多余联系（图 5-21a、b）两类。从图中可以看出，二个体系中联系（约束）的数目已超过保持体系几何不变性的需求，存在多余的联系，是二个具有多余联系的几何不变体系。无多余联系的几何不变体系称为**静定结构**，有多余联系的几何不变体系则称为**超静定结构**。

从平衡的角度说，对一个平衡的体系可能列出的独立平衡方程的数目是确定的,如果平衡体系的全部未知量(包括需要求出和不需要求出的)的数目,等于体系独立的平衡方程的数目,能用静力学平衡方程求解全部未知量,则所研究的平衡问题是**静定问题**。这类结构是**静定结构**。

例如,对图 5-20a、b 所示无多余联系的结构,其未知约束力数目均为三个,每个结构可列三个独立的静力学平衡方程,所有未知力都可由平衡方程确定,它们是静定结构。图 5-22a 所示一无多余联系的结构,由 AC、BC 两个构件组成,每个构件可列三个独立的平衡方程,体系共可列 $2×3=6$ 个独立的平衡方程。而体系在铰 A、B、C 处各有两个未知约束力,共六个未知量。这六个未知量可由体系的六个平衡方程确定,故该结构是一静定结构。

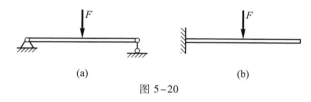

(a)   (b)

图 5-20

工程中为了减少结构的变形,增加其强度和刚度,常常在静定结构上增加约束,形成有多余联系的结构,从而增加了未知量的数目。未知量的数目大于独立的平衡方程的数目,仅用平衡方程不能求解出全部未知量,则所研究的问题称为**超静定问题**。这类结构是**超静定结构**。

例如图 5-21a、b 所示有多余联系的结构,因为有多余联系,增加了未知约束力的数目,仅用静力学平衡方程无法求出其全部未知约束力,故均为超静定结构。再如图 5-22b 所示一有多余联系的结构,也是一个超静定结构。超静定结构的解法将在本书第十二章中介绍。

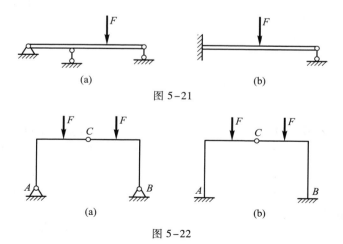

(a)   (b)

图 5-21

(a)   (b)

图 5-22

小　结

（1）体系可以分为几何不变体系和几何可变体系，只有几何不变体系才能用作结构，几何可变及瞬变体系不能用作结构。

（2）自由度是确定体系位置所需的独立参数的数目。

（3）无多余联系的几何不变体系组成规则有三条。满足这三条规则的体系是无多余联系的几何不变体系。

思　考　题

5-1　几何组成分析的目的是什么？

5-2　什么是刚片？什么是链杆？链杆能否作为刚片？刚片能否作为链杆？

5-3　何谓单铰、复铰、虚铰？体系中的任何两根链杆是否都相当于在其交点处的一个虚铰？

5-4　几何不变体系的三个规则之间有何联系？它们实质上是否是同一规则？

5-5　何谓瞬变体系？

5-6　何谓静定结构？何谓超静定结构？它们之间有何区别和联系？

5-7　结构设计时是否要作几何组成分析？

5-8　体系的几何形状构成会影响体系的受力特性吗？

习　题

5-1　对下列各体系进行几何组成分析。

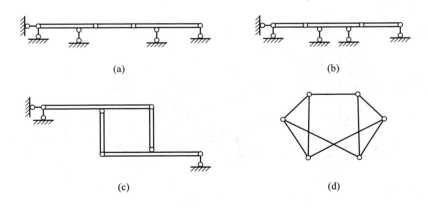

(a)　　　　　　　　　　　　　　(b)

(c)　　　　　　　　　　　　　　(d)

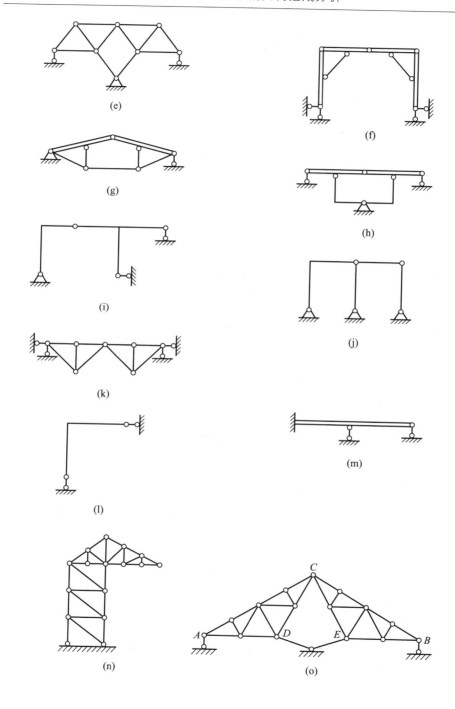

(e)

(f)

(g)

(h)

(i)

(j)

(k)

(l)

(m)

(n)

(o)

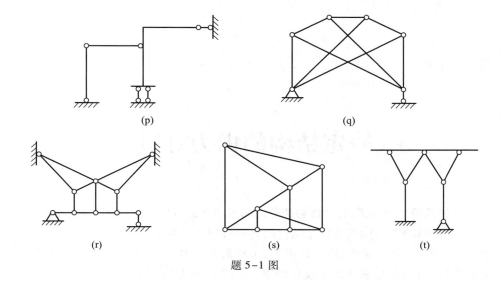

(p)　　　　　　　　　　　　　　　(q)

(r)　　　　　(s)　　　　　(t)

题 5-1 图

A5　习题答案

第六章

静定结构的内力计算

物体因受外力作用,在物体各部分之间所产生的相互作用力称为物体的内力。

在进行结构设计时,应保证结构的各构件能正常地工作,即构件应具有一定的强度、刚度。解决强度、刚度问题,必须首先确定内力,内力计算是建筑力学的重要基础知识,也是进行结构设计的重要一环。本章将研究静定结构和构件的内力计算问题。静定结构是一种最基本、最简单的结构形式,通过对静定结构的分析建立超静定结构分析的基础。本章将对常见的多种静定结构进行内力分析,并对多种静定结构的受力特点进行分析对比,找出合理的结构形式,为工程结构设计提供依据。

§6-1 杆件的内力·截面法

6-1-1 杆件的内力

这里讨论平衡的杆件因外力作用所引起的杆件横截面上的内力。

以图 6-1a 中的梁 AB 为例,该梁在外力(荷载和支座约束力)作用下处于平衡状态,现讨论距左支座为 a 处的横截面 $m-m$ 上的内力。假设外力作用在通过杆件轴线的同一平面内。

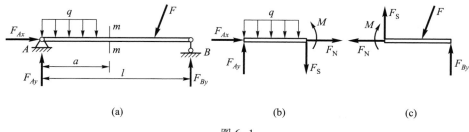

(a)   (b)   (c)

图 6-1

　　假想在 $m-m$ 处用一截面将梁截为两段,并以左段为分离体,右段视为左段的约束。由于两段间既不能有相对移动,也不能有相对转动,所以约束力应该用沿杆件轴线和垂直于杆件轴线的两垂直的力和一个力偶表示。这两个力和一个力偶就是横截面 $m-m$ 上的内力。内力是成对出现的,它们等值、反向地作用在截面左、右两段的 $m-m$ 横截面上。

　　沿杆件轴线方向的内力 F_N 称为**轴力**。规定轴力使所研究的杆段受拉时为正,反之为负。

　　沿杆件横截面(垂直杆件轴线)的内力 F_S 称为**剪力**。规定剪力使所研究的杆段有顺时针方向转动趋势时为正,反之为负。

　　力偶的力偶矩 M 称为**弯矩**。对梁,规定弯矩使所研究的杆段凹向向上弯曲(即杆的上侧纵向受压,下侧纵向受拉)时为正,反之为负。

　　三种内力的正、负号规定,分别表示在图 6-2a、b、c 中。

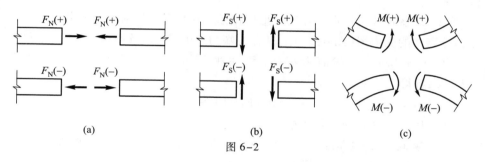

图 6-2

　　在图 6-1 中截面 $m-m$ 上的三种内力都是按规定的正向画出的。从图6-1b和图 6-1c 上可以看出,无论是研究左段还是研究右段,同一截面上内力的正负号总是一致的,如果取左段时某一内力为正,取右段时该内力同样为正。

6-1-2　截面法

　　用假想的截面将杆件截为两段,暴露出截面的内力(均按正向画出),任选其中的一段为分离体,应用静力学平衡方程求解杆件内力的值,这种求截面内力的方法称为**截面法**。

　　必须指出,截面法求内力,实质是以截面为界,求截面两侧两部分的相互作用力,因此,作用在其中某一部分上的荷载,可在该部分上等效移动,而不影响所求内力的值。但是绝不允许将某一部分上的荷载移到另一部分上,这必然会改变两部分的相互作用力,即改变所求内力的值。

　　【例 6-1】　图 6-3 为一等直杆,其受力情况如图。试求该杆指定截面的轴力。

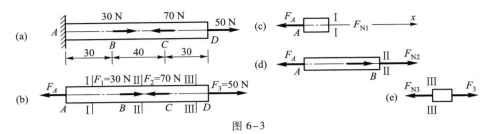

图 6-3

【解】 （1）求支座约束力 F_A 以 AD 杆为分离体（图 6-3b），由平衡方程

$$\sum F_x = 0 , \quad -F_A + F_1 - F_2 + F_3 = 0$$

得

$$F_A = 10 \text{ N}$$

因为外力作用在杆件的轴线上，所以固定端支座 A 的竖向约束力及约束力偶均为零。

（2）求截面 Ⅰ-Ⅰ 的内力 假想用截面 Ⅰ-Ⅰ 将杆分割为两部分。在左部分为分离体的受力图（图 6-3c）上只有 A 端约束力 F_A，以及截面 Ⅰ-Ⅰ 上的轴力 F_{N1}。截面剪力 F_{S1} 和截面弯矩 M_1 可由平衡方程判定为零。列平衡方程 $\sum F_x = 0$，解得

$$F_{N1} = F_A = 10 \text{ N}$$

轴力 F_{N1} 为正值，表明 F_{N1} 是拉力。

（3）求截面 Ⅱ-Ⅱ 的内力   取截面 Ⅱ-Ⅱ 左侧为分离体，受力图如图 6-3d 所示。由平衡方程 $\sum F_x = 0$，解得

$$F_{N2} = F_A - F_1 = -20 \text{ N}$$

轴力 F_{N2} 为负值，表明 F_{N2} 是压力。

（4）求截面 Ⅲ-Ⅲ 的内力   取截面 Ⅲ-Ⅲ 右侧为分离体，受力图如图 6-3e 所示。由平衡方程 $\sum F_x = 0$，解得

$$F_{N3} = F_3 = 50 \text{ N}$$

轴力 F_{N3} 为正值，表明 F_{N3} 是拉力。

【例 6-2】   简支梁 AB 如图 6-4a 所示，试求截面 a-a 上的内力。

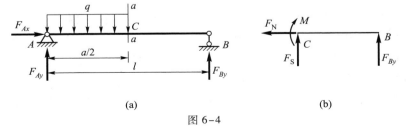

(a)   (b)

图 6-4

【解】 （1）为确定杆件 AB 上的外力，用平衡方程求解梁的支座约束力。梁的受力图示于图 6-4a 中。由平衡方程

$$\sum F_x = 0, \quad -F_{Ax} = 0$$

$$\sum F_y = 0, \quad F_{Ay} + F_{By} - \frac{l}{2} \cdot q = 0$$

$$\sum M_A(F) = 0, \quad -q \cdot \frac{l}{2} \cdot \frac{l}{4} + F_{By} \cdot l = 0$$

解得支座约束力 $F_{Ax} = 0$，$F_{Ay} = \dfrac{3}{8}ql$，$F_{By} = \dfrac{1}{8}ql$。

（2）用截面法求截面 a-a 的内力。用截面 a-a 将梁 AB 截为左、右两段。为计算方便，取右段为分离体，截面内力按正向画出。受力图如图 6-4b 所示。

写平衡方程求内力：

$$\sum F_x = 0, \quad -F_N = 0$$

$$\sum F_y = 0, \quad F_S + F_{By} = 0$$

$$\sum M_C(F) = 0, \quad F_{By} \cdot \frac{l}{2} - M = 0$$

解得

$$F_N = 0, \quad F_S = -\frac{1}{8}ql, \quad M = \frac{1}{16}ql^2$$

【例6-3】 刚架如图 6-5a 所示，试求横梁 AC 上与支座 A 相距为 x 的截面 D 上的内力。

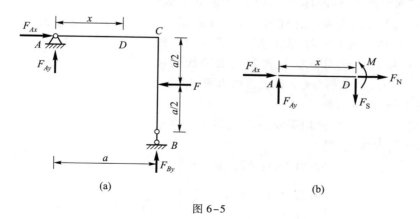

(a)　　　　　　　　　　　　　　(b)

图 6-5

【解】 （1）求支座约束力，取刚架为分离体，受力图如图 6-5a 所示。由平

衡方程

$$\sum M_A(F)=0,\quad F_{By}\cdot a-F\cdot\frac{a}{2}=0$$

$$\sum F_x=0,\quad F_{Ax}-F=0$$

$$\sum F_y=0,\quad F_{Ay}+F_{By}=0$$

解得支座约束力 $F_{Ax}=F,F_{Ay}=-\dfrac{F}{2},F_{By}=\dfrac{F}{2}$。

（2）用截面法求 D 截面内力。用截面在 D 点将刚架截成两部分。为计算方便，取 AD 杆段为分离体，截面 D 的内力按正向画出，受力图如图 6-5b 所示。

写平衡方程求内力：

$$\sum F_x=0,\quad F_{Ax}+F_N=0$$

$$\sum F_y=0,\quad F_{Ay}-F_S=0$$

$$\sum M_A(F)=0,\quad M-F_S\cdot x=0$$

解得

$$F_N=-F,\quad F_S=-\frac{F}{2},\quad M=-\frac{1}{2}Fx$$

§6-2 内力方程·内力图

6-2-1 概述

截面的内力因截面位置不同而变化，如取横坐标轴 x 与杆件轴线平行，则可将杆件截面的内力表示为截面的坐标 x 的函数，并称之为**内力方程**。如用纵坐标 y 表示内力的值，就可将内力随横截面位置变化的图线画在图 6-6 所示的坐标面上，并称之为**内力图**，如轴力图、剪力图、弯矩图等。

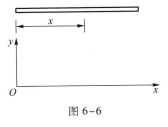

图 6-6

回顾例 6-3 中已用平衡方程求得刚架横梁 AC 的内力方程，分别为

$$\left.\begin{array}{l}\text{轴力方程：}F_N(x)=-F\\[2mm]\text{剪力方程：}F_S(x)=-\dfrac{F}{2}\\[2mm]\text{弯矩方程：}M(x)=-\dfrac{F}{2}x\end{array}\right\}\quad(0\leqslant x\leqslant a)$$

依据内力方程可画出横梁 AC 的轴力图、剪力图、弯矩图,分别如图 6-7a、b、c 所示。

在土木工程问题中,内力图上一般不画坐标轴而是以杆线作为基线,竖向坐标表示内力的值。但是,要标明内力图的名称,要在内力图上用符号 $\oplus$ 或 $\ominus$ 来表示内力的正或负,要将弯矩图画在杆件的受拉侧(因此对该图就没有必要标正或负了)。如上所述,图 6-7 的实用画法应如图 6-8 中所示。

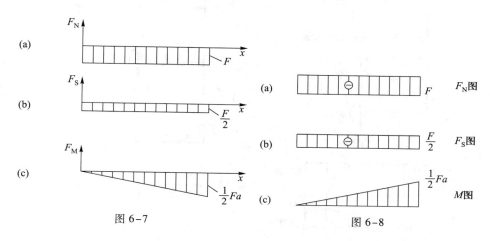

图 6-7　　　　　　　　　　　图 6-8

6-2-2　梁的内力方程和内力图

下面讨论梁的内力方程和内力图。由于梁一般承受竖向(垂直梁轴线)荷载作用,此时不产生轴向内力,以下讨论中不予涉及。

研究长为 l 的悬臂梁,自由端作用荷载 F(图 6-9a),写其内力方程,并画内力图。

取距自由端为 x 的截面,按图 6-9b 所示的受力图,可由平衡方程求得该段的内力方程为

$$\left. \begin{array}{l} \text{剪力方程：} F_s(x) = -F \\ \text{弯矩方程：} M(x) = -Fx \end{array} \right\} \quad (0 \leqslant x \leqslant l)$$

由剪力方程可知,各截面的剪力值为常量 F,负号表明各截面的剪力使所研究的杆段有逆时针转动的趋势。

由弯矩方程可知,各截面的弯矩值与其到自由端的距离成正比,在固定端截面取最大值 Fl。负号表明梁的上侧受拉,即 M 图应画于基线上侧。

由剪力方程和弯矩方程可画出剪力图和弯矩图,分别如图 6-9c 和图 6-9d 所示。

研究受均布荷载作用的长为 l 的简支梁(图 6-10a)。写其内力方程,并画内力图。

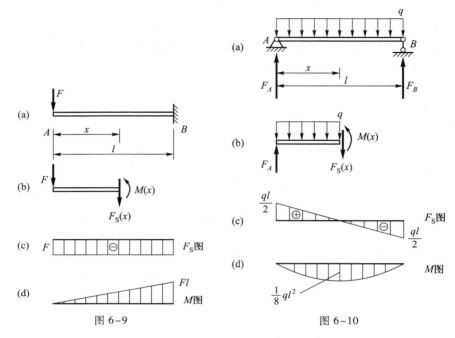

图 6-9   图 6-10

首先需要求出梁的支座约束力,即

$$F_A = F_B = \frac{1}{2}ql$$

然后取距 A 端为 x 的截面,按图 6-10b 所示的受力图,由平衡方程求得简支梁的内力方程为

剪力方程:$F_S(x) = F_A - qx = q\left(\dfrac{l}{2} - x\right)$

弯矩方程:$M(x) = F_A x - qx \cdot \dfrac{x}{2} = \dfrac{q}{2}x(l-x)$ $(0 \leqslant x \leqslant l)$

由剪力方程可知,剪力是 x 的一次函数,当 $x=0$ 时,$F_S(0) = \dfrac{1}{2}ql$;当 $x=l$ 时,$F_S(l) = -\dfrac{1}{2}ql$。据此可画出剪力图如图 6-10c 所示。

由弯矩方程可知,弯矩是 x 的二次函数。$M(0) = M(l) = 0$,当 $x = \dfrac{l}{2}$ 时,弯矩最大,其值为 $M\left(\dfrac{l}{2}\right) = \dfrac{1}{8}ql^2$。弯矩取正值,表明梁的下侧受拉,将 M 图画于基线

下侧,如图 6-10d 所示。

6-2-3 有关规律的总结

1. 关于剪力、弯矩内力方程的规律

对水平梁来说,观察以上两个问题中的内力方程可总结得到:

(1)**梁的任一横截面上的剪力代数值等于该截面一侧**(左侧或右侧)**所有竖向外力的代数和**。其中每一竖向外力的正负号按剪力的正负号规定确定。

(2)**梁的任一横截面上的弯矩代数值等于该截面一侧**(左侧或右侧)**所有外力对该截面与梁轴线交点的力矩的代数和**。其中每一力矩的正负号按弯矩的正负号规定确定。

根据上述规律,只要知道梁的荷载和支座约束力,不需画分离体、受力图,不需写平衡方程,任意横截面上的剪力和弯矩就可直接写出,应用十分方便。

图 6-11a 所示的简支梁的尺寸、荷载、支座约束力均如图上所示。应用上述规律可直接写出梁上任意横截面的内力。

现求指定截面 1 的内力 F_{S1} 和 M_1 如下:

考虑截面 1 的左侧,则有

$$F_{S1} = F_A - 2\ m \cdot q - F$$

F_A 有使左侧绕截面 1 顺时针转动的趋势(图 6-11b),取正号。均布荷载 q 和集中力 F 则相反,取负号。代入各力的数值,求得

$$F_{S1} = -1\ kN$$

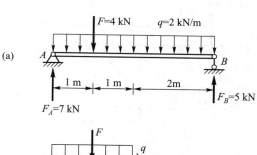

图 6-11

截面 1 的弯矩则为

$$M_1 = 2\ m \cdot F_A - 2\ m \cdot q \cdot 1\ m - F \cdot 1\ m$$

力 F_A 使 A 点相对 1 截面有向上移动的趋势,即使梁左侧弯曲凹向上(下侧受

拉),取正号。均布荷载 q 和集中力 F 则相反,取负号。计算均布荷载对 1 点的矩时需应用合力矩定理。代入各力的数值,求得

$$M_1 = 6 \text{ kN} \cdot \text{m}$$

如果考虑截右侧,所得结果相同。

2. 关于内力图的规律

(1) 当某梁段除端截面外全段上不受外力作用时,则有(a)该段上的剪力方程 $F_s(x) = $ 常量,故该段的剪力图为水平线;(b)该段上的弯矩方程 $M(x)$ 是 x 的一次函数,故该段的弯矩图为斜直线。

(2) 当某梁段除端截面外全段上只受均布荷载作用时,则有(a)该段上的剪力方程 $F_s(x)$ 是 x 的一次函数,故该段的剪力图为斜直线;(b)该段上的弯矩方程 $M(x)$ 是 x 的二次函数,故该段的弯矩图为二次曲线。

6-2-4   作梁内力图的简便方法

作梁的内力图时,可根据前述内力图的规律,将梁分割为其上剪力图和弯矩的形状已知的若干梁段,然后根据内力方程的规律求出各梁段的端截面的剪力和弯矩值,即可绘出梁的剪力图和弯矩图。

【例 6-4】   绘制图 6-12a 所示梁的剪力图和弯矩图。

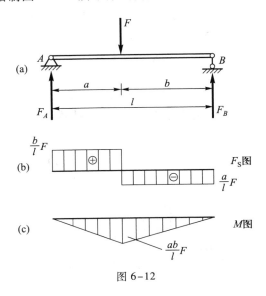

图 6-12

【解】   (1) 求支座约束力。由平衡方程解得

$$F_A = \frac{b}{l}F, \qquad F_B = \frac{a}{l}F$$

（2）以 C_L 表示集中力 F 的作用点 C 的左截面；以 C_R 表示点 C 的右截面。将 AB 梁分割为 AC_L 和 C_RB 两段，两段上的剪力图均为水平直线，弯矩图均为斜直线。根据观察和内力方程的规律，可知四个端截面 A、C_L、C_R、B 的剪力、弯矩值如表 6-1 中所示。

表6-1　剪力、弯矩值表

	A	C_L	C_R	B
F_S	$\dfrac{b}{l}F$	$\dfrac{b}{l}F$	$-\dfrac{a}{l}F$	$-\dfrac{a}{l}F$
M	0	$\dfrac{ab}{l}F$	$\dfrac{ab}{l}F$	0

事实上，只需确定表中的

$$F_{SA}=\frac{b}{l}F, \quad F_{SB}=-\frac{a}{l}F$$

以及

$$M_{CL}=M_{CR}=\frac{ab}{l}F$$

就可以画出该梁的剪力图和弯矩图，分别如图 6-12b 和图 6-12c 所示。

当力 F 作用于中点时，即 $a=b=\dfrac{l}{2}$ 时，梁跨中 C 点的弯矩值 $M_C=\dfrac{1}{4}Fl$。

从本例可总结出**内力图的另一规律：在集中力 F 所作用的截面，剪力发生突变，突变值等于 F**（图 6-12b）。**弯矩图在该处发生转折**（图 6-12c）。

【例6-5】　绘制图 6-13a 所示梁的剪力图和弯矩图。

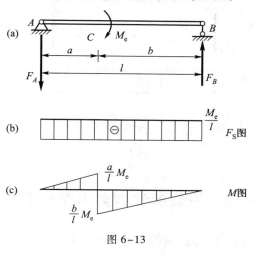

图6-13

【解】 （1）求支座约束力。由平衡方程解得

$$F_A = F_B = \frac{M_e}{l}$$

（2）以集中力偶的作用点 C 为界,将 AB 梁分割为两段:AC_L 段和 $C_R B$ 段。两段的端截面剪力相等,即

$$F_{SA} = F_{SB} = -\frac{M_e}{l}$$

所以,梁的剪力图为一条水平直线,如图 6-13b 所示。

两段的端截面弯矩为

$$M_{CL} = -F_A \cdot a = -\frac{a}{l} M_e$$

M_{CL} 使梁上侧受拉。

$$M_{CR} = F_B \cdot b = \frac{b}{l} M_e$$

M_{CR} 使梁下侧受拉。

弯矩图如图 6-13c 所示。

从本例可总结出**只受集中力偶荷载作用时内力图的规律:在力偶作用的截面,剪力无变化,弯矩有突变,且突变值为力偶矩 M。**

当力偶的作用位置在梁上改变时,对剪力图没有影响,只会使弯矩图的形状改变。当力偶作用在支座 B 截面时(图 6-14a),剪力图和弯矩图如图 6-14b 和图 6-14c 所示。

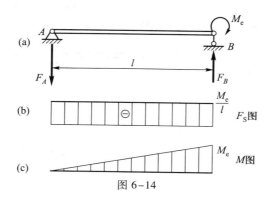

图 6-14

§6-3   用叠加法作剪力图和弯矩图

当梁上有几项荷载作用时,梁的约束力和内力可以这样计算:先分别计算出

每项荷载单独作用时的约束力和内力,然后把这些相应计算结果代数相加,即得到几项荷载共同作用时的约束力和内力。例如一悬臂梁上作用有均布荷载 q 和集中力 F(图 6–15a),梁的固定端处的约束力为

$$F_B = F + ql$$

$$M_B = Fl + \frac{1}{2}ql^2$$

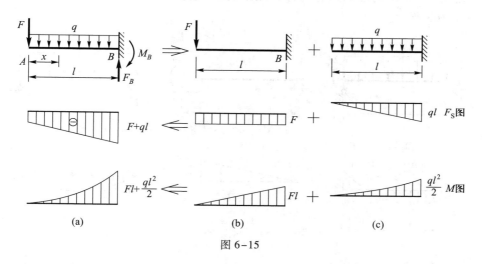

图 6–15

在距左端为 x 处任一横截面上的剪力和弯矩分别为

$$F_S(x) = -F - qx$$

$$M(x) = -Fx - \frac{1}{2}qx^2$$

由上述各式可以看出,梁的约束力和内力都是由两部分组成。各式中第一项与集中力 F 有关,是由集中力 F 单独作用在梁上所引起的约束力和内力(图 6–15b);各式中第二项与均布荷载 q 有关,是由均布荷载 q 单独作用在梁上所引起的约束力和内力(图 6–15c)。两种情况的内力值代数相加,即为两项荷载共同作用的内力值。这种方法即为叠加法。采用叠加法作内力图会带来很大的方便,例如在图 6–15 中,可将集中力 F 和均布荷载 q 单独作用下的剪力图和弯矩图分别画出,然后再叠加,就得两项荷载共同作用的剪力图和弯矩图(图 6–15a)。

值得注意的是,内力图的叠加是指内力图的纵坐标代数相加,而不是内力图图形的简单合并。

【例 6–6】　试用叠加法作出图 6–16a 所示简支梁的弯矩图。

【解】   先分别画出力偶 M_e 和均布荷载 q 单独作用时的弯矩图,如图 6-16b、c 所示。其中力偶 M_e 作用下的弯矩图是使梁的上侧受拉,均布荷载 q 作用下的弯矩图是使梁的下侧受拉。二弯矩图叠加应是两个弯矩图的纵坐标相减。两个弯矩图叠加的作法是:以弯矩图 6-16b 的斜直线为基线,向下作铅直线,其长度等于图 6-16c 中相应的纵坐标,即以图 6-16b 上的斜直线为基线作弯矩图 6-16c。两图的重叠部分相互抵消,不重叠部分为叠加后的弯矩图,如图 6-16a 所示。

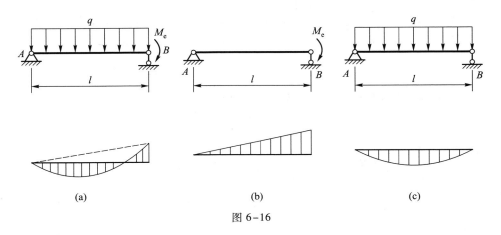

图 6-16

为给平面刚架的内力计算提供预备知识,下面讨论梁中任意杆段弯矩图的一种绘制方法。

图 6-17a 所示一简支梁,欲求其上杆段 AB 的弯矩图。取杆段 AB 为分离体,受力图如图 6-17b 所示。显然,杆段上任意截面的弯矩是由杆段上的荷载 q 及杆段端面的内力共同作用所引起的。但是,轴力 F_{NA} 和 F_{NB} 不产生弯矩。现在,取一简支梁 AB,令其跨度等于杆段 AB 的长度,并将杆段 AB 上的荷载以及杆端弯矩 M_A、M_B 作用在简支梁 AB 上(图 6-17c)。这时,由平衡方程可知,该简支梁的约束力 F_{Ay} 和 F_{By} 分别等于杆段端面的剪力 F_{SA} 和 F_{SB}。于是可断定,简支梁 AB 的弯矩图与杆段 AB 的弯矩图相同。简支梁 AB 的弯矩图可按叠加法作出,如图 6-17d 所示,其中 M_A 图、M_B 图、M_q 图分别是杆端弯矩 M_A、M_B 及均布荷载 q 所引起的弯矩图。三者均使 AB 梁段下侧受拉,纵坐标叠加后即为简支梁 AB 的弯矩图。

综上所述,**作某杆段的弯矩图时,只需求出该杆段的杆端弯矩,并将杆端弯矩作为荷载,用叠加法作相应的简支梁的弯矩图即可。**应用这一方法可以简便地绘制出平面刚架的弯矩图。

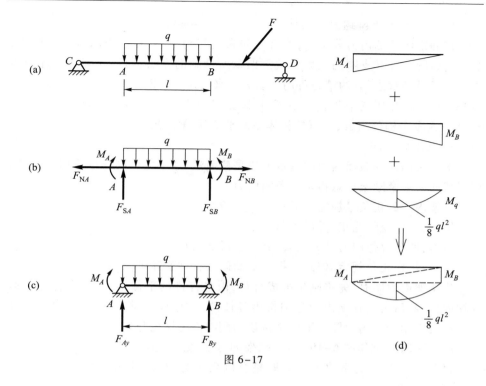

图 6-17

§6-4　静定平面刚架

　　平面刚架是由梁和柱所组成的平面结构(图 6-18),其特点是在梁与柱的联结处为刚结点,当刚架受力而产生变形时,刚结点处各杆端之间的夹角保持不变。由于刚结点能约束杆端的相对转动,故能承担弯矩。与梁相比,刚架具有减小弯矩极值的优点,节省材料,并能有较大的空间。在建筑工程中常采用刚架作为承重结构。

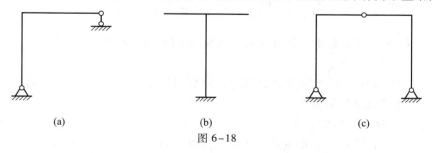

图 6-18

　　平面刚架可分为静定刚架与超静定刚架。本节研究静定平面刚架的内力计算。

1. 静定刚架支座约束力的计算

在静定刚架的内力分析中,通常是先求支座约束力,然后再求截面的内力,绘制内力图。计算支座约束力可按第四章所介绍的方法进行,即刚架在外力作用下处于平衡状态,其约束力可用平衡方程来确定。若刚架由一个构件组成(图6-18a、b),则可列三个平衡方程求出其支座约束力。若刚架由两个构件(图6-18c)或多个构件组成,则可按物体系的平衡问题来处理。

2. 绘制内力图

求解梁的任一截面内力的基本方法是截面法,这一方法同样也适用于刚架。可用截面法求解刚架任意指定截面的内力。

刚架内力的正负号规定如下:

轴力:杆件受拉为正,受压为负。

剪力:使分离体顺时针方向转动为正,反之为负。

弯矩:不作正负规定,但总是把弯矩图画在杆件受拉的一侧。

作刚架内力图时,先将刚架拆成杆件,由各杆件的平衡条件,求出各杆件的杆端内力,然后利用杆端内力分别作出各杆件的内力图。将各杆件的内力图合在一起就是刚架的内力图。下面举例说明刚架内力图的作法。

【例6-7】 试作图6-19a所示刚架的弯矩、剪力、轴力图。

【解】 (1)求支座约束力 取整个刚架为分离体,受力图如图6-19a所示,由平衡方程

$$\sum M_A = 0, \quad F \cdot \frac{3}{2}l - F_{Bx}l = 0$$

$$\sum F_x = 0, \quad F_{Ax} + F_{Bx} = 0$$

$$\sum F_y = 0, \quad F_{Ay} - F = 0$$

解得

$$F_{Ax} = -\frac{3}{2}F, \quad F_{Bx} = \frac{3}{2}F, \quad F_{Ay} = F$$

约束力 F_{Ax} 取负值,说明假定的方向与实际方向相反。将约束力按正确方向画出,如图6-19b所示。

(2)作 M 图 作弯矩图时,应逐次研究各杆,求出杆端弯矩,作出各杆的弯矩图,再合并成刚架的弯矩图。

AC 杆:分离体图如图6-19c所示。杆端 C 弯矩记为 M_{CA},其方向可任意画出,图中假设它使杆件下侧受拉,轴力 F_{NCA} 和剪力 F_{SCA} 按规定的正向画出;A 端的约束力按实际的方向画出。由

$$\sum M_C = 0, \quad M_{CA} - F_{Ay}l = 0$$

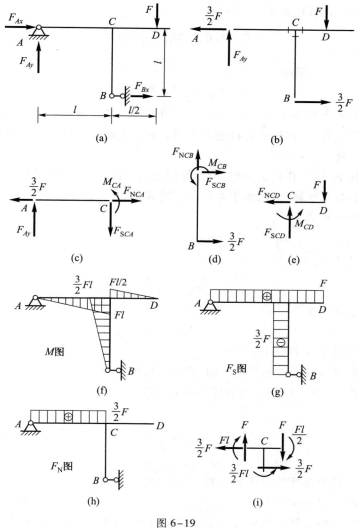

图 6-19

得

$$M_{CA} = F_{Ay}l \quad (下侧受拉)$$

BC 杆:分离体图如图 6-19d 所示。由

$$\sum M_C = 0, \quad M_{CB} + \frac{3}{2}Fl = 0$$

得

$$M_{CB} = -\frac{3}{2}Fl \quad (左侧受拉)$$

CD 杆:分离体图如图 6-19e 所示。由

$$\sum M_C = 0, \quad M_{CD} - \frac{1}{2}Fl = 0$$

得

$$M_{CD} = \frac{1}{2}Fl \quad (\text{上侧受拉})$$

以上三杆上均为无荷载区段,只要标出各杆的两杆端弯矩,并将这两个控制点的标距连成直线,即得到各杆的弯矩图。刚架弯矩图由各杆弯矩图合并而成,如图 6-19f 所示。

(3) 作 F_S 图　作剪力图时,依然逐杆进行。已暴露出的杆端剪力均按正向画出。对各杆写投影方程,求出各杆的杆端剪力。

由图 6-19c 得

$$F_{SCA} = F_{Ay}$$

由图 6-19d 得

$$F_{SCB} = -\frac{3}{2}F$$

由图 6-19e 得

$$F_{SCD} = F$$

刚架剪力图如图 6-19g 所示。

剪力图可画在杆件的任意一侧,但必须将所求剪力的正负号标在剪力图上。

(4) 作 F_N 图　已暴露出的杆端轴力均按正向画出。分别对各杆写投影方程,求得

$$F_{NCA} = \frac{3}{2}F$$

$$F_{NCD} = F_{NCB} = 0$$

轴力图可画在杆件的任意一侧,但必须将所求轴力的正负号标在轴力图上。刚架轴力图如图 6-19h 所示。

(5) 内力图校核　校核内力图,通常是校核结点是否满足平衡条件。

用与结点 C 无限靠近的截面(图 6-19b)将结点 C 截取,放大示于图 6-19i。其上三个杆端的内力值可以从刚架的弯矩图 6-19f、剪力图 6-19g 和轴力图 6-19h 上得到。因为剪力图上杆 BC 的剪力取负值,即杆上 C 端面的剪力指向左(使 BC 杆有逆时针方向转动的趋势),它的反作用力作用在结点 C 上指向右,如图 6-19i 中所示。

由图 6-19i 可知,结点 C 满足平衡方程

$$\sum F_x = 0, \quad \sum F_y = 0, \quad \sum M_C = 0$$

即计算结果无误。

验算平衡条件 $\sum M_C = 0$ 时应注意,因为截取结点 C 的截面与结点 C 无限靠近,所以,各剪力对结点 C 的矩为零,方程 $\sum M_C = 0$ 中只包括弯矩项。

【例6-8】 试作图6-20a所示刚架的 M、F_S、F_N 图。

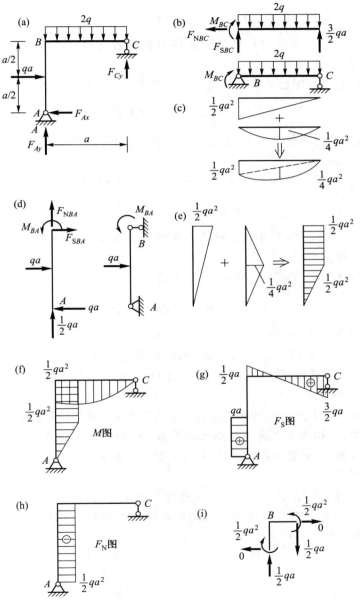

图 6-20

【解】（1）求支座约束力　按图 6-20a，由平衡方程求得

$$F_{Ax} = qa, \quad F_{Ay} = \frac{1}{2}qa, \quad F_{Cy} = \frac{3}{2}qa$$

（2）作 M 图　BC 杆：分离体图如图 6-20b 所示。由平衡方程 $\sum M_B = 0$，得

$$M_{BC} = \frac{1}{2}qa^2 \quad （下侧受拉）$$

按本书 §6-3 所述，BC 杆的弯矩图可借助简支梁 BC 按叠加法作出，如图 6-20c 所示。

AB 杆：分离体图如图 6-20d 所示。由平衡方程 $\sum M_B = 0$，得

$$M_{BA} = \frac{1}{2}qa^2 \quad （右侧受拉）$$

AB 杆的弯矩图可借助简支梁 AB 按叠加法作出，如图 6-20e 所示。合并后的弯矩图如图 6-20f 所示。

（3）作 F_S 图　按图 6-20b、d 对 BC、AB 二杆写投影方程，分别求得

$$F_{SBC} = \frac{1}{2}qa, \quad F_{SBA} = 0$$

将二杆的剪力图合并，得刚架的剪力图如图 6-20g 所示。AB 杆中点有集中力，剪力图有突变。

（4）作 F_N 图　按图 6-20b、d 分别求得

$$F_{NBC} = 0, \quad F_{NBA} = -\frac{1}{2}qa$$

刚架的轴力图如图 6-20h 所示。

（5）内力图校核　取结点 B 为分离体，其上杆端的三个内力值可从内力图 6-20f、g、h 上读得，结点 B 的受力图如图 6-20i 所示。可知结点 B 满足平衡条件，计算结果无误。

由图 6-20i 中结点 C 的平衡条件 $\sum M_C = 0$ 可知，**对二杆刚结点且结点上无外力偶作用，则结点上二杆的弯矩大小相等、方向相反，即结点上两杆的弯矩或者同在结点内侧，或者同在结点外侧，且具有相同的值。利用这一规律可简便地绘制出弯矩图。**

【例 6-9】　作图 6-21a 所示三铰刚架的 M、F_S、F_N 图。

【解】（1）求支座约束力　以刚架整体为分离体，受力图如图 6-21a 所示。由平衡方程

$$\sum M_A = 0, \quad \sum M_B = 0, \quad \sum F_x = 0$$

得

$$F_{Ay} = 10 \text{ kN}, \quad F_{By} = 30 \text{ kN}$$
$$F_{Ax} = F_{Bx}$$

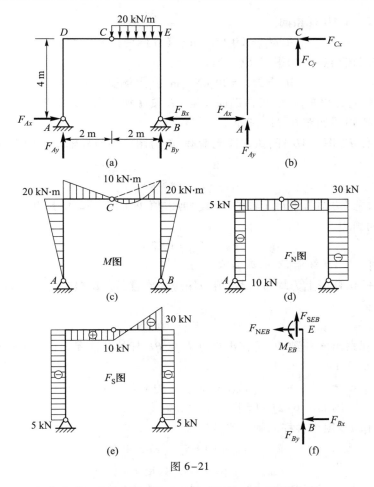

图 6-21

再以 *AC* 为分离体,受力图如图 6-21b 所示。由平衡方程

$$\sum M_C = 0$$

得

$$F_{Ax} = F_{Bx} = 5 \text{ kN}$$

(2)作 *M* 图 *AD* 杆:*D* 端弯矩值等于 *D* 点以下所有外力对 *D* 点之矩的代数和,即

$$M_{DA} = 4 \text{ m} \times F_{Ax} = 20 \text{ kN} \cdot \text{m} \quad (外侧受拉)$$

弯矩图为斜直线。

DC 杆:按结点 *D* 的平衡条件,有

$$M_{DC} = M_{DA} = 20 \text{ kN} \cdot \text{m} \quad (上侧受拉)$$

铰 *C* 处弯矩为零,弯矩图为斜直线。

BE 杆:与 *AD* 杆相同

$$M_{EB} = 20 \text{ kN} \cdot \text{m} \quad (外侧受拉)$$

CE 杆:按结点 *E* 的平衡条件,有

$$M_{EC} = M_{EB} = 20 \text{ kN} \cdot \text{m} \quad (上侧受拉)$$

由于 *CE* 杆上有均布荷载,可借助简支梁 *CE* 按叠加法作出弯矩图。

刚架弯矩图如图 6-21c 所示。

(3)作 F_S 图   *AD* 杆:该杆段无荷载,剪力图应为与杆轴平行的直线。剪力值为

$$F_S = -F_{Ax} = -5 \text{ kN}$$

DC 杆:剪力图为平行于轴的直线。剪力值可由图 6-21b 上约束力 F_{Cy} 的值得知,正向剪力

$$F_S = -F_{Cy} = 10 \text{ kN}$$

BE 杆:与 *AD* 杆相同,但剪力取正号。

CE 杆:该杆段上为均布荷载,剪力图应为斜直线。*C* 端剪力值即为 *CE* 杆 *C* 端竖向力值

$$F_{SCE} = -F_{Cy} = 10 \text{ kN}$$

为方便地观察出 *E* 端剪力,可作出结点 *E* 与 *BE* 杆的共同受力图,如图 6-21f 所示。按图 6-21f 有

$$F_{SEB} = -F_{By} = -30 \text{ kN}$$

刚架剪力图如图 6-21e 所示。

(4)作 F_N 图   各杆的轴力值分别为

$$F_{NAD} = F_{Ay} = 10 \text{ kN} \quad (压力取负)$$

$$F_{NBE} = F_{By} = 30 \text{ kN} \quad (压力取负)$$

$$F_{NCD} = -F_{Cx} = F_{Ax} = 5 \text{ kN} \quad (压力取负)$$

刚架轴力图如图 6-21d 所示。

本例中作 *M*、F_S 图时,应用弯矩图、剪力图的规律,以及结点平衡条件,减少了计算工作量。

由上面的例子,可以将绘制刚架内力图的要点总结如下:

(1)绘制刚架的内力图就是逐一绘制刚架上各杆件的内力图。

(2)绘制一杆件的弯矩图,可将该杆件视为简支梁,绘制其杆端弯矩和荷载共同作用所引起的简支梁的弯矩图。求杆端弯矩是关键。

(3)绘制一杆件的剪力图,就是绘制其杆端剪力和横向荷载共同作用下的剪力图。求杆端剪力是关键。

(4)绘制杆件的轴力图,在只有横向垂直于杆件轴线荷载的情况下,只需求

出杆件一端的轴力,轴力图即可画出。

（5）内力图的校核是必需的。通常取刚架的一部分或一结点为分离体,按已绘制的内力图画出分离体的受力图,验算该受力图上各内力是否满足平衡方程。

§6-5 静定多跨梁

静定多跨梁是若干梁段用铰相联,并通过支座与基础共同构成的无多余联系的几何不变体系。

6-5-1 静定多跨梁的几何组成

静定多跨梁中的各梁段可分为**基本部分**和**附属部分**两类。基本部分是能独立承受荷载的几何不变体系;附属部分是不能独立承受荷载的几何可变体系,它需要与基本部分相联结方能承受荷载。

图 6-22a 中所示的静定多跨梁,梁段 ABC 是基本部分,它自身是几何不变的。梁段 DEF 自身虽然是几何可变的,但受竖向荷载作用时能独立承受荷载,也是基本部分。梁段 CD 自身是几何可变的,且不能独立地承受荷载,则是附属部分。

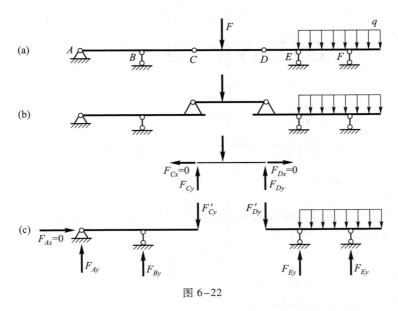

图 6-22

将基本部分和附属部分分层次地画于图 6-22b 中,则可看出当附属部分受力时,可通过联结部位的约束力传给基本部分,使基本部分也受力。当基本部分受力时,会通过其支座传给基础,附属部分不会受力。根据这一传力特征,计算静定多跨梁时必须先计算附属部分。再将附属部分的支座约束力作为基本部分的荷载,计算基本部分,如图6-22c中所示。

6-5-2　静定多跨梁的内力

求解静定多跨梁的内力需将多跨梁分离为各单跨梁,并区分其中的基本部分和附属部分,按照先附属部分后基本部分的顺序进行计算。

【例6-10】　绘制图6-23a所示静定多跨梁的内力图。

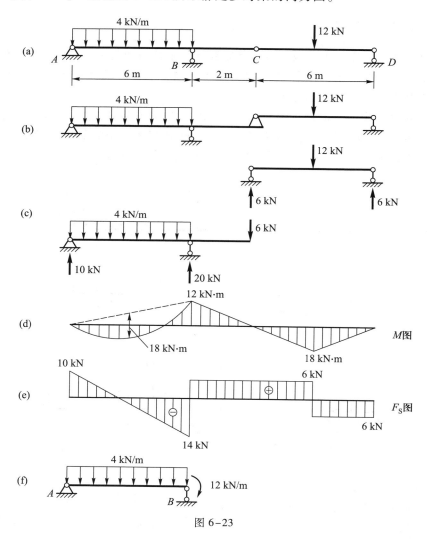

图 6-23

【解】 (1) 将多跨梁分离为 ABC、CD 两个单跨梁,前者为基本部分,后者为附属部分,如图 6-23b 所示。

(2) 先求附属部分 CD 的约束力,并将约束力的反作用力加在基本部分 ABC 上,再求基本部分的约束力,如图 6-23c 所示。

(3) 绘制弯矩图和剪力图分别如图 6-23d 和图 6-23e 所示。绘制 AB 段弯矩图时,可取简支梁 AB,其上受均布荷载和 B 端的杆端弯矩作用,如图 6-23f 所示,用叠加法绘制该段的弯矩图。

§6-6 三 铰 拱

拱结构在工程中有着广泛的应用。图 6-24a 所示即为一常见的拱结构——三铰拱。拱的特点是,在竖向荷载作用下,支座处产生水平推力。水平推力减小了横截面的弯矩,使得拱主要承受轴向压力作用,因而可利用抗压性能好而抗拉性能差的材料(砖、石、混凝土等)建造。另一方面,由于水平推力的存在,要求有坚固的基础,给施工带来困难。为克服这一缺点,常采用带拉杆的三铰拱(图 6-24b),水平推力由拉杆来承受。如房屋的屋盖采用图 6-25 所示的带拉杆的拱结构,在竖向荷载的作用下,只产生竖向支座约束力,对墙体不产生水平推力。

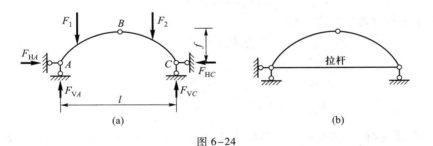

图 6-24

图 6-24a 中的曲线部分是拱身各横截面形心的连线,称为**拱轴线**。支座 A 和 C 称为**拱趾**。两个支座间的水平距离 l 称为拱的**跨度**。两个支座的连线称为**起拱线**。拱轴线上距起拱线最远的一点称为**拱顶**,图 6-24a 中的铰 B 通常设置

图 6-25

在拱顶处。拱顶到起拱线的距离 f 称为**拱高**。拱高 f 与跨度 l 之比称为高跨比。高跨比是拱的基本参数,通常高跨比控制在 $0.1 \sim 1$ 的范围内。

6-6-1   三铰拱的计算

三铰拱是静定结构。其全部约束力和内力都可由静力平衡方程求出。

1. 支座约束力的计算

图 6-26a 中所示三铰拱的支座约束力共有四个。取拱整体为分离体,则由

$$\sum M_B(F) = 0$$

得

$$F_{VA} = \frac{\sum F_i b_i}{l}$$

由

$$\sum M_A(F) = 0$$

得

$$F_{VB} = \frac{\sum F_i a_i}{l}$$

由

$$\sum F_x = 0$$

得

$$F_{HA} = F_{HB} = F_H$$

再取左半部分为分离体,则由

$$\sum M_C(F) = 0$$

得

$$F_{HA} = \frac{F_{VA}\dfrac{l}{2} - F_1\left(\dfrac{l}{2} - a_1\right) - F_2\left(\dfrac{l}{2} - a_2\right)}{f}$$

现在将拱的支座约束力与梁的支座约束力加以对比。取一与拱跨度相同、荷载相同的简支梁(图 6-26b),其支座约束力分别以 F_{VA}^0、F_{VB}^0 表示。由梁的平衡方程可解得

$$F_{VA}^0 = F_{VA} \tag{6-1}$$

$$F_{VB}^0 = F_{VB} \tag{6-2}$$

从上两式可见,**在竖向荷载作用下,三铰拱的竖向支座约束力与相应简支梁的支座约束力相同**。

分析拱的水平支座约束力 F_{HA} 的表达式可知,其分式的分子项恰好是与铰 C 对应的相应简支梁截面 C 处的弯矩,以 M_C^0 表示相应简支梁截面 C 处的弯矩,则

$$F_{HA} = F_{HB} = F_H = \frac{M_C^0}{f} \tag{6-3}$$

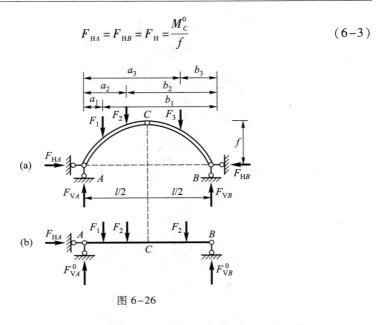

图 6−26

上式表明,**拱的水平支座约束力等于相应简支梁截面 C 处的弯矩除以拱高 f。**因为在竖向荷载作用下梁的弯矩 M_C^0 常常是正的,所以水平支座约束力 F_H 也常取正值。这说明拱对支座的作用力是水平向外的推力,故 F_H 又称为水平推力。当跨度不变时,水平支座约束力与 f 成反比,即拱越扁平则水平推力就越大。

2. 内力的计算

在外力的作用下拱中任一截面的内力有弯矩、剪力和轴力,其中弯矩以使拱内侧受拉为正;剪力以使分离体顺时针转动为正;轴力以使分离体受拉为正。

图 6−27a 所示的拱中,在 K 处用一横截面将拱截开,该截面形心坐标为 x_K、y_K,拱轴切线倾角为 φ_K,其内力为 M_K、F_{SK} 和 F_{NK}(图 6−27b)。以 AK 段为分离体,求 K 截面内力。

(1)弯矩计算 由

$$\sum M_K(F) = 0, \quad F_{VA}x_K - F_1(x_K - a_1) - F_H y_K - M_K = 0$$

得

$$M_K = [F_{VA}x_K - F_1(x_K - a_1)] - F_H y_K$$

因为 $F_{VA} = F_{VA}^0$,可见方括号内的值恰好等于相应简支梁截面 K 的弯矩 M_K^0(图 6−27c),故上式可写为

$$M_K = M_K^0 - F_H y_K \tag{6-4}$$

即拱内任一截面的弯矩等于相应简支梁对应截面处的弯矩减去拱的水平支座约束力引起的弯矩 $F_H y_K$。

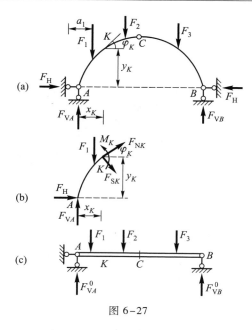

图 6-27

（2）剪力计算　由 K 截面以左各力沿该点拱轴法线方向投影的代数和等于零,可得

$$F_{SK} = F_{VA}\cos\,\varphi_K - F_1\cos\,\varphi_K - F_H\sin\,\varphi_K = (F_{VA} - F_1)\cos\,\varphi_K - F_H\sin\,\varphi_K$$

式中 $(F_{VA} - F_1)$ 为相应简支梁对应截面 K 处的剪力 F_{SK}^0（图 6-27c）。

故上式可写为

$$F_{SK} = F_{SK}^0\cos\,\varphi_K - F_H\sin\,\varphi_K \tag{6-5}$$

（3）轴力计算　由 K 截面以左各力沿该点拱轴切线方向投影的代数和等于零,可得

$$F_{NK} = -(F_{VA} - F_1)\sin\,\varphi_K - F_H\cos\,\varphi_K$$

即

$$F_{NK} = -F_{SK}^0\sin\,\varphi_K - F_H\cos\,\varphi_K \tag{6-6}$$

上述内力计算公式中, φ_K 在左半部取正值,在右半部为负。所得结果表明,由于水平推力的存在,拱中各截面的弯矩要比相应简支梁的弯矩小,拱的截面所受的轴向压力较大。

有了上述公式,就不难作出三铰拱的内力图,具体作法见下面例题。

【例 6-11】　试绘制图 6-28a 所示三铰拱的内力图。拱的轴线方程为 $y = \dfrac{4f}{L^2}x(L-x)$。

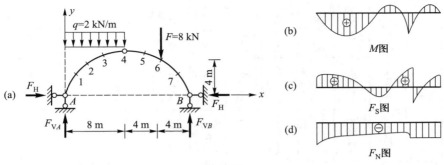

图 6-28

【解】 先求支座约束力,由式(6-1)、式(6-2)、式(6-3)可得

$$F_{VA} = \frac{2 \times 8 \times 12 + 8 \times 4}{16} \text{ kN} = 14 \text{ kN}$$

$$F_{VB} = \frac{2 \times 8 \times 4 + 8 \times 12}{16} \text{ kN} = 10 \text{ kN}$$

$$F_H = \frac{14 \times 8 - 2 \times 8 \times 4}{4} \text{ kN} = 12 \text{ kN}$$

为了绘出内力图,把拱跨八等分,分别算出相应各截面的 M、F_S、F_N 值。可以列表计算,然后按表中所得数据,绘制内力图(图 6-28b、c、d)。

现取一距左支座为 4 m 处的截面为例,其内力计算如下:

根据拱轴线的方程得

$$y_4 = \frac{4f}{l^2} x(l-x) = \frac{4 \times 4}{16^2} \times 4(16-4) \text{ m} = 3 \text{ m}$$

$$\tan \varphi = \frac{dy}{dx} = \frac{4f}{l^2}(l-2x)$$

$$\tan \varphi_4 = \frac{4 \times 4}{16^2}(16-2 \times 4) = 0.5$$

$\varphi_4 = 26°34'$,$\sin \varphi_4 = 0.447$,$\cos \varphi_4 = 0.894$,由式(6-4)得

$$M_4 = M_4^0 - F_H y_4 = [(14 \times 4 - 2 \times 4 \times 2) - 12 \times 3] \text{ kN} \cdot \text{m} = 4 \text{ kN} \cdot \text{m}$$

由式(6-5)及式(6-6)得

$$F_{S4} = F_{S4}^0 \cos \varphi_4 - F_H \sin \varphi_4 = [(14 - 2 \times 4) \times 0.894 - 12 \times 0.447] \text{ kN} = 0$$

$$F_{N4} = -F_{S4}^0 \sin \varphi_4 - F_H \cos \varphi_4$$

$$= [-(14 - 2 \times 4) \times 0.447 - 12 \times 0.894] \text{ kN} = -13.41 \text{ kN}$$

其他截面的计算方法同上。表 6-2 列出了各截面的全部计算结果。值得注意的是,在集中力 F 作用处,剪力图与轴力图有突变,所以要分别算出截面左、右两侧的剪力与轴力。

表 6-2　三铰拱的内力计算　　　　　　　　（单位 M:kN·m, F_s,F_N:kN）

截面几何参数							弯矩计算			剪力计算			轴力计算		
x	y	$\tan\varphi$	φ	$\sin\varphi$	$\cos\varphi$	F_s^0	M^0	$-F_H y$	M	$F_s^0\cos\varphi$	$-F_H\sin\varphi$	F_s	$-F_s^0\sin\varphi$	$-F_H\cos\varphi$	F_N
0	0	1	45°	0.707	0.707	14	0	0	0	-9.898	-8.484	1.414	-9.898	-8.484	-18.38
2	1.75	0.75	36°52′	0.600	0.800	10	24	-21	3	8	-7.2	0.8	-6	-9.6	-15.6
4	3.00	0.5	26°34′	0.447	0.894	6	40	-36	4	5.364	-5.364	0	-2.682	-10.728	-13.41
6	3.75	0.25	14°2′	0.234	0.970	2	48	-45	3	1.94	-2.81	-0.87	-0.464	-11.64	-12.1
8	4.00	0	0	0	1	-2	48	-48	0	-2	0	-2	0	-12	-12
10	3.75	-0.25	-14°2′	-0.234	0.970	-2	44	-45	-1	-1.94	2.916	0.97	-0.486	-11.44	-12.1
12	3.00	-0.5	-26°34′	-0.447	0.894	-2, -10	40	-36	4	-1.788 -8.94	5.364	3.98 -3.58	-0.894 -4.47	-10.728	-11.62 -15.2
14	1.75	-0.75	-36°52′	-0.600	0.800	-10	20	-21	-1	-8	7.2	-0.8	-6	-9.6	-15.6
16	0	-1	-45°	-0.707	0.707	-10	0	0	0	-7.07	8.48	1.41	-7.07	-8.48	-15.55

下面将拱的内力计算步骤总结如下：

（1）先将拱沿水平方向分成若干等份。

（2）求出相应简支梁各截面的 M^0 及 F_S^0。

（3）由给定的拱轴方程求出拱各截面的倾角 φ。

（4）求出各截面的弯矩 M、剪力 F_S 和轴力 F_N。

（5）按各截面的弯矩 M、剪力 F_S 和轴力 F_N 值绘制内力图。

6-6-2 拱和梁的比较·拱的合理轴线

在竖向荷载作用下，拱的轴力较大，为主要内力。拱任一截面 K 的弯矩值 $M_K = M_K^0 - F_H y_K$，其中水平推力 $F_H = \dfrac{M_C^0}{f}$，由于水平推力的存在，三铰拱的弯矩比同跨简支梁相应截面的弯矩值小。

在竖向荷载作用下，梁没有轴力，只承受弯矩和剪力，不如拱受力合理，拱比梁能更有效地利用材料的抗压性。拱对支座有水平推力，所以设计时要考虑水平推力对支座的作用。屋面采用拱结构时，可加拉杆来承受水平推力。

在一般情况下，三铰拱的任一截面上作用有弯矩、剪力和轴力。若能适当地选择拱的轴线形状，使得在给定的荷载作用下，拱上各截面只承受轴力，而弯矩为零，这样的拱轴线称为**合理轴线**。

按式（6-4），三铰拱任意截面 K 的弯矩为

$$M_K = M_K^0 - F_H y_K$$

将拱上任意截面形心处纵坐标用 $y(x)$ 表示；该截面弯矩用 $M(x)$ 表示；相应简支梁上相应截面的弯矩用 $M^0(x)$ 表示。要使拱的各横截面弯矩都为零，则应有

$$M(x) = M^0(x) - F_H y(x) = 0$$

$$y(x) = \frac{M^0(x)}{F_H} \qquad (6-7)$$

上式即为拱的合理轴线方程。可见，在竖向荷载作用下，三铰拱的合理轴线的纵坐标与相应简支梁弯矩图的纵坐标成正比。

了解合理轴线的概念，有助于在设计中选择合理的拱轴曲线形式。

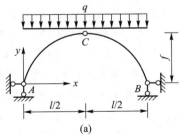

(a)

【例 6-12】 试求图 6-29a 所示三铰拱在均布荷载作用下的合理轴线。

【解】 相应简支梁如图 6-29b 所示，其

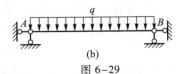

(b)

图 6-29

弯矩方程为

$$M^0(x) = \frac{1}{2}qlx - \frac{1}{2}qx^2 = \frac{1}{2}qx(l-x)$$

拱的水平推力为

$$F_H = \frac{M_c^0}{f} = \frac{ql^2}{8} \cdot \frac{1}{f} = \frac{ql^2}{8f}$$

将上两式代入式(6-7)中,得合理轴线方程为

$$y(x) = \frac{\dfrac{1}{2}qx(l-x)}{\dfrac{ql^2}{8f}} = \frac{4f}{l^2}x(l-x)$$

结果表明,在满跨均布荷载作用下,三铰拱的合理轴线是抛物线。房屋建筑中拱的轴线常采用抛物线。

§6-7   静定平面桁架

6-7-1   概述

桁架结构在工程中有着广泛的应用,桁架是由若干直杆用铰连接而组成的几何不变体系,其特点是:

(1)所有各结点都是光滑铰结点。

(2)各杆的轴线都是直线并通过铰链中心。

(3)荷载均作用在结点上。

由于上述特点,桁架的各杆只受轴力作用,使材料得到充分利用。

桁架结构的优点是:重量轻,受力合理,能承受较大荷载,可做成较大跨度。

图 6-30 所示为一静定平面桁架。平面桁架中各杆轴线处在同一平面内。

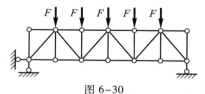

图 6-30

工程实际中的桁架并不完全符合上述特点。例如,各结点都具有一定的刚性,并不是铰接;各杆轴线不一定绝对平直;结点上各杆的轴线不一定交于一点;荷载不一定都作用在结点上等。所以,在外力作用下,各杆将产生一定的弯曲变形。一般情况下,由弯曲变形所引起的内力居次要地位,可以忽略不计。对必须考虑以上因素影响的精细计算方法本节不作讨论。

常见的桁架通常是按下面两种方式组成的:

（1）由基础或一个基本铰接三角形开始,逐次增加二杆结点,组成一个桁架,如图6-31a、b所示。用这种方式组成的桁架称为**简单桁架**。

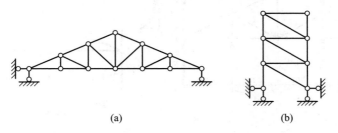

(a) (b)

图6-31

（2）由几个简单桁架联合组成的几何不变体系,称为**联合桁架**。图6-32所示桁架即为联合桁架,它是由 ABC、CDE 两个桁架组成的几何不变体系。

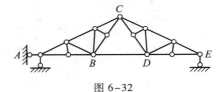

图6-32

6-7-2 结点法

结点法是计算简单桁架内力的基本方法之一。结点法是以桁架的结点为分离体,根据结点平衡条件来计算各杆的内力。因为桁架的各杆只承受轴力,所以,在每个结点上都作用有一个平面汇交力系。对每个结点可以列出两个平衡方程,求解出两个未知力。用结点法计算简单桁架时,可先由整体平衡求出支座约束力,然后从两个杆件相交的结点开始,依次应用结点法,即可求出桁架各杆的内力。下面举例说明。

【**例6-13**】 试计算图6-33a所示桁架各杆内力。

【**解**】 先计算支座约束力。以桁架整体为分离体,求得

$$F_{Ay} = 20 \text{ kN}, \quad F_{By} = 20 \text{ kN}$$

求出支座约束力后,从包含两根杆的结点开始,逐次截取出各结点求出各杆的内力。画结点受力图时,一律假定杆件受拉,即杆件对结点的作用力背离结点。

结点1:只有 F_{12}、F_{13} 是未知的,其分离体如图6-33b所示。由

$$\sum F_y = 0, \quad (20-5) \text{kN} + F_{13} \sin 30° = 0$$

得

$$F_{13} = -30 \text{ kN}$$

由

$$\sum F_x = 0, \quad F_{13} \cos 30° + F_{12} = 0$$

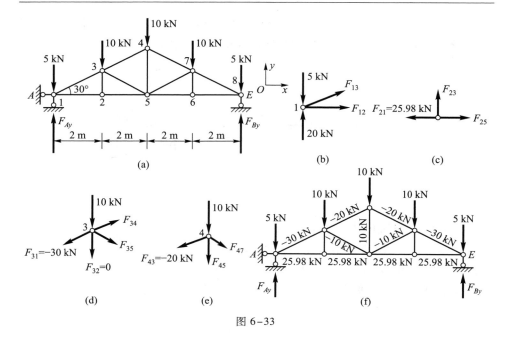

图 6-33

得
$$F_{12} = 25.98 \text{ kN}$$

结点 2:只有 F_{23}、F_{25} 是未知的,其分离体如图 6-33c 所示。由
$$\sum F_y = 0$$

得
$$F_{23} = 0$$

由
$$\sum F_x = 0$$

得
$$F_{25} = F_{21} = 25.98 \text{ kN}$$

结点 3:只有 F_{34}、F_{35} 是未知的,其分离体如图 6-33d 所示。由
$$\sum F_x = 0, \quad F_{34}\cos 30° + F_{35}\cos 30° - F_{31}\cos 30° = 0$$
$$\sum F_y = 0, \quad F_{34}\sin 30° - F_{35}\sin 30° - F_{31}\sin 30° - 10 \text{ kN} = 0$$

得
$$F_{34} = -20 \text{ kN}, \quad F_{35} = -10 \text{ kN}$$

结点 4:只有 F_{45}、F_{47} 是未知的,其分离体如图 6-33e 所示。由
$$\sum F_x = 0$$

得

$$F_{43} = F_{47}$$

由

$$\sum F_y = 0, -F_{45} - 10 \text{ kN} - 2F_{43} \cdot \sin 30° = 0$$

得

$$F_{45} = 10 \text{ kN}$$

因为结构及荷载是对称的,故只需计算一半桁架,处于对称位置的杆件具有相同的轴力,也就是说,桁架中的内力是对称分布的。整个桁架的轴力如图6-33f所示。

值得注意的是,在桁架计算中,有时会遇到某些杆件的内力为零(如上例中 $F_{23} = 0$、$F_{67} = 0$)的情况。这些内力为零的杆件称为**零杆**。

在图6-34所示的两种情况下,零杆可以直接判断出来:

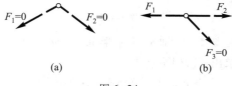

(a)   (b)

图6-34

(1)二杆结点上无外力作用,如果二杆不共线,则此二杆都是零杆(图6-34a)。

(2)三杆结点上无外力作用,如果其中任意二杆共线,则第三杆是零杆(图6-34b)。

上述结论是由结点平衡条件得出的。在计算桁架时,可以先判断出零杆,使计算得以简化。

6-7-3 截面法

在分析桁架内力时,有时只需要计算某几根杆的内力,这时采用截面法较为方便。截面法是用一适当的截面将桁架截为两部分,选取其中一部分为分离体,其上作用的力系一般为平面任意力系,用平面任意力系平衡方程求解被截割杆件的内力。由于平面任意力系平衡方程只有三个,所以,只要截面上未知力数目不多于三个,就可以求出其全部未知力。计算时为了方便,可以选取荷载和约束力比较简单的一侧作为分离体。下面举例说明。

【**例6-14**】 求图6-35a所示桁架中指定杆件1、2、3的内力。

【**解**】 先求出桁架的支座约束力。以桁架整体为分离体,求得

$$F_{Ay} = 2.5F, \quad F_{By} = 2.5F, \quad F_{Ax} = 0$$

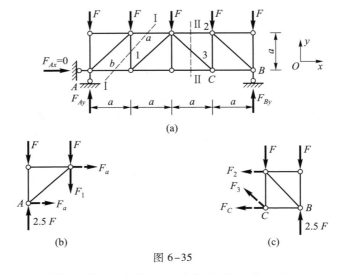

图 6–35

用截面 Ⅰ – Ⅰ 将桁架截开,取截面左半部为分离体(图 6–35b)。它受平面任意力系的作用,为求出 F_1,列平衡方程

$$\sum F_y = 0, \quad 2.5F - F_1 - F - F = 0$$

得

$$F_1 = 0.5F$$

为求 2、3 杆内力,用截面 Ⅱ – Ⅱ 将桁架截开,取截面右半部分为分离体(图6–35c)。列平衡方程

$$\sum M_C(F) = 0, \quad F_2 a + 2.5Fa - Fa = 0$$
$$\sum F_y = 0, \quad F_3 \cos 45° + 2.5F - F - F = 0$$

解得

$$F_3 = -\frac{\sqrt{2}}{2}F, \quad F_2 = -1.5F$$

结点法和截面法是计算桁架的两种基本方法,各有其优缺点。结点法适用于求解桁架全部杆件的内力,但求指定杆内力时,一般来说比较繁琐。截面法适用于求指定杆件的内力,但用它来求全部杆件的内力时,工作量要比结点法大得多。应用时,要根据题目的要求选择计算方法。

某些情况下,联合使用结点法和截面法,会给求解工作带来方便。举例说明如下。

【例 6–15】 求图 6–36a 所示桁架中指定杆件 1、2、3 的内力。

【解】 先求桁架的支座约束力。以桁架整体为分离体,求得

$$F_{Ay} = F_{By} = 15 \text{ kN}, \quad F_{Ax} = 0$$

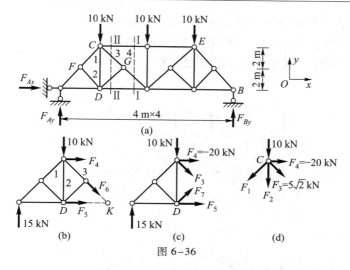

图 6-36

先用 I - I 截面,截取桁架的左半部为分离体(图 6-36b),列平衡方程

$$\sum M_K(F) = 0, \quad F_4 \times 4 \text{ m} + (15 \times 8 - 10 \times 4) \text{ kN} \cdot \text{m} = 0$$

得

$$F_4 = -20 \text{ kN}$$

再用 II - II 截面,截取桁架的左半部为分离体(图 6-36c),列平衡方程

$$\sum M_D(F) = 0, \quad F_3 \cos 45° \times 4 \text{ m} + F_4 \times 4 \text{ m} + 15 \text{ kN} \times 4 \text{ m} = 0$$

得

$$F_3 = 5\sqrt{2} \text{ kN}$$

取结点 C 为分离体(图 6-36d),列平衡方程

$$\sum F_x = 0, \quad -F_1 \cos 45° + F_4 + F_3 \cos 45° = 0$$

$$\sum F_y = 0, \quad -F_1 \sin 45° - F_2 - F_3 \sin 45° - 10 \text{ kN} = 0$$

得

$$F_1 = -15\sqrt{2} \text{ kN}, \quad F_2 = 0$$

求解本题时,如事先判定零杆,求解工作将得到简化。

结点 F 和结点 G 均为三杆结点,按判断零杆的情况(2),杆 DF 和杆 DG 均为零杆。于是,由结点 D 可判定杆 2 为零杆。这样,先从受力图 6-36c 上($F_7 = 0$)求出 F_4,则可从受力图 6-36d 上($F_2 = 0$)求出 F_1、F_3。

6-7-4 几种梁式桁架受力性能的比较

桁架中各杆的内力是与桁架的形状、杆件布置、外荷载作用位置等因素有关的。

　　为在工程实际中合理地选择桁架形式,下面对常用的几种桁架——平行弦桁架、三角形桁架、抛物线型桁架的内力分布进行对比。

　　图6-37给出三种桁架在相同荷载、相同跨度、相同高度条件下各杆的内力值。

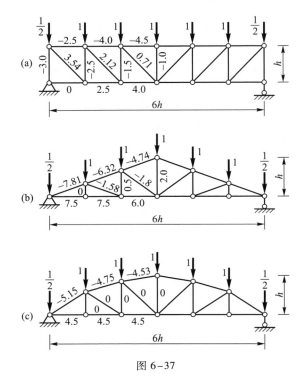

图6-37

　　通过分析可知,所有桁架的上弦杆受压,下弦杆受拉。由桁架内力分布图,可以得到如下结论:

　　(1)图6-37a中的平行弦桁架的内力分布不均匀。上、下弦杆的内力,随其位置向跨中靠近而递增,腹杆的内力随其位置向跨中靠近而递减,内力变化较大。如果随内力变化采用不同截面的杆件,会造成杆件在结点处连接困难而且杆件种类多。如果采用相同截面的杆件,则要浪费一些材料,但杆件在结点连接方便,杆件统一,制作方便。所以,这类桁架在工程上一般采用相同截面的弦杆,并广泛用于轻型桁架中,而不会造成较大的浪费。

　　(2)图6-37b中的三角形桁架的内力分布也不均匀,上、下弦杆的内力,随其位置向支座靠近而递增,支座处最大。腹杆的内力随其位置向支座靠近而递减。支座端结点处弦杆间夹角很小,构造复杂。但它有较大的坡度,便于排水,适合屋顶结构的要求,广泛用于屋架结构中,且木屋架应用得最多。

(3) 图 6-37c 中桁架的上弦杆各结点位于抛物线上。抛物线型桁架的内力
分布均匀,受力比较合理。桁架外形十分接近均布荷载作用下简支梁弯矩图的
形状。但上弦杆转折较多,制作较困难。因为能节约较多材料,所以多用于大跨
度屋架(18～30 m)和桥梁(100～150 m)结构或其他组合结构中。

*§6–8　等跨不同结构形式内力分析的对比·悬索的受力特点

前面讨论了几种典型的静定结构形式,如梁、刚架、拱、桁架等结构的内力计
算问题。对多跨梁和伸臂梁,利用梁在支座处产生的负弯矩,可以减少梁跨中的
正弯矩。对刚架、拱等有水平推力的结构,利用水平推力可以减少结构的弯矩峰
值。对三铰拱,在给定荷载作用下,可以采用合理轴线,使结构处于无弯矩状态。
对桁架,杆件的铰接及结点作用荷载可以使桁架中的所有杆件只受轴力作用。

为了对几种不同的结构形式受力特点进行分析比较,在图 6-38 中给出它们
在相同跨度和相同荷载作用下(全跨受均布荷载 q)的主要内力值。

图 6-38a 所示简支梁,跨中最大弯矩是 $M_C^0 = \dfrac{ql^2}{8}$

图 6-38b 所示伸臂梁,为使跨中和支座处弯矩相等,两端应伸出 $0.207l$。这
时支座和跨中的最大弯矩下降至 $\dfrac{M_C^0}{6}$。

图 6-38c 所示带拉杆的抛物线三铰拱,由于采用了合理拱轴线,拱处于无弯
矩状态,水平推力 $F_H = \dfrac{M_C^0}{f}$。

图 6-38d 所示梁式桁架,在等效结点荷载作用下,各杆只受轴力作用,中间
下弦杆拉力为 $F_N = \dfrac{M_C^0}{h}$。

图 6-38e 所示带拉杆的三角屋架,水平推力为 $F_H = \dfrac{M_C^0}{f}$,由于水平推力的作
用,受弯斜杆的最大弯矩下降至 $\dfrac{M_C^0}{4}$。

图 6-38f 所示组合结构,为使上弦杆的结点处负弯矩与杆中处正弯矩正好相
等,取 $f_1 = \dfrac{5f}{12}$, $f_2 = \dfrac{7f}{12}$。此时最大弯矩下降至 $\dfrac{M_C^0}{24}$。中间下弦杆的拉力为 $F_N = \dfrac{M_C^0}{f}$。

图 6-38g 所示为悬索结构。悬索是柔性结构,它只能承受拉力,在均布荷载作
用下,它的轴线是悬链线。对于悬索,若要减少支座的水平拉力,可通过增加悬索

的垂度 f 来实现。支座处水平拉力 $F_{TH}=\dfrac{M_C^0}{f}$，竖向拉力 $F_{TV}=\dfrac{ql}{2}$，跨中拉力 $F=F_{TV}$。

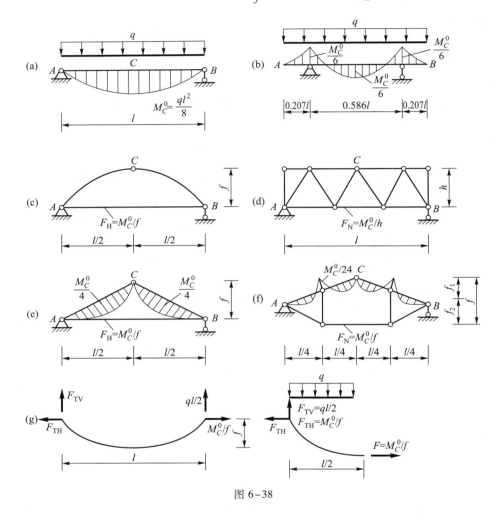

图 6-38

从上述对比分析可以看出，在跨度和荷载相同的条件下，简支梁的弯矩最大，伸臂梁、静定多跨梁、三角屋架、刚架、组合结构的弯矩次之。而桁架以及具有合理轴线的三铰拱、悬索的弯矩为零。根据这些结构的受力特点，在工程实际中，简支梁多用于小跨度结构中；伸臂梁、静定多跨梁、三铰刚架、组合结构多用于跨度较大的结构中；桁架、具有合理轴线的拱用于大跨度结构中。

悬索受力合理，悬索结构的钢索可采用高强度钢索，比普通钢能承受更大的荷载，结构的自重轻，是所有结构形式中最轻的。对大跨度结构来说，结构的自重是它所承受的最大荷载。悬索结构与拱结构的受力状态正好相反,但它不会发生压屈。所以悬索通常用于超大跨度结构,如桥梁等。超大跨桥梁大都采用悬索桥结构形式,跨度可达上千米。悬索也常用于大跨度屋面结构体系,但悬索结构也有弱点,如在改变荷载状态时变形较大、不够稳定、锚固要求高等。

对各种结构形式来说,它们都有各自的优点和缺点,都有经济合理的使用范围。简支梁虽然受弯矩较大,但其施工简单,制作方便,在工程中仍广泛使用。桁架结构虽然受力合理,但结点构造较复杂,施工上有些不便。拱结构要求基础能承受推力,它的曲线形式也给施工造成不便。所以在选择结构形式时要综合全面地考虑。

*§6-9　常见的结构形式

为满足各种不同的使用要求,需将建筑物设计成不同的结构形式。例如剧场、体育馆等需要有较大的空间;桥梁需要有较大的跨度;电视塔需要具有一定的高度等,这些都对结构形式提出了一定的要求。下面介绍一些工程中经常采用的结构形式。

(1)梁板体系　图6-39a所示为一主梁-次梁体系,次梁承受的荷载较小,主梁承受次梁传来的较大的荷载。次梁承受楼板传来的荷载,这种体系可承受较大的荷载,且柱距较大,可以提供一定的使用净空。施工较方便。图6-39b所示为双向密肋楼盖体系。双向密肋体系的梁是双向承载,形成一个双向网络,该结构体系适用于跨度较大的结构。图6-40所示为一无梁楼板体系,其优点是取消梁后,可以获得较大的使用空间。综上所述,在同等柱距的条件下,无梁楼板体系的使用净空要大于主次梁体系和双向密肋楼板体系。

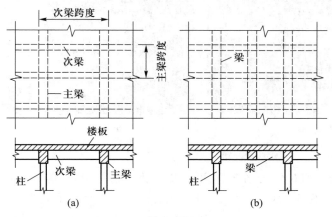

图 6-39

（2）桁架体系　当要求结构有较大的跨度或承受较大的荷载时，通常采用桁架结构形式。这种结构形式受力合理、重量轻。桁架用作屋盖（图 6-41a、d）或桥梁（图 6-41b）时比大梁更经济。图 6-41a、b 为平面桁架。图 6-41c、d 为空间桁架。电视塔（图 6-41c）、输电塔、井架等结构经常采用空间桁架结构形式。图 6-42a、b、c 分别为桥梁、电视塔和输电塔的工程实例。

图 6-40

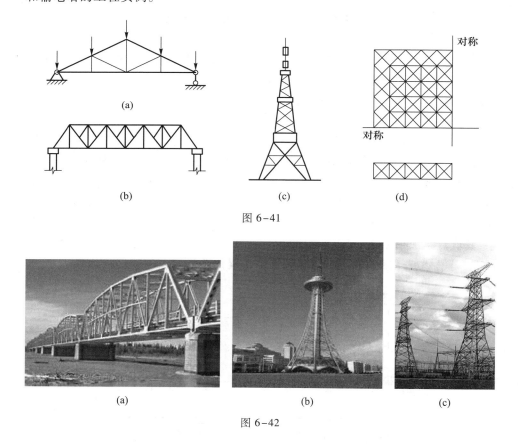

图 6-41

图 6-42

（3）拱结构体系　人们使用拱结构形式的历史很长，因为拱可只需要抗压材料（如石块、砖等）建造，材料来源方便、充足。拱结构形式发展到今天，由于采用了新材料、新技术，已经可以实现很大的跨度、承受较大的荷载，还可以形成优美的结构造型,在桥梁、屋盖、地下涵洞设计中经常被采用。图6-43a为一拱桥结构,图6-43b为一拱屋盖结构。我国从古到今采用拱结构形式创造了许多建筑史上的杰作,如图6-44a所示为隋代建造的赵州石拱桥,图6-44b为目前世界较大跨度的拱桥——重庆朝天门拱桥。

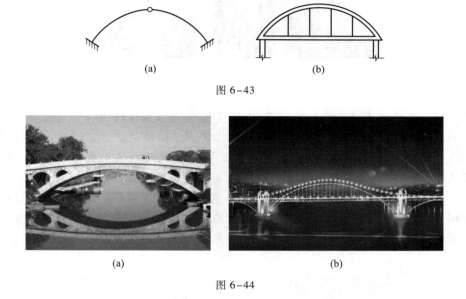

图6-43

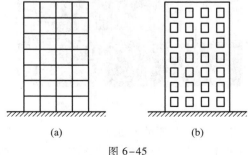

图6-44

（4）框架、筒体体系　对高层建筑来说,水平荷载与铅垂荷载同样重要,十几层乃至上百层的高层建筑中采用的主要结构形式就是框架(图6-45a)或筒体(图6-45b)体系。框架结构的开窗及开间布置较灵活,是高层建筑中抗地震能力较好的结构形式。将框架结构的外墙连接起来,或在框架中心处做一刚性筒体与外部框架连接,就形成筒体结构。与框架结构相比,它可使建筑物具有更好的抵抗水平荷载的能力,具有更大的强度及刚度。图6-46a、b为实际的框架和筒体结构。

图6-45

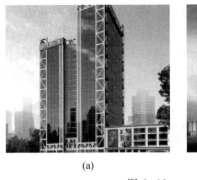

(a)   (b)

图 6-46

（5）悬索体系   悬索与拱相反,它用受拉性能好的材料代替受压材料。当材料的受拉性能很好时,用悬挂结构体系代替拱结构体系常常更经济。悬挂结构体系的优点是不会发生压屈,总的跨高比可以达到 10 左右。在动力和局部荷载作用下,应特别注意加劲以增加稳定性,避免过大的柔度。

悬索通常采用高强度钢索。图 6-47a 为一典型的悬挂桥。悬挂结构还常常应用于屋盖结构(图 6-47b),可形成具有独特造型风格的建筑。图 6-48 为实际悬索桥。

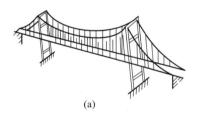
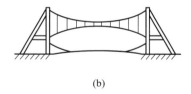

(a)   (b)

图 6-47

图 6-48

（6）薄壳体系   将薄板做成各种形状的曲面,就形成了薄壳结构。薄壳结构常用作屋盖,可以获得较大的空间和较大的跨度。当采用钢筋混凝土时,薄壳厚度通常为 80～100 mm,可将几种曲线组合构成组合壳体,还可做成各种回转曲线壳。用各种曲线形成的壳体,形式变化多样,丰富了建筑造型,给人以美的享受。图 6-49 为几种薄壳结构形式。图 6-50 是世界著名的建筑物,它们的造型新颖别致,功能奇特。

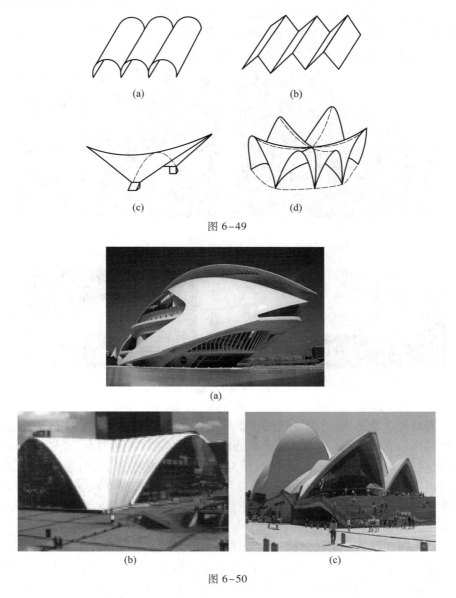

图 6-49

图 6-50

(7) 膜结构　膜结构是由多种高强薄膜材料(PVC 或 Teflon)及加强构件

（钢架、钢柱或钢索），通过一定方式使其内部产生一定的预张应力，以形成某种空间形状，作为覆盖结构，并能承受一定的外荷载作用的一种空间结构形式。膜结构可分为充气膜结构和张拉膜结构两大类。使用充气膜结构时需室内 24 小时不间断充气，保持室内外的压力差，使屋盖膜布受到一定的向上浮力，从而实现较大的跨度。还有的充气膜采用双层膜构造，即中间充气、四周用框架支承成型，如水立方外墙（图 6-51）是典型的充气膜结构。张拉膜结构则通过柱及钢架支承或钢索张拉成型，其造型非常优美灵活，如图 6-52 所示。

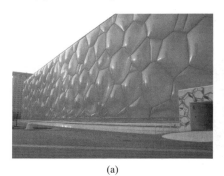
(a)

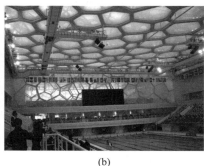
(b)

图 6-51

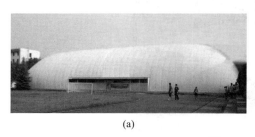
(a)

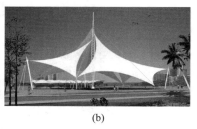
(b)

图 6-52

膜结构建筑是 21 世纪最具代表性与充满前景的建筑形式，它打破了纯直线建筑风格的特点，以其独有的优美曲面造型，简洁、明快，刚与柔、力与美完美组合，呈现给人耳目一新的感觉，同时给建筑设计师提供了更大的想象和创造空间。近年来，膜结构在国内外已逐渐应用于体育建筑、商场、展览中心、交通服务设施等大跨度建筑中。随着一些大型体育馆、候机大厅的建设，膜结构的发展迎来了更大机遇和挑战。

（8）树状结构   树权形钢结构近年来在国内一些重要公共建筑中的应用陆续增多。钢管树状结构造型美观，充分发挥了钢结构的特点，可形成大空间结构，深受建筑师的青睐，可在展厅、场馆等大跨或大空间建筑中使用，也可在公园、广场、游乐场所使用。钢管树状结构仿照自然界的树枝造型，用圆钢管建造，经多级分叉，形成较大的跨度空间。更重要的是钢管树状结构受力合理，承载力高，像一棵大树，树干可以承受比它大许多倍的枝叶重量，在风力作用下，弯而不折。所以树状结构受力较合理，力的传递路径明确是它的优点。它造型灵活，既是仿生建筑，也是生态建筑，因为钢材可回收循环利用，属绿色建材。通过钢管杆件布置造型达到建筑艺术效果，使建筑和结构完美统一，图 6-53 所示为典型的树状结构。

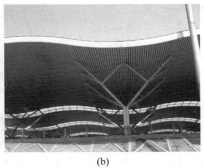

(a)　　　　　　　　　　　　　　　　(b)

图 6-53

（9）3D 打印结构

3D 打印技术是近年来飞速发展的三维打印方法，其应用越来越广泛，并已应用到结构制造上。从形成结构的方式上看，它可以形成一种新的结构形式。它不但用于机械制造领域，像飞机制造、宇航工程、生物工程（如人造器官），在各类工艺制品等领域也有广泛的应用，还可直接打印出各种建筑构件和房屋、桥梁等结构。

利用特殊设计制造的大型三维挤出机械设备，就可以打印出结构，打印机的挤压头是特殊设计的，可由计算机编程控制。使挤压喷头借助机械传动装置，按设计要求直接打印出建筑构件，如梁、板、柱、墙体等构件，并可最终形成结构。3D 打印机也可通过编程直接打印出房屋结构（图 6-54）和桥梁结构（图 6-55）等建筑物；打印的材料，可以是粉末金属、塑料、混凝土或其他可黏合的材料。制作步骤是一层一层的多层打印方式，最终形成三维结构。

3D 打印结构的造型，可由计算机设计形成，这样会让这种结构更具有特色，更加新颖，使建筑师有更大的发挥空间。这种设计方式也是一种创新，对建筑结构设计是一种形式的突破[1]，是一种很有发展前途的结构设计制作方法。

---

① 目前这种结构还处于探索发展阶段，还不能完成较大型结构的施工制造，有待于进一步发展完善。

图 6-54

图 6-55

小　结

（1）构件某横截面的内力，是以该横截面为界，构件两部分之间的相互作用力。当构件所受的外力作用在通过构件轴线的同一平面内时，一般说，横截面上的内力有轴力 F_N、剪力 F_S、弯矩 M，且 F_N、F_S、M 都处在外力作用面内。

（2）求内力的基本方法是截面法。截面法就是第四章中讲述的求解平衡问题的方法：以假想截面分割构件（结构）为两部分，取其中一部分为分离体，用平衡方程求解截割面上的内力。

为计算方便，对内力的正负号作出了规定。画受力图时，内力应按正负向画出。

（3）内力方程与内力图

a. 横截面的内力值随截面位置不同而变化，表达这一变化规律的函数称为内力方程。如 $F_S(x)$——剪力方程，$M(x)$——弯矩方程等。表示内力方程的图形称为内力图。

b. 当某梁段上无荷载或有均布荷载作用时，对剪力方程、弯矩方程的规律和剪力图、弯矩图的规律等必须理解并能熟练应用。这是作内力图的基础知识。

（4）作刚架内力图的基本方法是将刚架拆成单个杆件，求各杆件的杆端内力，分别作出各杆件的内力图，然后，将各杆的内力图合并在一起，得到刚架的内力图。

值得注意的是：

a. 弯矩不作正负号规定，弯矩图一律画在杆件受拉一侧。剪力图、轴力图可画在杆件的任意一侧，但必须标出其正、负号。

b. 结点应满足平衡条件。

（5）三铰拱的内力计算，就是用截面法求曲杆的内力。为便于应用，将内力计算结果引用相应梁的弯矩和剪力表示。这样,求三铰拱的内力归结为求水平推力和相应梁的弯矩、剪力,然后代入式(6-4)～式(6-6)即可。

(6) 桁架是由轴力杆组成的结构。求桁架内力的基本方法是结点法和截面法。前者以结点为研究对象,用平面汇交力系的平衡方程求解内力;后者以桁架的一部分为研究对象,用平面任意力系的平衡方程求解内力。

结点法实质也是截面法,只不过选用的截面是围绕结点的封闭曲线截面。无论采用哪种方法,画受力图时一律假定杆件受拉。

思　考　题

6-1　什么是截面法?截面内力的正负是如何规定的?为什么要作内力图?

6-2　一简支梁的半跨上有均布荷载,另半跨上无荷载,该简支梁的弯矩图、剪力图各有什么特征?

6-3　如果刚架的某结点上只有两个杆件,且无外力偶作用,结点上两杆的弯矩有何关系?如有外力偶作用,这种关系存在吗?为什么?

6-4　拱的特点是什么?计算三铰拱的内力与计算三铰刚架的内力有何共同点和不同点?

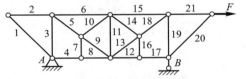

6-5　试判断图示桁架的零杆。

6-6　结构分析都要做什么工作?

思 6-5 图

6-7　利用体系几何分析,能否在结构设计时选择合理的结构形式?

6-8　采用桁架作成的拱式结构有什么优点?

习　题

6-1　求图示各杆 1-1 和 2-2 横截面上的轴力并作轴力图。

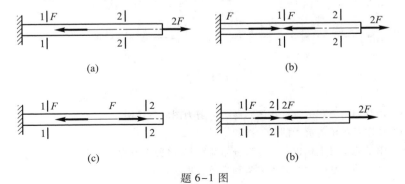

题 6-1 图

6-2   求图示各梁的指定截面上的剪力和弯矩。

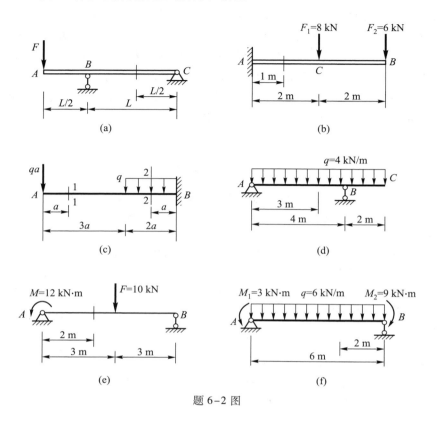

题 6-2 图

6-3   求图示各梁中 1-1 及 2-2 截面上的剪力和弯矩。

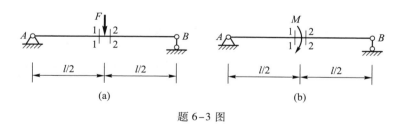

题 6-3 图

6-4   用写内力方程的方法作图示各梁的剪力图和弯矩图。

6-5   作图示各梁的剪力图和弯矩图。

6-6   图示简支梁上作用有三角形分布荷载,写出剪力方程和弯矩方程。

6-7   写出图示悬臂梁的剪力方程和弯矩方程。

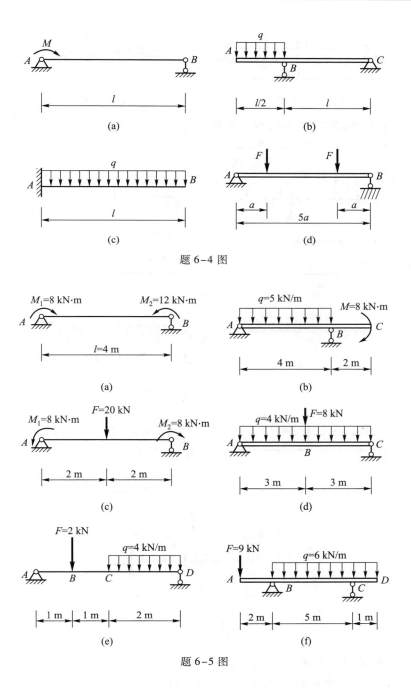

题 6-4 图

题 6-5 图

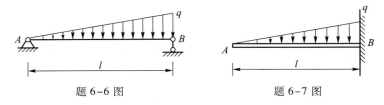

题 6-6 图   题 6-7 图

6-8　试根据弯矩图、剪力图的规律指出图示剪力图和弯矩图的错误。

6-9　用叠加法作图示各梁的弯矩图。

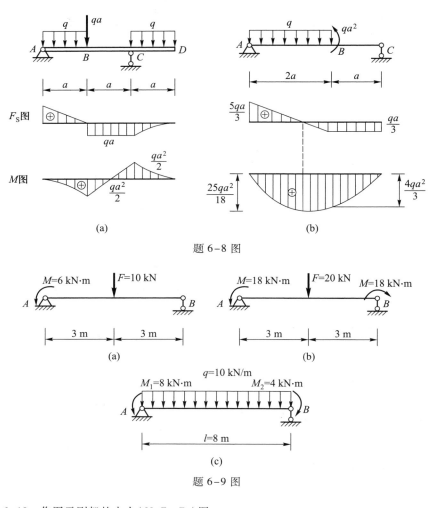

题 6-8 图

题 6-9 图

6-10　作图示刚架的内力(M、F_s、F_N)图。

6-11　验证图示弯矩图是否正确,若有错误给予改正。

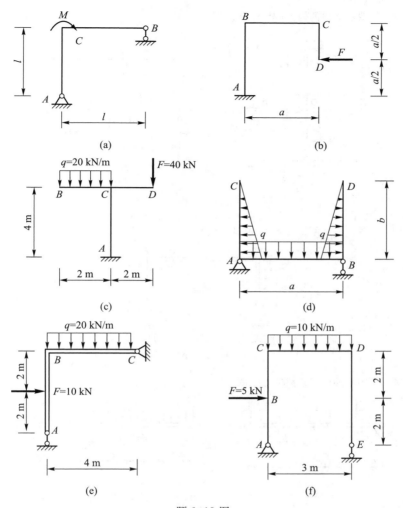

题 6-10 图

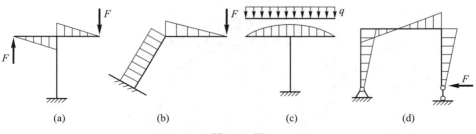

题 6-11 图

6-12 作图示结构的内力(M、F_S、F_N)图。

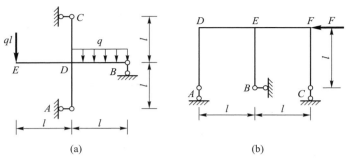

题 6-12 图

6-13 作图示三铰刚架的内力(M、F_S、F_N)图。

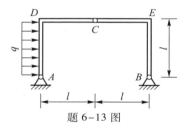

题 6-13 图

6-14 作图示静定多跨梁的弯矩图。

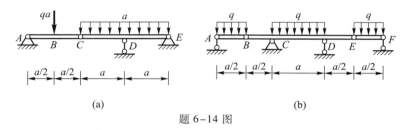

题 6-14 图

6-15 求图示圆弧拱的支座约束力,并求 K 截面的内力(M、F_S、F_N)。

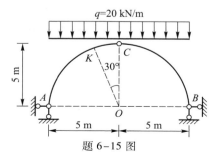

题 6-15 图

6-16　试判断图示桁架的零杆。

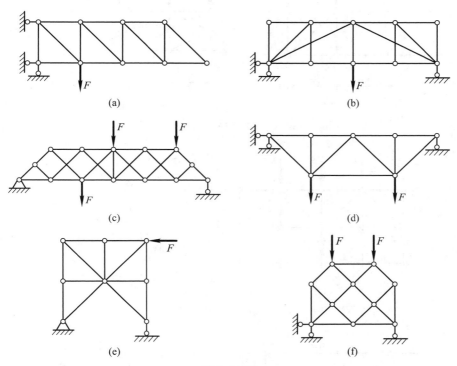

(a)　　　　　　　　　　　　　　(b)

(c)　　　　　　　　　　　　　　(d)

(e)　　　　　　　　　　　　　　(f)

题 6-16 图

6-17　计算图示桁架各杆的内力。

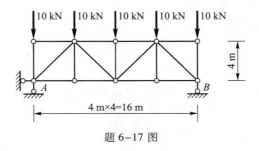

题 6-17 图

6-18　求图示桁架指定杆的内力。

6-19　求图示桁架指定杆的内力。

6-20　试用较简便方法计算图示桁架指定杆的内力。

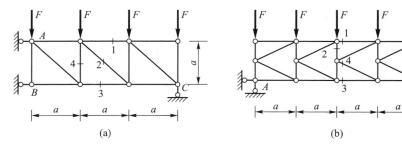

(a)   (b)

题 6-18 图

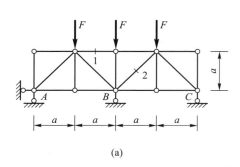

(a)

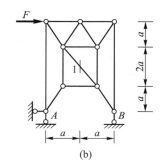

(b)

题 6-19 图

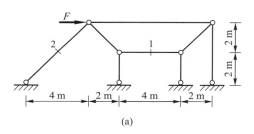

(a)

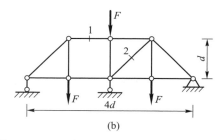

(b)

题 6-20 图

A6　习题答案

第七章

轴向拉伸与压缩

轴向拉伸与压缩是一种最简单的变形形式,在本章中将首次引入应力的概念,从应力的角度来进行构件的内力分析,为以后结构的内力分析做好准备工作。

§7–1　轴向拉伸与压缩的概念及实例

当直杆杆件上所受外力的合力均沿杆件轴线作用时,杆件将沿轴线方向产生伸长或缩短。轴向伸长或缩短的变形形式即为**轴向拉伸**或**轴向压缩**变形。发生轴向拉伸或轴向压缩变形的杆件称为受拉杆件或受压杆件。图7–1a所示桁架式屋架中,每一根杆均是受拉或受压的杆件。图7–1b所示的拱结构屋架中,拉杆 AB 也是一受拉杆件。在进行力学分析和结构设计时,受拉或受压杆件所受的外力,均作用在杆件的轴线上。图7–1c所示的受力状态,使杆件产生伸长变形,即为**轴向拉伸**。若图7–1c中的这对外力是指向杆件端面的,则杆件的变形即为**轴向压缩**。

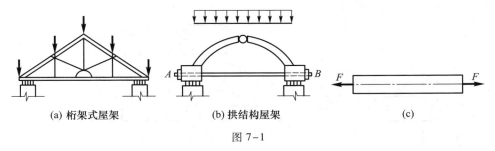

(a) 桁架式屋架　　　　(b) 拱结构屋架　　　　　　　(c)

图7–1

§7–2　直杆轴向拉伸(压缩)时横截面上的正应力

在第六章讨论了构件的内力,从中可知轴向受拉(压)杆的内力为轴力 F_N。

在这里将引入一个新的概念——应力。为了引出这个概念,举一个例子,图7-2a所示的变截面杆件,AB 段的横截面面积 A_2 大于 BC 段的横截面面积 A_1,且两段的材料相同。在荷载 F 的作用下,两段上各截面的内力相同(图 7-2b)。但当逐渐增大荷载 F 使杆件发生破坏时,破坏必将发生在 BC 段。因为 BC 段的横截面面积小,单位面积上所受的内力比 AB 段大。由此可见,解决强度问题不仅需要知道截面上的内力,还必须知道内力在杆的横截面上的分布情况,或者说,需要知道横截面上内力分布的集度。

横截面上的内力分布的集度称为**应力**,轴向受拉(压)杆件的应力是与横截面正交的,称为**正应力**,用符号"σ"表示。

为了找出内力在杆横截面上的分布规律,常用的方法是通过实验手段,观测构件的变形规律,再据此推导出应力的计算公式。下面,就用这种方法来建立轴向受拉(压)杆横截面上的正应力计算公式。

取图 7-3a 所示的等直杆,在杆件的外表面画上一系列与轴线平行的纵向线和与轴线垂直的横向线。加轴向拉力 F 后,杆发生变形,所有的纵向线均产生量值相等的伸长,所有横向线均仍保持为直线,且仍与轴线正交(图 7-3b)。

根据上述实验现象,对杆件内部的变形可做出如下假设:杆在变形以前的横截面,变形以后仍保持为平面,且仍与轴线垂直。这个假设称为"**平面假设**"。

如果将杆件设想成由无数根纵向"纤维"所组成,则由平面假设可知,任意两横截面间的所有纤维的伸长量均相同,由此推断它们所受的力也相等。因此,横截面上各点处的正应力 σ 大小相等(图 7-3c)。若杆的轴力为 F_N,横截面面积为 A,则正应力为

$$\sigma = \frac{F_N}{A} \tag{7-1}$$

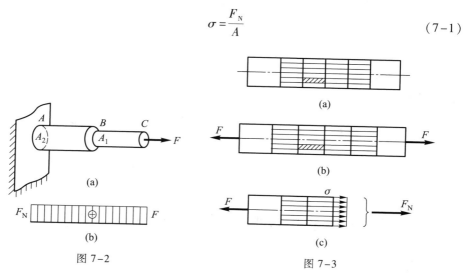

图 7-2

图 7-3

应力的单位为帕斯卡(简称帕),1 帕 = 1 牛/米²,或表示为 1 Pa = 1 N/m²。由于此单位较小,以后常用千帕(kPa)、兆帕(MPa)或吉帕(GPa)表示,1 kPa = 10^3 Pa,1 MPa = 10^6 Pa,1 GPa = 10^9 Pa。

应力的正负号规定为,当轴力为正号(拉伸)时,正应力取正号,称为拉应力;当轴力为负号(压缩)时,正应力取负号,称为压应力。

【例 7–1】　一直杆的受力情况如图 7–4a 所示,直杆的横截面面积为 A = 1 000 mm²,试求 AB 和 BC 两段横截面上的正应力。

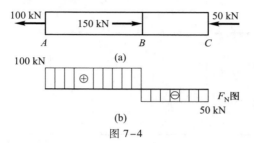

图 7–4

【解】　(1)用截面法求出两段上的轴力为

$$F_{NAB} = 100 \text{ kN}$$

$$F_{NBC} = -50 \text{ kN}$$

轴力图如图 7–4b 所示。

(2)按式(7–1)计算各段的正应力值为

$$\sigma_{AB} = \frac{F_{NAB}}{A} = \frac{100 \times 10^3}{1\ 000 \times 10^{-6}} \text{ Pa} = 100 \text{ MPa}$$

$$\sigma_{BC} = \frac{F_{NBC}}{A} = \frac{-50 \times 10^3}{1\ 000 \times 10^{-6}} \text{ Pa} = -50 \text{ MPa}$$

§7–3　许用应力·强度条件

对于图 7–5 所示的杆件,可按式(7–1)计算杆横截面上的正应力,当力 F 逐渐增加时,横截面上的正应力也不断加大。无论杆是由何种材料制成,总有一个相应的应力极限值,当应力达到此极限值时,杆件就要发生破坏。对某种材料来说,应力的这个极限值称为这种材料的**极限应力**,用 σ_u 表示。在工程设计中,显然不能用极限应力作为设计标准,应该有一定的安全储备。所以,规定一个比极限应力小的应力作为设计依据,该应力称为**许用应力**,用符号 $[\sigma]$ 表示,即

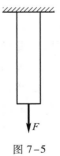

图 7–5

$$[\sigma] = \frac{\sigma_{\mathrm{u}}}{n} \qquad\qquad (7-2)$$

式中 $n > 1$，n 称为**安全因数**。

各种材料的许用应力值一般可在有关的设计规范中查得。几种常用材料的许用应力值在表 7-1 中给出。

表 7-1　几种常用材料的许用应力值　　（单位：MPa）

材料名称	应力种类	
	$[\sigma_+]$	$[\sigma_-]$
低碳钢（Q235）	170	170
合金钢（16Mn）	230	230
灰口铸铁	34~54	160~200
混凝土（C30）	0.6	10.3
红松（顺纹）	6.4	10

注：$[\sigma_+]$ 为许用拉应力；$[\sigma_-]$ 为许用压应力。

在工程实际中，从强度上要保证杆件安全可靠地工作，就必须使杆件内的最大应力 $\sigma_{\max}$ 满足条件 $\sigma_{\max} \le [\sigma]$。最大应力所在截面称为**危险截面**，对于等截面受拉（压）杆件，最大应力就发生在轴力最大的截面，因此，杆件安全工作应满足的条件是

$$\sigma_{\max} = \frac{F_{\mathrm{Nmax}}}{A} \le [\sigma] \qquad\qquad (7-3)$$

这就是拉（压）杆的**强度条件**。针对不同的具体情况，应用式（7-3）可以解决三种不同类型的强度计算问题。

1. 校核杆的强度

已知杆的材料、尺寸（即已知 $[\sigma]$ 和 A）和所承受的荷载（即已知内力 F_{Nmax}），可用式（7-3）校核构件是否满足强度要求。若满足强度要求，则应有

$$\frac{F_{\mathrm{Nmax}}}{A} \le [\sigma]$$

否则就要增大截面面积 A，或减小轴力 F_{Nmax}。

2. 选择杆的截面

已知杆的材料和所承受的荷载（即已知 $[\sigma]$ 和 F_{Nmax}），根据强度条件可求出杆件所需的横截面面积 A。按式（7-3）有

$$A \ge \frac{F_{\mathrm{Nmax}}}{[\sigma]}$$

3. 确定杆的许用荷载

已知杆的材料、尺寸(即已知$[\sigma]$和A),根据强度条件可求出杆的最大许用荷载。按式(7-3)有

$$F_{N\max} \leq A[\sigma]$$

【例7-2】 一直杆的受力情况如图7-6a所示。直杆的横截面面积$A = 1\ 000\ \text{mm}^2$,材料的许用应力$[\sigma] = 160\ \text{MPa}$,试校核杆的强度。

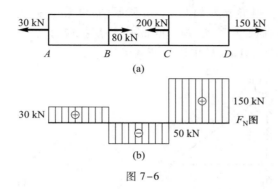

图 7-6

【解】 (1)画出轴力图,确定危险截面。用截面法求得AB、BC、CD三段上的轴力,轴力图如图7-6b所示,CD段的内力最大

$$F_{N\max} = 150\ \text{kN}$$

(2)根据强度条件(7-3)进行强度校核

$$\sigma_{\max} = \frac{F_{N\max}}{A} = \frac{150 \times 10^3}{1\ 000 \times 10^{-6}}\ \text{Pa} = 150\ \text{MPa} < [\sigma]$$

满足强度要求。

【例7-3】 三角形吊架如图7-7a所示,其杆AB和BC均为圆截面钢杆。已知荷载$F = 150\ \text{kN}$,许用应力$[\sigma] = 160\ \text{MPa}$,试确定钢杆直径$d$。

【解】 (1)取结点B为分离体,受力图如图7-7b所示。列出平衡方程,求轴力:

$$\sum F_x = 0$$

$$F_{NBA}\sin 30° - F_{NBC}\sin 30° = 0$$

$$F_{NBA} = F_{NBC} = F_N$$

$$\sum F_y = 0$$

$$2F_N\cos 30° - F = 0$$

$$F_N = \frac{F}{2\cos 30°} = \frac{150 \times 10^3}{2 \times \cos 30°}\ \text{N} = 86.6\ \text{kN}$$

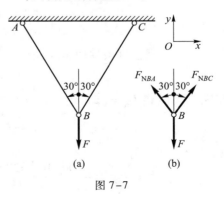

图 7-7

（2）根据强度条件确定截面尺寸，有

$$A = \frac{\pi d^2}{4} \geqslant \frac{F_N}{[\sigma]}$$

$$d \geqslant \sqrt{\frac{4F_N}{\pi[\sigma]}} = \sqrt{\frac{4 \times 86.6 \times 10^3}{3.14 \times 160 \times 10^6}} \text{ m} = 2.63 \times 10^{-2} \text{ m} = 26.3 \text{ mm}$$

取钢杆直径 $d = 26.3$ mm。

【例 7-4】 三角形支架如图 7-8a 所示，在结点 B 处受铅垂荷载 F 作用。已知杆 1、2 的横截面面积均为 $A = 100$ mm²，许用拉应力为 $[\sigma_+] = 200$ MPa，许用压应力为 $[\sigma_-] = 150$ MPa。试求许用荷载 F。

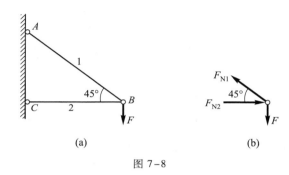

(a)　　　　　　　　　　(b)

图 7-8

【解】 （1）取结点 B 为分离体，受力如图 7-8b 所示。列出平衡方程

$$\sum F_x = 0$$

$$F_{N2} - F_{N1}\cos 45° = 0 \tag{a}$$

$$\sum F_y = 0$$

$$F_{N1}\sin 45° - F = 0 \tag{b}$$

联立方程（a）、（b），解得

$$F_{N1} = \sqrt{2}\,F \quad （拉）$$

$$F_{N2} = F \quad （压）$$

（2）根据强度条件确定最大允许荷载 F，应有

$$F_N \leqslant [\sigma]A \tag{c}$$

研究 AB 杆，将 $F_{N1} = \sqrt{2}\,F$ 代入式（c），有

$$\sqrt{2}\,F \leqslant [\sigma_+]A$$

由此得

$$F \leqslant \frac{A[\sigma_+]}{\sqrt{2}} = \frac{100 \times 10^{-6} \times 200 \times 10^6}{1.414} \text{ N} = 14\ 144 \text{ N} = 14.14 \text{ kN}$$

研究 BC 杆,将 $F_{N2}=F$ 代入式(c),有

$$F \le [\sigma_-] A = 150 \times 10^6 \times 100 \times 10^{-6} \text{ N} = 15 \text{ kN}$$

刚好满足强度条件时所对应的荷载即为支架所能承受的最大许用荷载,若使两杆都能满足式(c),应取最小值 $F=14.14$ kN 为许用荷载。

§7-4　轴向拉伸或压缩时的变形

7-4-1　纵向变形、线应变

轴向拉伸或压缩杆件的变形主要是纵向伸长或缩短,相应横向尺寸也略有缩小或增大,如图 7-9 中虚线所示。在此只讨论它的主要方面,即纵向变形。

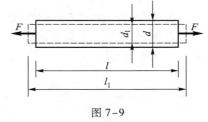

图 7-9 所示的受拉杆件,原长为 l,施加一对轴向拉力 F 后,其长度增至 l_1,则杆的纵向伸长为

$$\Delta l = l_1 - l \qquad (7-4)$$

图 7-9

它给出了杆的总伸长量(或总缩短量)。

在杆各部分都是均匀伸长的情况下,可求出单位长度的轴向伸长(或缩短),称为**轴向线应变**,以 ε 表示,其值为

$$\varepsilon = \frac{\Delta l}{l} \qquad (7-5)$$

因为 Δl 与 l 具有相同量纲,所以线应变 ε 为量纲一的量。由式(7-4)及式(7-5)不难看出,Δl 及 ε 在拉伸时为正值,在压缩时为负值。

7-4-2　胡克定律

试验表明,工程中使用的大多数材料在受力不超过一定范围时,都处在弹性变形阶段。在此范围内,轴向拉、压杆件的伸长或缩短 Δl 与轴力 F_N 和杆长 l 成正比,与横截面面积 A 成反比,即

$$\Delta l \propto \frac{F_N l}{A}$$

引入比例常数 E,则有

$$\Delta l = \frac{F_N l}{EA} \qquad (7-6)$$

这一比例关系,称为**胡克定律**。式中比例常数 E 称为**弹性模量**,它反映了材料抵

抗拉(压)变形的能力。EA 称为杆件的**拉(压)刚度**。对于长度相同、受力相同的杆件,EA 值愈大,则杆的变形 Δl 愈小;EA 值愈小,则杆的变形 Δl 愈大。因此,拉压刚度 EA 反映了杆件抵抗拉压变形的能力。

若将式(7-6)改写为

$$\frac{\Delta l}{l} = \frac{1}{E} \cdot \frac{F_N}{A}$$

并将正应力 $\sigma = \dfrac{F_N}{A}$ 及线应变 $\varepsilon = \dfrac{\Delta l}{l}$ 代入,则可得出胡克定律的另一表达式

$$\varepsilon = \frac{\sigma}{E} \tag{7-7}$$

式(7-6)和式(7-7)是胡克定律的两种表达形式,它揭示了材料在弹性范围内力与变形或应力与应变之间的物理关系。

弹性模量 E 是一个重要的弹性常数,一般通过试验来测定。表 7-2 给出几种常用材料的 E 值。

表 7-2　几种常用材料的 E 值

材料	低碳钢(Q235)	16 锰钢	灰口铸铁	混凝土	木材(顺纹)
E/GPa	$200 \sim 210$	210	$60 \sim 162$	$15.2 \sim 36$	$9 \sim 12$

【**例 7-5**】　一直杆的受力情况如图 7-10 所示,已知杆的横截面面积 $A = 1\,000\ \text{mm}^2$,材料的弹性模量 $E = 2 \times 10^5\ \text{MPa}$,试求杆的各段的线应变及总变形量。

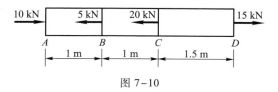

图 7-10

【**解**】　先求出杆的各段轴力为

$$F_{NAB} = -10\ \text{kN}$$

$$F_{NBC} = -5\ \text{kN}$$

$$F_{NCD} = 15\ \text{kN}$$

根据轴向变形公式(7-6)分别计算各段的轴向变形为

$$\Delta l_{AB} = \frac{F_{NAB} \cdot l_{AB}}{EA} = \frac{-10 \times 10^3 \times 1}{2 \times 10^5 \times 10^6 \times 1\,000 \times 10^{-6}}\ \text{m}$$

$$= -0.05\ \text{mm}$$

$$\Delta l_{BC} = \frac{F_{NBC} \cdot l_{BC}}{EA} = \frac{-5 \times 10^3 \times 1}{2 \times 10^5 \times 10^6 \times 1\ 000 \times 10^{-6}}\ \text{m}$$

$$= -0.025\ \text{mm}$$

$$\Delta l_{CD} = \frac{F_{NCD} \cdot l_{CD}}{EA} = \frac{15 \times 10^3 \times 1.5}{2 \times 10^5 \times 10^6 \times 1\ 000 \times 10^{-6}}\ \text{m}$$

$$= 0.113\ \text{mm}$$

根据线应变公式(7-5),各段的线应变分别为

$$\varepsilon_{AB} = \frac{\Delta l_{AB}}{l_{AB}} = \frac{-0.05}{1 \times 10^3} = -5 \times 10^{-5}$$

$$\varepsilon_{BC} = \frac{\Delta l_{BC}}{l_{BC}} = \frac{-0.025}{1 \times 10^3} = -2.5 \times 10^{-5}$$

$$\varepsilon_{CD} = \frac{\Delta l_{CD}}{l_{CD}} = \frac{0.113}{1.5 \times 10^3} = 7.5 \times 10^{-5}$$

总变形量为

$$\Delta l_{AD} = \Delta l_{AB} + \Delta l_{BC} + \Delta l_{CD}$$

$$= (-0.05 - 0.025 + 0.113)\ \text{mm} = 0.038\ \text{mm}$$

【例 7-6】 梯形杆如图 7-11 所示,已知 AB 段截面面积为 $A_1 = 1\ 000\ \text{mm}^2$, BC 段截面面积为 $A_2 = 2\ 000\ \text{mm}^2$,材料的弹性模量 $E = 2 \times 10^5\ \text{MPa}$,试求杆的总变形量。

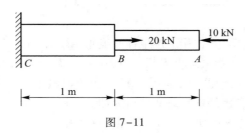

图 7-11

【解】 AB、BC 段内的轴力分别为

$$F_{NAB} = -10\ \text{kN}$$

$$F_{NBC} = 10\ \text{kN}$$

根据式(7-6),分别计算各段的变形为

$$\Delta l_{AB} = \frac{F_{NAB} \cdot l_{AB}}{EA_1} = \frac{-10 \times 10^3 \times 1}{2 \times 10^5 \times 10^6 \times 1\ 000 \times 10^{-6}}\ \text{m} = -0.05\ \text{mm}$$

$$\Delta l_{BC} = \frac{F_{NBC} \cdot l_{BC}}{EA_2} = \frac{10 \times 10^3 \times 1}{2 \times 10^5 \times 10^6 \times 2\ 000 \times 10^{-6}}\ \text{m} = 0.025\ \text{mm}$$

总变形量为

$$\Delta l_{AC} = \Delta l_{AB} + \Delta l_{BC} = (-0.05 + 0.025) \text{ mm} = -0.025 \text{ mm}(\text{缩短})$$

【例 7-7】 预应力钢筋混凝土构件应力分析

图 7-12a 所示为一无黏结预应力钢筋混凝土杆。钢筋沿全长涂刷润滑防腐材料,浇筑混凝土,待混凝土固化后,将钢筋加拉力 F 拉长,保持 F 值不变,在杆两端用锚固件将钢筋与混凝土锚固在一起,然后撤去力 F。求此时钢筋与混凝土内的应力 σ_1 和 σ_2。已知钢筋横截面面积为 A_1,弹性模量为 E_1,混凝土的横截面面积为 A_2,弹性模量为 E_2,力 F 和杆长 l 均为已知。

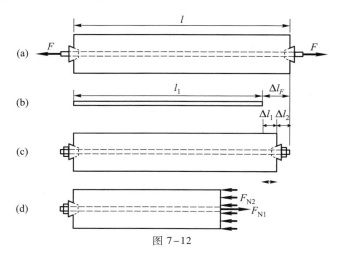

图 7-12

【解】 钢筋在拉力 F 作用下产生伸长变形 Δl_F,l_1 为工作段钢筋不受力时的初始长度(图 7-12b)。撤去外力 F 后,钢筋在恢复变形的回缩过程中,与混凝土共同变形,从而使混凝土产生了压缩变形 Δl_2。由于混凝土的约束作用,钢筋不能恢复到原来的初始长度,钢筋的最终变形仍为伸长变形,用 Δl_1 表示(图 7-12c)。

(1)杆横截面的内力如图 7-12d 所示,平衡条件为

$$F_{N1} - F_{N2} = 0$$

平面平行力系只有一个平衡方程,涉及两个未知力,未知力数比平衡方程数多一个,故为一次超静定问题。还需要建立一个关于未知力 F_{N1} 和 F_{N2} 的补充方程。补充方程需要通过综合分析杆件变形的几何条件和物理条件才能建立起来。

(2)由变形的几何条件(图 7-12c)可以建立几何方程为

$$\Delta l_1 + \Delta l_2 = \Delta l_F$$

(3)物理方程为

$$\Delta l_1 = \frac{F_{N1} l_1}{E_1 A_1}, \quad \Delta l_2 = \frac{F_{N2} l}{E_2 A_2}, \quad \Delta l_F = \frac{F l_1}{E_1 A_1}$$

钢筋初始长度 $l_1 = l - \Delta l_F$，由于 $\Delta l_F \ll l$，Δl_F 与 l 相比可以忽略不计，故取 $l_1 = l$。Δl_1、Δl_2 和 Δl_F 均表示变形量，均为正值。

将物理方程代入几何方程，得到补充方程：

$$F_{N1} + \frac{E_1 A_1}{E_2 A_2} F_{N2} = F$$

将平衡方程与补充方程联立，解出

$$F_{N1} = \frac{E_2 A_2 F}{E_1 A_1 + E_2 A_2} （拉）, \quad F_{N2} = \frac{E_2 A_2 F}{E_1 A_1 + E_2 A_2} （压）$$

$$\sigma_1 = \frac{F_{N1}}{A_1} = \frac{E_2 F}{E_1 A_1 + E_2 A_2} \frac{A_2}{A_1} （拉）, \quad \sigma_2 = \frac{F_{N2}}{A_2} = \frac{E_2 F}{E_1 A_1 + E_2 A_2} （压）$$

在荷载作用之前，混凝土已经产生预加压应力（如 σ_2）。预加压应力有利于抵消外荷载产生的部分拉应力，并可以延迟混凝土产生微裂纹。这类构件称为预应力钢筋混凝土构件。

§7-5　材料拉伸、压缩时的力学性质

在解决构件的强度、刚度及稳定性问题时，必须要研究材料的力学性质。所谓力学性质，是指材料在受力和变形过程中所表现出的性能特征。前面提到的材料破坏时的极限应力 σ_u，以及弹性模量 E 都属于材料的性能特征标志。

材料的力学性质是通过试验来测定的，试验在常温（一般室温）、静载（由零逐渐增加）条件下进行。

工程中所使用的材料一般可分为两大类：

塑性材料：如低碳钢、铜、铝等。

脆性材料：如混凝土、铸铁、石料、玻璃等。

本节主要介绍这两类材料中比较典型的低碳钢和铸铁在拉伸和压缩试验中所表现出的力学性质。

7-5-1　拉伸时的力学性质

1. 低碳钢（塑性材料）的拉伸试验

低碳钢在拉伸试验中所反映出来的力学现象较为全面、典型，只要很好地掌握了这个典型材料的试验，其他材料的力学性质大都可通过比较而了解。

试验采用图 7-13 所示的圆截面标准试件。在试件等截面段中部取一段长度作为工作段，该段长度 l 称为标距，在试验时只测量工作段的变形。如以 d 代表试件截面的直径，工作段长度通常取为 $l = 5d$ 或 $l = 10d$，称为 5 倍试件或 10 倍试件。

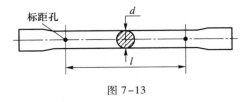

图 7-13

　　试验时,将试件两端装入试验机的夹头内,然后开动机器,缓慢加载。随着荷载 F 的增加,试件逐渐伸长,直到试件被拉断为止,一般试验机均附有绘图装置,能自动给出荷载 F 与伸长量 Δl 间的关系曲线,称为拉伸图。图 7-14a 即为低碳钢试件的拉伸图。

　　拉伸图中 F 与 Δl 的对应关系与试件尺寸有关。例如,如果标距 l 加大,则由同一荷载引起的伸长量 Δl 也要变大。为消除试件尺寸的这种影响,用应力 $\sigma = F/A$ 作为纵坐标,用应变 $\varepsilon = \Delta l/l$ 作为横坐标,就可将拉伸图改造成应力-应变图(图 7-14b),所得曲线则称为 σ-ε 曲线。

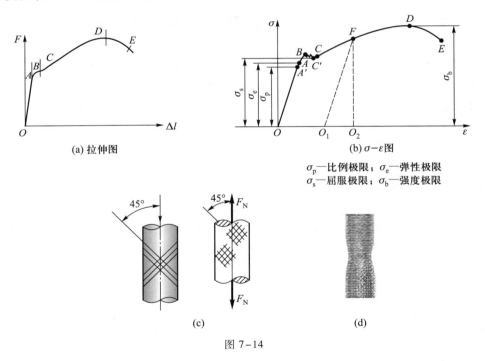

(a) 拉伸图

(b) σ-ε图

σ_p—比例极限；σ_e—弹性极限
σ_s—屈服极限；σ_b—强度极限

(c)　　　　　　　　(d)

图 7-14

　　无论从拉伸图或 σ-ε 图都可以看出,低碳钢的整个拉伸过程可分为四个阶段:

　　(1) 弹性阶段(OA 段)。此时试件的变形是弹性的。弹性变形的特点是卸载后变形完全消失。图 7-14b 中 A 点的应力 σ_e 称为**弹性极限**。在弹性范围内的 OA' 段为一直线,即应力与应变成正比,材料变形服从胡克定律 $\sigma = E\varepsilon$。OA 段中直线部分的最高点 A' 的应力 σ_p 称为**比例极限**。对于低碳钢 $\sigma_p \approx \sigma_e$,约等于 200 MPa。因此,习惯上粗略地认为胡克定律在弹性范围内成立。

(2)屈服阶段(BC 段)。此阶段的特点是应力几乎不变,而变形却急剧增长。这种现象称为**屈服**或**流动**。屈服时的应力 σ_s 称为**屈服极限**。对于低碳钢, $\sigma_s \approx 240$ MPa。当材料屈服时,在试件表面将出现与轴线约成 45°角的线纹,如图 7-14c 所示,此线纹称为滑移线。屈服阶段的变形是外力撤掉后不能消失的塑性变形。一般认为,金属材料产生塑性变形是由于金属晶体滑移的结果。

(3)强化阶段(CD 段)。在此阶段材料又恢复了对变形的抵抗能力,即欲使材料继续变形,必须增加相应的荷载。这种现象称为**强化**。强化阶段的最高点 D 的应力 σ_b 称为**强度极限**。强度极限是材料所能承受的最大应力。一般低碳钢的强度极限 $\sigma_b \approx 400$ MPa。

(4)颈缩阶段(DE 段)。应力达到强度极限的同时,试件的某一局部开始出现横截面显著缩小,如图 7-14d 所示。这种现象称为颈缩。颈缩现象出现后,继续拉伸时所需荷载迅速减小,最后导致试件断裂。

上述每一阶段都是由量变到质变的过程。比例极限 σ_p、屈服极限 σ_s、强度极限 σ_b 是反映材料力学性质的重要特征值。σ_p 是材料处于弹性状态的标志;σ_s 是材料发生较大塑性变形的标志;σ_b 是材料最大抵抗能力的标志。

2. 塑性指标

工程中用试件拉断后的残余变形来表示材料的塑性性能。常用的塑性指标为材料的**伸长率** δ,δ 按下式计算:

$$\delta = \frac{l_1 - l}{l} \times 100\% \qquad (7-8)$$

式中 l 为试件标距的原长;l_1 为试件断裂后的标距长度。

伸长率 δ 是衡量材料塑性变形程度的重要指标。δ 值愈大,材料的塑性性能愈好。一般低碳钢的伸长率 $\delta = 20\% \sim 30\%$。在工程中,通常将伸长率 $\delta \geqslant 5\%$ 的材料称为塑性材料;伸长率 $\delta < 5\%$ 的材料称为脆性材料。如低碳钢、低合金钢等均属塑性材料;铸铁、砖石和混凝土等均属脆性材料。

截面收缩率 ψ 也是衡量材料塑性的指标,它按下式计算:

$$\psi = \frac{A - A_1}{A} \times 100\% \qquad (7-9)$$

式中 A 为试件原来的横截面面积;A_1 为试件断裂后断口处的最小横截面面积。

一般低碳钢的截面收缩率 $\psi \approx 60\% \sim 70\%$。

3. 冷作硬化

若将试件拉伸到超过弹性范围后的任一点,例如图 7-14b 中的 F 点,然后逐渐撤力,在卸载过程中试件的应力、应变沿着与 OA′平行的直线 FO₁ 退到 O₁ 点。OO₁ 则为卸载后不能消失的塑性应变。对已有塑性变形的试件再重新加载,则应力、应变沿着卸载直线 O₁F 上升,到 F 点后仍沿曲线 FDE 发展直到断裂。通过这种预拉,材料的比例极限提高到了 F 点,而断裂时的塑性应变则比原来少了 OO₁ 这一段。这种现象称为**冷作硬化**。在土建工程中对钢筋的冷拉,就是利用这个现象,改善材料的性质。

4. 铸铁(脆性材料)的拉伸试验

从铸铁拉伸时的 $\sigma-\varepsilon$ 图(图 7-15)可以看出,试件断裂前没有屈服阶段,也没有颈缩现象。这是一般脆性材料所具有的共同特性。从图中还可看出,铸铁在伸长很小的情况下就已断裂,而钢材在断裂前会出现很大的变形。这是塑性材料和脆性材料的明显区别。

7-5-2　压缩时的力学性质

将短粗圆柱形试件放在压力试验机上进行压缩试验。

低碳钢压缩时的 $\sigma-\varepsilon$ 曲线如图 7-16a 所示。可以看出,在屈服阶段以前,压缩曲线与拉伸曲线基本重合,压缩时的比例极限、屈服极限与拉伸时基本相同;但在屈服极限以后,曲线与拉伸时则大不相同,受压时 $\sigma-\varepsilon$ 曲线不断上升。原因是试件的横截面在压缩过程中不断增大,试件由圆柱形变成鼓形,又渐变成饼形,愈压愈扁(图 7-16b),故无法测出低碳钢受压时的强度极限。一般来说,塑性材料在压缩试验中都具有上述特点。

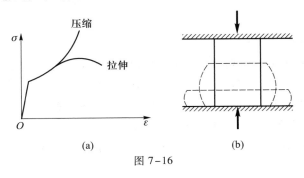

图 7-16

铸铁压缩时的 $\sigma-\varepsilon$ 曲线如图 7-17a 所示。与拉伸曲线相似,但抗压强度极限远高于抗拉强度极限。这也是脆性材料的共同特点。铸铁试件压缩时的破裂断口与轴线约成 45°角(图 7-17b)。

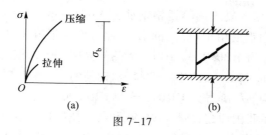

图 7-17

7-5-3 许用应力的确定

在§7-3节中建立拉(压)杆的强度条件时用到了许用应力$[\sigma]$,通常是把材料破坏时的极限应力σ_u除以大于1的安全因数n作为许用应力$[\sigma]$,即

$$[\sigma] = \frac{\sigma_u}{n}$$

对于塑性材料,当应力达到屈服极限σ_s时将会发生显著的塑性变形。显然,构件若发生显著的塑性变形是难以正常工作的,因此,对塑性材料是以屈服极限σ_s作为极限应力σ_u,即塑性材料的许用应力为

$$[\sigma] = \frac{\sigma_s}{n}$$

对于脆性材料,当应力达到强度极限σ_b时发生断裂,因此,对脆性材料,是以强度极限σ_b作为极限应力σ_u,即脆性材料的许用应力为

$$[\sigma] = \frac{\sigma_b}{n}$$

为了确定许用应力,还要根据不同的工作情况合理地选定安全因数n。一般来说,对于塑性材料,可取$n = 1.5 \sim 2$;对于脆性材料,可取$n = 2 \sim 3$。

7-5-4 建筑钢材简介

钢材是最重要的建筑工程材料之一,广泛应用于土木工程、市政工程、交通工程和水利工程,以及海洋工程建设中。钢是以铁为主要元素,含碳量为$0.02\% \sim 2.06\%$,并含有少量其他元素的材料。

建筑设计方法及施工技术的不断创新对建筑钢材的性能和使用方式提出了新的更高要求。

建筑工程常用钢筋混凝土结构中所用的钢材为钢筋。常用钢筋为热轧光圆钢筋、热轧带肋钢筋、细晶粒热轧带肋钢筋和冷轧带肋钢筋。为了减轻、避免钢筋锈蚀对钢筋混凝土结构强度及耐久性造成的危害,2014年我国开始推荐使用**钢筋混凝土用不锈钢钢筋**。2014年5月工业和信息化部首次颁布了黑色冶金行业推荐标准《钢筋混凝土用不锈钢钢筋》(YB/T 4362—2014),该标准指明钢筋混凝土用不锈钢钢筋用于建筑、桥梁、公路等钢筋混凝土结构,规定**热轧光圆不锈钢钢筋**的牌号为 HPB300S。HPBS 为热轧光圆不锈钢钢筋的英文 Hot rolled Plain Bars of Stainless Steel 的缩写,300 表示钢筋的屈服强度特征值是 300 MPa。**热轧带肋不锈钢钢筋**的牌号为 HRB400S 和 HRB500S。

　　冷轧扭钢筋是我国原建设部 1996 年重点科技推广项目之一。上海市标准《冷轧扭钢筋混凝土结构技术规程》(DBJ 08-58—97)编制说明指出:在钢筋混凝土结构工程中,应用冷轧扭钢筋,具有节省钢材、方便施工、提高工程质量等效果。2006 年我国原建设部发布建筑工业行业标准《冷轧扭钢筋》(JG 190—2006),将冷轧扭钢筋按其截面形状不同分为三种类型。

　　冷轧扭钢筋与混凝土的握裹力大,因此无需弯钩即可用于中小普通混凝土构件,替代相应级别的热轧光圆钢筋,可显著节约钢材。

　　地处高寒地区的建筑结构对建筑钢材提出了耐候性要求。

耐零下 60 ℃ 极寒温度的耐候钢

　　2019 年 5 月 31 日,中俄合建首座跨境公路大桥黑河—布拉戈维申斯克黑龙江(阿穆尔河)大桥实现合龙,计划 2019 年 10 月完成主体工程,2019 年底交工验收。黑河大桥是中俄两国合作建设的高寒地区首座公路跨境大桥。该桥中方承担施工桥段的上部钢梁材料采用我国首次生产并使用的 Q420F 级耐候钢,可耐零下 60℃的极寒温度,并使用了用耐候钢棒材、钢带、线材等材料制作的耐候螺栓、垫片、焊材等。

　　大跨度预应力混凝土一般采用由高强度碳素钢丝组成的钢绞线或张拉索与混凝土结构构成主要受力结构。

　　高强度碳素钢丝是采用优质碳素钢盘圆经冷拔等工艺而制成的高强度钢丝。分为冷拉钢丝、消除应力钢丝。按表面外形分为光圆钢丝 P、螺旋肋钢丝 H、刻痕钢丝 I 三种。钢丝的强度高(σ_b = 1 470 ~ 1 670 MPa,$\sigma_{0.2}$ = 1 100 ~ 1 420 MPa),且柔性好,无接头。主要用于大跨度预应力混凝土结构等。

　　预应力混凝土用钢绞线是以数根圆形断面钢丝经绞捻和消除内应力的热处理后制成。

　　根据《预应力混凝土用钢绞线》(GB/T 5244—2014)规定,钢绞线按结构分为 8 类,结构代号为:1×2,1×3,1×3I(三根刻痕钢丝捻制),1×7,1×7I(六根刻痕钢丝和一根光圆中心钢丝捻制),(1×7)C(七根钢丝捻制又经模拔的钢绞线),1×19S(西鲁式钢绞线),1×19W(瓦林吞式钢绞线)。

　　不锈钢钢绞线是由多根圆形截面不锈钢钢丝组成的钢绞线,主要用于地面架空线、建筑用拉索、缆索等。根据《不锈钢钢绞线》(GB/T 25821—2010)规定,不锈钢钢绞线按其断面结构分为 1×3、1×7、1×19、1×37、1×61、1×91。不锈钢钢绞线按其破断拉力分为 1 180 MPa、1 320 MPa、1 420 MPa、1 520 MPa 四级。

大跨度斜拉桥用平行钢丝斜拉索索体是将一定数量钢丝呈正六边形或缺角六边形紧密排列,经同心左向扭绞,并在外层包裹高密度聚乙烯(HDPE)护套的钢丝束。

根据交通运输行业标准《大跨度斜拉桥平行钢丝斜拉索》(JT/T 775—2016)规定,大跨度斜拉桥用平行钢丝斜拉索索体应采用热镀锌或锌铝合金镀层钢丝,并符合直径为 7.0 mm,标准抗拉强度为 ≥1 770 MPa、≥1 860 MPa、≥2 000 MPa,规定非比例延伸强度为 ≥1 580 MPa、≥1 660 MPa、≥1 800 MPa 等要求。

斜拉索索体的规格型号由斜拉索索体代号 LPES,钢丝强度等级(kPa),钢丝直径(mm),钢丝根数及钢丝类别代号(Zn 镀锌,ZnAl 锌铝合金镀层)组成,如 109 根直径 7 mm、强度等级为 1 860 MPa 的锌铝合金镀层钢丝斜拉索索体,其型号表示为 LPES 1860-7-109-ZnAl。

7-5-5　复合材料简介

复合材料是由两种或两种以上材料复合而成的,组分材料间具有明显界面,能够充分发挥组分材料的各自优势,并能获得各组分材料所不具备的性能。复合材料具有高比强、高比模等突出优点。

比强是比强度的简称,是材料强度与其密度的比值,是衡量材料轻质高强性能的重要指标。比模是比弹性模量的简称,亦称为比模数或比刚度,是材料的弹性模量与其密度的比值。比强、比模是结构设计,特别是航空、航天结构设计对材料的重要指标要求。比强高说明相同强度时所用材料重量更轻,或相同质量下强度更高。比模高说明相同刚度时所用材料重量更轻,或相同质量下刚度更大。

复合材料的应用可显著减轻装备结构重量,从而增加有效荷载,节约能量消耗或提高效率;可实现特殊功能,提高抗极端环境能力,进一步提高结构的安全性和功能性。目前以碳纤维增强复合材料为代表的各种先进复合材料,由于其优越性能和可设计性等突出优点,备受关注,现已应用到航空航天、舰船、交通、能源、建筑、桥梁及体育运动等领域。

美国在一些先进军用飞机上采用复合材料的比例已达到 50%。美国在用的载人航天器上大量采用复合材料,该航天器拥有目前世界上最大的复合材料热防护结构,其主承力结构采用新型树脂基复合材料,显著减轻了结构重量,使隔热层更薄,结构效率更高。

国际空间站已采用编织复合材料填充的空间碎片超高速撞击防护结构。高强纤维编织复合材料已应用于头盔、防弹衣及降落伞上,且在建筑工程中的应用日益受到重视,在建筑领域主要用于建筑结构加固。高强纤维的抗拉强度远高于钢材等金属材料,例如,碳纤维可达 3 ~ 6 GPa,芳纶纤维可达 2.9 ~ 3.4 GPa,玄武岩纤维可达 3 ~ 4.8 GPa。而石墨烯纤维可达 130 GPa,是超高强材料,用极少量的石墨烯掺杂到其他金属材料中,会大幅度提高材料的强度。

随着材料技术的不断进步、材料成本的下降,将来石墨烯材料也会应用在工程结构中。这一天会很快到来。

小　结

（1）轴向拉伸与压缩是杆件基本变形形式之一。当外力沿杆件轴线作用时,杆件发生拉伸或压缩变形。

（2）注意理解应力的概念。内力的集度即为应力,对轴向拉(压)构件,单位面积上的内力即为应力。

（3）要熟练掌握和运用正应力公式及强度条件,这是本章的重点。

a. 求任一横截面上的正应力公式为　　$\sigma = \dfrac{F_N}{A}$

b. 校核强度公式为　　$\sigma_{max} = \dfrac{F_{Nmax}}{A} \leqslant [\sigma]$

c. 选择截面公式为　　$A \geqslant \dfrac{F_{Nmax}}{[\sigma]}$

d. 确定许用荷载公式为　　$F_{Nmax} \leqslant [\sigma] \cdot A$

（4）胡克定律 $\sigma = E\varepsilon \left($ 或 $\Delta l = \dfrac{F_N l}{EA} \right)$ 是一个基本定律,它揭示了在比例极限范围内应力与应变的关系。该公式可用于求轴向拉(压)杆的变形。

（5）低碳钢的拉伸试验是一个典型材料的试验。要对低碳钢的 $\sigma - \varepsilon$ 曲线有全面的理解。要很好地领会比例极限 σ_p、弹性极限 σ_e、屈服极限 σ_s、强度极限 σ_b、弹性模量 E、伸长率 δ 等力学指标的物理意义。其中反映强度特征的是屈服极限 σ_s 和强度极限 σ_b,反映材料塑性特征的主要是伸长率 δ。

（6）复合材料是由两种或两种以上材料复合而成的,具有高比强、高比模等突出优点。

思　考　题

7-1　什么是应力? 应力与内力有何区别? 又有何联系?

7-2　什么是平面假设? 作此假设的根据是什么? 为什么推导横截面上的正应力时必须

先作出这个假设？

7-3　什么是强度条件？根据强度条件可以解决工程实际中的哪些问题？

7-4　何谓"危险截面"？根据什么来确定构件的危险截面？

7-5　胡克定律有几种表达形式？它的适用范围是什么？何谓拉压刚度？

7-6　低碳钢的拉伸过程分为几个阶段？有哪几个特征值，各代表何含义？

7-7　怎样区别塑性材料和脆性材料？试比较塑性材料和脆性材料的力学性质。

7-8　如何理解材料的极限应力、许用应力？塑性材料和脆性材料的许用应力是如何确定的？

7-9　对新材料，都需要测定哪些力学性能指标？

7-10　能否称习题 7-3 图中的开槽杆在 B、C 处受压力作用？

习　　题

7-1　求图示杆件在指定截面上的应力。已知横截面面积 $A = 400 \ \text{mm}^2$。

7-2　图示变截面圆杆，其直径分别为 $d_1 = 20 \ \text{mm}$，$d_2 = 10 \ \text{mm}$。试求两段的横截面上正应力大小的比值。

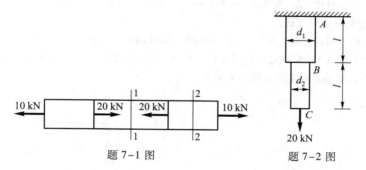

题 7-1 图　　　　　　　题 7-2 图

7-3　图示中段开槽正方形杆件，已知 $a = 200 \ \text{mm}$，$F = 100 \ \text{kN}$，试画出全杆的轴力图，并求出各段横截面上的正应力。

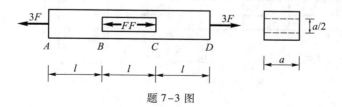

题 7-3 图

7-4　上题中，若 $F = 750 \ \text{kN}$，材料的许用应力 $[\sigma] = 160 \ \text{MPa}$，试校核杆的强度。

7-5　三角构架如图所示，AB 杆的横截面面积为 $A_1 = 1 \ 000 \ \text{mm}^2$，$BC$ 杆的横截面面积为 $A_2 = 600 \ \text{mm}^2$，若材料的许用拉应力为 $[\sigma_+] = 40 \ \text{MPa}$，许用压应力为 $[\sigma_-] = 20 \ \text{MPa}$，试校核其强度。

7-6　图示构架中,杆 1、2 的横截面均为圆形,直径分别为 $d_1 = 30$ mm,$d_2 = 20$ mm。两杆件材料相同,许用应力$[\sigma] = 160$ MPa。在结点 B 处受铅垂方向的荷载 F 作用,试确定许用荷载 F 的最大值。

7-7　图示结构中,拉杆 AB 为圆截面钢杆,若$F = 20$ kN,材料的许用应力$[\sigma] = 120$ MPa,试设计 AB 杆的直径。

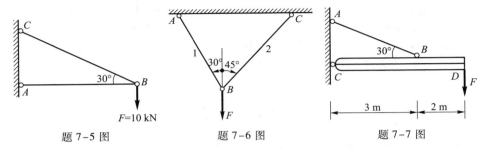

题 7-5 图　　　　　题 7-6 图　　　　　题 7-7 图

7-8　在题 7-3 中,若杆件长度 $l = 1$ m,材料的弹性模量 $E = 2 \times 10^5$ MPa,试求杆的总变形。

7-9　在题 7-2 中,若杆件长度 $l = 0.5$ m,材料的弹性模量 $E = 2 \times 10^5$ MPa,试求杆的总变形。

7-10　图示杆件,横截面面积 $A = 400$ mm²,材料的弹性模量 $E = 2 \times 10^5$ MPa,试求各段的变形、应变及全杆的总变形。

7-11　图示钢筋混凝土短柱,边长 $a = 400$ mm,柱内有四根直径为 $d = 30$ mm 的钢筋。已知轴向压力 $F = 1\,130$ kN,通过刚性块作用于柱顶,试求柱受压后混凝土的应力 σ_h 和钢筋的应力 σ_g。不计钢筋混凝土柱及刚性块的质量。

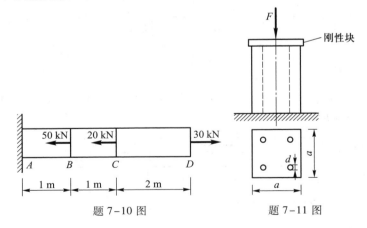

题 7-10 图　　　　　题 7-11 图

第八章

剪切和扭转

剪切和扭转变形是构件的基本变形形式,在机械传动及建筑结构中经常遇到。本章将确定剪切和扭转的强度计算和变形计算的方法,为解决这类问题提供理论基础,同时也为结构中存在的多种变形现象作理论准备。

§8-1 剪切的概念及实例

剪切是杆件的基本变形形式之一。当杆件受大小相等、方向相反、作用线相距很近的一对横向力作用(图8-1a)时,杆件发生剪切变形,其变形特点是两个力作用线之间的各相邻横截面都发生相对错动(图8-1b)。这些横截面称为**剪切面**,剪切面上的内力与截面平行,称为**剪力**,与之相应的应力称为**切应力**,用符号 τ 表示。

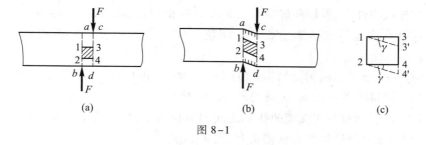

(a)   (b)   (c)

图 8-1

若在力作用面 ab 与 cd 之间取一微小正交六面体来观察变形前后的情况(图8-1c),可以看到34面相对于12面有了微小的错动,13面和24面均转动了一个 γ 角。转角 γ 称为剪切角,是对剪切变形的一种度量。γ 是微小六面体棱边处正交直线段直角的改变量,称为**切应变**。实验结果指出,当切应力不超过材料的剪切比例极限 τ_p 时,切应力 τ 与切应变 γ 之间成正比关系,即

$$\tau = G\gamma \tag{8-1}$$

上述关系式称为**剪切胡克定律**。式中的比例常数 G 称为材料的**切变模量**。

　　剪切变形主要发生在连接构件中。工程实际中常用的连接形式如图 8-2 所示。图 8-2a 为螺栓连接；图 8-2b 为铆钉连接；图 8-2c 为榫连接；图 8-2d 为键块连接等。这些将两个或多个部件连接起来的连接接头是否安全，对整个连接结构的安全起着重要的作用。

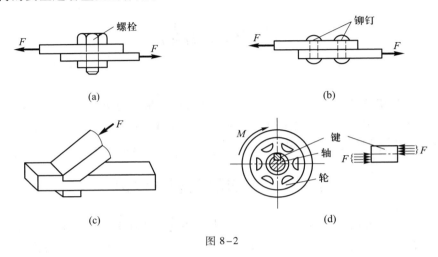

图 8-2

§8-2　连接接头的强度计算

　　在连接构件中，铆接和螺栓连接是较为典型的连接方式。它的强度计算对其他连接形式也具有普遍意义。下面就以铆接为例来说明连接构件的强度计算。

　　对图 8-3a 所示的铆接结构，实践分析表明，它的破坏可能有下列三种形式：

　　（1）铆钉沿剪切面 $m-m$ 被剪断（图 8-3b）。

　　（2）由于铆钉与连接板的孔壁之间的局部挤压，铆钉或板孔壁产生显著的塑性变形，从而使结构失去承载能力（图 8-3c）。

　　（3）连接板沿被铆钉孔削弱了的 $n-n$ 截面被拉断（图 8-3d）。

　　上述三种破坏形式均发生在连接接头处。若要保证连接结构能安全正常地工作，首先要保证连接接头的正常工作。因此，要对上述三种情况进行强度计算。

　　1. 剪切的实用计算

　　铆钉的受力图如图 8-3b 所示，板对铆钉的作用力是分布力，此分布力的合力等于作用在板上的力 F。用一假想截面沿剪切面 $m-m$ 将铆钉截为上、下两部分,暴露出剪切面的内力 F_S(图 8-4a)。取其中一部分为分离体,由平衡方程 $\sum F_x = 0$ 有

$$F - F_\mathrm{S} = 0, \quad F_\mathrm{S} = F$$

剪力 F_S 分布作用在剪切面上(图 8-4b),切应力 τ 的分布十分复杂。在工程计算中通常假设切应力在剪切面上是均匀分布的,用剪切面的面积 A_S 除剪力 F_S,得到切应力

$$\tau = \frac{F_\mathrm{S}}{A_\mathrm{S}} \tag{8-2}$$

这样得到的平均切应力又称为名义切应力。

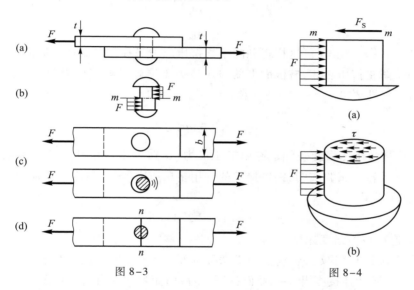

图 8-3   图 8-4

为了保证连接件在工作时不被剪断,受剪面上的切应力不得超过连接件材料的许用切应力 $[\tau]$,即要求

$$\tau = \frac{F_\mathrm{S}}{A_\mathrm{S}} \leqslant [\tau] \tag{8-3}$$

式(8-3)称为切应力强度条件。许用切应力 $[\tau]$ 等于连接件的极限切应力 τ_b 除以安全因数 n。试验表明,钢连接件的许用切应力 $[\tau]$ 与许用正应力 $[\sigma]$ 之间有如下关系:

$$[\tau] = (0.6 \sim 0.8)[\sigma]$$

2. 挤压的实用计算

连接构件在受剪切的同时,还伴随有挤压的现象。在铆钉与连接板相互接

触的表面上,因挤压而产生的应力称为**挤压应力**。挤压应力的分布也是比较复杂的。铆钉与铆钉孔壁之间的接触面为圆柱形曲面,挤压应力 σ_{bs} 的分布如图 8-5a 所示,其最大值发生在 A 点,在直径两端 B、C 处等于零。要精确计算这样分布的挤压应力是比较困难的。在工程计算中,通常假设挤压应力是作用在挤压面的正投影面上,且是均匀分布的(图 8-5b)。

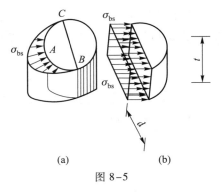

图 8-5

用挤压面的正投影面积 A_{bs} 除挤压力 F_{bs} 得到挤压应力

$$\sigma_{bs} = \frac{F_{bs}}{A_{bs}} \tag{8-4}$$

式中 $A_{bs} = d \cdot t$；$F_{bs} = F$。这样得到的平均挤压应力又称作名义挤压应力。

为了防止挤压破坏,挤压面上的挤压应力不得超过连接件材料的许用挤压应力 $[\sigma_{bs}]$,即要求

$$\sigma_{bs} = \frac{F_{bs}}{A_{bs}} \leqslant [\sigma_{bs}] \tag{8-5}$$

式(8-5)称为**挤压强度条件**。许用挤压应力 $[\sigma_{bs}]$ 等于连接件的挤压极限应力除以安全系数。试验表明,钢连接件的许用挤压应力 $[\sigma_{bs}]$ 与许用正应力 $[\sigma]$ 之间,有如下关系:

$$[\sigma_{bs}] = (1.7 \sim 2.0)[\sigma]$$

3. 连接板的强度计算

由于铆钉孔削减了连接板的横截面面积,使连接板的抗拉强度受到影响。将图 8-3d 所示连接板沿 $n-n$ 截面截开,横截面面积和受力情况如图 8-6 所示。假设截面上的正应力均匀分布,则连接板应满足的拉伸强度条件为

$$\sigma = \frac{F}{A_j} \leqslant [\sigma] \tag{8-6}$$

式中 $A_j = (b-d)t$ 为被削减截面的净截面面积。

应该说明的是,横截面上的拉应力 σ 事实上并不是均匀分布的,而是在孔口附近应力很大,稍稍离开这个区域,应力又趋于均匀分布(图 8-7)。实验和分析结果表明,当构件截面尺寸有突变时,在截面突变附近的局部小范围内应力数值急剧增加。这种由于截面尺寸突然改变而在局部区域出现应力急剧增大的现象称为**应力集中**。

应力集中对塑性材料影响不很大,但对脆性材料,应力集中将大大降低构件

的强度。为防止或减小应力集中的不利影响,应尽可能地不使杆的截面尺寸发生突然变化,而采用平缓过渡的方式,对必要的孔洞则应尽量配置在低应力区内。

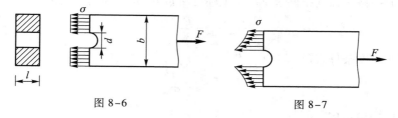

图 8-6　　　　　　　　图 8-7

【例 8-1】　两块钢板用三个直径相同的铆钉连接,如图 8-8a 所示。已知钢板宽度 $b=100$ mm,厚度 $t=10$ mm,铆钉直径 $d=20$ mm,铆钉许用切应力 $[\tau]=100$ MPa,许用挤压切应力 $[\sigma_{bs}]=300$ MPa,钢板许用拉应力 $[\sigma]=160$ MPa。试求许用荷载 F。

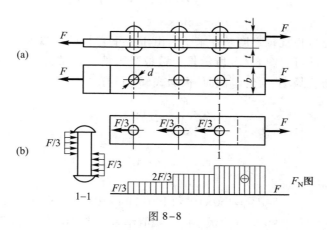

图 8-8

【解】　(1)按剪切强度条件求 F　由于各铆钉的材料和直径均相同,且外力作用线通过铆钉群受剪面的形心,可以假定各铆钉所受剪力相同。因此,铆钉及连接板的受力情况如图 8-8b 所示。每个铆钉所受剪力为

$$F_s = \frac{F}{3}$$

根据切应力强度条件式(8-3)有

$$\tau = \frac{F_s}{A_s} \leqslant [\tau]$$

由此可得许用剪力

$$F_s \leqslant [\tau]A_s$$

即

$$F \leq 3[\tau]\frac{\pi d^2}{4} = 3 \times 100 \times 10^6 \times \frac{3.14}{4} \times 20^2 \times 10^{-6} \text{ N} = 94.2 \text{ kN}$$

（2）按挤压强度条件求 F 由上述分析可知,每个铆钉承受的挤压力为

$$F_{bs} = \frac{F}{3}$$

根据挤压强度条件式(8-5)有

$$\sigma_{bs} = \frac{F_{bs}}{A_{bs}} \leq [\sigma_{bs}]$$

由此可得许用挤压力

$$F_{bs} \leq [\sigma_{bs}]A_{bs}$$

即

$$\begin{aligned} F &\leq 3[\sigma_{bs}]A_{bs} = 3[\sigma_{bs}]dt \\ &= 3 \times 300 \times 10^6 \times 20 \times 10 \times 10^{-6} \text{ N} \\ &= 180 \text{ kN} \end{aligned}$$

（3）按连接板抗拉强度条件求 F 由于上下盖板的厚度及受力是一样的,所以分析其一即可。图 8-8b 所示是上盖板受力情况及轴力图。1-1 截面内力最大而截面面积最小,为危险截面,根据式(8-6)有

$$\sigma = \frac{F_{N1-1}}{A_{j1-1}} \leq [\sigma]$$

由此可得

$$F_{N1-1} \leq [\sigma]A_{j1-1}$$

即

$$F \leq [\sigma](b-d)t = 160 \times 10^6 \times (100-20) \times 10 \times 10^{-6} \text{ N} = 128 \text{ kN}$$

根据以上计算结果,应选取最小的荷载值作为此连接结构的许用荷载。故取

$$[F] = 94.2 \text{ kN}$$

本例中构件用三个铆钉连接,一般情况下,构件用 n 个铆钉连接,则每个铆钉所受的剪力和挤压力应分别为

$$F_S = \frac{F}{n}, \quad F_{bs} = \frac{F}{n}$$

本例中每个铆钉只有一个剪切面,一般称为"单剪"。工程中,每个铆钉有两个剪切面的情况也是常见的。

【例 8-2】 两块钢板用铆钉对接,如图 8-9a 所示。已知主板厚度 $t_1 = 15$ mm,盖板厚度 $t_2 = 10$ mm,主板和盖板的宽度 $b = 150$ mm,铆钉直径 $d = 25$ mm。铆钉的许用切应力为 $[\tau] = 100$ MPa,许用挤压应力 $[\sigma_{bs}] = 300$ MPa;钢板许用拉应力 $[\sigma] = 160$ MPa。若拉力 $F = 300$ kN,试校核此铆接是否安全。

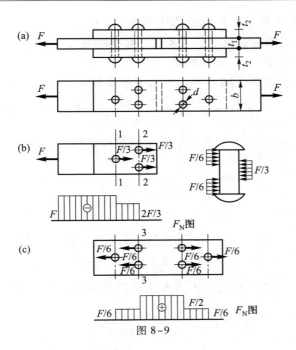

图 8-9

【解】 （1）铆钉的强度校核

① 剪切强度校核 此结构为对接接头。铆钉和主板、盖板的受力情况如图 8-9b、c 所示。每个铆钉有两个受剪面，通常把这种情况叫作"双剪"。每个铆钉的剪切面所承受的剪力为

$$F_s = \frac{F}{2n} = \frac{F}{6}$$

根据剪切强度条件式（8-3）有

$$\tau = \frac{F_s}{A_s} = \frac{F/6}{\frac{\pi}{4}d^2} = \frac{300 \times 10^3}{6 \times \frac{3.14}{4} \times 25^2 \times 10^{-6}} \text{ Pa} = 101.9 \text{ MPa} > [\tau]$$

超过许用切应力 1.9%，这在工程上是允许的，故安全。

② 挤压强度校核 由于每个铆钉有两个剪切面，铆钉有三段受挤压，上、下盖板厚度相同，所受挤压力也相同；而主板厚度为盖板的 1.5 倍，所受挤压力却为盖板的 2 倍，故应校核铆钉中段挤压强度。

根据挤压强度条件式（8-5）有

$$\sigma_{bs} = \frac{F_{bs}}{A_{bs}} = \frac{F/3}{dt_1} = \frac{300 \times 10^3}{3 \times 25 \times 15 \times 10^{-6}} \text{ Pa}$$

$$= 266.67 \text{ MPa} < [\sigma_{bs}]$$

剪切、挤压强度校核结果表明,铆钉安全。

（2）连接板的强度校核   为了校核连接板的强度,分别画出一块主板和一块盖板的受力图及轴力图,如图8-9b、c所示。

主板在1-1截面所受轴力 $F_{N1-1}=F$,为危险截面。根据式（8-6）有

$$\sigma_{1-1}=\frac{F_{N1-1}}{A_{j1-1}}=\frac{F}{(b-d)t_1}=\frac{300\times10^3}{(150-25)\times15\times10^{-6}}\ Pa=160\ MPa=[\sigma]$$

主板在2-2截面所受轴力 $F_{N2-2}=\dfrac{2}{3}F$,但横截面也较1-1截面小,所以也应校核,有

$$\sigma_{2-2}=\frac{F_{N2-2}}{A_{j2-2}}=\frac{2F/3}{(b-2d)t_1}$$
$$=\frac{2\times300\times10^3}{3\times(150-2\times25)\times15\times10^{-6}}\ Pa$$
$$=133.33\ MPa<[\sigma]$$

盖板在3-3截面受轴力 $F_{N3-3}=\dfrac{F}{2}$,横截面被两个铆钉孔削弱,应校核,有

$$\sigma_{3-3}=\frac{F_{N3-3}}{A_{j3-3}}=\frac{F/2}{(b-2d)t_2}$$
$$=\frac{300\times10^3}{2\times(150-2\times25)\times10\times10^{-6}}\ Pa$$
$$=150\ MPa<[\sigma]$$

结果表明,连接板安全。

§8-3 扭转的概念及实例

扭转变形是杆件的基本变形之一。当杆件受到作用面垂直于杆件轴线的、等值、反向的两力偶作用时,杆件发生扭转变形（图8-10）,其特点是各横截面绕轴线发生相对转动。图8-10中杆端二截面 A 和 B 的相对转角记为 φ,称为**相对扭转角**。同时,杆件表面上的纵向线也转动了一个角度 γ,称 γ 为**剪切角**。

使杆件产生扭转变形的力偶矩 M_e 称为**外扭矩**。有时外扭矩 M_e 不是直接给出的,如传动轴所受扭矩,通常是根据已知的传递功率 P 和轴的转速 n 给出,可以证明,M_e 与 P、n 有下述关系:

$$\{M_e\}_{kN\cdot m}=9\ 549\ \frac{\{P\}_{kW}}{\{n\}_{r/min}}\ ① \tag{8-7}$$

---

①   这是国家标准 GB 3101—93 中规定的数值方程式的表示方法。

式中 M_e 为外扭矩（单位:kN·m）；P 为功率（单位:kW）；n 为转速（单位: r/min）。

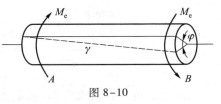

图 8-10

在工程中,尤其在机械工程中,受扭杆件是很多的。如汽车方向盘的操纵杆和主驱动轴（图 8-11a）,各种机械的传动轴（图 8-11b）,钻杆（图 8-11c）等。这种圆轴扭转时的强度及刚度问题是本章要讨论的主要问题。

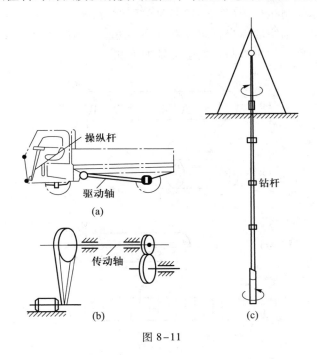

图 8-11

§8-4　扭矩的计算·扭矩图

当杆受到外扭矩作用发生扭转变形时,在杆的横截面上产生相应的内力,称为**扭矩**,用符号 T 表示。扭矩的常用单位是牛顿米（N·m）或千牛顿米（kN·m）。

扭矩 T 可用截面法求出。如图 8-12a 所示圆轴 AB 受外扭矩 M_e 作用,若求任意截面 $m-m$ 上的内力,可假想将杆沿截面 $m-m$ 切开,任取一段（例如左段）为分离体,其受力图如图 8-12b 所示,根据平衡条件,所有力对杆件轴线 x 之矩的代数和等于零,即

$$\sum M_x = 0$$

有

$$T - M_e = 0$$

求得

$$T = M_e$$

扭矩的正负号一般规定为,从截面的外法线向截面看,逆时针转为正号,顺时针转为负号。

为了形象地表示扭矩沿杆轴线的变化情况,可仿照本书第六章介绍过的作轴力图的方法,绘制扭矩图(图8-12d)。绘图时,沿轴线方向的横坐标表示横截面的位置,垂直于轴线的纵坐标表示扭矩的数值。习惯上将正号的扭矩画在横坐标轴的上侧,负号的扭矩画在横坐标轴的下侧。

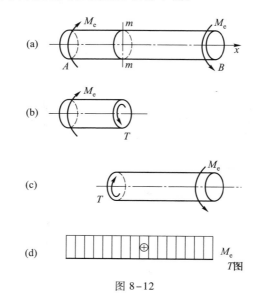

图 8-12

【例 8-3】 试作出图 8-13a 所示圆轴的扭矩图。

【解】 (1)用截面法分别求出各段上的扭矩 假想在截面 I-I 处将轴切开,取左段为分离体,截面上的扭矩按正向给出(图8-13b),根据平衡方程

$$\sum M_x = 0, \qquad T_1 - 6 \text{ kN} \cdot \text{m} = 0$$

求得

$$T_1 = 6 \text{ kN} \cdot \text{m}$$

假想在截面 II-II 处将轴切开,仍取左段为分离体(图8-13c)。根据

$$\sum M_x = 0, \qquad T_2 + (8-6) \text{kN} \cdot \text{m} = 0$$

求得

$$T_2 = -2 \text{ kN} \cdot \text{m}$$

假想在截面Ⅲ-Ⅲ处将轴切开,取右段为分离体(图8-13d)。根据

$$\sum M_x = 0, \qquad T_3 - 3 \text{ kN} \cdot \text{m} = 0$$

求得

$$T_3 = 3 \text{ kN} \cdot \text{m}$$

（2）根据求出的各段扭矩值,绘出扭矩图如图8-13e所示。

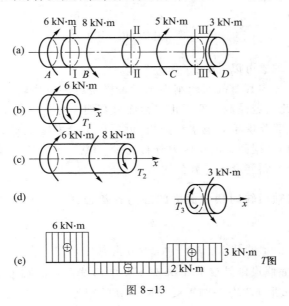

图 8-13

§8-5　圆轴扭转时的应力和变形

　　推导圆轴扭转时横截面的应力计算公式与推导拉(压)杆正应力计算公式的方法类似,也是从实验入手,观测实验现象,找出变形规律,提出关于变形的假设,并据此导出应力和变形的计算公式。

8-5-1　实验现象的观察与分析

　　如图8-14a所示实心圆杆,在圆杆的表面画上一些与杆轴线平行的纵向线和与杆轴线垂直的圆周线,将杆表面划分为许多小矩形。然后在杆的两端施加外扭矩 M_e,使杆发生扭转变形,如图8-14b所示。可以观测到下列现象:

　　（1）各圆周线都不同程度地绕杆轴转了一个角度,且大小、形状均没有改变,间距也没有变。

（2）所有纵向线都倾斜同一个角度 γ；所有圆杆表面上的小矩形都发生了歪斜，由矩形变成平行四边形（图8-14c）。

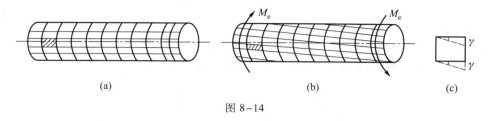

图 8-14

由上述实验现象可以推断：

圆杆扭转过程中其横截面像刚性圆盘一样绕杆轴发生转动，相邻横截面间发生错动，并由此认定横截面间无正应力而只有切应力。

根据对上述实验现象的观察和分析，就可以综合考虑变形的几何关系和物理关系，从而得到横截面上的切应力分布规律。然后，再结合静力学关系来建立圆轴扭转时的应力和变形的计算公式。

8-5-2　圆轴扭转时横截面内的应力计算公式

1. 几何方面

从图8-14a所示的圆轴中取一微段 dx，并从中切取一楔形体 O_1O_2ABCD（图8-15a），根据平面假设则其变形如图8-15b中虚线所示。圆轴表层的矩形 $ABCD$ 变为平行四边形 $ABC'D'$；与轴线相距为 ρ 的矩形 $abcd$ 变为平行四边形 $abc'd'$，即产生剪切变形。

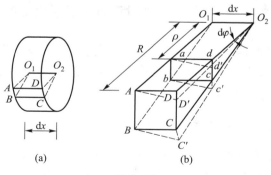

图 8-15

此楔形体左、右两端面间的相对扭转角为 $d\varphi$，矩形 $abcd$ 切应变用 γ_ρ 表示，则由图中可以看出

$$\gamma_\rho \approx \tan\gamma_\rho = \frac{dd'}{ad} = \frac{\rho\mathrm{d}\varphi}{\mathrm{d}x}$$

即

$$\gamma_\rho = \rho\frac{\mathrm{d}\varphi}{\mathrm{d}x} \qquad\qquad (\text{a})$$

式中的 $\dfrac{\mathrm{d}\varphi}{\mathrm{d}x}$ 是扭转角 φ 沿杆长的变化率,即单位长度的扭转角,通常用 θ 表示,即

$\theta = \dfrac{\mathrm{d}\varphi}{\mathrm{d}x}$。于是

$$\gamma_\rho = \theta\cdot\rho \qquad\qquad (\text{b})$$

对于同一横截面,θ 为一常数,可见切应变 γ_ρ 与 ρ 成正比,即沿圆轴的半径按直线规律变化。

2. 物理方面

由剪切胡克定律可知,在弹性范围内切应力与切应变之间成正比,即

$$\tau = G\gamma$$

将式(a)代入上式,得到横截面上与轴线相距为 ρ 处的切应力为

$$\tau_\rho = G\rho\theta \qquad\qquad (\text{c})$$

式(c)表明,圆轴横截面上的扭转切应力 τ_ρ 与 ρ 成正比,即切应力沿半径方向按直线规律变化。在与圆心等距离的各点处,切应力值均相同。据此可绘出实心圆截面轴的横截面切应力沿半径方向的分布图,如图 8-16 所示。

3. 静力学方面

上面已解决了横截面上切应力的变化规律,但还不能直接按式(b)来确定切应力的大小,这是因为,式(b)中的 $\theta = \dfrac{\mathrm{d}\varphi}{\mathrm{d}x}$ 与扭矩 T 间的关系尚不知道。这可从静力学方面来解决。

如图 8-17 所示,在与圆心相距为 ρ 的微面积 $\mathrm{d}A$ 上,作用有微剪力 $\tau_\rho\mathrm{d}A$,它对圆心 O 的微力矩为 $\rho\cdot\tau_\rho\mathrm{d}A$。在整个横截面上,所有这些微力矩之和应等于该截面的扭矩 T,因此

$$\int_A \rho\cdot\tau_\rho\mathrm{d}A = T$$

将式(c)代入得

$$\int_A G\theta\rho^2\mathrm{d}A = G\theta\int_A\rho^2\mathrm{d}A = T \qquad\qquad (\text{d})$$

式(d)中的积分 $\displaystyle\int_A\rho^2\mathrm{d}A$ 是只与圆截面形状、尺寸有关的一个几何量,称为横截面的**极惯性矩**,用 I_p 表示,即

$$I_p = \int_A \rho^2 \, dA$$

于是式(d)可写为

$$\theta = \frac{T}{GI_p} \qquad\qquad (e)$$

将式(e)代入式(c)得

$$\tau = \frac{T}{I_p} \cdot \rho \qquad\qquad (8-8)$$

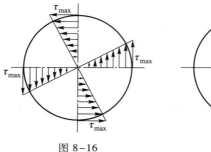

图 8-16

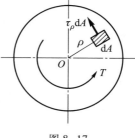

图 8-17

这就是圆轴扭转时横截面上的切应力计算公式。式中 T 为横截面上的扭矩;I_p 为圆截面对圆心的极惯性矩;ρ 为所求应力点至圆心的距离。

　　实践证明,以上就实心圆轴扭转得到的应力计算公式对空心圆轴也适用,只是空心圆轴的极惯性矩 I_p 与实心圆轴的不同。

　　实心圆轴和空心圆轴(图 8-18)的极惯性矩分别为

$$I_p = \frac{\pi d^4}{32}$$

和

$$I_p = \frac{\pi D^4}{32} - \frac{\pi d^4}{32} = \frac{\pi}{32}(D^4 - d^4)$$

图 8-18

8-5-3　圆轴扭转时的变形计算

　　计算扭转变形就是求扭转角 φ。由式(e)知道,单位长度的扭转角为

$$\theta = \frac{d\varphi}{dx} = \frac{T}{GI_p}$$

则

$$d\varphi = \frac{T}{GI_p} dx$$

式中 GI_p 为常量。若在杆长 l 范围内 T 不变的情况下（图8-19），将上式两边取积分

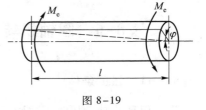

$$\int_0^\varphi \mathrm{d}\varphi = \frac{T}{GI_p}\int_0^l \mathrm{d}x$$

得

图 8-19

$$\varphi = \frac{Tl}{GI_p} \qquad (8-9)$$

这就是计算扭转角的公式，式中 GI_p 称为**扭转刚度**。扭转角 φ 的单位为弧度（rad）。

【**例8-4**】 如图8-20所示空心圆轴，外径 $D=40$ mm，内径 $d=20$ mm，杆长 $l=1$ m，扭矩 $M_e=1$ kN·m，材料的切变模量 $G=80$ GPa。试求：（1）$\rho=15$ mm 的 K 点处的切应力 τ_K。（2）横截面上的最大和最小切应力。（3）A 截面相对 B 截面的扭转角 φ_{AB}。

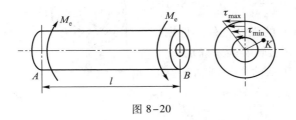

图 8-20

【**解**】 （1）计算极惯性矩

$$I_p = \frac{\pi}{32}(D^4-d^4) = \frac{\pi}{32}(40^4-20^4)\ \text{mm}^4$$
$$= 235\ 600\ \text{mm}^4$$

（2）根据圆轴扭转时的切应力计算公式（8-8），分别计算各点切应力为

$$\tau_K = \frac{T}{I_p}\rho_K = \frac{1\times10^3}{0.235\ 6\times10^{-6}}\times15\times10^{-3}\ \text{Pa} = 63.67\ \text{MPa}$$

$$\tau_{max} = \frac{T}{I_p}\cdot\frac{D}{2} = \frac{1\times10^3}{0.235\ 6\times10^{-6}}\times20\times10^{-3}\ \text{Pa} = 84.89\ \text{MPa}$$

$$\tau_{min} = \frac{T}{I_p}\cdot\frac{d}{2} = \frac{1\times10^3}{0.235\ 6\times10^{-6}}\times10\times10^{-3}\ \text{Pa} = 42.44\ \text{MPa}$$

（3）根据圆轴扭转时扭转角的计算公式（8-9）计算 φ_{AB} 为

$$\varphi_{AB} = \frac{Tl}{GI_p} = \frac{1\times10^3\times1}{80\times10^9\times0.235\ 6\times10^{-6}}\ \text{rad} = 0.053\ \text{rad}$$

§8-6　圆轴扭转时的强度条件和刚度条件

8-6-1　强度条件

为了保证圆轴受扭时不致因强度不够而破坏,必须使危险截面上的最大切应力不超过材料的许用切应力。根据切应力的分布规律可知,最大切应力发生在距轴心最远处,即

$$\tau_{\max} = \frac{T_{\max}}{I_p} \cdot \rho_{\max} = \frac{T_{\max}}{I_p / \rho_{\max}} = \frac{T_{\max}}{W_p}, \qquad W_p = \frac{I_p}{\rho_{\max}}$$

式中 W_p 称为**扭转截面系数**。

要保证不破坏应有

$$\tau_{\max} = \frac{T_{\max}}{W_p} \leqslant [\tau] \qquad (8-10)$$

这就是圆轴扭转时的强度条件。许用切应力 $[\tau]$ 根据材料扭转实验来确定。

图 8-21 中所示的实心圆轴和空心圆轴的扭转截面系数分别为
实心圆轴

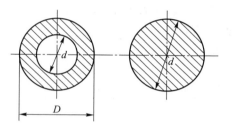

图 8-21

$$W_p = \frac{I_p}{\rho_{\max}} = \frac{\pi d^4 / 32}{d/2} = \frac{\pi d^3}{16}$$

空心圆轴

$$W_p = \frac{I_p}{\rho_{\max}} = \frac{\dfrac{\pi}{32}(D^4 - d^4)}{D/2} = \frac{\pi}{16D}(D^4 - d^4)$$

8-6-2　刚度条件

在研究圆轴扭转问题时,除考虑强度条件外,有时还需对扭转变形加以限制,使最大单位长度扭转角不超过许用的范围,即

$$\theta_{\max} = \frac{T_{\max}}{GI_p} \leqslant [\theta] \qquad (8-11)$$

这就是圆轴扭转时的刚度条件。式中 $[\theta]$ 是单位长度的许用扭转角,其单位为弧度每米(rad/m),具体数值可从有关设计手册中查到。

【**例 8-5**】　某钢轴的转速 $n = 250$ r/min。传递功率 $P = 60$ kW,许用切应力 $[\tau] = 40$ MPa,单位长度的许用扭转角 $[\theta] = 0.014$ rad/m,材料的切变模量 $G =$

80 GPa,试设计轴径。

【解】 （1）计算轴的扭矩

$$T = 9.55 \times \frac{60}{250} \text{ kN} \cdot \text{m} = 2.3 \text{ kN} \cdot \text{m}$$

（2）根据圆轴扭转时的强度条件求轴径。由式（8-10）有

$$W_p \geq \frac{T}{[\tau]}$$

得

$$d \geq \sqrt[3]{\frac{16T}{\pi[\tau]}} = \sqrt[3]{\frac{16 \times 2.3 \times 10^3}{3.14 \times 40 \times 10^6}} \text{ m} = 0.066\ 4 \text{ m}$$

（3）根据圆轴扭转时的刚度条件求轴径。由式（8-11）有

$$I_p \geq \frac{T}{G[\theta]}$$

得

$$d \geq \sqrt[4]{\frac{32T}{\pi G[\theta]}} = \sqrt[4]{\frac{32 \times 2.3 \times 10^3}{3.14 \times 80 \times 10^9 \times 0.014}} \text{ m} = 0.067\ 6 \text{ m}$$

所以,应按刚度条件设计轴径,取 $d = 68$ mm。

对于非圆截面等直杆,在力偶作用下发生扭转变形时,横截面上各点沿轴线方向发生相对位移,横截面变形后不再保持为平面,而是产生翘曲。如果杆沿轴线方向的位移没有受到约束,这种扭转称为自由扭转。自由扭转时,杆件横截面上没有正应力。如果扭转时杆沿轴线方向的位移受到约束,则称为约束扭转。杆件发生约束扭转时,杆件横截面上存在正应力。

矩形截面杆自由扭转时,横截面产生翘曲,不再保持为平面,但横截面上仍只有切应力,没有正应力。在矩形截面的四周边线上,各点的切应力方向与周边平行,周边上的最大切应力作用点位于周边中点,四个角点处切应力为零。整个横截面上的最大切应力位于矩形截面长边的中点处。

小 结

（1）剪切变形是杆件的基本变形之一。等值、反向且相距很近的二力垂直于杆的轴线作用在杆件上,二力之间各截面发生剪切变形。

a. 发生剪切变形时,剪切面上剪力 F_S 的作用方向总是平行于剪切面。

b. 与剪力 F_S 对应的切应力 τ 作用在横截面内。

（2）要了解铆接和螺栓连接构件的实用计算。为保证其正常工作,要满足

三个条件：

a. 铆钉的剪切强度条件：　　$\tau = \dfrac{F_{S}}{A} \leqslant [\tau]$。

b. 铆钉或连接板钉孔壁的挤压强度条件：　$\sigma_{bs} = \dfrac{F_{bs}}{A_{bs}} \leqslant [\sigma_{bs}]$。

c. 连接板的拉伸强度条件：　　$\sigma = \dfrac{F_{N}}{A_{j}} \leqslant [\sigma]$。

求解此类问题，关键在于确定剪切面和挤压面。

（3）扭转变形也是杆件的基本变形之一。扭转时的内力是扭矩 T；应力是切应力 τ；变形是扭转角 φ。

（4）要熟练掌握和运用圆轴扭转时的切应力计算公式、强度条件、扭转角计算公式、刚度条件。

a. 任一横截面上，任一点的切应力为 $\tau = \dfrac{T}{I_{p}}\rho$。

b. 强度条件：$\tau_{max} = \dfrac{T_{max}}{W_{p}} \leqslant [\tau]$。

c. 某一截面相对另一截面的扭转角：$\varphi = \dfrac{Tl}{GI_{p}}$。

d. 刚度条件：　$\theta_{max} = \dfrac{T}{GI_{p}} \leqslant [\theta]$。

（5）极惯性矩 I_{p} 和扭转截面系数 W_{p} 是两个十分重要的截面几何性质。对常用的实心圆截面和空心圆截面的 I_{p}、W_{p} 的计算式应记住。它们是

实心圆截面：　　　　　　$I_{p} = \dfrac{\pi d^{4}}{32}$，　　$W_{p} = \dfrac{\pi d^{3}}{16}$

空心圆截面：　　　$I_{p} = \dfrac{\pi}{32}(D^{4} - d^{4})$，　　$W_{p} = \dfrac{\pi}{16D}(D^{4} - d^{4})$

思　考　题

8-1　什么是剪切变形？杆件在怎样的外力作用下会发生剪切变形？

8-2　切应力 τ 与正应力 σ 的区别是什么？挤压应力 σ_{bs} 和一般的压应力 σ 有何区别？

8-3　圆轴扭转时切应力在横截面上是如何分布的？

8-4　空心圆轴的外径为 D，内径为 d，则其扭转截面系数为

$$W_{p} = \frac{\pi D^{3}}{16} - \frac{\pi d^{3}}{16}$$

此式对否？为什么？

8-5 图示实心圆轴和空心圆轴,横截面面积相同,截面上受相同扭矩 T 作用,试画出切应力分布规律图,从强度角度出发,试分析哪种截面形式合理。

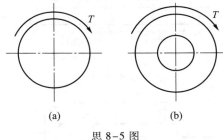

(a)   (b)

思 8-5 图

8-6 何谓"扭转角"？其单位是什么？如何计算圆轴扭转时的扭转角？何谓"扭转刚度"？圆轴扭转的刚度条件是如何建立的？

8-7 圆轴扭转时为什么横截面上没有正应力？

习 题

8-1 图示两块钢板,由一个螺栓连接。已知螺栓直径 $d = 24$ mm,每块板的厚度 $t = 12$ mm,拉力 $F = 27$ kN。螺栓许用切应力 $[\tau] = 60$ MPa,许用挤压应力 $[\sigma_{bs}] = 120$ MPa,试对螺栓进行强度校核。

8-2 图示铆接接头,受轴向荷载 $F = 80$ kN 作用。已知板宽 $b = 80$ mm,板厚 $t = 10$ mm,铆钉直径 $d = 16$ mm,铆钉的许用切应力 $[\tau] = 120$ MPa,许用挤压应力 $[\sigma_{bs}] = 340$ MPa,连接板的拉伸许用应力 $[\sigma] = 160$ MPa,试校核其强度。

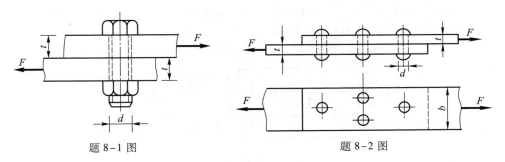

题 8-1 图   题 8-2 图

8-3 图示螺栓接头。已知 $F = 40$ kN,主板厚度 $t_1 = 20$ mm,盖板厚度 $t_2 = 10$ mm,螺栓的许用切应力 $[\tau] = 130$ MPa,许用挤压应力 $[\sigma_{bs}] = 300$ MPa,试按强度条件计算螺栓所需的直径。

8-4 矩形截面的木拉杆的接头如图所示。已知轴向拉力 $F = 50$ kN,截面宽度 $b = 250$ mm,木材的顺纹许用挤压应力 $[\sigma_{bs}] = 10$ MPa,顺纹的许用切应力 $[\tau] = 1$ MPa,试求接头

处所需的尺寸 l 和 a。

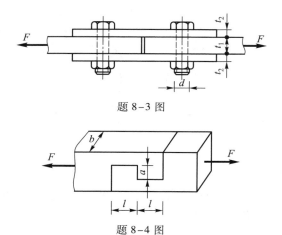

题 8-3 图

题 8-4 图

8-5　试绘出图示轴的扭矩图。

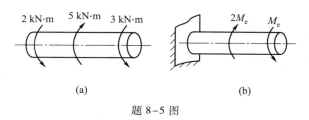

(a)　　　　　　　　　　(b)

题 8-5 图

8-6　图示实心圆轴,两端受外扭矩 $M_e = 14$ kN·m 作用,已知圆轴直径 $d = 100$ mm,长 $l = 1$ m,材料的切变模量 $G = 8×10^4$ MPa,试求:(1)图示截面上 A、B、C 三点处的切应力数值及方向;(2)两端截面之间的相对扭转角。

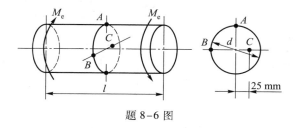

题 8-6 图

8-7　若将 8-6 题的轴制成空心圆轴,其外径 $D = 100$ mm,内径 $d = 80$ mm,试求最大切应力。

8-8　图示实心圆轴,直径 $d = 75$ mm,其上作用外扭矩 $M_{e1} = 2$ kN·m,$M_{e2} = 1.2$ kN·m,$M_{e3} = 0.4$ kN·m,$M_{e4} = 0.4$ kN·m。已知轴的许用切应力 $[\tau] = 30$ MPa,单位长度的最大许用扭转角 $[\theta] = 0.5(°)/m$,材料的切变模量 $G = 8×10^4$ MPa。试作其强度和刚度校核。若将外扭

矩 M_{e1} 和 M_{e2} 的作用位置互换一下,轴内的最大切应力和单位长度的最大扭转角将会发生什么变化?

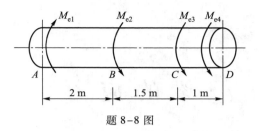

题 8-8 图

A8　习题答案

第九章

梁 的 应 力

梁是工程中最常见的一种基本构件,也是组成结构体系不可缺少的构件,对梁的内力分析,也是为后续结构分析做好理论基础准备。本章将对梁的应力分析确定计算方法,并找出提高梁的承载力的方法。

§9-1 平面弯曲的概念及实例

弯曲变形是杆件的基本变形形式之一。当在通过杆件轴线的纵向平面内作用一对等值、反向的力偶时,杆件轴线由原来的直线变成为曲线。这种变形形式称为弯曲。常见的梁就是以弯曲变形为主的构件。

在工程实际中发生弯曲变形的杆件是很多的。例如,桥式吊车梁(图9-1a);桥梁中的纵梁(图9-1b);火车轮轴(图9-1c)等。

工程中常用的梁,其横截面通常采用对称形状,如矩形、工字形、T字形、圆形等(图9-2a),并且所有荷载都作用在梁的纵向对称平面内。在这种情况下,梁变形时其轴线变成位于对称平面内的一条平面曲线(图9-2b)。受弯杆件的轴线为平面曲线时的弯曲称为**平面弯曲**。平面弯曲是工程中常见的基本弯曲变形情况。

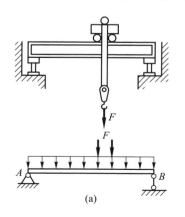

(a)

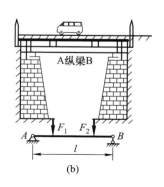

(b)

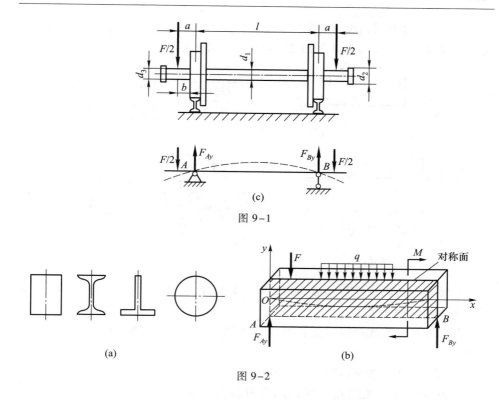

图 9-1

图 9-2

在本书第六章中,已经讨论了弯曲内力的计算,并且知道,梁弯曲时横截面上一般产生两种内力——剪力 F_S 和弯矩 M。通过分析可知,与剪力对应的应力为切应力 τ,与弯矩对应的应力为正应力 σ。本章将分别研究梁弯曲时的正应力和切应力,并建立与之相应的正应力强度条件和切应力强度条件。

§9-2 梁的正应力

图 9-3 所示为一矩形截面简支梁。在给定荷载作用下,在梁的 CD 段上,各截面的弯矩为一常数,剪力为零。此段梁只发生弯曲变形而没有剪切变形,这种变形形式称为**纯弯曲**。在梁的 AC、BD 段上,各截面不仅有弯矩,还有剪力的作用,产生弯曲变形的同时,伴随有剪切变形,这种变形形式称为**非纯弯曲**。

本节将推导纯弯曲情况下梁的正应力计算公式。

9-2-1 实验现象的观察与分析

为了便于观察,用矩形截面的橡胶梁来进行实验。实验前,在梁的侧表面上画上一系列与轴线平行的纵向线和与轴线垂直的竖直线(图9-4a),然后在梁的纵向对称面内对称地施加两集中力 F(图9-4b)。梁变形后,可看到下列变形现象。

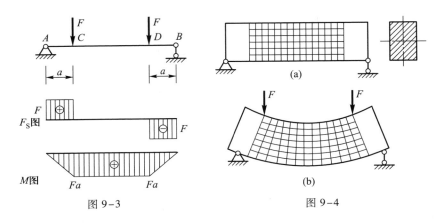

图9-3

图9-4

(1) 所有的纵向线都变成为相互平行的曲线,且靠上部的纵向线缩短了,靠下部的纵向线伸长了。

(2) 所有竖直线仍保持为直线,且与纵向曲线正交,竖直线相对倾斜了一个角度。

根据上述实验现象,可作如下分析:

根据现象(2),梁横截面周边的所有横线仍保持为直线,且与纵向曲线垂直。于是可以推断,变形后梁的横截面仍为垂直于轴线的平面,此推断称为**平面假设**。它是建立梁横截面上的正应力计算公式的基础。

根据现象(1),若设想梁是由无数纵向纤维所组成,由于靠上部纤维缩短,靠下部纤维伸长,则由变形的连续性可知,中间必有一层纤维既不伸长也不缩短,称此层为**中性层**。中性层与横截面的交线称为**中性轴**(图9-5)。

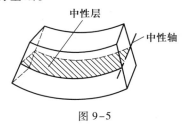

图9-5

若假设各纵向纤维间无相互挤压,则各纵向纤维只产生单向拉伸或压缩。

9-2-2　正应力公式推导

现在,将根据上述的分析,进一步从几何、物理和静力学三个方面来推导梁的正应力公式。

1. 几何方面

首先研究与正应力有关的纵向纤维的变形规律。从纯弯曲梁段内截取长为

$\mathrm{d}x$ 的微段,并取横截面的竖向对称轴为 y 轴,中性轴为 z 轴(图 9-6a)。梁弯曲后,距中性层 y 处的任一纵线 K_1K_2 变为弧线 $K_1'K_2'$(图 9-6b)。设 O 为曲率中心,中性层 $\overgroup{O_1O_2}$ 的曲率半径为 ρ,截面 1-1 和 2-2 间的相对转角为 $\mathrm{d}\theta$,则纵向纤维 K_1K_2 的伸长量为

$$(\rho+y)\mathrm{d}\theta-\mathrm{d}x = (\rho+y)\mathrm{d}\theta-\rho\mathrm{d}\theta = y\mathrm{d}\theta$$

故纵向纤维 K_1K_2 的线应变为

$$\varepsilon = \frac{y\mathrm{d}\theta}{\mathrm{d}x} = \frac{y}{\rho} \tag{a}$$

此式表达了梁横截面上任一点处的纵向线应变 ε 随该点的位置而变化的规律。

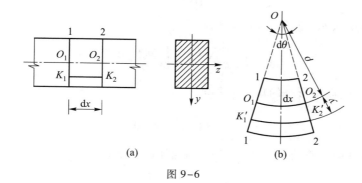

(a)   (b)

图 9-6

2. 物理方面

前面已经假设纵向纤维受单向拉伸或压缩,所以,当正应力不超过材料的比例极限时,由胡克定律可得

$$\sigma = E\varepsilon = E\frac{y}{\rho} \tag{b}$$

对于指定的横截面,$\dfrac{E}{\rho}$ 是常数。所以式(b)表明,正应力 σ 与距离 y 成正比,即正应力沿截面高度按直线规律变化(图 9-7)。中性轴上各点处的正应力等于零,距中性轴最远的上、下边缘处的正应力最大。

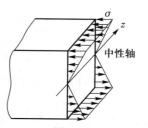

图 9-7

3. 静力学方面

上面虽已找到了正应力的分布规律,但还不能直接按式(b)计算正应力,这是因为,曲率半径 ρ 及中性轴的位置均未确定。这可以通过静力学相关知识来解决。

图 9-8 所示梁的横截面面积为 A，其微面积
上的法向微内力 $\sigma \mathrm{d}A$ 组成一空间平行力系。因
为横截面上没有轴力，只有位于梁对称平面内的
弯矩 M，所以，各微面积内力沿 x 轴方向的合力
为零，即

$$\int_A \sigma \mathrm{d}A = 0 \qquad\qquad (\text{c})$$

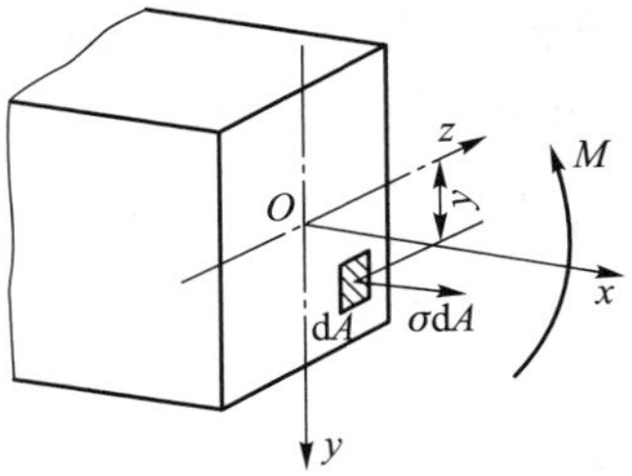

各微面积内力 $\sigma \mathrm{d}A$ 对中性轴 z 的矩的和等

图 9-8

于截面弯矩 M，在力与轴垂直的情况下，力对轴的矩的大小等于力的大小与轴的
距离的乘积，即

$$\int_A y\sigma \mathrm{d}A = M \qquad\qquad (\text{d})$$

将式（b）代入式（c）得

$$\int_A \frac{E}{\rho}y\mathrm{d}A = \frac{E}{\rho}\int_A y\mathrm{d}A = 0$$

因为 $\dfrac{E}{\rho} \neq 0$，所以由形心的概念[①]可知

$$\int_A y\mathrm{d}A = y_C \cdot A = 0$$

式中 y_C 为截面形心的 y 轴坐标。因为截面面积 $A \neq 0$，则必有

$$y_C = 0$$

这说明中性轴必通过截面的形心。这样，中性轴的位置便确定了。

将式（b）代入式（d），得

$$\int_A \frac{E}{\rho}y \cdot y\mathrm{d}A = \frac{E}{\rho}\int_A y^2\mathrm{d}A = M$$

式中 $\displaystyle\int_A y^2\mathrm{d}A = I_z$，是与截面形状和尺寸有关的几何量，称为**截面对 z 轴的惯性矩**。
故有

$$\frac{1}{\rho} = \frac{M}{EI_z} \qquad\qquad (9\text{-}1)$$

式（9-1）可确定中性层的曲率 $\dfrac{1}{\rho}$。式中 EI_z 称为梁的**弯曲刚度**。梁的弯曲

刚度 EI_z 愈大，曲率 $\dfrac{1}{\rho}$ 就愈小，即梁的弯曲变形就愈小。

---

①　参考理论力学教材。

将式(9-1)代入式(b),得

$$\sigma = \frac{M}{I_z} y \qquad (9-2)$$

这就是梁横截面上的正应力计算公式。式中 M 为横截面上的弯矩;I_z 为截面对中性轴的惯性矩;y 为所求应力点至中性轴的距离。

当弯矩为正时,梁下部纤维伸长,故产生拉应力,上部纤维缩短而产生压应力;弯矩为负时,则与之相反。在用式(9-2)计算正应力时,可不考虑式中 M 和 y 的正负号,均以绝对值代入;正应力是拉应力还是压应力可由观察梁的变形来判断。

这里需要说明的是:

(1)式(9-2)虽然是由矩形截面梁导出的,但也适用于所有横截面形状对称于 y 轴的梁,如工字形、T 字形、圆形截面梁等。

(2)式(9-2)是根据纯弯曲的情况导出的,而实际工程中的梁,大多受横向力作用,截面上剪力、弯矩均存在。但进一步的研究表明,对一般细长的梁,剪力的存在对正应力分布规律的影响很小。因此,对非纯弯曲的情况,式(9-2)也是适用的。

§9-3　常用截面的惯性矩·平行移轴公式

为了计算弯曲正应力,必须知道截面的惯性矩 I。现在就来讨论惯性矩的计算问题。

9-3-1　简单截面的惯性矩计算

对于一些简单截面图形,如矩形、圆形等,可以直接作积分运算求出惯性矩。

图 9-9 所示矩形截面,高为 h,宽为 b。为了计算该截面对 z 轴的惯性矩,可取宽为 b、高为 dy 的细长条为微面积,即取 $dA = b\,dy$。这样,矩形截面对 z 轴的惯性矩为

$$I_z = \int_A y^2 \, dA = \int_{-h/2}^{h/2} y^2 b \, dy = \frac{bh^3}{12}$$

即

$$I_z = \frac{bh^3}{12} \qquad (9-3)$$

同样,用直接积分的办法也可求得圆形截面(图 9-10)对通过圆心的 z 轴的惯性矩为

$$I_z = \frac{\pi d^4}{64} \qquad (9-4)$$

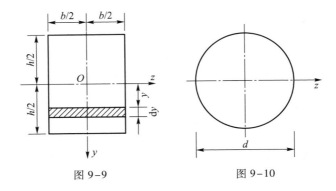

图 9-9   图 9-10

9-3-2　组合截面的惯性矩计算

工程中,还常常选用一些组合截面,如图 9-11 所示的截面是由两个工字钢截面和两块矩形钢板截面组合而成。对于这种组合截面,求对中性轴 z 的惯性矩时,可以分别求每一个组成部分对 z 轴的惯性矩,然后相加,就是整个截面对 z 轴的惯性矩。如以 I_{z1}、I_{z2}、I_{z3}、I_{z4} 分别代表图 9-11 中两个工字形截面和两个矩形截面对 z 轴的惯性矩,则整个组合截面对 z 轴的惯性矩就是

$$I_z = I_{z1} + I_{z2} + I_{z3} + I_{z4}$$

在计算图 9-11 所示的组合截面对 z 轴的惯性矩时,需要求出各个截面对 z 轴的惯性矩。可是,对于两块矩形钢板截面,只能利用式(9-3)计算它相对自身形心轴的惯性矩。这样,就需要由截面相对自身形心轴的惯性矩,换算出对与自身形心轴平行的另一轴的惯性矩。下面就来推导这个换算公式。

图 9-12 为任意截面图形,z、y 为通过截面形心的一对正交轴,z_1、y_1 为与 z、y 轴平行的另一对轴,两对轴之间的距离分别为 a 和 b。则根据惯性矩的定义有

$$I_{z1} = \int_A y_1^2 \mathrm{d}A = \int_A (y+a)^2 \mathrm{d}A$$

$$= \int_A y^2 \mathrm{d}A + 2a \int_A y \mathrm{d}A + a^2 \int_A \mathrm{d}A$$

$$= I_z + 2a y_C \cdot A + a^2 A$$

因为 z 轴通过形心,所以 $y_C = 0$,故

$$\left. \begin{array}{l} I_{z1} = I_z + a^2 A \\ I_{y1} = I_y + b^2 A \end{array} \right\} \tag{9-5}$$

这就是惯性矩的平行移轴公式。此公式表明,截面对任一轴的惯性矩,等于它对平行该轴的形心轴的惯性矩,加上截面面积与两轴间距离平方的乘积。

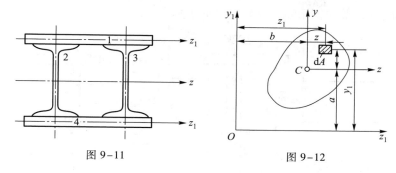

图 9-11   图 9-12

【**例 9-1**】   由两个 20a 号工字钢和两块钢板组成的截面如图 9-13 所示。求组合截面对它的形心轴 z 的惯性矩。

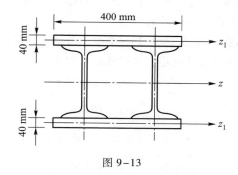

图 9-13

【**解**】   由附录型钢表查得每个 20a 号工字钢对 z 轴惯性矩为

$$I_z' = 2\ 370 \times 10^{-8}\ \text{m}^4$$

由式(9-3)和式(9-5)算得每块钢板对 z 轴的惯性矩为

$$I_z'' = \left[\frac{0.4 \times 0.04^3}{12} + 0.4 \times 0.04 \times (0.1 + 0.02)^2 \right] \text{m}^4 = 23\ 253.3 \times 10^{-8}\ \text{m}^4$$

组合截面对 z 轴的惯性矩为

$$I_z = 2(I_z' + I_z'') = 2 \times (2\ 370 \times 10^{-8} + 23\ 253.3 \times 10^{-8}) \text{m}^4 = 51\ 246.6 \times 10^{-8}\ \text{m}^4$$

【**例 9-2**】   图 9-14 所示长为 l 的 T 形截面悬臂梁,自由端受集中力 F 作用。已知 $F = 15$ kN,$l = 1$ m。试求截面 A 上 1、2、3 点的正应力(尺寸单位为 mm)。

【**解**】   (1)确定截面形心位置   组合截面是由几个简单平面图形所组成的截面,其形心位置可用公式

$$z_C = \frac{\sum A_i z_i}{\sum A_i}, \qquad y_C = \frac{\sum A_i y_i}{\sum A_i}$$

确定。式中 A_i 为第 i 个简单图形的面积;z_i 为第 i 个简单图形相对 z 轴的形心坐

标；y_i 为第 i 个简单图形相对 y 轴的形心坐标。

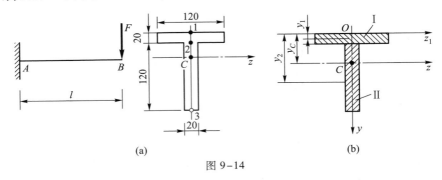

图 9-14

当 $y(z)$ 轴为组合截面的对称轴时，其形心位于 $y(z)$ 轴上。这时形心坐标 $z_C(y_C)$ 等于零，只需确定形心坐标 $y_C(z_C)$。

本题中可选坐标系 Oyz_1，如图 9-14b 所示。将截面分成Ⅰ、Ⅱ两个矩形。从图示尺寸可知，矩形Ⅰ和Ⅱ的面积，以及此二矩形的形心对坐标系的纵坐标分别为

$$A_1 = 120 \times 20 \text{ mm}^2 = 2\ 400 \text{ mm}^2$$

$$y_1 = \frac{20}{2} \text{ mm} = 10 \text{ mm}$$

$$A_2 = 20 \times 120 \text{ mm}^2 = 2\ 400 \text{ mm}^2$$

$$y_2 = \left(20 + \frac{120}{2} \right) \text{ mm} = 80 \text{ mm}$$

T 形截面的形心纵坐标可按下式求得：

$$y_C = \frac{A_1 y_1 + A_2 y_2}{A_1 + A_2} = \frac{2\ 400 \times 10 + 2\ 400 \times 80}{2\ 400 + 2\ 400} \text{ mm} = 45 \text{ mm}$$

y 轴是截面的对称轴，故有 $z_C = 0$。

（2）计算截面对形心轴 z 的惯性矩　T 形截面的形心位置确定后，过形心 C 作 z 轴与 z_1 轴平行，z 轴与 T 形截面的交线即为 T 形截面的中性轴。根据式（9-5）可算得矩形 Ⅰ 、Ⅱ 对 z 轴（中性轴）的惯性矩分别为

$$I_{z\text{Ⅰ}} = \left[\frac{120 \times 20^3}{12} + 120 \times 20 \times (45 - 10)^2 \right] \text{ mm}^4 = 3.02 \times 10^6 \text{ mm}^4$$

$$I_{z\text{Ⅱ}} = \left[\frac{20 \times 120^3}{12} + 20 \times 120 \times (80 - 45)^2 \right] \text{ mm}^4 = 5.82 \times 10^6 \text{ mm}^4$$

所以，T 形截面对 z 轴的惯性矩为

$$I_z = I_{z\text{Ⅰ}} + I_{z\text{Ⅱ}} = (3.02 \times 10^6 + 5.32 \times 10^6) \text{ mm}^4 = 8.84 \times 10^6 \text{ mm}^4$$

（3）计算截面 A 上 1、2、3 点的正应力　截面 A 的弯矩为

$$M_A = -F \cdot 1 \text{ m} = (-15 \times 10^3 \times 1) \text{ N} \cdot \text{m} = -15 \text{ kN} \cdot \text{m}$$

将 M_A、I_z 及各点到中性轴的距离代入正应力公式(9-2)，M_A、y 均以绝对值代入，并观察确定中性轴上部纤维受拉，则

$$\sigma_1 = \frac{M_A}{I_z} y_1' = \frac{15 \times 10^3}{8.84 \times 10^{-6}} \, 45 \times 10^{-3} \, \text{Pa} = 76.36 \, \text{MPa} \ (拉)$$

$$\sigma_2 = \frac{M_A}{I_z} y_2' = \frac{15 \times 10^3}{8.84 \times 10^{-6}} \, (45-20) \times 10^{-3} \, \text{Pa} = 42.4 \, \text{MPa} \ (拉)$$

$$\sigma_3 = \frac{M_A}{I_z} y_3' = \frac{15 \times 10^3}{8.84 \times 10^{-6}} \, (120+20-45) \times 10^{-3} \, \text{Pa} = 161.2 \, \text{MPa} \ (压)$$

§9-4　梁的切应力

在工程中，大多数梁是在横向力作用下发生弯曲，横截面上的内力不仅有弯矩，而且还有剪力。因此横截面上除具有正应力外，还具有切应力。

切应力在横截面上的分布情况要比正应力复杂。切应力公式的推导也是在某种假设前提下进行的，要根据截面的具体形状对切应力的分布适当地作出一些假设，才能导出计算公式。本节将简要地介绍几种常见截面形式的切应力计算公式和切应力的分布情况，对于切应力计算式将不进行推导。

9-4-1　矩形截面梁的切应力

图 9-15a 所示一受横向荷载作用的矩形截面梁，截面上沿 y 轴方向有剪力 F_S。假设截面上任一点的切应力 τ 的方向均平行于剪力 F_S 的方向，且与中性轴等距离各点的切应力相等。根据这些假设，通过静力平衡条件，便可导出矩形截面梁切应力的计算公式为

$$\tau = \frac{F_S S_z}{I_z b} \tag{9-6}$$

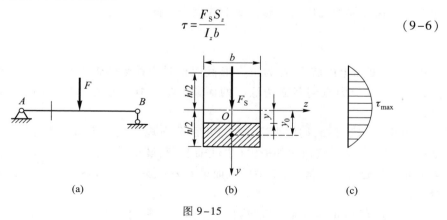

(a)　　　　　　　　　　(b)　　　　　　　　　　(c)

图 9-15

切应力公式(9-6)给出了横截面上与中性轴相距为 y 且与中性轴平行的线段(图9-15b)处的切应力值。式中 F_s 为横截面上的剪力; I_z 为横截面相对中性轴的惯性矩; b 为横截面的宽度; S_z 为所求应力点的水平线到截面下(或上)边缘间的面积 A^* 对 z 轴的静矩。

所谓静矩,也是与截面形状和尺寸有关的一个几何量。如图9-15b所示截面, y_0 为面积 A^* 的形心纵坐标,则面积 A^* 对 z 轴的静矩为

$$S_z = A^* \cdot y_0 = b\left(\frac{h}{2} - y\right)\left[y + \left(\frac{h}{2} - y\right)/2\right]$$

$$= \frac{b}{2}\left(\frac{h^2}{4} - y^2\right)$$

将上式及 $I_z = bh^3/12$ 代入式(9-6),得

$$\tau = \frac{6F_s}{bh^3}\left(\frac{h^2}{4} - y^2\right)$$

此式表明,切应力沿截面高度按二次抛物线规律变化(图9-15c)。在截面的上、下边缘 $\left(y = \pm\frac{h}{2}\right)$ 处的切应力为零;在中性轴处 $(y = 0)$ 的切应力最大,其值为

$$\tau_{max} = \frac{3F_s}{2bh} = \frac{3F_s}{2A}$$

即矩形截面上的最大切应力为截面上平均切应力 (F_s/A) 的1.5倍。

9-4-2　工字形及 T 字形截面梁的切应力

工字形截面由上、下翼缘和垂直腹板所组成(图9-16a)。翼缘和腹板上均存在竖向切应力。但是由于翼缘上的竖向切应力很小,计算时一般不予考虑,因此,在此也不作讨论。对腹板上的切应力,仍假设沿腹板壁厚方向均匀分布,导出与矩形截面梁的切应力计算公式形式完全相同的公式,即

$$\tau = \frac{F_s S_z}{I_z b_1} \tag{9-7}$$

式中 F_s 为截面上的剪力; I_z 为工字形截面相对中性轴的惯性矩; b_1 为腹板的厚度; S_z 为所求应力点到截面边缘间的面积(图9-16a中阴影面积)对中性轴的静矩。

由式(9-7)可知,切应力沿腹板高度的分布规律也是按抛物线规律变化的,如图9-16b所示。其最大切应力(中性轴上)和最小切应力相差不多,接近于均匀分布。通过分析可知,对工字形截面梁剪力主要由腹板承担,而弯矩主要由翼缘承担。

T 字形截面也是工程中常用的截面形式,它是由两个矩形截面组成(图

9-17a)。下面的狭长矩形与工字形截面的腹板类似,这部分上的切应力仍用式(9-7)计算。切应力的分布仍按抛物线规律变化,最大切应力仍发生在中性轴上,如图9-17b所示。

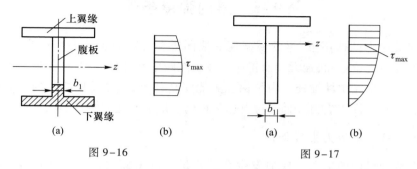

图9-16   图9-17

【例9-3】   如图9-18所示矩形截面简支梁,已知 $l = 2$ m, $h = 150$ mm, $b = 100$ mm, $y_1 = 50$ mm, $F = 10$ kN。(1)试求 $m-m$ 截面上 K 点的切应力;(2)若采用22a号工字钢,求最大切应力。

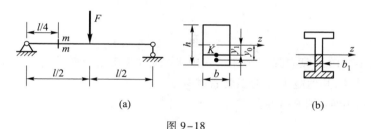

图9-18

【解】   (1)求 $m-m$ 截面上 K 点的切应力   分别求 $m-m$ 截面剪力、惯性矩以及 K 点水平线下截面面积对中性轴的静矩。它们分别为

$$F_S = F/2 = 5 \text{ kN}$$

$$I_z = \frac{bh^3}{12} = \frac{0.1 \times 0.15^3}{12} \text{ m}^4 = 0.28 \times 10^{-4} \text{ m}^4$$

$$S_z = A^* y_0 = 0.1 \times 0.025 \times 0.0625 \text{ m}^3 = 0.156 \times 10^{-3} \text{ m}^3$$

代入切应力公式(9-6),得 K 点切应力为

$$\tau = \frac{F_S S_z}{I_z b} = \frac{5 \times 10^3 \times 0.156 \times 10^{-3}}{0.28 \times 10^{-4} \times 0.1} \text{ Pa} = 278.57 \text{ kPa}$$

(2)若截面为22a号工字钢(图9-18b),求最大切应力   由型钢表查得 $\frac{I_z}{S_z} = 18.9$ cm; $b_1 = 0.75$ cm。其中 S_z 为半截面对中性轴 z 的静矩。最大切应力发生在中性轴上,所以

$$\tau_{\max} = \frac{F_s S_z}{I_z b_1} = \frac{5 \times 10^3}{0.189 \times 0.007\,5} \text{ Pa} = 3.53 \text{ MPa}$$

§9–5 梁的强度条件

在横向力的作用下,梁的横截面一般同时存在弯曲正应力和弯曲切应力。从应力分布规律可知,最大弯曲正应力发生在距中性轴最远的位置;最大弯曲切应力一般发生在中性轴处。为了保证梁能安全地工作,必须使梁内的最大应力不超过材料的许用应力,因此,对上述两种应力应分别建立相应的强度条件。

9–5–1 正应力强度条件

等截面梁内的最大正应力发生在弯矩最大的横截面且距中性轴最远的位置。该最大正应力的值为

$$\sigma_{\max} = \frac{M_{\max}}{I_z} y_{\max} = \frac{M_{\max}}{I_z / y_{\max}} = \frac{M_{\max}}{W_z}$$

所以

$$\sigma_{\max} = \frac{M_{\max}}{W_z} \leqslant [\sigma] \qquad (9-8)$$

这就是梁的正应力强度条件。式中 W_z 称为**弯曲截面系数**。W_z 取决于截面的形状和尺寸,其值越大梁的强度就越高。

对矩形截面(图9–19a)

$$W_z = \frac{I_z}{y_{\max}} = \frac{\dfrac{bh^3}{12}}{\dfrac{h}{2}} = \frac{bh^2}{6}$$

对圆形截面(图9–19b)

$$W_z = \frac{I_z}{y_{\max}} = \frac{\pi d^4 / 64}{d/2} = \frac{\pi d^3}{32}$$

利用强度条件式(9–8),可以解决三种不同类型的强度计算问题。

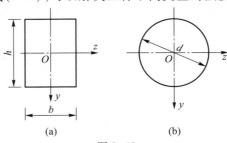

(a)   (b)

图9–19

（1）强度校核。已知梁的截面形状、尺寸、梁所用的材料和所承受的荷载（即已知 W_z、$[\sigma]$、M_{max}），可用式（9-8）校核构件是否满足强度要求，即是否有

$$\sigma_{max} = \frac{M_{max}}{W_z} \leqslant [\sigma]$$

（2）选择截面。已知梁的材料和所承受的荷载（即已知 $[\sigma]$ 和 M_{max}），根据强度条件可先求出梁所需的弯曲截面系数 W_z，进而确定截面尺寸。将式（9-8）改写为

$$W_z \geqslant \frac{M_{max}}{[\sigma]}$$

求得 W_z 后，再依选定的截面形式，确定截面尺寸。

（3）确定许用荷载。已知梁的材料、截面的形状、尺寸（即已知 $[\sigma]$ 和 W_z），根据强度条件可求出梁所能承受的最大弯矩，进而求出梁所能承受的最大荷载。将式（9-8）改写为

$$M_{max} \leqslant W_z \cdot [\sigma]$$

求出 M_{max} 后，依 M_{max} 与荷载的关系，确定所承受荷载的最大值。

9-5-2 切应力强度条件

等截面梁内的最大切应力发生在剪力最大的横截面的中性轴上。该最大切应力的值应满足

$$\tau_{max} = \frac{F_{S,max} S_{z,max}}{I_z b} \leqslant [\tau] \tag{9-9}$$

这就是梁的切应力强度条件。

在进行梁的强度计算时，必须同时满足梁的正应力强度条件和切应力强度条件。但在一般情况下，正应力强度条件往往是起主导作用的。在选择梁的截面时，通常是先按正应力强度条件选择截面尺寸，然后再进行切应力强度校核。对于某些特殊情况，梁的切应力强度条件也可能起控制作用。例如，梁的跨度很小，或在支座附近有较大的集中力作用，这时梁可能出现弯矩较小，而剪力却很大的情况，这就必须注意切应力强度条件是否满足。又如，对木梁，在木材顺纹方向的抗剪能力很差，也应注意在进行正应力强度校核的同时，进行切应力的强度校核。

【例9-4】 一矩形截面简支木梁，梁上作用均布荷载（图9-20）。已知 $l = 4$ m，$b = 140$ mm，$h = 210$ mm，$q = 2$ kN/m；弯曲时木材的许用拉应力 $[\sigma] = 6.4$ MPa。试校核梁的强度，并求梁能承受的最大荷载。

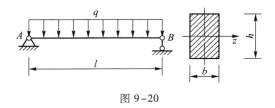

图 9-20

【解】 （1）校核强度。

最大弯矩发生在跨中截面上，其值为

$$M_{max} = \frac{1}{8}ql^2 = \frac{1}{8} \times 2 \times 4^2 \ kN \cdot m = 4 \ kN \cdot m$$

弯曲截面系数为

$$W_z = \frac{bh^2}{6} = \frac{0.14 \times 0.21^2}{6} \ m^3 = 0.103 \times 10^{-2} \ m^3$$

最大正应力为

$$\sigma_{max} = \frac{M_{max}}{W_z} = \frac{4 \times 10^3}{0.103 \times 10^{-2}} \ Pa = 3.88 \ MPa < [\sigma]$$

所以，满足强度要求。

（2）求最大荷载。

根据强度条件，梁能承受的最大弯矩为

$$M_{max} = W_z[\sigma]$$

跨中最大弯矩与荷载 q 的关系为

$$M_{max} = \frac{1}{8}ql^2$$

所以

$$\frac{1}{8}ql^2 = W_z[\sigma]$$

从而得

$$q = \frac{8W_z[\sigma]}{l^2} = \frac{8 \times 0.103 \times 10^{-2} \times 6.4 \times 10^6}{4^2} \ N/m = 3.30 \ kN/m$$

即梁能承受的最大荷载为

$$q_{max} = 3.30 \ kN/m$$

【例 9-5】 一槽形截面外伸梁如图 9-21a 所示。梁上受均布荷载 q 和集中荷载 F 作用。已知 $q = 10 \ kN/m$，$F = 20 \ kN$，材料的许用拉应力 $[\sigma_+] = 35 \ MPa$，许用压应力 $[\sigma_-] = 140 \ MPa$，$I_z = 4 \times 10^7 \ mm^4$。试按正应力强度条件校核梁的强度。

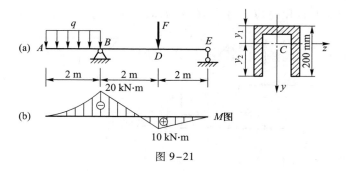

图9-21

【解】 画出弯矩图如图9-21b所示。

截面沿高度方向是非对称的,为确定中性轴,需先计算出截面形心的位置。按例9-2中确定组合截面形心位置的方法,求出形心 C 到截面上、下边缘的距离分别为

$$y_1 = 60 \text{ mm}, \qquad y_2 = 140 \text{ mm}$$

中性轴 z 通过形心。截面相对于中性轴的惯性矩应按组合截面计算,由题目知

$$I_z = 4 \times 10^7 \text{ mm}^4$$

因材料的抗拉与抗压性能不同,截面对中性轴又不对称,所以需对最大拉应力与最大压应力分别进行校核。

由梁的弯矩图得知,在截面 D、B 上分别作用有最大弯矩,所以,截面 D、B 均为危险截面。

(1) B 截面强度校核 该截面的弯矩为负值,表示梁的上边缘受拉,下边缘受压。故可知在梁的上边缘处($y_{\max} = y_1 = 60$ mm)产生最大拉应力,在梁的下边缘处($y_{\max} = y_2 = 140$ mm)产生最大压应力,即

$$(\sigma_+)_{\max} = \frac{M_B}{I_z} y_1 = \frac{20 \times 10^3 \times 60 \times 10^{-3}}{4 \times 10^7 \times 10^{-12}} \text{ Pa} = 30 \text{ MPa} < [\sigma_+]$$

$$(\sigma_-)_{\max} = \frac{M_B}{I_z} y_2 = \frac{20 \times 10^3 \times 140 \times 10^{-3}}{4 \times 10^7 \times 10^{-12}} \text{ Pa} = 70 \text{ MPa} < [\sigma_-]$$

(2) D 截面强度校核 该截面的弯矩为正值,表示梁的下边缘处($y_{\max} = y_2 = 140$ mm)受拉,梁的上边缘处($y_{\max} = y_1 = 60$ mm)受压,即

$$(\sigma_+)_{\max} = \frac{M_D}{I_z} y_2 = \frac{10 \times 10^3 \times 140 \times 10^{-3}}{4 \times 10^7 \times 10^{-12}} \text{ Pa} = 35 \text{ MPa} = [\sigma_+]$$

$$(\sigma_-)_{\max} = \frac{M_D}{I_z} y_1 = \frac{10 \times 10^3 \times 60 \times 10^{-3}}{4 \times 10^7 \times 10^{-12}} \text{ Pa} = 15 \text{ MPa} < [\sigma_-]$$

故梁的强度满足要求。

【例9-6】 试为图9-22a所示枕木选择矩形截面尺寸。已知截面尺寸的比

例为 $b:h=3:4$,许用拉应力 $[\sigma]=6.4$ MPa,许用切应力 $[\tau]=2.5$ MPa。

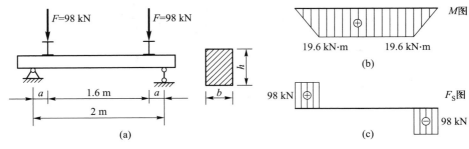

图 9-22

【解】 画出内力图如图 9-22b、c 所示。

（1）按正应力强度条件设计截面   由图 9-22b 所示弯矩图可知

$$M_{max}=Fa=98\times0.2 \text{ kN}\cdot\text{m}=19.6 \text{ kN}\cdot\text{m}$$

根据正应力强度条件式(9-8),求得

$$W_z\geqslant\frac{M_{max}}{[\sigma]}=\frac{19.6\times10^3}{6.4\times10^6} \text{ m}^3=3.06\times10^{-3} \text{ m}^3$$

因为

$$W_z=\frac{bh^2}{6}$$

而

$$b:h=3:4$$

则

$$W_z=\frac{1}{6}\times\frac{3}{4}h\times h^2=\frac{h^3}{8}$$

从而得

$$h^3=8W_z=8\times3.06\times10^{-3} \text{ m}^3=24.48\times10^{-3} \text{ m}^3$$

即

$$h=0.290 \text{ m}$$

$$b=\frac{3}{4}h=\frac{3}{4}\times0.290 \text{ m}=0.218 \text{ m}$$

考虑施工上的方便,取 $h=0.29$ m,$b=0.22$ m。

（2）切应力强度校核   由图 9-22c 所示的剪力图可知

$$F_{S,max}=F=98 \text{ kN}$$

根据切应力强度条件式(9-9)

$$\tau_{\max}=\frac{3}{2}\,\frac{F_{\mathrm{S,max}}}{A}=\frac{3\times98\times10^{3}}{2\times638\times10^{-4}}\ \mathrm{Pa}=2.\,30\ \mathrm{MPa}<[\,\tau\,]$$

说明按正应力强度条件设计的截面($h=0.29$ m, $b=0.22$ m),能满足切应力强度条件的要求。

§9-6　提高梁弯曲强度的主要途径

前面讨论强度计算时曾经指出,梁的弯曲强度主要是由正应力强度条件控制的,所以,要提高梁的弯曲强度主要就是要提高梁的弯曲正应力强度。

从弯曲正应力的强度条件

$$\sigma_{\max}=\frac{M_{\max}}{W_{z}}\leqslant[\,\sigma\,]$$

来看,最大正应力与弯矩 M 成正比,与弯曲截面系数 W_z 成反比,所以要提高梁的弯曲强度应从提高 W_z 值和降低 M 值入手,具体可从以下三方面考虑。

9-6-1　选择合理的截面形状

从弯曲强度方面考虑,最合理的截面形状是能用最少的材料获得最大弯曲截面系数。分析截面的合理形状,就是在截面面积相同的条件下,比较不同形状截面的 W_z 值。

下面比较一下矩形截面、正方形截面及圆形截面的合理性。

设三者的面积 A 相同,圆的直径为 d,正方形的边长为 a,矩形的高、宽分别为 h 和 b,且 $h>b$。三种形状截面的 W_z 值分别为

矩形截面

$$W_{z1}=\frac{1}{6}bh^{2}$$

正方形截面

$$W_{z2}=\frac{1}{6}a^{3}$$

圆形截面

$$W_{z3}=\frac{1}{32}\pi d^{3}$$

先比较矩形与正方形。两者的弯曲截面系数的比例为

$$\frac{W_{z1}}{W_{z2}}=\frac{\dfrac{1}{6}bh^{2}}{\dfrac{1}{6}a^{3}}=\frac{\dfrac{1}{6}hA}{\dfrac{1}{6}aA}=\frac{h}{a}$$

由于 $bh=a^2$，$h>b$，所以 $h>a$。这说明矩形截面只要 $h>b$（$W_{z1}>W_{z2}$），就比同样面积的正方形截面合理。

再比较正方形与圆形。两者的弯曲截面系数的比值为

$$\frac{W_{z2}}{W_{z3}}=\frac{\dfrac{1}{6}a^3}{\dfrac{1}{32}\pi d^3}$$

$\pi\left(\dfrac{d}{2}\right)^2=a^2$，得 $a=\dfrac{\sqrt{\pi}}{2}d$，将此代入上式，得

$$\frac{W_{z2}}{W_{z3}}=1.19>1$$

这说明正方形截面比圆形截面合理。

从以上的比较看到，截面面积相同时，矩形比方形好，方形比圆形好。如果以同样面积做成工字形，将比矩形还要好。因为 W_z 值是与截面的高度及截面的面积分布有关。截面的高度愈大，面积分布得离中性轴愈远，W_z 值就愈大；相反，截面高度小，截面面积大部分分布在中性轴附近，W_z 值愈小。由于工字形截面的大部分面积分布在离中性轴较远的上、下翼缘上，所以 W_z 值比上述其他几种形状截面的 W_z 值大。而圆形截面的大部分面积是分布在中性轴附近，因而 W_z 值就很小。

梁的截面形状的合理性，也可从应力的角度来分析。由弯曲正应力的分布规律可知，在中性轴附近处的正应力很小，材料没有充分发挥作用。所以，为使材料更好地发挥作用，就应尽量减小中性轴附近的面积，而使更多的面积分布在离中性轴较远的位置。

工程中常用的空心板（图 9–23a），以及挖孔的薄腹梁（图 9–23b）等，其孔洞都是开在中性轴附近，这就减少了没有充分发挥作用的材料，而收到较好的经济效果。

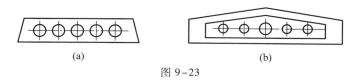

(a)   (b)

图 9–23

以上的讨论只是从弯曲强度方面来考虑梁的截面形状的合理性，实际上，在许多情况下还必须考虑使用、加工及侧向稳定等因素。

9–6–2　变截面梁

在一般情况下，梁内不同横截面的弯矩不同。因此，在按最大弯矩设计的

等截面梁中,除最大弯矩所在截面外,其余截面的材料强度均未得到充分利用。要想更好地发挥材料的作用,应该在弯矩比较大的地方采用较大的截面,在弯矩较小的地方采用较小的截面。这种截面沿梁轴变化的梁称为变截面梁。最理想的变截面梁,是使梁的各个截面上的最大应力同时达到材料的许用应力。由

$$\sigma_{max} = \frac{M(x)}{W_z(x)} = [\sigma]$$

得

$$W_z(x) = \frac{M(x)}{[\sigma]} \tag{9-10}$$

式中 $M(x)$ 为任一横截面上的弯矩;$W_z(x)$ 为该截面的弯曲截面系数。

这样,各个截面的大小将随截面上的弯矩而变化。截面按式(9-10)而变化的梁,称为**等强度梁**。

从强度及材料的利用上看,等强度梁很理想,但这种梁加工制造比较困难。而在实际工程中,构件往往只能设计成近似等强度的变截面梁。图9-24中所示就是实际工程中常用的几种变截面梁的形式。对于阳台或雨篷等的悬臂梁,常采用图9-24a所示的形式;对于跨中弯矩大,两边弯矩逐渐减小的简支梁,常采用图9-24b、图9-24c及图9-23b所示的形式。图9-24b为上下加盖板的钢梁;图9-24c为工业厂房中的鱼腹式吊车梁;图9-23b为屋盖上的薄腹梁。

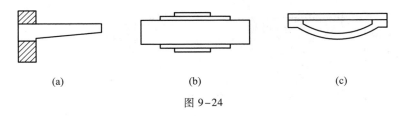

(a)　　　　　　　　　　(b)　　　　　　　　　　(c)

图9-24

9-6-3 安全梁的合理受力

1. 合理布置梁的支座

图9-25a所示简支梁,受均布荷载 q 作用,跨中最大弯矩为 $M_{max} = \frac{1}{8}ql^2$。若将两端的支座各向中间移动 $0.2l$(图9-25b),则最大弯矩减小为 $M_{max} = \frac{ql^2}{40}$,只是前者的 $\frac{1}{5}$。也就是说,按图9-25b布置支座,荷载还可提高四倍。

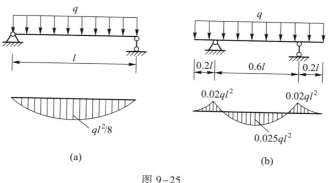

图 9-25

2. 合理布置荷载

若将梁上的荷载尽量分散,也可降低梁内的最大弯矩值,提高梁的弯曲强度。如图 9-26a 所示简支梁,跨中受集中力 F 作用,其最大弯矩为 $\dfrac{Fl}{4}$。如果用一辅梁将荷载分散(图 9-26b),则梁的最大弯矩将减小至 $\dfrac{Fl}{8}$,只有原来的一半。

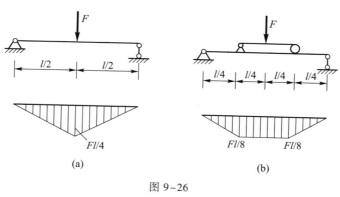

图 9-26

小   结

(1)梁弯曲时,横截面上一般产生两种内力——剪力 F_S 和弯矩 M。与此相对应的应力也是两种——切应力 τ 和正应力 σ。

(2)梁弯曲时的正应力计算公式为

$$\sigma = \frac{M}{I_z}y$$

该式表明正应力在横截面上沿高度呈线性分布的规律。

（3）梁弯曲时的切应力计算公式为

$$\tau = \frac{F_S S_z}{I_z b}$$

它是由矩形截面梁导出的。但可推广应用于其他截面形状的梁,如工字形梁、T形梁等。此时,应注意要代入相应的 S_z 和 b。切应力沿截面高度呈二次抛物线规律分布。

（4）梁的强度计算,校核梁的强度或进行截面设计,必须同时满足梁的正应力强度条件和切应力强度条件,即

$$\sigma_{\max} = \frac{M_{\max}}{W_z} \leqslant [\sigma]$$

$$\tau_{\max} = \frac{F_{S,\max} S_{z,\max}}{I_z b} \leqslant [\tau]$$

应该注意的是,对于一般的梁,正应力强度条件是起控制作用的,切应力是次要的。因此,在应用强度条件解决强度校核、选择截面、确定许用荷载等三类问题时,一般都先按最大正应力强度条件进行计算,必要时才再按切应力强度条件进行校核。

（5）惯性矩 I_z 和弯曲截面系数 W_z 是两个十分重要的截面图形的几何性质。对常用的矩形截面、圆形截面的 I_z 和 W_z 的计算式必须熟记。

思　考　题

9-1　何谓纯弯曲? 为什么推导弯曲正应力公式时,首先从纯弯曲梁开始进行研究?

9-2　推导弯曲正应力公式时,作了哪些假设? 根据是什么? 为什么要作这些假设?

9-3　何谓中性层? 何谓中性轴?

9-4　图示一些梁的横截面形状。当梁发生平面弯曲时,在这些截面上的正应力 σ 沿截面高度是怎样分布的? 试作简图表示。

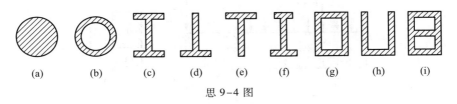

思 9-4 图

9-5　截面形状及所有尺寸完全相同的一根钢梁和一根木梁,如果支承情况及所受荷载也相同,则梁的内力图是否相同? 它们的横截面上的正应力变化规律是否相同? 对应点处的正应力与纵向线应变是否相同?

9-6 是否弯矩最大的截面,一定就是梁的最危险截面?

9-7 合理设计梁截面的原则是什么? 何谓等强度梁?

9-8 可否根据梁的弯矩图设计变截面梁?

习　　题

9-1 图示简支梁,试求其截面 D 上 a、b、c、d、e 五点处的正应力。

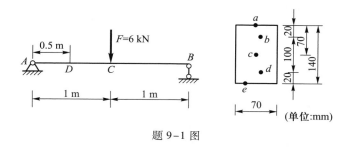

题 9-1 图

9-2 图示简支梁,梁截面为 20b 号工字钢,$F = 60$ kN,试求最大弯曲正应力。

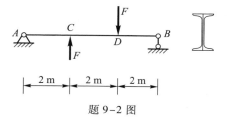

题 9-2 图

9-3 图示矩形截面外伸梁,已知 $F_1 = 10$ kN,$F_2 = 8$ kN,$q = 10$ kN/m,试求梁横截面上的最大拉应力和最大压应力的数值及其所在位置。

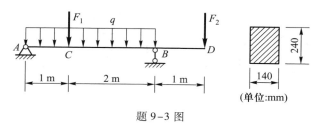

题 9-3 图

9-4 求图示图形对 z 轴的惯性矩(z 轴通过形心)。

9-5 图示为工字钢与钢板的组合截面。已知工字钢的型号为 40a,钢板厚度 $\delta = 20$ mm。求组合截面对 z 轴的惯性矩(z 轴通过形心)。

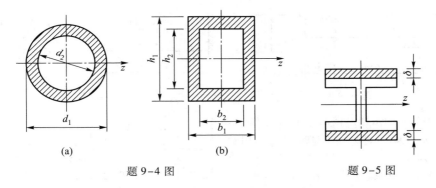

题 9-4 图　　　　　　　题 9-5 图

9-6　T 形截面的外伸梁,梁上作用均布荷载,梁的截面尺寸如图所示。试求梁的横截面中的最大拉应力和最大压应力。

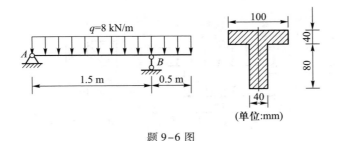

题 9-6 图

9-7　图示简支梁由 22b 号工字钢制成,材料的许用应力$[\sigma]=170$ MPa,试校核梁的正应力强度。

9-8　图示矩形截面简支梁,材料的许用应力$[\sigma]=1.0\times10^4$ kPa,试求梁能承受的最大荷载 F_{max}。

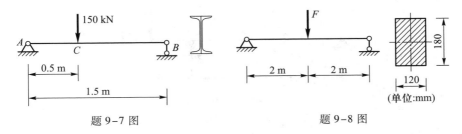

题 9-7 图　　　　　　　题 9-8 图

9-9　图示外伸梁,由两根 16a 号槽钢组成。钢材的许用应力$[\sigma]=170$ MPa,试求梁能承受的最大荷载 F_{max}。

9-10　图示矩形截面悬臂梁,受均布荷载作用,材料的许用应力$[\sigma]=10$ MPa,若采用的高宽比为 $h:b=3:2$,试确定此梁横截面的尺寸。

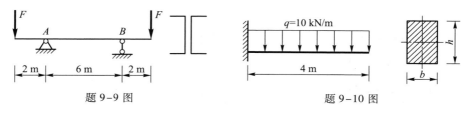

题 9-9 图　　　　　　　　　　　　　　题 9-10 图

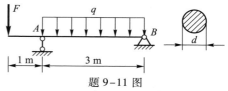

9-11　图示圆形截面外伸梁,已知 $F=$ 3 kN,$q=3$ kN/m,$[\sigma]=10$ MPa,试选择圆截面的直径。

9-12　试求题 9-1 图中所示梁在截面 D 上 a、b、c、d、e 五点处的切应力。

题 9-11 图

9-13　试求题 9-6 中梁的横截面上的最大切应力。

9-14　图示矩形截面木梁,已知 $[\sigma]=10$ MPa,$[\tau]=2$ MPa,试校核梁的正应力强度和切应力强度。

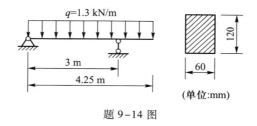

题 9-14 图

9-15　在题 9-6 中,如已知材料的许用应力 $[\sigma_+]=45$ MPa,$[\sigma_-]=175$ MPa,$[\tau]=33$ MPa,问该梁是否满足强度要求?

9-16　图示工字钢外伸梁,受荷载 F 作用。已知 $F=20$ kN,$[\sigma]=160$ MPa,$[\tau]=90$ MPa,试选择工字钢型号。

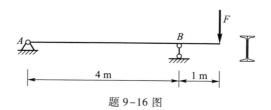

题 9-16 图

A9　习题答案

第十章

组 合 变 形

工程结构中的构件通常受力比较复杂,有可能存在两种或两种以上的基本变形形式的组合,这需要对这种情况做深入的研究,以解决工程实际问题。本章将建立这种变形情况的应力分析。

§10-1 组合变形的概念

杆件的四种基本变形形式(轴向拉伸和压缩、剪切、扭转、弯曲等)都是在特定的荷载条件下发生的。工程实际中杆件所受的一般荷载,其所产生的变形常常不是单一的基本变形。这些一般荷载所引起的变形可视为两种或两种以上基本变形的组合,称之为**组合变形**。

例如,图 10-1a 所示设有吊车的厂房的柱子,作用在柱子上的荷载 F_1 和 F_2 的合力作用线一般不与柱子的轴线重合,柱子发生偏心压缩,这种偏心压缩就是压缩变形和弯曲变形两种基本变形的组合。又如,图 10-1b 所示的烟囱,除自重引起压缩变形外,水平风力使其产生弯曲变形,也是同时产生两种基本变形。再如,图 10-1c 所示的曲拐轴,在荷载 F 作用下,AB 段既受弯又受扭,即同时产生弯曲变形和扭转变形。

本章将研究两个平面弯曲的组合变形和拉伸(压缩)与弯曲的组合变形及

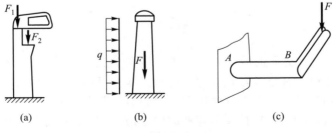

(a)   (b)   (c)

图 10-1

弯曲与扭转的组合变形。在弹性范围内,小变形条件下,求这两种组合变形的应力,并进行强度计算。

§10-2   斜 弯 曲

第九章中讨论了梁的平面弯曲,例如,图 10-2a 所示的矩形截面悬臂梁,外力 F 作用在梁的纵向对称平面内时,梁弯曲后,其挠曲线位于梁的该纵向对称平面内,此类弯曲为平面弯曲。本节讨论的斜弯曲与平面弯曲不同,例如,图 10-2b 所示的同样的矩形截面梁,外力的作用线通过截面的形心但不与截面的对称轴重合,此梁弯曲后的挠曲线不再位于梁的纵向对称平面内,这类弯曲称为**斜弯曲**。斜弯曲是两个平面弯曲的组合变形,这里将讨论斜弯曲时的正应力和正应力强度计算。

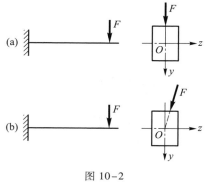

图 10-2

10-2-1   正应力计算

斜弯曲时,梁的横截面上一般同时存在正应力和切应力,因切应力值一般很小,这里不予考虑。下面结合图 10-3a 所示的矩形截面悬臂梁说明正应力的计算方法。

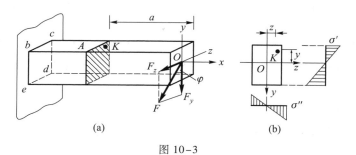

图 10-3

计算距右端面为 a 的截面上某点 $K(y,z)$ 处的正应力时,是将外力 F 沿横截面的两个对称轴方向分解为 F_y 和 F_z,分别计算 F_y 和 F_z 单独作用下该点的正应力,再代数相加。F_y 和 F_z 单独作用下梁的变形分别为在 xy 面内和在 xz 面内发生的平面弯曲,也就是说,计算斜弯曲时的正应力,是将斜弯曲分解为两个平面弯曲,分别计算每个平面弯曲下的正应力,再进行叠加。

由图 10-3a 可知, F_y、F_z 的值分别为

$$F_y = F\cos\varphi, \qquad F_z = F\sin\varphi$$

距右端为 a 的任一横截面上由 F_y 和 F_z 引起的弯矩分别为

$$M_z = F_y a = Fa \cdot \cos\varphi = M\cos\varphi$$

$$M_y = F_z a = Fa \cdot \sin\varphi = M\sin\varphi$$

式中 $M = Fa$ 是外力 F 引起的该截面上的总弯矩。由 M_z 和 M_y（即 F_y 和 F_z）引起的该截面上一点 K 处的正应力, 则分别为

$$\sigma' = \frac{M_z}{I_z}y, \qquad \sigma'' = \frac{M_y}{I_y}z$$

F_y 和 F_z 共同作用下 K 点的正应力为

$$\sigma = \sigma' + \sigma'' = \frac{M_z}{I_z}y + \frac{M_y}{I_y}z \qquad (10\text{-}1)$$

或

$$\sigma = \sigma' + \sigma'' = M\left(\frac{\cos\varphi}{I_z}y + \frac{\sin\varphi}{I_y}z\right) \qquad (10\text{-}1)'$$

式(10-1)或(10-1)′就是上述梁斜弯曲时横截面任一点的正应力计算公式。式中 I_z 和 I_y 分别为截面对 z 轴和 y 轴的惯性矩; y 和 z 分别为所求应力点到 z 轴和 y 轴的距离(图 10-3b)。

用公式(10-1)计算正应力时, 应将式中的 M_z、M_y、y、z 等均以绝对值代入, 求得的 σ' 和 σ'' 的正、负, 可根据梁的变形和求应力点的位置来判定(拉为正、压为负)。例如对于图 10-3a 中 A 点的应力, 在 F_y 单独作用下梁凹向下弯曲, 此时 A 点位于受拉区, F_y 引起的该点的正应力 σ' 为正值。同理, 在 F_z 单独作用下 A 点位于受压区, F_z 引起的该点的正应力 σ'' 为负值。

10-2-2　正应力强度条件

梁的正应力强度条件是荷载作用下梁横截面内的最大正应力不能超过材料的许用应力, 即

$$\sigma_{max} \leqslant [\sigma]$$

计算 σ_{max} 时, 应首先知道其所在位置。工程中常用的矩形、工字形等对称截面梁, 斜弯曲时梁中的最大正应力都发生在危险截面边缘的角点处。当将斜弯曲分解为两个平面弯曲后, 很容易找到最大正应力的所在位置。例如图 10-3a 所示的矩形截面梁, 其左侧固端截面的弯矩最大, 该截面为危险截面, 危险截面上应力最大的点称为**危险点**。M_z 引起的最大拉应力(σ'_{max})位于该截面上边缘 bc 线各点, M_y 引起的最大拉应力(σ''_{max})位于 cd 线上各点。叠加后, bc

与 cd 交点 c 处的拉应力最大。同理,最大压应力发生在 e 点。此时,依式(10-1)或式(10-1)′最大正应力为

$$\sigma_{\max} = \sigma'_{\max} + \sigma''_{\max} = \frac{M_{z\max}}{I_z}y_{\max} + \frac{M_{y\max}}{I_y}z_{\max}$$

$$= \frac{M_{z\max}}{W_z} + \frac{M_{y\max}}{W_y}$$

或

$$\sigma_{\max} = \sigma'_{\max} + \sigma''_{\max} = M_{\max}\left(\frac{\cos\varphi}{I_z}y_{\max} + \frac{\sin\varphi}{I_y}z_{\max}\right)$$

$$= M_{\max}\left(\frac{\cos\varphi}{W_z} + \frac{\sin\varphi}{W_y}\right)$$

$$= \frac{M_{\max}}{W_z}\left(\cos\varphi + \frac{W_z}{W_y}\cdot\sin\varphi\right)$$

式中 $M_{\max}$ 是由 F 引起的最大弯矩。所以,上述梁斜弯曲时的强度条件为

$$\sigma_{\max} = \frac{M_{z\max}}{W_z} + \frac{M_{y\max}}{W_y} \leqslant [\sigma] \tag{10-2}$$

或

$$\sigma_{\max} = \frac{M_{\max}}{W_z}\left(\cos\varphi + \frac{W_z}{W_y}\cdot\sin\varphi\right) \leqslant [\sigma] \tag{10-2}'$$

与平面弯曲类似,利用式(10-2)或式(10-2)′所示的强度条件,可解决工程中常见的三类典型问题,即校核强度、选择截面和确定许用荷载。在选择截面(即设计截面)时应注意,因式中存在两个未知的弯曲截面系数 W_z 和 W_y,所以,在选择截面时,需先确定一个 $\dfrac{W_z}{W_y}$ 的比值$\left(\text{对矩形截面},W_z/W_y = \dfrac{1}{6}bh^2\Big/\left(\dfrac{1}{6}hb^2\right) = h/b\right)$,然后由式(10-2)′算出 W_z 值,再确定截面的具体尺寸。

【例10-1】　矩形截面简支梁承受均布荷载,如图10-4a所示,已知 $q = 2$ kN/m,$l = 4$ m,$b = 100$ mm,$h = 200$ mm,$\varphi = 15°$,试求梁中点截面上 K 点的正应力。

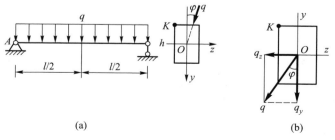

(a)　　　　　　　　　　(b)

图10-4

【解】 将 q 沿截面的两个对称轴 y、z 方向分解为 q_y 和 q_z（图 10-4b），中点截面上的弯矩 M_z 和 M_y 分别为

$$M_z = \frac{1}{8} q_y l^2 = \frac{1}{8} q \cdot \cos \varphi \cdot l^2 = \frac{1}{8} \times 2 \times 10^3 \times \cos 15° \times 4^2 \ \text{N} \cdot \text{m} = 3\ 863 \ \text{N} \cdot \text{m}$$

$$M_y = \frac{1}{8} q_z l^2 = \frac{1}{8} q \cdot \sin \varphi \cdot l^2 = \frac{1}{8} \times 2 \times 10^3 \times \sin 15° \times 4^2 \ \text{N} \cdot \text{m} = 1\ 035 \ \text{N} \cdot \text{m}$$

依式（10-1），中点截面上 K 点的正应力为

$$\sigma = -\frac{M_z}{I_z} y + \frac{M_y}{I_y} z = -\frac{M_z}{\frac{1}{12} bh^3} \cdot \frac{h}{2} + \frac{M_y}{\frac{1}{12} hb^3} \cdot \frac{b}{2}$$

$$= -\frac{6M_z}{bh^2} + \frac{6M_y}{hb^2} = \left(-\frac{6 \times 3\ 863}{0.1 \times 0.2^2} + \frac{6 \times 1\ 035}{0.2 \times 0.1^2} \right) \ \text{Pa} = -2.69 \ \text{MPa}$$

以上计算中 M_z、M_y、z、y 均取绝对值。因为在荷载分量 q_y 所引起的 xy 面内的平面弯曲中 K 点受压，式中第一项为压应力，取负号。在荷载分量 q_z 所引起的 xz 面内的平面弯曲中 K 点受拉，式中第二项为拉应力，取正号。

【例 10-2】 矩形截面悬臂梁受力如图 10-5 中所示，F_1 作用在梁的竖向对称平面内，F_2 作用在梁的水平对称平面内，F_1、F_2 的作用线均与梁的轴线垂直。已知 $F_1 = 2 \ \text{kN}$、$F_2 = 1 \ \text{kN}$，$l_1 = 1 \ \text{m}$，$l_2 = 2 \ \text{m}$，$b = 120 \ \text{mm}$，$h = 180 \ \text{mm}$，材料的许用正应力 $[\sigma] = 10 \ \text{MPa}$，试校核该梁的强度。

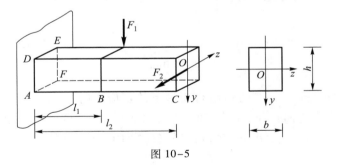

图 10-5

【解】 分析梁的变形：该梁 AB 与 BC 段的变形不同，BC 段在 F_2 作用下只在水平对称平面内发生平面弯曲；AB 段除在水平面内发生平面弯曲外，在梁的竖向对称平面内也发生平面弯曲，所以 AB 段为两个平面弯曲的组合变形，即为斜弯曲。

F_1 作用下最大拉应力发生在固端截面 DE 线上各点，F_2 作用下最大拉应力发生在固端截面 EF 线上各点，显然，F_1、F_2 共同作用下 E 点的拉应力最大（同理，最大压应力发生 A 点，其绝对值与最大拉应力相同），其值为

$$\sigma_{\max} = \frac{M_{z\max}}{W_z} + \frac{M_{y\max}}{W_y} = \frac{F_1 l_1}{\frac{1}{6}bh^2} + \frac{F_2 l_2}{\frac{1}{6}hb^2}$$

$$= \left(\frac{2 \times 10^3 \times 1}{\frac{1}{6} \times 0.12 \times 0.18^2} + \frac{1 \times 10^3 \times 2}{\frac{1}{6} \times 0.18 \times 0.12^2} \right) \text{ Pa}$$

$$= 7.72 \text{ MPa} < [\sigma]$$

满足强度条件。

§10-3　拉伸(压缩)与弯曲的组合变形

当杆件上同时作用有轴向外力和横向外力时(图10-6a),轴向力使杆件伸长(或缩短),横向力使杆件弯曲,因而杆件的变形为轴向拉伸(或压缩)与弯曲的组合变形。下面结合图10-6a所示的受力杆件说明拉(压)与弯曲组合时的正应力及其强度计算。

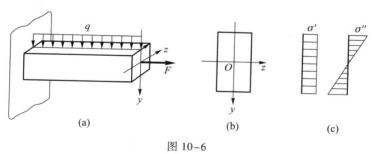

图 10-6

计算杆件在拉(压)与弯曲组合变形下的正应力时,仍采用叠加的方法,即分别计算杆件在轴向拉伸(压缩)和弯曲变形下的应力,再代数相加。轴向外力 F 单独作用时,横截面上的正应力均匀分布(图10-6b),其值为

$$\sigma' = \frac{F_N}{A}$$

横向力 q 作用下梁发生平面弯曲,正应力沿截面高度成直线规律分布(图10-6c),横截面上任一点的正应力为

$$\sigma'' = \frac{M}{I_z} y$$

F、q 共同作用下,横截面上任一点的正应力为

$$\sigma = \sigma' + \sigma'' = \frac{F_N}{A} + \frac{M}{I_z} y \tag{10-3}$$

式(10-3)就是杆件在拉(压)、弯曲组合变形时横截面上任一点的正应力计算公式。

用式(10-3)计算正应力时,应注意正、负号:轴向拉伸时 σ' 为正,压缩时 σ' 为负;σ'' 的正负随点的位置而不同,仍根据梁的变形来判定(拉为正,压为负)。

有了正应力计算公式,很容易建立正应力强度条件。对图 10-6a 所示的拉、弯曲组合变形杆,最大正应力发生在弯矩最大截面的边缘处,其值为

$$\sigma_{max} = \frac{F_N}{A} + \frac{M_{max}}{W_z}$$

正应力强度条件则为

$$\sigma_{max} = \frac{F_N}{A} + \frac{M_{max}}{W_z} \leqslant [\sigma] \qquad (10-4)$$

【例 10-3】　矩形截面杆受力如图 10-7 中所示,F_1 的作用线与杆的轴线重合,F_2 作用在杆的对称平面内。已知 $F_1 = 6$ kN,$F_2 = 2$ kN,$a = 1.2$ m,$l = 2$ m,$b = 120$ mm,$h = 150$ mm,试求:(1) $n-n$ 截面上 A 点和 B 点的正应力;(2)杆中的最大压应力。

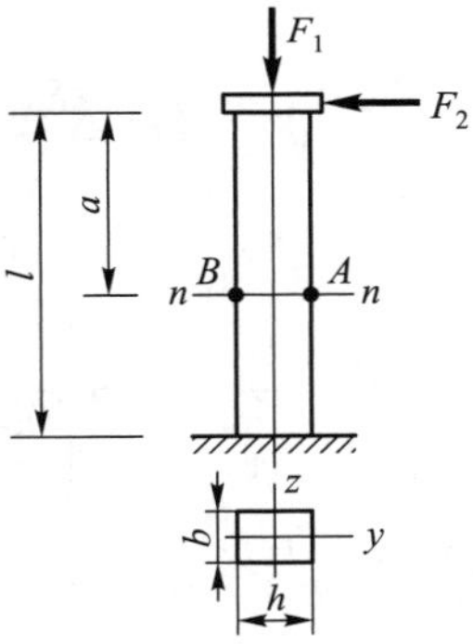

【解】　(1) A 点和 B 点的正应力　$n-n$ 截面在力 F_1 作用下 A、B 两点均受压,在力 F_2 作用下 A 点受拉、B 点受压。A 点的正应力为

$$\sigma = -\frac{F_N}{A} + \frac{M}{I_z}y = -\frac{F_1}{bh} + \frac{F_2 a}{\frac{1}{12}bh^3} \cdot \frac{h}{2} = -\frac{F_1}{bh} + \frac{6F_2 a}{bh^2}$$

$$= -\frac{6 \times 10^3}{0.12 \times 0.15} + \frac{6 \times 2 \times 10^3 \times 1.2}{0.12 \times 0.15^2} \text{ Pa} = 5 \text{ MPa}$$

B 点的正应力为

$$\sigma = -\frac{F_N}{A} - \frac{M}{I_z}y = -\frac{F_1}{bh} - \frac{6F_2 a}{bh^2} = -5.66 \text{ MPa}$$

(2)杆中的最大压应力　最大压应力发生在固端截面的左边缘各点处,其值为

$$\sigma_{max} = -\frac{F_N}{A} - \frac{M_{max}}{W_z} = -\frac{F_1}{bh} - \frac{6F_2 l}{bh^2}$$

$$= \left(-\frac{6 \times 10^3}{0.12 \times 0.15} - \frac{6 \times 2 \times 10^3 \times 2}{0.12 \times 0.15^2} \right) \text{ Pa} = -9.22 \text{ MPa}$$

图 10-7

【例 10-4】　承受横向均布荷载和轴向拉力的矩形截面简支梁如图 10-8 所示。已知 $q = 2$ kN/m,$F = 8$ kN,$l = 4$ m,$b = 120$ mm,$h = 180$ mm,试求梁横截面上

的最大拉应力和最大压应力。

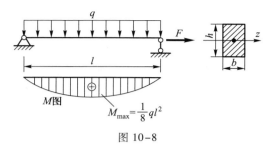

图 10-8

【解】　梁在 q 作用下的弯矩图如图 10-8 所示,最大拉应力和最大压应力分别发生在跨中截面的下边缘和上边缘处。最大拉应力为

$$\sigma_{\max}(\text{拉}) = \frac{F_N}{A} + \frac{M_{\max}}{W_z} = \frac{F}{bh} + \frac{\frac{1}{8}ql^2}{\frac{1}{6}bh^2}$$

$$= \left(\frac{8 \times 10^3}{0.12 \times 0.18} + \frac{\frac{1}{8} \times 2 \times 10^3 \times 4^2}{\frac{1}{6} \times 0.12 \times 0.18^2} \right) \text{Pa} = 6.54 \text{ MPa}$$

最大压应力为

$$\sigma_{\max}(\text{压}) = \frac{F_N}{A} - \frac{M_{\max}}{W_z} = \frac{F}{bh} - \frac{\frac{1}{8}ql^2}{\frac{1}{6}bh^2} = -5.8 \text{ MPa}$$

§10-4　偏心拉伸(压缩)

偏心拉伸(压缩)是相对于轴向拉伸(压缩)而言的。轴向拉伸(压缩)时外力 F 的作用线与杆件轴线重合,当外力 F 的作用线只平行于杆件轴线而不与轴线重合时,则称为**偏心拉伸(压缩)**。偏心拉伸(压缩)可分解为轴向拉伸(压缩)和弯曲两种基本变形,所以也是一种组合变形。

偏心拉伸(压缩)分为单向偏心拉伸(压缩)和双向偏心拉伸(压缩),本节将分别讨论这两种情况下的应力计算。

10-4-1　单向偏心拉伸(压缩)

图 10-9a 所示为矩形截面偏心受拉杆,平行于杆件轴线的拉力 F 的作用点

位于截面的一个对称轴上,这类偏心拉伸称为 **单向偏心拉伸**。当 F 为压力时,则称为**单向偏心压缩**。

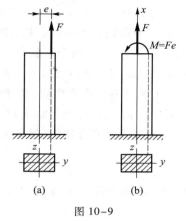

图 10-9

计算此类杆的应力时,是将拉力 F 平移到截面的形心处,使其作用线与杆件的轴线重合。由力的平移定理(§3-5)可知,平移后需附加一力矩为 $M=Fe$ 的力偶(图 10-9b)。此时,F 使杆件发生轴向拉伸,M 使杆件在 xy 平面内发生平面弯曲(纯弯曲),从而可知,单向偏心拉伸其实质就是前一节讨论过的轴向拉伸与平面弯曲的组合变形。所以横截面上任一点的正应力为

$$\sigma = \frac{F_N}{A} + \frac{M}{I_z}y \qquad (10-5)$$

式中 $M=Fe$,e 称为**偏心距**。

单向偏心拉伸(压缩)时,最大正应力的位置很容易判断。例如,图 10-9b 所示的情况,最大正应力(拉应力)显然发生在截面的右边缘处,其值为

$$\sigma_{max} = \frac{F_N}{A} + \frac{M}{W_z}$$

10-4-2 双向偏心拉伸(压缩)

图 10-10a 所示的偏心受拉杆,平行于杆件轴线的拉力 F 的作用点不在截面的任何一个对称轴上,与 z、y 轴的距离分别为 e_y 和 e_z。此类偏心拉伸称为**双向偏心拉伸**,当 F 为压力时,称为**双向偏心压缩**。

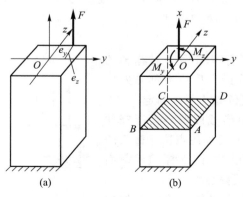

图 10-10

　　计算此类杆件任一点正应力的方法,与单向偏心拉伸(压缩)类似。仍是将外力 F 平移到截面的形心处,使其作用线与杆件的轴线重合,但平移后附加的力偶不是一个,而是两个。两个力偶的力偶矩分别是 F 对 z 轴的力矩 $M_z=Fe_y$ 和对 y 轴的力矩 $M_y=Fe_z$(图 10-10b)。此时,F 使杆件发生轴向拉伸,M_z 使杆件在 Oxy 平面内发生平面弯曲,M_y 使杆件在 Oxz 平面内发生平面弯曲。所以,双向偏心拉伸(压缩)实际上是轴向拉伸(压缩)与两个平面弯曲的组合变形。

　　轴向外力 F 作用下,横截面上任一点的正应力为

$$\sigma' = \frac{F_N}{A}$$

M_z 和 M_y 单独作用下,同一点的正应力分别为

$$\sigma'' = \frac{M_z}{I_z}y$$

$$\sigma''' = \frac{M_y}{I_y}z$$

三者共同作用下,该点的压力则为

$$\sigma = \sigma'+\sigma''+\sigma''' = \frac{F_N}{A} + \frac{M_z}{I_z}y + \frac{M_y}{I_y}z \tag{10-6}$$

或

$$\sigma = \sigma'+\sigma''+\sigma''' = \frac{F_N}{A} + \frac{Fe_y}{I_z}y + \frac{Fe_z}{I_y}z \tag{10-6}'$$

式(10-6)与式(10-6)′既适用于双向偏心拉伸,又适用于双向偏心压缩。式中第一项拉伸时为正,压缩时为负。式中第二项和第三项的正负,则是按所求应力点的位置,由两个平面弯曲的变形情况来确定。例如,确定图 10-10b 中 $ABCD$ 面上 A 点正应力的正负时,M_z 作用下 A 点处于受拉区,所以式(10-6)中的第二项为正,M_y 作用下 A 点处于受压区,第三项则为负。

　　对矩形、工字形等具有两个对称轴的截面,最大拉应力或最大压应力都是发生在截面的角点处,其位置均不难判定。

　　【例 10-5】　矩形截面偏心受压杆如图 10-11a 所示,力 F 的作用点位于截面的 y 轴上,F、b、h 均为已知,试求杆的横截面不出现拉应力的最大偏心距。

　　【解】　将力 F 移到截面的形心处并附加一矩为 $M=Fe$ 的力偶(图 10-11b),杆

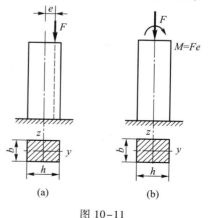

图 10-11

的变形为压弯组合变形。

力 F 作用下横截面上各点均产生压应力;M 作用下截面上 z 轴左侧受拉,最大拉应力发生在截面的左边缘处。欲使横截面不出现拉应力,应使 F 和 M_z 共同作用下横截面左边缘处的正应力等于零,即

$$\sigma = -\frac{F_N}{A} + \frac{M}{W_z} = 0$$

亦即

$$-\frac{F}{bh} + \frac{Fe}{\frac{1}{6}bh^2} = 0$$

从而解得

$$e = \frac{h}{6}$$

即最大偏心距为 $\frac{h}{6}$。

【例 10-6】 矩形截面偏心受压杆如图 10-12a 所示,F、b、h 均为已知,试求杆中的最大压应力。

【解】 此题为双向偏心压缩。将力 F 平移到截面的形心处并附两个力偶(图 10-12b),两力偶的力偶矩分别为

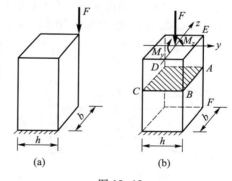

图 10-12

$$M_z = F \cdot \frac{h}{2}, \qquad M_y = F \cdot \frac{b}{2}$$

以 $ABCD$ 截面为例,M_z 单独作用下,AB 线上各点的压应力最大;M_y 单独作用下,AD 线上各点压应力最大。所以,F、M_z、M_y 共同作用下最大压应力发生在 A 点。因杆件各截面上的内力(F_N、M_z、M_y)情况相同,故 EF 线上各点的压应力值相同,杆中的最大压应力为

$$\sigma_{max} = -\frac{F_N}{A} - \frac{M_z}{I_z} \cdot \frac{h}{2} - \frac{M_y}{I_y} \cdot \frac{b}{2}$$

$$= -\frac{F}{bh} - \frac{F \cdot \frac{h}{2}}{\frac{1}{12}bh^3} \cdot \frac{h}{2} - \frac{F \cdot \frac{b}{2}}{\frac{1}{12}hb^3} \cdot \frac{b}{2}$$

$$= -\frac{7F}{bh}$$

§10-5　弯扭组合变形

当圆形截面杆同时作用有引起弯曲变形的横向外力和引起扭转变形的力偶时(图 10-13a),杆件的变形为弯扭组合变形。本节讨论圆杆弯扭组合变形时的应力及强度计算。

1. 受力分析

分别作杆的弯矩图和扭矩图(图 10-13b、c),由内力图可知,固定端截面为最危险截面,最大弯矩 $M_{max} = Fl$,最大扭矩 $T_{max} = M_e$。

2. 应力分析

危险截面上的弯曲正应力和扭转切应力分布规律如图 10-14 所示。a 点和 b 点的正应力和切应力都是最大值,因此,均为危险点。在 a 点处用包含横截面在内的截面截取微小正交六面体(六面体边长趋于零时称为单元体),将 a 点的正应力和切应力叠加,共同作用在该六面体上,六面体的应力状态如图 10-15 所示。该点处的应力单元上既有正应力也有切应力,属于复杂应力状态。

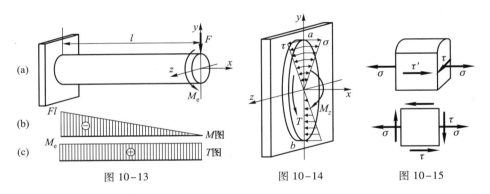

(a)

(b)

(c)

图 10-13　　　　　　图 10-14　　　　　　图 10-15

a 点的应力为

$$\sigma = \frac{M_{max}}{W_z} = \frac{Fl}{W_z}, \quad \tau = \frac{T_{max}}{W_p} = \frac{M_e}{W_p}$$

最危险点处既有正应力也有切应力,处于**复杂应力状态**。对应复杂应力状态,不能单纯根据正应力或单纯根据切应力进行强度计算,需要综合考虑正应力和切应力对构件强度的影响。对于复杂应力状态下导致材料失效的主要因素,已经提出了若干假设,这些假设称为强度理论,根据这些强度理论建立了相应的强度条件。复杂应力状态下进行强度计算时,必须采用强度理论的强度条件。

强度理论是根据相当应力 σ_r 建立强度条件的。对于钢材等塑性材料,一般情况下是采用第三或第四强度理论进行强度计算的。对于图 10-15 所示单元应

力状态,第三和第四强度理论的相当应力分别为

$$\sigma_{r3} = \sqrt{\sigma^2 + 4\tau^2} \qquad (10-7)$$

和

$$\sigma_{r4} = \sqrt{\sigma^2 + 3\tau^2} \qquad (10-8)$$

相当应力符号下标中的数字代表相应强度理论的序号。第三和第四强度理论的强度条件为

$$\sigma_{r3} = \sqrt{\sigma^2 + 4\tau^2} \leqslant [\sigma] \qquad (10-9)$$

和

$$\sigma_{r4} = \sqrt{\sigma^2 + 3\tau^2} \leqslant [\sigma] \qquad (10-10)$$

关于复杂应力状态的强度理论分析、相当应力的概念和计算方法,以及复杂应力状态下如何选择适当的强度理论进行强度计算等内容,在一般材料力学教材中有详细讲述。

【例 10-7】 圆截面杆受力如图 10-16 所示。已知:$F_1 = 100$ kN,$F_2 = 90$ kN,$F_3 = 100$ kN,$l = 1$ m,$D = 100$ mm,$[\sigma] = 160$ MPa。试按第三强度理论校核强度。

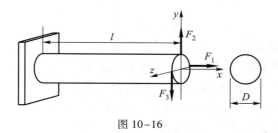

图 10-16

【解】 (1) 受力分析 将外力向自由端截面形心简化,确定杆件组合变形类型。

外力简化结果为 $F_x = 100$ kN,$F_y = F_3 - F_2 = 10$ kN,$M_y = F_1 D/2 = 5$ kN·m,$M_x = F_3 D/2 = 5$ kN·m(图 10-17a)。圆杆变形为拉弯扭组合变形,而弯曲变形又由两个方向的平面弯曲变形组合而成。

分别作杆的轴力图、弯矩图和扭矩图(图 10-17b、c、d、e)。

各内力中,轴力 F_N、弯矩 M_y 和扭矩 T 沿杆长保持常量;而弯矩 M_z 沿杆长线性分布,最大值在固定端处。由此可知,杆的危险截面为固定端截面。

(2) 应力分析 轴向拉伸正应力为

$$\sigma_{拉} = \frac{F_N}{\dfrac{\pi D^2}{4}} = \frac{100 \times 10^3}{\dfrac{\pi}{4} \times 0.1^2} \text{ Pa} = 12.7 \text{ MPa}$$

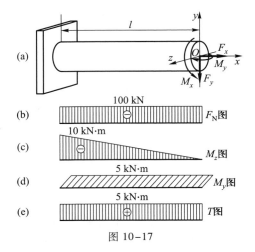

图 10-17

扭转最大切应力为

$$\tau_{扭\,max} = \frac{T}{W_p} = \frac{T}{\frac{\pi D^3}{16}} = \frac{5\times10^3}{\frac{\pi}{16}\times0.1^3}\ \text{Pa}$$

$$= 25.5\ \text{MPa}$$

$\tau_{扭\,max}$ 位于横截面圆周上。

在圆形截面杆(梁)横截面上存在两个弯矩 M_y 和 M_z。发生双向弯曲变形的情况下,求截面上的最大弯曲正应力时,需要先将两个弯矩视为矢量,按矢量求和的方法求出合弯矩 $M_合$,然后再按平面弯曲变形正应力计算公式计算由合弯矩 $M_合$ 产生的最大正应力。合弯矩 $M_合$ 的计算公式为

$$M_合 = \sqrt{M_y^2 + M_z^2}$$

合弯矩产生的最大正应力为

$$\sigma_{w\,max} = \frac{M_合}{W} = \frac{\sqrt{M_y^2 + M_z^2}}{\frac{\pi D^3}{32}}$$

本例中,最大合弯矩在固定端截面,其值为

$$M_{合\,max} = \sqrt{M_y^2 + M_{z\,max}^2} = \sqrt{5^2 + 10^2}\ \text{kN}\cdot\text{m} = 11.2\ \text{kN}\cdot\text{m}$$

弯曲最大正应力在固定端截面的圆周上,其值为

$$\sigma_{w\,max} = \frac{M_{合\,max}}{W} = \frac{\sqrt{M_y^2 + M_{z\,max}^2}}{\frac{\pi D^3}{32}} = \frac{11.2\times10^3}{\frac{\pi}{32}\times0.1^3}\ \text{Pa} = 114\ \text{MPa}$$

在弯曲最大正应力作用点的位置,扭转切应力也达到最大值。因此,弯曲最

大正应力作用点是整个杆的最危险点,该点在圆周上的位置可根据合弯矩矢量的方向确定,一般情况下不用计算该点的具体位置。

（3）强度校核 危险点的应力状态仍如图 10-15 所示,其正应力由拉伸正应力和弯曲正应力叠加而成,切应力为扭转切应力,即

$$\sigma = \sigma_拉 + \sigma_{w\max} = (12.7+114)\ \text{MPa} = 127\ \text{MPa}$$

$$\tau = \tau_{扭\max} = 25.5\ \text{MPa}$$

按第三强度理论校核强度,即

$$\sigma_{r3} = \sqrt{\sigma^2 + 4\tau^2} = \sqrt{127^2 + 4\times25.5^2}\ \text{MPa} = 136.9\ \text{MPa} < [\sigma]$$

所以,杆件满足强度要求。

小 结

（1）计算斜弯曲、拉(压)弯组合和偏心拉伸(压缩)下的正应力及弯扭组合下的应力状态时,都是将组合变形分解为基本变形,然后分别计算各基本变形下的应力,再代数相加或叠加。

（2）解决组合变形问题的关键,在于将组合变形分解为有关的基本变形,应明确:

斜弯曲分解为两个平面弯曲:

拉(压)、弯曲组合——分解为轴向拉伸(压缩)与平面弯曲;

偏心压缩——单向偏心拉伸(压缩)时,分解为轴向拉伸(压缩)与一个平面弯曲;双向偏心拉伸(压缩)时,分解为轴向拉伸(压缩)与两个平面弯曲。

（3）组合变形分解为基本变形的关键,在于正确地对外力进行简化与分解。其要点为,对平行于杆件轴线的外力,当其作用线不通过截面形心时,一律向形心简化(即将外力平移至形心处)。

对垂直于杆件轴线的横向力,当其作用线通过截面形心但不与截面的对称轴重合时,应将横向力沿截面的两个对称轴方向分解。

（4）对本章中所讨论的组合变形杆件进行强度计算时,其强度条件为

$$\sigma_{\max} \leqslant [\sigma]$$

式中 $\sigma_{\max}$ 是危险截面上危险点的应力,其值等于危险点在各基本变形(拉伸、压缩、平面弯曲等)中的应力之和。

思 考 题

10-1 何谓组合变形? 如何计算组合变形杆件横截面上任一点的应力?

10-2　何谓平面弯曲？何谓斜弯曲？二者有何区别？

10-3　何谓单向偏心拉伸(压缩)？何谓双向偏心拉伸(压缩)？

10-4　将斜弯曲、拉(压)弯组合及偏心拉伸(压缩)分解为基本变形时，如何确定各基本变形下正应力的正负？

10-5　不同截面形状的悬臂梁受力如图中所示，试说明哪些是平面弯曲，哪些是斜弯曲(F 均垂直于杆的轴线；图中 C 点均为截面的形心)。

10-6　分析幕墙结构时，对主要承受荷载的立柱，要进行哪些方面的验算分析？

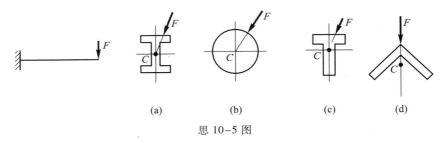

(a)　　　　　(b)　　　　　(c)　　　　　(d)

思 10-5 图

习　　题

10-1　由 14 号工字钢制成的简支梁受力如图所示，F 的作用线通过截面形心且与 y 轴成 φ 角，已知 $F = 5$ kN，$l = 4$ m，$\varphi = 15°$，试求梁横截面上的最大正应力。

10-2　矩形截面悬臂梁受力如图所示，F 通过截面形心与 y 轴成 φ 角，已知 $F = 1.2$ kN，$\varphi = 12°$，$l = 2$ m，$\dfrac{h}{b} = 1.5$，材料的许用应力 $[\sigma] = 10$ MPa，试确定 b 和 h 的尺寸。

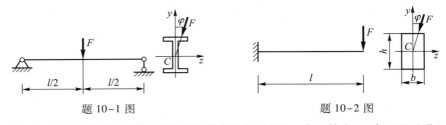

题 10-1 图　　　　　　　　　　　　题 10-2 图

10-3　承受均布荷载作用的矩形截面简支梁如图所示，q 与 y 轴成 15°角且通过形心，已知 $l = 4$ m，$b = 100$ mm，$h = 150$ mm，材料的许用应力 $[\sigma] = 10$ MPa，试求梁能承受的最大分布荷载集度 q_{max}。

10-4　矩形截面杆受力如图所示，F_1 和 F_2 的作用线均与杆的轴线重合，F_3 作用在杆的对称平面内，已知 $F_1 = 5$ kN，$F_2 = 10$ kN，$F_3 = 1.2$ kN，$l = 2$ m，$b = 120$ mm，$h = 180$ mm，试求杆横截面上的最大压应力。

10-5　图示结构中，BC 杆为 10 号工字钢制成，已知 $F = 4$ kN，$l = 2$ m，试求 BC 杆横截面上的最大正应力。

10-6 图示一矩形截面轴向受压杆,在其中间某处挖一槽口,已知 $F=8$ kN,$b=100$ mm,$h=160$ mm,试求槽口处 $n-n$ 截面上 A 点和 B 点的正应力。

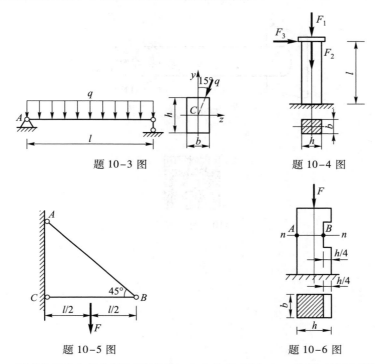

题 10-3 图   题 10-4 图

题 10-5 图   题 10-6 图

10-7 矩形截面偏心受拉杆如图所示,F、h、b 均为已知,力 F 作用于端面底边中点。试求杆横截面上的最大拉应力并指明其所在位置。

10-8 矩形截面杆受力如图所示,F_1 的作用线与杆的轴线重合,F_2 的作用点位于截面的 y 轴上,已知 $F_1=20$ kN,$F_2=10$ kN,$b=120$ mm,$h=200$ mm,$e=40$ mm,试求杆横截面上的最大压应力。

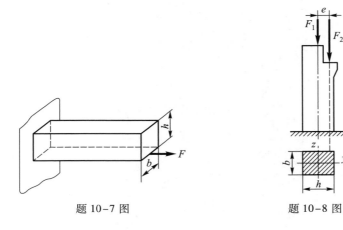

题 10-7 图   题 10-8 图

10-9 直径 $d=40$ mm 的实心钢轴,受力如图所示。已知钢轴材料的许用应力为 $[\sigma]=150$ MPa,试按第四强度理论校核轴的强度。

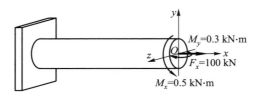

题 10-9 图

A10 习题答案

第十一章

梁和结构的位移

在结构内力分析中,除了要考虑结构的强度问题,还要考虑结构的变形问题,对结构的变形加以控制,才能保证结构的使用要求。同时,位移的计算也是以后进行超静定结构分析的基础,本章将研究梁和结构的位移问题。

§11-1 概 述

本章研究微小、弹性变形情况下,静定梁和静定结构的位移计算。

计算位移的目的有二:一是进行刚度验算,确保构件和结构的变形符合使用要求;二是为超静定构件和结构的内力分析提供预备知识,各种计算超静定结构的方法,都需以位移计算作为基础。

图 11-1 所示的悬臂梁,在竖向纵向对称面内受竖向荷载 F 的作用,梁的轴线由直线变成图中虚线所示的平面曲线。梁变形时,其上各横截面的位置都发生移动,称之为位移。位移用**挠度**和**转角**两个基本量描述。如某横截面上的形心 C 沿与梁轴线垂直的方向移到 C',线位移 CC' 称为截面 C 的挠度,以 w_C 表示。截面 C 在梁的变形中绕中性轴转过一角度 θ_C,角位移 θ_C 称为截面 C 的转角。

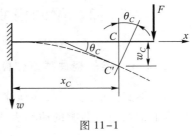

图 11-1

图中所示的梁变形后的曲线称为**挠曲线**,其曲线方程

$$w = f(x)$$

称为**挠曲线方程**。式中 x 为截面坐标,w 为截面挠度。截面挠度是截面位置的单值连续函数。在小变形情况下,截面转角

$$\theta \approx \tan\theta = \frac{\mathrm{d}w}{\mathrm{d}x} = f'(x)$$

即挠曲线上任意点的斜率为该点处横截面的转角。

这样,研究梁的弯曲变形时,只要求出挠曲线方程,任意横截面的挠度和转角便都已确定。

用挠曲线方程确定梁的位移是很方便的,但这种方法不适于求结构的位移。如图 11-2 所示的刚架,受荷载 F 作用产生虚线所示的变形,求解各构件的挠曲线方程是相当麻烦的。况且,组成结构的各构件,除产生弯曲变形外,还可能有其他的变形形式。如图 11-3 所示的简单桁架,受荷载作用产生虚线所示的变形,结点 C 的位移是由构件轴向压缩所引起,上述求弯曲变形的方法就不适用了。为此,本章还将介绍求结构位移的单位荷载法及由单位荷载法引申出的图乘法。这种方法是以功、能的概念为基础建立起来的,用它计算结构的位移十分方便,不但适用于各种变形形式,而且可用于求解温度变化和支座移动所引起的位移。

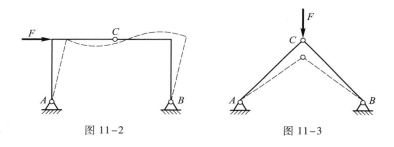

图 11-2   图 11-3

§11-2 梁的挠曲线近似微分方程及其积分

11-2-1 梁的挠曲线近似微分方程

为了得到挠曲线方程,必须建立变形与外力间的关系。在本书第九章中已经求得了梁在纯弯曲时的曲率表达式

$$\frac{1}{\rho} = \frac{M}{EI}$$

对于工程中常用的梁,在大多数情况下,剪力 F_S 对变形的影响很小,可略去不计,故以上关系式仍可用于非纯弯曲的情况。但存在剪力时,式中 M 和 ρ 都不再是常量了,而是截面位置的函数,因此上式应写为

$$\frac{1}{\rho(x)} = \frac{M(x)}{EI} \tag{a}$$

在高等数学中已给出平面曲线的曲率公式为

$$\frac{1}{\rho(x)} = \frac{\left| \dfrac{\mathrm{d}^2 w}{\mathrm{d}x^2} \right|}{\left[1 + \left(\dfrac{\mathrm{d}w}{\mathrm{d}x} \right)^2 \right]^{3/2}} \tag{b}$$

将式(b)代入式(a)得

$$\frac{\left| \dfrac{\mathrm{d}^2 w}{\mathrm{d}x^2} \right|}{\left[1 + \left(\dfrac{\mathrm{d}w}{\mathrm{d}x} \right)^2 \right]^{3/2}} = \frac{M(x)}{EI} \tag{c}$$

由于研究的梁属小变形,梁的挠曲线很平缓,$\dfrac{\mathrm{d}w}{\mathrm{d}x}$ 远小于 1,而 $\left(\dfrac{\mathrm{d}w}{\mathrm{d}x} \right)^2$ 与 1 相比是高阶小量,因此式(c)分母中的 $\left(\dfrac{\mathrm{d}w}{\mathrm{d}x} \right)^2$ 项可忽略,化简为

$$\left| \frac{\mathrm{d}^2 w}{\mathrm{d}x^2} \right| = \frac{M(x)}{EI}$$

去掉绝对值符号则有

$$\pm \frac{\mathrm{d}^2 w}{\mathrm{d}x^2} = \frac{M(x)}{EI} \tag{d}$$

式(d)即为梁在弯曲时的挠曲线近似微分方程。式中的正负号取决于对 $M(x)$ 和 $\dfrac{\mathrm{d}^2 w}{\mathrm{d}x^2}$ 所作的正负号规定。在图 11-4 所示的坐标系中,当弯矩为正值$[M(x)>0]$时,梁的挠曲线向上凹(⌣),此时 $\dfrac{\mathrm{d}^2 w}{\mathrm{d}x^2}$ 为负值$\left(\dfrac{\mathrm{d}^2 w}{\mathrm{d}x^2} < 0 \right)$;当弯矩为负值$[M(x)<0]$时,梁的挠曲线向下凹(⌢),此时 $\dfrac{\mathrm{d}^2 w}{\mathrm{d}x^2}$ 为正值$\left(\dfrac{\mathrm{d}^2 w}{\mathrm{d}x^2} > 0 \right)$。$M(x)$ 与 $\dfrac{\mathrm{d}^2 w}{\mathrm{d}x^2}$ 间的正负号关系如图 11-4 所示。

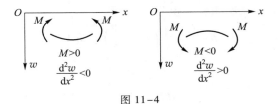

图 11-4

可见,弯矩 $M(x)$ 与 $\dfrac{\mathrm{d}^2 w}{\mathrm{d}x^2}$ 的正负号总是相反,故在式(d)的两侧应取不同的正负号,即

$$\frac{\mathrm{d}^2 w}{\mathrm{d}x^2} = -\frac{M(x)}{EI} \tag{11-1}$$

求解这一微分方程,即可得出挠曲线方程,从而求得挠度和转角。

11-2-2　挠曲线近似微分方程的积分

在计算梁的变形时,可直接对挠曲线的近似微分方程(11-1)进行积分。积分一次,可得出转角方程。在弯曲刚度 EI 为常数的情况下,转角方程为

$$\theta = \frac{\mathrm{d}w}{\mathrm{d}x} = -\frac{1}{EI}\Big[\int M(x)\,\mathrm{d}x + C\Big] \tag{11-2}$$

再积分一次,可得出挠度方程为

$$w = -\frac{1}{EI}\Big[\int\Big(\int M(x)\,\mathrm{d}x\Big)\,\mathrm{d}x + Cx + D\Big] \tag{11-3}$$

这种应用两次积分求出挠度方程的方法称为重积分法。积分式中出现的 C 和 D 是积分常数,其值可由梁挠曲线上的已知变形条件(如边界条件和连续条件)来确定。积分常数 C、D 确定后,利用式(11-2)、式(11-3)可得出任一截面的转角和挠度。

【例 11-1】　一等截面悬臂梁如图 11-5 所示,自由端受集中力 F 作用,梁的弯曲刚度为 EI,求自由端截面的转角和挠度。

【解】　(1)建立挠曲线近似微分方程
按图示坐标系,梁的弯矩方程为

$$M(x) = -F(l-x)$$

挠曲线的近似微分方程为

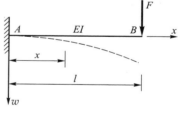

图 11-5

$$\frac{\mathrm{d}^2 w}{\mathrm{d}x^2} = -\frac{1}{EI}\big[-F(l-x)\big]$$

(2)对微分方程二次积分　积分一次,得

$$\theta = \frac{\mathrm{d}w}{\mathrm{d}x} = \frac{1}{EI}\Big(Flx - \frac{1}{2}Fx^2 + C\Big) \tag{a}$$

再积分一次,得

$$w = \frac{1}{EI}\Big(\frac{1}{2}Flx^2 - \frac{1}{6}Fx^3 + Cx + D\Big) \tag{b}$$

(3)利用边界条件确定积分常数　在固定端处,横截面的转角和挠度均为零,即

$$当 \ x = 0 \ 时, \theta_A = 0$$

当 $x = 0$ 时，$w_A = 0$

将上述边界条件分别代入式（a）、（b），得

$$C = 0, \quad D = 0$$

（4）给出转角方程和挠度方程　将所得积分常数 C、D 值代入式（a）、（b），得梁的转角方程和挠度方程分别为

$$\theta = \frac{1}{EI}\left(Flx - \frac{1}{2}Fx^2 \right) \tag{c}$$

$$w = \frac{1}{EI}\left(\frac{1}{2}Flx^2 - \frac{1}{6}Fx^3 \right) \tag{d}$$

（5）求指定截面的转角和挠度值　将 $x = l$ 代入式（c）和式（d），便可得到自由端截面的转角和挠度分别为

$$\theta_B = \frac{1}{EI}\left(Fl^2 - \frac{1}{2}Fl^2 \right) = \frac{Fl^2}{2EI}$$

$$w_B = \frac{1}{EI}\left(\frac{1}{2}Fl^3 - \frac{1}{6}Fl^3 \right) = \frac{Fl^3}{3EI}$$

转角 θ_B 为正，表示截面 B 是顺时针转；挠度 w_B 为正，表示挠度是向下的。

【例 11-2】　一承受均布荷载的等截面简支梁如图 11-6 所示，梁的弯曲刚度为 EI，求梁的最大挠度及 B 截面的转角。

【解】　（1）建立挠曲线近似微分方程弯矩方程为

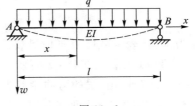

图 11-6

$$M(x) = \frac{1}{2}qlx - \frac{1}{2}qx^2$$

挠曲线近似微分方程为

$$\frac{\mathrm{d}^2 w}{\mathrm{d}x^2} = -\frac{1}{EI}\left(\frac{1}{2}qlx - \frac{1}{2}qx^2 \right)$$

（2）对微分方程二次积分　积分一次，得

$$\theta = \frac{\mathrm{d}w}{\mathrm{d}x} = \frac{1}{EI}\left(\frac{1}{6}qx^3 - \frac{1}{4}qlx^2 + C \right) \tag{a}$$

再积分一次，得

$$w = \frac{1}{EI}\left(\frac{1}{24}qx^4 - \frac{1}{12}qlx^3 + Cx + D \right) \tag{b}$$

（3）利用边界条件确定积分常数　简支梁两端铰支座处的挠度均为零，即边界条件为

当 $x = 0$ 时，$w_A = 0$

当 $x=l$ 时，$w_B=0$

将上述两个条件分别代入式（b），得

$$D=0, \quad C=\frac{1}{24}ql^3$$

（4）给出转角方程和挠度方程　将所得积分常数 C、D 值代入式（a）、（b）得梁的转角方程和挠度方程分别为

$$\theta=\frac{q}{24EI}(4x^3-6lx^2+l^3) \qquad (c)$$

$$w=\frac{q}{24EI}(x^4-2lx^3+l^3x) \qquad (d)$$

（5）求最大挠度和截面 B 的转角　由于梁及梁上荷载是对称的，所以，最大挠度发生在跨中，将 $x=\frac{l}{2}$ 代入式（d）可求得最大挠度为

$$w_{\max}=\frac{5ql^4}{384EI}$$

将 $x=l$ 代入式（c），可得截面 B 的转角为

$$\theta_B=-\frac{ql^3}{24EI}$$

θ_B 为负值，表示截面 B 逆时针转。

【例 11-3】　图 11-7 所示简支梁，受集中荷载 F 作用，梁的弯曲刚度为 EI，试求 C 截面的挠度和 A 截面的转角。

【解】　此题与前面例题解题步骤相同，不同的是，由于弯矩方程不能用一个函数式表达，因此在计算变形时，也要分段列出挠曲线近似微分方程，并分段积分求解。

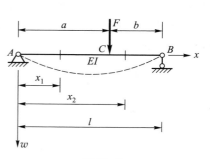

图 11-7

（1）分段建立挠曲线近似微分方程，并分别积分　由平衡条件求得约束力

$$F_{Ay}=\frac{b}{l}F, \quad F_{By}=\frac{a}{l}F$$

AC 与 CB 段的弯矩方程分别为

$$M(x_1)=\frac{Fb}{l}x_1 \quad (0\le x_1\le a)$$

$$M(x_2)=\frac{Fb}{l}x_2-F(x_2-a) \quad (a\le x_2\le l)$$

两段的挠曲线近似微分方程及其积分如下：

AC 段（$0 \leqslant x_1 \leqslant a$）为

$$\frac{\mathrm{d}^2 w_1}{\mathrm{d}x_1^2} = -\frac{1}{EI}\left(\frac{Fb}{l}x_1\right)$$

$$\theta_1 = -\frac{1}{EI}\left(\frac{Fb}{2l}x_1^2 + C_1\right) \tag{a}$$

$$w_1 = -\frac{1}{EI}\left(\frac{Fb}{6l}x_1^3 + C_1 x_1 + D_1\right) \tag{b}$$

CB 段（$a \leqslant x_2 \leqslant l$）为

$$\frac{\mathrm{d}^2 w_2}{\mathrm{d}x_2^2} = \frac{1}{EI}\left[F(x_2 - a) - \frac{Fb}{l}x_2\right]$$

$$\theta_2 = \frac{1}{EI}\left[\frac{F}{2}(x_2 - a)^2 - \frac{Fb}{2l}x_2^2 + C_2\right] \tag{c}$$

$$w_2 = \frac{1}{EI}\left[\frac{F}{6}(x_2 - a)^3 - \frac{Fb}{6l}x_2^3 + C_2 x_2 + D_2\right] \tag{d}$$

（2）确定积分常数　在上述的式（a）、（b）、（c）、（d）四个方程中有四个积分常数 C_1、D_1、C_2、D_2。为了确定这四个积分常数，除需利用边界条件之外，还要应用 AC、CB 两段梁变形连续条件。

边界条件：

$$\text{当 } x_1 = 0 \text{ 时}, w_A = 0 \tag{1}$$

$$\text{当 } x_2 = l \text{ 时}, w_B = 0 \tag{2}$$

变形连续条件：

考虑到挠曲线的光滑性和连续性，左、右两段在截面 C 处应具有相同的转角和挠度，即当 $x_1 = x_2 = a$ 时

$$\theta_1 = \theta_2 \tag{3}$$

$$w_1 = w_2 \tag{4}$$

根据条件（3）可得

$$C_1 = C_2$$

根据条件（4）可得

$$D_1 = D_2$$

将条件（1）代入式（b）得

$$D_1 = 0$$

将条件（2）代入式（d）得

$$C_2 = \frac{Fb}{6l}(l^2 - b^2)$$

则积分常数分别为

$$D_1 = D_2 = 0$$

$$C_1 = C_2 = \frac{Fb}{6l}(l^2 - b^2)$$

（3）给出转角方程和挠度方程　将所得各积分常数值代入（a）、（b）、（c）、（d）各式,便得到 AC、CB 两段梁的转角方程和挠度方程如下:

AC 段$(0 \leqslant x_1 \leqslant a)$ 为

$$\theta_1 = \frac{Fb}{6lEI}(l^2 - b^2 - 3x_1^2) \qquad (e)$$

$$w_1 = \frac{Fbx_1}{6lEI}(l^2 - b^2 - x_1^2) \qquad (f)$$

CB 段$(a \leqslant x_2 \leqslant l)$ 为

$$\theta_2 = \frac{1}{EI}\left[\frac{Fb}{6l}(l^2 - b^2 - 3x_2^2) + \frac{F(x_2 - a)^2}{2}\right] \qquad (g)$$

$$w_2 = \frac{1}{EI}\left[\frac{Fbx_2}{6l}(l^2 - b^2 - x_2^2) + \frac{F(x_2 - a)^3}{6}\right] \qquad (h)$$

（4）求指定截面转角和挠度值　将 $x_1 = 0$ 代入式（e）,得截面 A 的转角为

$$\theta_A = \frac{Fb}{6lEI}(l^2 - b^2)$$

将 $x_1 = a$ 代入式（f）,或将 $x_2 = a$ 代入式（h）,得截面 C 的挠度为

$$w_C = \frac{Fab}{6lEI}(l^2 - b^2 - a^2)$$

§11-3　叠　加　法

　　前面介绍的积分法,虽然可以求得梁任一截面的转角和挠度,但是当梁上作用有几种（或几个）荷载时,计算工作量很大。在实际工程中往往只需要求出梁指定截面的位移,这时,采用叠加法是方便的。所谓叠加法,就是先分别计算每种（或每个）荷载单独作用下产生的截面位移,然后再将这些位移代数相加,即为各荷载共同作用下所引起的位移。只有变形是微小的,材料是处于弹性阶段且服从胡克定律,才可应用叠加法。

　　表11-1列举了几种常用梁在简单荷载作用下的转角和挠度。利用这些数据,按叠加法求多荷载共同作用下的梁的位移是很方便的。

表 11-1　几种常用梁在简单荷载作用下的位移

支承和荷载情况	梁端转角	最大挠度	挠曲线方程式
	$\theta_B = \dfrac{Fl^2}{2EI}$	$w_{max} = \dfrac{Fl^3}{3EI}$	$w = \dfrac{Fx^2}{6EI}(3l - x)$
	$\theta_B = \dfrac{Fa^2}{2EI}$	$w_{max} = \dfrac{Fa^2}{6EI}(3l - a)$	$w = \dfrac{Fx^2}{6EI}(3a - x),$ $0 \leqslant x \leqslant a$ $w = \dfrac{Fa^2}{6EI}(3x - a),$ $a \leqslant x \leqslant l$
	$\theta_B = \dfrac{ql^3}{6EI}$	$w_{max} = \dfrac{ql^4}{8EI}$	$w = \dfrac{qx^2}{24EI}(x^2 + 6l^2 - 4lx)$
	$\theta_B = \dfrac{Ml}{EI}$	$w_{max} = \dfrac{Ml^2}{2EI}$	$w = \dfrac{Mx^2}{2EI}$
	$\theta_A = -\theta_B = \dfrac{Fl^2}{16EI}$	$w_{max} = \dfrac{Fl^3}{48EI}$	$w = \dfrac{Fx}{48EI}(3l^2 - 4x^2),$ $0 \leqslant x \leqslant \dfrac{l}{2}$
	$\theta_A = \dfrac{Fab(l+b)}{6lEI}$ $\theta_B = -\dfrac{Fab(l+a)}{6lEI}$	在 $x = \sqrt{\dfrac{l^2 - b^2}{3}}$ 处, $w_{max} = \dfrac{Fb}{9\sqrt{3}\,EI} \times$ $(l^2 - b^2)^{3/2}$	$w = \dfrac{Fbx}{6lEI}(l^2 - x^2 - b^2),$ $0 \leqslant x \leqslant a$ $w = \dfrac{Fb}{6lEI}\left[(l^2 - b^2)x - x^3 + \dfrac{l}{b}(x - a)^3\right],$ $a \leqslant x \leqslant l$

续表

支承和荷载情况	梁端转角	最大挠度	挠曲线方程式
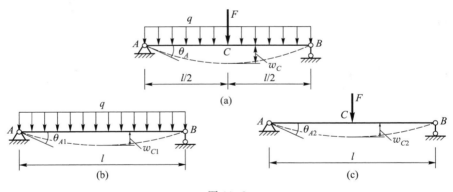	$\theta_A = -\theta_B = \dfrac{ql^3}{24EI}$	$w_{max} = \dfrac{5ql^4}{384EI}$	$w = \dfrac{qx}{24EI} \cdot$ $(l^3 - 2lx^2 + x^3)$
	$\theta_A = \dfrac{Ml}{6EI}$ $\theta_B = -\dfrac{Ml}{3EI}$	在 $x = \dfrac{l}{\sqrt{3}}$ 处, $w_{max} = \dfrac{Ml^2}{9\sqrt{3}EI}$	$w = \dfrac{Mx}{6lEI}(l^2 - x^2)$

【例 11-4】 图 11-8a 所示简支梁,承受均布荷载 q 和集中力 F 作用,梁的弯曲刚度为 EI。试用叠加法求跨中挠度及 A 截面的转角。

【解】 均布荷载 q 单独作用和集中力 F 单独作用的两种情况,如图 11-8b、c 所示。由表 11-1 查得每种荷载单独作用时的跨中挠度和 A 截面转角,最后叠加求解。

图 11-8

均布荷载 q 单独作用时

$$w_{C1} = \frac{5ql^4}{384EI}, \qquad \theta_{A1} = \frac{ql^3}{24EI}$$

集中力 F 单独作用时

$$w_{C2} = \frac{Fl^3}{48EI}, \qquad \theta_{A2} = \frac{Fl^2}{16EI}$$

由叠加法求得

$$w_C = w_{C1} + w_{C2} = \frac{5ql^4}{384EI} + \frac{Fl^3}{48EI}$$

$$\theta_A = \theta_{A1} + \theta_{A2} = \frac{ql^3}{24EI} + \frac{Fl^2}{16EI}$$

【例 11-5】 图 11-9 所示悬臂梁,梁的弯曲刚度为 EI,试求 C 截面的挠度。

【解】 集中力 F 单独作用和均布荷载 q 单独作用的两种情况,如图 11-9b、c 所示。

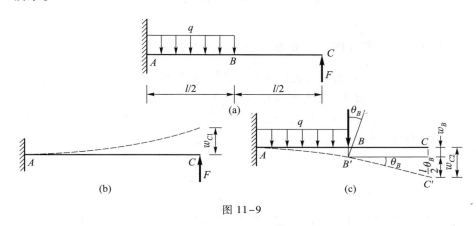

图 11-9

由表 11-1 查得,由于集中力 F 的作用,C 截面的挠度为

$$w_{C1} = -\frac{Fl^3}{3EI}$$

由均布荷载 q 的作用,C 截面产生的挠度为 w_{C2}。w_{C2} 可这样求出:梁的 AB 段由均布荷载 q 作用产生弯曲变形,截面 B 的挠度为 w_B,转角为 θ_B。梁的 BC 段无荷载作用,仍保持为直线,但因截面 B 的转角 θ_B,C 截面相对 B 截面的挠度值为 $\theta_B \cdot \frac{l}{2}$。C 截面的实际挠度为 B 截面的挠度与 C 截面相对 B 截面的挠度的和。所以

$$w_{C2} = w_B + \theta_B \cdot \frac{l}{2}$$

由表 11-1 查得

$$w_B = \frac{q\left(\frac{l}{2}\right)^4}{8EI} = \frac{ql^4}{128EI}$$

$$\theta_B = \frac{q\left(\frac{l}{2}\right)^3}{6EI} = \frac{ql^3}{48EI}$$

得到

$$w_{C2} = \frac{ql^4}{128EI} + \frac{ql^3}{48EI} \cdot \frac{l}{2} = \frac{7ql^4}{384EI}$$

在集中力 F 和均布荷载 q 共同作用下,梁的 C 截面挠度为

$$w_C = w_{C1} + w_{C2} = -\frac{Fl^3}{3EI} + \frac{7ql^4}{384EI}$$

§11-4　单位荷载法

11-4-1　问题的提法·外力的功

以图 11-10a 所示的简支梁代表线弹性体,未加外力时梁处于平衡状态。在梁的横截面 1 上加力 F_1,梁发生变形,静止于图 11-10b 所示的位置,梁上任意一横截面 i 发生线位移 Δ_i 和转角 θ_i(图 11-10b),本章的任务是用能量法求静态线位移 Δ_i 和角位移 θ_i。

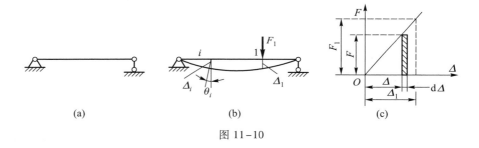

图 11-10

为解决这一问题,必须对加载方式作一假定,即假定外力 F_1 是由零逐渐增大到 F_1 值。梁在这样的外力作用下,从图 11-10a 到图 11-10b 的变形过程中各点的加速度可以略去不计。这就保证了图 11-10a 所示的静止的梁,受力变形后静止于图 11-10b 所示的位置。

由于在变形的过程中没有动能的变化,动能始终保持为零。所以,外力在变形过程中所作的功全部转移为梁的变形位能。

局限于研究线弹性体,在此条件下力 F_i 作用点的位移 Δ_i 与力 F_1 的值成正比关系,如图 11-10c 所示。外力 F_1 在梁发生变形过程中所作的功为

$$W = \int_0^{\Delta_1} F d\Delta = \int_0^{\Delta_1} \frac{F_1}{\Delta_1} \Delta d\Delta$$

即

$$W = \frac{1}{2} F_1 \Delta_1 \qquad (11-4)$$

与之类似,如在图 11-11 中截面 1 上加一矩为 M_1 的力偶,梁产生虚线所示

的变形,截面 1 的转角为 θ_1,外力偶 M_1 在梁发生变形过程中所作的功则为

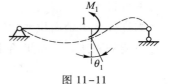

$$W = \frac{1}{2}M_1\theta_1 \qquad (11-5)$$

图 11-11

式(11-4)和式(11-5)在形式上相同。

在若干外力作用下,梁发生变形时外力的总功可写作

$$W = \frac{1}{2}\sum_{i=1}^{n}F_i\Delta_i \qquad (11-6)$$

式中 n 为外力的总数。当第 i 个外力是一力偶时,则 F_i 代表该力偶的力偶矩,Δ_i 代表该力偶作用截面的转角。

11-4-2 线弹性杆件的变形位能

构件变形时,积蓄了变形位能。这里着重讨论弯曲构件变形位能的计算。

从受弯杆件上截取长为 dx 的微段,微段两端横截面上的内力(对微段来说是外力)如图 11-12a 所示。端面弯矩引起微段发生弯曲变形,端面剪力引起微段发生剪切变形。一般情况下,剪切变形位能远小于弯曲变形位能,可略去不计。弯矩增量 $dM(x)$ 是 $M(x)$ 的一阶无穷小量,在计算变形位能时可不予考虑。这样就可按图 11-12b 所示的受力和变形情况计算微段的变形位能。

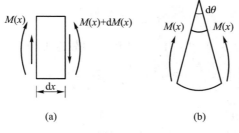

(a)   (b)

图 11-12

微段的变形位能 dV 可通过微段端截面上的弯矩在微段变形上的功来计算。注意到按式(9-1)应有 $d\theta = \dfrac{dx}{\rho} = \dfrac{M}{EI}dx$,于是微段变形位能为

$$dV = \frac{1}{2}M(x)d\theta = \frac{1}{2}M(x)\frac{M(x)}{EI}dx$$

整个杆件的弯曲变形位能 V 由微段变形位能的积分求得

$$V = \int_l \frac{M^2(x)}{2EI}dx \qquad (11-7)$$

式中 $M(x)$ 为杆件的弯矩方程,EI 为杆件的弯曲刚度,积分限 l 表示积分在杆件

全长上进行。

当杆件发生轴向拉伸(压缩)、剪切、扭转等形式的变形时,也可类似地导出变形位能的表达式。这里给出轴向拉伸(压缩)杆件的变形位能表达式

$$V = \int_l \frac{F_N^2(x)}{2EA} dx \qquad (11-8)$$

式中 $F_N(x)$ 为轴力,EA 为拉压刚度,l 为杆件长度。

当轴力 $F_N(x)$ 和拉压刚度沿杆件长度为常数时,则

$$V = \frac{F_N^2 l}{2EA} \qquad (11-9)$$

对组合变形杆件,按叠加原理,其变形位能为各基本变形形式的变形位能的和。

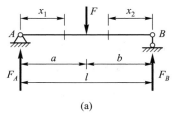

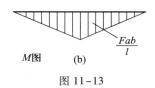

M图   (b)

图 11-13

【例 11-6】 计算图 11-13a 所示简支梁在集中力 F 作用下的变形位能。梁的弯曲刚度 EI 为常数。

【解】 作弯矩图如图 11-13b 所示。力 F 两侧的弯矩方程分别为

$$M_1 = F_A x_1 = \frac{Fb}{l} x_1$$

$$M_2 = F_B x_2 = \frac{Fa}{l} x_2$$

两段上的弯矩表达式不同,式(11-7)的积分需分段进行

$$V = \frac{1}{2EI} \left[\int_0^a \frac{F^2 b^2}{l^2} x_1^2 dx_1 + \int_0^b \frac{F^2 a^2}{l^2} x_2^2 dx_2 \right]$$

$$= \frac{F^2 a^2 b^2}{6EIl}$$

【例 11-7】 求图 11-14 所示的阶梯杆在力 F 作用下的变形位能。

【解】 将阶梯杆分为上、下两段。每段上的轴力 F_N 和拉压刚度分别为常数。按式(11-9)得

$$V = \frac{F^2 l}{2(2EA)} + \frac{F^2 l}{2EA} = \frac{3F^2 l}{4EA}$$

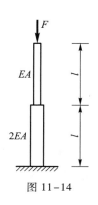

图 11-14

11-4-3 单位荷载法

单位荷载法是计算构件和结构位移的基本方法之一,这个方法是应用外力的功和变形位能的概念建立的。下面仍以简支梁为例说明单位荷载法的原理和

它所给出的位移计算公式。

在梁未受荷载作用或者刚受荷载作用的那一瞬时的位置 I 上(图 11-15a),外力的位能和梁的变形位能均为零,即此位置的总能量为零。梁受力 F 作用后,发生变形并静止于图 11-15b 中虚线所示的位置 II。在该位置上,外力的位能等于外力在变形过程中所作功的负值,即为 $-W$,而梁的变形位能为 V。根据能量守恒定律,在 I 位置上的总能量和在 II 位置上的总能量应相等,于是得

$$V - W = 0$$

或

$$V = W \tag{11-10}$$

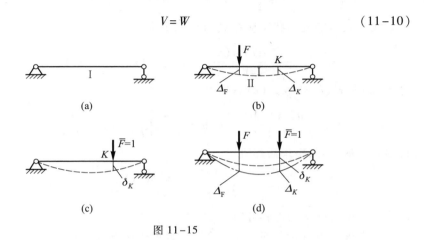

图 11-15

上式表明,**变形位能在数值上等于外力在变形过程中所作的功**。此结论来源于能量守恒,并未涉及材料的性质,适用于所有的变形体。对所研究的线弹性体的梁,代入式(11-4)和式(11-7),式(11-10)可写作

$$\int_l \frac{M_F^2(x)}{2EI}\mathrm{d}x = \frac{1}{2}F\Delta_F \tag{a}$$

式中 $M_F(x)$ 是力 F 作用下梁的弯矩,Δ_F 是力 F 作用点沿力 F 方向的位移。下面建立求解横截面位移的**单位荷载法**。

为求得力 F 作用下点 K 的线位移 Δ_K(图 11-15b),在点 K 沿线位移 Δ_K 方向施加单位力 $\overline{F}=1$(图 11-15c)。受力 $\overline{F}=1$ 作用,梁的变形如图 11-15c 中虚线所示。力 $\overline{F}=1$ 所引起的作用点 K 的线位移以 δ_K 表示。按式(11-10)得

$$\int_l \frac{\overline{M}^2(x)}{2EI}\mathrm{d}x = \frac{1}{2}\times 1\times \delta_K \tag{b}$$

式中 $\overline{M}(x)$ 为单位力 $\overline{F}=1$ 作用下梁的弯矩方程。

现在,先在梁上加单位力 $\overline{F}=1$,产生图 11-15d 中虚线所示的变形后,再加力 F,变形为图 11-15d 中的点划线所示。按叠加原理,此时梁的弯矩方程应为

$$M_F(x)+\overline{M}(x)$$

外力的总功应分两阶段计算:第一阶段,加单位力 $\overline{F}=1$,外力功为 $\frac{1}{2}\times 1\times\delta_K$;第二阶段,加外力 F,这一阶段单位力 $\overline{F}=1$ 是以恒力的状态作用在梁上,所以,由图 11-15c 可知外力的功为 $\frac{1}{2}F\Delta_F+1\times\Delta_K$。对以上两个阶段加载后的变形状态,即点划线所表示的变形状态应用式(11-10)得

$$\int_l \frac{[M_F'(x)+\overline{M}(x)]^2}{2EI}\mathrm{d}x=\frac{1}{2}\times 1\times\delta_K+\frac{1}{2}F\Delta_F+1\times\Delta_K \tag{c}$$

将式(a)和式(b)代入式(c)右端得

$$\int_l \frac{[M_F(x)+\overline{M}(x)]^2}{2EI}\mathrm{d}x=\int_l \frac{\overline{M}^2(x)}{2EI}\mathrm{d}x+\int_l \frac{M_F^2(x)}{2EI}\mathrm{d}x+\Delta_K$$

将等式左端展开,整理后得到

$$\Delta_K=\int_l \frac{M_F(x)\overline{M}(x)}{EI}\mathrm{d}x \tag{11-11}$$

这就是单位荷载法的位移计算公式。

如果求 K 截面的转角 θ_K,上述推导过程仍然有效。只不过在点 K 处不是加单位力 $\overline{F}=1$,而是加单位力偶 $\overline{M}=1$,得到转角的计算式

$$\theta_K=\int_l \frac{M_F(x)\overline{M}(x)}{EI}\mathrm{d}x \tag{11-12}$$

式(11-11)与式(11-12)在形式上完全相同,区别仅在于求线位移 Δ_K 时,$\overline{M}(x)$ 是单位力 $\overline{F}=1$ 作用下的弯矩方程,求角位移 θ_K 时,$\overline{M}(x)$ 是单位力偶 $\overline{M}=1$ 作用下的弯矩方程。

应用单位荷载法求线(角)位移时,应先画荷载弯矩图,写出其 $M_F(x)$,再画单位力(力偶)弯矩图,写出其弯矩方程 $\overline{M}(x)$,然后作积分运算。

对轴力构件,位移计算公式也可按上述方法推出,为

$$\Delta_K=\int_l \frac{F_{NF}(x)\overline{F}_N}{EA}\mathrm{d}x \tag{11-13}$$

式中 $F_{NF}(x)$ 为荷载引起的轴力方程。$\overline{F}_N$ 为单位力 $\overline{F}=1$ 引起的轴力。EA 为拉压刚度。当 $F_{NF}(x)$ 和 EA 沿杆长为常数时,式(11-13)写作

$$\Delta_K = \frac{F_{\mathrm{NF}} \, \overline{F}_\mathrm{N} l}{EA} \tag{11-14}$$

类似可得到其他基本变形形式的位移计算公式。

【**例 11-8**】 求图 11-16a 所示简支梁上力 F 作用点的竖向位移 Δ_F 和转角 θ_F。EI 为常数。

【**解**】 画荷载弯矩图(图 11-16b)。例 11-6 中已给出弯矩方程

左段

$$M_\mathrm{F} = \frac{Fb}{l} x_1$$

右段

$$M_\mathrm{F} = \frac{Fa}{l} x_2$$

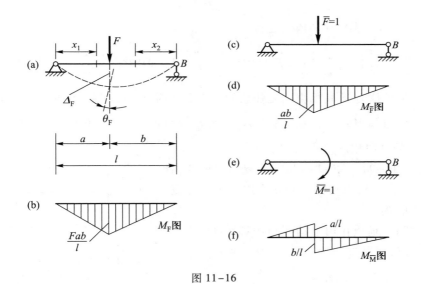

图 11-16

在力 F 作用点沿位移 Δ_F 方向加单位力 $\overline{F} = 1$(图 11-16c),其弯矩图如图 11-16d 所示。其弯矩方程为

左段

$$\overline{M} = \frac{b}{l} x_1$$

右段

$$\overline{M} = \frac{a}{l} x_2$$

按式(11-11),积分在两段上进行

$$\Delta_F = \frac{1}{EI}\left[\int_0^a \frac{Fb}{l}x_1 \cdot \frac{b}{l}x_1 \mathrm{d}x_1 + \int_0^b \frac{Fa}{l}x_2 \cdot \frac{a}{l}x_2 \mathrm{d}x_2\right] = \frac{Fa^2b^2}{3EIl}$$

当 $a = b$ 时,$\Delta_F = \dfrac{Fl^3}{48EI}$。

欲求力 F 作用截面的转角,则应在力 F 作用点加单位力偶 $\overline{M} = 1$ (图11-16e),其弯矩图如图11-16f所示。弯矩方程为

左段

$$\overline{M}_1 = -\frac{1}{l}x_1$$

右段

$$\overline{M}_1 = \frac{1}{l}x_2$$

按式(11-12),积分在两段上进行

$$\theta_F = \frac{1}{EI}\left[\int_0^a \frac{Fb}{l}x_1 \cdot \left(-\frac{1}{l}x_1\right)\mathrm{d}x_1 + \int_0^b \frac{Fa}{l}x_2 \cdot \frac{1}{l}x_2 \mathrm{d}x_2\right] = \frac{Fab}{3EIl^2}(-a^2+b^2)$$

这里单位力偶 $\overline{M}$ 的方向是任选的。当 $b>a$ 时,θ_F 取正值,表明转角 θ_F 的方向与单位力偶 $\overline{M}$ 的方向相同;当 $b<a$ 时,θ_F 取负值,表明转角 θ_F 的方向与单位力偶 $\overline{M}$ 的方向相反;当 $a = b$ 时,$\theta_F = 0$。

【例11-9】 图11-17a所示悬臂梁的弯曲刚度为 EI(常数),求均布荷载 q 作用下梁上任意截面的转角 θ。

【解】 荷载作用下的弯矩图如图11-17b所示,其弯矩方程为

$$M_F = -\frac{1}{2}qx^2$$

计算时,坐标轴 x 的原点取在自由端。

在距原点为 x 的截面上加单位力偶 $\overline{M} = 1$(图11-17c),该截面右端的梁段上的弯矩方程为

$$\overline{M} = 0$$

该截面左端的梁段上的弯矩方程为

$$\overline{M} = -1$$

按式(11-12),有

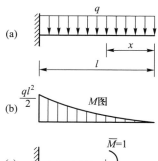

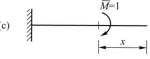

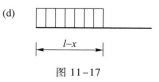

图11-17

$$\theta_x = \frac{1}{EI}\int_x^l \frac{1}{2}qx^2 \mathrm{d}x = \frac{q}{6EI}(l^3 - x^3)$$

若求自由端的转角 θ，则应将单位力偶 $\overline{M} = 1$ 施加在自由端，即 $x = 0$ 处。将 $x = 0$ 代入，得到自由端截面转角 $\theta_0 = \dfrac{ql^3}{6EI}$。求中点截面的转角 $\theta_{\frac{l}{2}}$ 时，则应将单位力偶 $\overline{M} = 1$ 施加在 $x = \dfrac{l}{2}$ 处，则得 $\theta_{\frac{l}{2}} = \dfrac{7ql^3}{48EI}$。

【例 11−10】　图 11−18a 所示的简单桁架中两杆的拉压刚度 EA 相同。求力 F 作用下结点 C 在垂直于杆 BC 方向的位移。

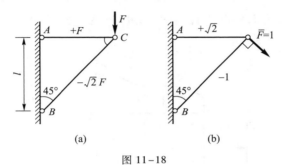

图 11−18

【解】　由式（11−14）的推导过程可知，求桁架结点位移的公式应为

$$\Delta = \sum_{i=1}^n \frac{F_{\mathrm{NF}i}\overline{F}_{\mathrm{N}i}l_i}{E_iA_i} \tag{11−15}$$

式中 E_iA_i 为第 i 杆件的拉压刚度；l_i 为第 i 杆件的长度；$F_{\mathrm{NF}i}$ 为荷载引起的第 i 杆的轴力；$\overline{F}_{\mathrm{N}i}$ 为单位力 $\overline{F}$ 引起的第 i 杆的轴力；n 为组成桁架的杆件总数。

荷载引起的各杆的轴力标于图 11−18a 中。

沿所求位移方向加单位力 $\overline{F} = 1$。单位力 $\overline{F}$ 引起的各杆的轴力标于图 11−18b 中。

在待求位移的结点上，结点 C 沿 BC 杆垂线方向的位移按式（11−15）计算得

$$\Delta = \frac{1}{EA}[F \times \sqrt{2} \times l + (-\sqrt{2}F) \times (-1) \times \sqrt{2}l] = \frac{3.414Fl}{EA}$$

所得结果取正值，表明待求的结点位移的方向与单位力 $\overline{F} = 1$ 的指向相同；若取负值，则相反。

§11−5　图　乘　法

用单位荷载法给出的公式

$$\Delta = \int \frac{M_{\mathrm{F}} \overline{M}}{EI} \mathrm{d}x \qquad\qquad (\mathrm{a})$$

计算位移时,必须进行积分运算。如果:

(1) $EI =$ 常数;

(2) 杆件轴线是直线;

(3) M_{F} 图和 $\overline{M}$ 图中至少有一个是直线图形。

上述条件得到满足时,则式(a)的积分可用 M_{F} 和 $\overline{M}$ 图的图形互乘来代替。下面给出证明。

设杆件 AB 长为 l,$\overline{M}$ 图为直线图形,M_{F} 图为任意的曲线图形,如图 11–19 所示。

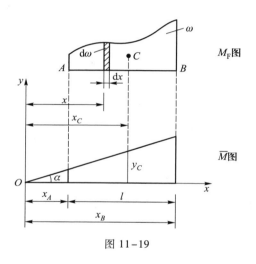

图 11–19

选 $\overline{M}$ 图形的直线与基线的交点为坐标原点,x、y 轴如图中给出。这样,$\overline{M}$ 图的弯矩方程可写作

$$\overline{M} = x\tan\alpha \qquad (x_A \leqslant x \leqslant x_B) \qquad\qquad (\mathrm{b})$$

将式(b)代入式(a),得

$$\Delta = \frac{1}{EI} \int_l x\tan\alpha \cdot M_{\mathrm{F}} \mathrm{d}x$$

$$= \frac{\tan\alpha}{EI} \int_l x M_{\mathrm{F}} \mathrm{d}x \qquad\qquad (\mathrm{c})$$

积分号下 $M_{\mathrm{F}} \mathrm{d}x$ 是 M_{F} 图上阴影部分所示的微面积,记为 $\mathrm{d}\omega$,积分 $\int x\mathrm{d}\omega$ 是图形 M_{F} 相对 y 轴的静矩,而一图形相对某轴的静矩等于该图形的面积乘以该图形的

形心 C 到此轴的距离。如以 ω 表示 M_F 图形的面积，以 x_C 表示 M_F 图形形心 C 到 y 轴的距离，则

$$\int_l x M_F \mathrm{d}x = \int_\omega x \mathrm{d}\omega = \omega x_C \qquad (\mathrm{d})$$

将式（d）代入式（c），有

$$\Delta = \frac{1}{EI} \omega x_C \tan \alpha$$

从 $\overline{M}$ 图上看，如将与 M_F 图形形心 C 相对应的 $\overline{M}$ 图的纵标用 y_C 表示，显然

$$y_C = x_C \tan \alpha$$

于是，得到图乘法的位移计算公式

$$\Delta = \frac{1}{EI} \omega y_C \qquad (11-16)$$

结论：当前述三个条件被满足时，位移 Δ 等于 M_F、$\overline{M}$ 二图形中曲线图形的面积乘以其形心所对应的直线图形的纵坐标，再除以 EI。

应用式（11−16）求位移时，要注意以下几点：

（1）当 M_F 图和 $\overline{M}$ 图在基线的同侧时，ωy_C 取正号；二者在基线的异侧时，ωy_C 取负号。

（2）当 M_F 图和 $\overline{M}$ 图都为直线图形时，可任选一图形计算面积 ω，以该图形形心所对应的另一图形的纵坐标取作 y_C。

（3）$\overline{M}$ 图形不可能是曲线，只能是直线或折线。当 M_F 图形为曲线，$\overline{M}$ 图形为折线时，可分段进行图乘。如图 11−20 所示的情况，$\overline{M}$ 图的折线由两个直线段组成，M_F 图相应地分为两部分，图乘应在两段上分别进行

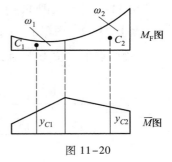

图 11−20

$$\Delta = \frac{1}{EI} \left[\omega_1 y_{C1} + \omega_2 y_{C2} \right]$$

应用图乘法时，至关重要的是 y_C 必须在直线图形上取得。

（4）为顺利地进行图乘，需知道常见曲线的面积及其形心位置。现将二次标准抛物线图形的面积及其形心位置示于图 11−21 中供查用。

【例 11−11】 求图 11−22a 所示简支梁在力 F 作用下支座 B 处的转角 θ。

【解】 作 M_F 图（图 11−22b）。

在支座 B 处加单位力偶 $\overline{M}=1$，并作 $\overline{M}$ 图（图 11−22c）。

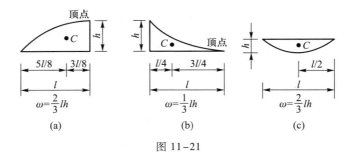

图 11-21

$\overline{M}$ 图为直线图形,应在 M_F 图上计算面积 ω,在 $\overline{M}$ 图上取纵标 y_C。

M_F 图的面积为

$$\omega = \frac{1}{8}Fl^2$$

M_F 图形的形心所对应的 $\overline{M}$ 图的纵标为

$$y_C = \frac{1}{2}$$

按式(11-16),$\theta_B = \dfrac{1}{EI}\omega y_C = \dfrac{Fl^2}{16EI}$。

【**例 11-12**】　求图 11-23a 所示悬臂梁在力 F 作用下中点的挠度 $\Delta_{\frac{l}{2}}$。

【**解**】　作 M_F 图(图 11-23b)。

在梁中点加单位力 $\overline{F}=1$,并作 $\overline{M}$ 图(图 11-23c)。

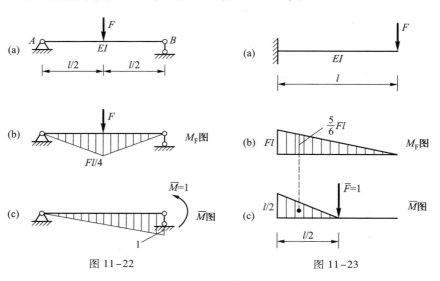

图 11-22

图 11-23

$\overline{M}$ 图沿梁长为一折线,需分两段计算。右段上 $\overline{M}=0$,图乘法结果自然为零。左段上 M_F 图和 $\overline{M}$ 图均为直线图形。可在 $\overline{M}$ 图上计算面积,$\omega=\dfrac{1}{2}\times\dfrac{l}{2}\times\dfrac{l}{2}=\dfrac{l^2}{8}$,其形心对应的 M_F 图的纵标 $y_C=\dfrac{5}{6}Fl$,所以

$$\Delta_{\frac{l}{2}}=\frac{1}{EI}\times\frac{l^2}{8}\times\frac{5}{6}Fl=\frac{5Fl^3}{48EI}$$

【例 11−13】　求图 11−24a 所示刚架在支座 B 处的转角 θ_B。

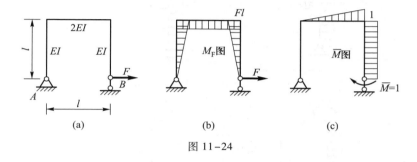

图 11−24

【解】　作 M_F 图(图 11−24b)。

在支座 B 处加单位力偶 $\overline{M}=1$,作 $\overline{M}$ 图(图 11−24c)。

图乘应分段进行。左柱上 $\overline{M}=0$,图乘结果自然为零。右柱和横梁上,M_F 图和 $\overline{M}$ 图分别在基线的两侧,图乘结果均取负值。计算中均在 M_F 图上计算面积 ω,在 $\overline{M}$ 图上取纵标 y_C,注意到两个杆的弯曲刚度不同,按式(11−16),可得到

$$\theta_B=-\frac{1}{EI}\times\frac{1}{2}\times l\times Fl\times1-\frac{1}{2EI}\times Fl\times l\times\frac{1}{2}=-\frac{3Fl^2}{4EI}$$

结果为负值表明,B 支座处截面转角的方向与单位力偶 $\overline{M}$ 的方向相反。

【例 11−14】　求图 11−25a 所示刚架的刚结点的水平位移 Δ。

【解】　作 M_F 图(图 11−25b)。为便于图乘,立柱的弯矩图形可分解为两个简单的图形:一是简支梁受均布荷载作用的弯矩图;一是简支梁受梁端力偶 $2ql^2$ 作用的弯矩图,如图 11−25c 所示。

在刚结点加水平力 $\overline{F}=1$,作 $\overline{M}$ 图(图 11−25d)。

图乘时,在 M_F 图上计算面积 ω,在 $\overline{M}$ 图上取纵标 y_C。图乘的次序是先算横梁段,后算立柱段。立柱段的 M_F 图按图 11−25c 中分解后的两个图形分别与立柱的 $\overline{M}$ 图作图乘,得到

$$\Delta = \frac{1}{EI}\left[\frac{1}{2}\times l\times 2ql^2\times\frac{2}{3}\times 2l + \frac{2}{3}\times 2l\times\frac{1}{2}ql^2\times l + \right.$$

$$\left.\frac{1}{2}\times 2l\times 2ql^2\times\frac{2}{3}\times 2l\right]$$

$$=\frac{14ql^4}{3EI}$$

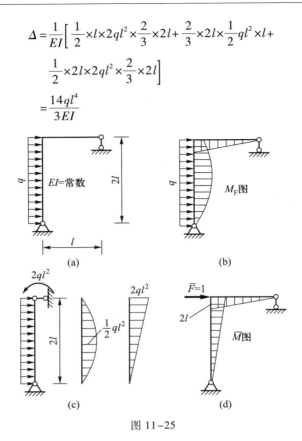

图 11-25

【**例 11-15**】　求图 11-26a 所示刚架刚结点 C 处的转角。各杆弯曲刚度 EI 为常量。

【**解**】　作 M_F 图如图 11-26b 所示。

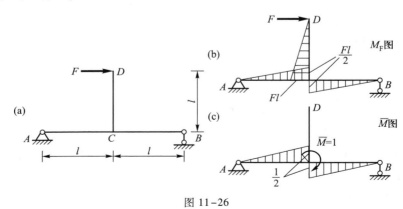

图 11-26

在刚结点 C 加单位力偶 $\overline{M}=1$,作 $\overline{M}$ 图如图 11-26c 所示。

图乘在三个杆段上分别进行。在 CD 段上 $\overline{M}$ 为零,图乘结果为零。从图 11-26b 和图 11-26c 上可以看出,AC 和 BC 两段上图乘结果相同。于是,可以求得

$$\theta_C = \left[\frac{1}{EI} \cdot \frac{1}{2} \cdot l \cdot \frac{Fl}{2} \times \frac{2}{3} \cdot \frac{1}{2} \right] \times 2 = \frac{Fl^2}{6EI}$$

显然,本题也可在 $\overline{M}$ 图上计算面积完成图乘。

§11-6 线弹性体的互等定理

这里介绍线弹性体的三个互等定理:功的互等定理,位移互等定理,约束力互等定理。其中功的互等定理是最基本的互等定理,后两个互等定理都是在特定的条件下由它导出的。这些互等定理在超静定结构的内力计算中得到应用。

11-6-1 功的互等定理

下面以简支梁为例给出功的互等定理。考查两种情况:

情况 Ⅰ:力 F_1 作用在梁的 1 点上(图 11-27a)。

情况 Ⅱ:力 F_2 作用在梁的 2 点上(图 11-27b)。

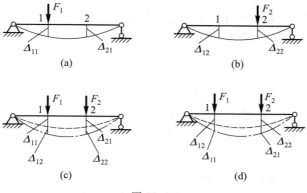

图 11-27

在情况 Ⅰ 中,力 F_1 引起的点 1 沿 F_1 方向的位移用 Δ_{11} 表示,力 F_1 引起的点 2 沿 F_2 方向的位移用 Δ_{21} 表示(图 11-27a)。

在情况 Ⅱ 中,力 F_2 引起的点 2 沿 F_2 方向的位移用 Δ_{22} 表示,力 F_2 引起的点 1 沿 F_1 方向的位移用 Δ_{12} 表示(图 11-27b)。

位移 Δ_{ij} 的脚标 i 指示位移发生的地点和方向,脚标 j 指示产生位移的力及其作用位置。例如,Δ_{21} 的脚标 2 指示此位移发生在点 2 沿着力 F_2 的方向,脚标 1 指示此位移是作用在点 1 的力 F_1 所引起。

现在,研究情况 Ⅰ 上的力在情况 Ⅱ 的位移上的功与情况 Ⅱ 上的力在情况 Ⅰ 的位移上的功这二者之间的关系。为此,按照不同的加载次序,将力 F_1、F_2 分别作用到梁上。

先加力 F_1,后加力 F_2(图 11-27c)。加力 F_1 后梁的变形如图中虚线所示,再加力 F_2 后梁的变形如图中点划线所示。最后,梁的应变能 V_1 按式(11-10)求得为

$$V_1 = \frac{1}{2}F_1\Delta_{11} + \frac{1}{2}F_2\Delta_{22} + F_1\Delta_{12} \tag{a}$$

式中 $F_1\Delta_{12}$ 是梁由虚线位置到点划线位置力 F_1 所作的功。在这一变形过程中力 F_1 为恒力。

先加力 F_2,后加力 F_1(图 11-27d)。加力 F_2 后梁的变形如图中虚线所示,再加力 F_1 后梁的变形如图中点划线所示。最后,梁的应变能 V_2 按式(11-10)求得为

$$V_2 = \frac{1}{2}F_2\Delta_{22} + \frac{1}{2}F_1\Delta_{11} + F_2\Delta_{21} \tag{b}$$

如以 $M_1(x)$ 表示 F_1 单独作用时梁的弯矩表达式,以 $M_2(x)$ 表示 F_2 单独作用时梁的弯矩表达式,对线弹性体来说,无论加载次序如何,加载后最终的弯矩 $M(x)$ 都等于单独加载的弯矩的叠加,与加载的顺序无关,即

$$M(x) = M_1(x) + M_2(x)$$

因此

$$V_1 = V_2 = \int_l \frac{\left[M_1(x) + M_2(x)\right]^2}{2EI}\mathrm{d}x$$

说明线弹性体的应变能也与加载次序无关。

于是,由式(a)、(b)的右端相等,得

$$F_1\Delta_{12} = F_2\Delta_{21} \tag{11-17}$$

即**情况 Ⅰ 的外力在情况 Ⅱ 的位移上所作的功**($F_1\Delta_{12}$)**等于情况 Ⅱ 的外力在情况 Ⅰ 的位移上所作的功**($F_2\Delta_{21}$)。这就是**功的互等定理**。

现在,借助于功的互等定理来研究因支座移动产生的位移。

设简支梁的 B 端支座有微小移动 w_B,可用单位荷载法求 K 截面的线位移 Δ_K(图 11-28a)。这里所说的支座移动,是在梁不发生变形的条件下所允许的支座移动。对静定结构来说,这种支座移动是可能实现的,且不引起支座的约束力(对超静定结构则不然)。为用单位荷载法求位移 Δ_K,在 K 截

面沿位移 Δ_K 的方向加单位力 $\overline{F}=1$。力 $\overline{F}$ 所引起的梁的变形用虚线表示,力 $\overline{F}$ 所引起的支座约束力用 $\overline{F}_{RA}$、$\overline{F}_{RB}$ 表示(图 11-28b)。规定支座位移的方向为支座约束力的正向,图中的支座约束力均按正向画出(在本例中实际计算出的支座约束力均取负值)。以图 11-28a 所示的情况作为情况 Ⅰ,以图 11-28b 所示的情况作为情况 Ⅱ,对这两个情况应用功的互等定理可得如下结论:

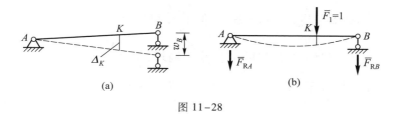

图 11-28

情况 Ⅰ 的外力在情况 Ⅱ 的位移上作的功 $=0$

情况 Ⅱ 的外力在情况 Ⅰ 的位移上作的功 $=1\cdot\Delta_K+\overline{F}_{RB}\cdot w_B$

即

$$1\cdot\Delta_K+\overline{F}_{RB}\cdot w_B=0$$

求得

$$\Delta_K=-\overline{F}_{RB}w_B$$

如果同时有 n 个支座位移发生,则

$$\Delta_K=-\sum_{i=1}^{n}\overline{F}_{Ri}w_i \qquad (11-18)$$

应用式(11-18)求支座移动所引起的位移时,要先在所求位移点沿所求位移方向加单位力,并求出单位力所引起的支座约束力 $\overline{F}_R$,代入式中即可。值得注意的是:

(1)求支座约束力时,支座约束力要按正向画出。

(2)如求 K 截面的角位移,则不是加单位力 $\overline{F}=1$,而是在 K 截面上加单位力偶 $\overline{M}=1$,并求 $\overline{M}$ 作用下的支座约束力。

当外荷载和支座移动两种因素同时作用时,可分别按式(11-11)和式(11-18)计算两种因素引起的位移,然后相加,即

$$\Delta_K=\int_l\frac{M_F(x)\overline{M}(x)}{EI}dx-\sum_{i=1}^{n}\overline{F}_{Ri}w_i \qquad (11-19)$$

11-6-2 位移互等定理

由功的互等定理式(11-17),有

$$\frac{\Delta_{12}}{F_2} = \frac{\Delta_{21}}{F_1}$$

因为 Δ_{12} 是作用在点 2 的力 F_2 引起的点 1 沿力 F_1 方向的位移。比值 $\dfrac{\Delta_{12}}{F_2}$ 当然就是单位力所引起的位移。确切地说,比值 $\dfrac{\Delta_{12}}{F_2}$ 是单位力 $\overline{F}_2 = 1$ 所引起的力 F_1 作用点沿力 F_1 方向的位移,此位移用 δ_{12} 表示。同理,比值 $\dfrac{\Delta_{21}}{F_1}$ 是单位力 $\overline{F}_1 = 1$ 所引起的力 F_2 作用点沿力 F_2 方向的位移,此位移以 δ_{21} 表示。于是得到

$$\delta_{12} = \delta_{21} \tag{11-20}$$

即**单位力 $\overline{F}_2$ 引起的在单位力 $\overline{F}_1$ 作用点沿力 $\overline{F}_1$ 方向的位移等于单位力 $\overline{F}_1$ 引起的在单位力 $\overline{F}_2$ 作用点沿力 $\overline{F}_2$ 方向的位移**。这就是**位移互等定理**。

如图 11-29a、b,在简支梁的 1、2 两点分别作用单位力 $\overline{F}_1 = 1$、单位力 $\overline{F}_2 = 1$,梁的变形分别如图 11-29a、b 中的虚线所示。在图 11-29a 上点 2 沿力 $\overline{F}_2$ 方向的位移即为 δ_{21}。在图 11-29b 上点 1 沿力 $\overline{F}_1$ 方向的位移即为 δ_{12}。位移互等定理论证了此二位移相等:$\delta_{12} = \delta_{21}$。又如图 11-30a、b 所示简支梁,在点 1 作用单位力 $\overline{F}_1 = 1$ 引起点 2 的角位移为 θ_{21},在同结构点 2 作用单位力偶 $\overline{M}_2 = 1$ 引起点 1 的线位移为 δ_{12},由位移互等定理可得

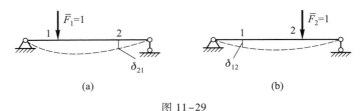

(a)   (b)

图 11-29

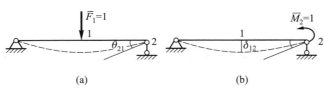

(a)   (b)

图 11-30

$$\delta_{12} = \theta_{21}$$

需要指出,式中 δ_{12} 是线位移与力偶矩的比值,而 θ_{21} 是角位移与力的比值。二者不但数值相等,而且量纲相同。

显而易见,如在功的互等定理式(11-17)中令 $F_1 = F_2 = 1$,则得到位移互等定理。所以,位移互等定理是功的互等定理的特殊情况。

11-6-3　约束力互等定理

约束力互等定理是针对超静定结构建立的。

研究图 11-31a 所示的超静定梁。考查两种情况:

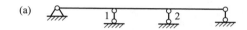

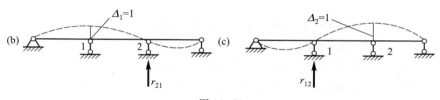

图 11-31

情况 Ⅰ:支座 1 发生单位位移 $\Delta_1 = 1$,此时梁的变形如图 11-31b 中虚线所示。这一变形状态下,支座 2 的约束力记为 r_{21}(由于支座 1 发生单位位移所引起的支座 2 的约束力)。

情况 Ⅱ:支座 2 发生单位位移 $\Delta_2 = 1$,此时梁的变形如图 11-31c 中虚线所示。这一变形状态下,支座 1 的约束力记为 r_{12}(由于支座 2 发生单位位移所引起的支座 1 的约束力)。

对于 Ⅰ、Ⅱ 两个情况应用功的互等定理,因为除 1、2 支座外,其他支座约束力的功为零,故有

$$r_{21}\Delta_2 = r_{12}\Delta_1$$

由于

$$\Delta_1 = \Delta_2 = 1$$

得

$$r_{12} = r_{21} \qquad\qquad (11-21)$$

即因支座 2 的单位位移所引起的支座 1 的约束力 r_{12} 等于因支座 1 的单位位移所引起的支座 2 的约束力 r_{21}。这就是**约束力互等定理**(或称为**反力互等定理**)。

如图 11-32a、b 中所示超静定梁,支座 1 发生单位位移引起支座 2 的约束力偶 r_{21},与支座 2 发生单位转角引起支座 1 的约束力 r_{12},在数值上相等,且量纲相同。

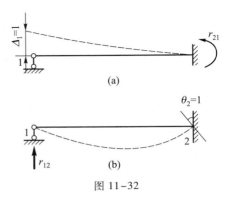

(a)

(b)

图 11-32

功的互等定理是针对线弹性体建立的,位移互等定理、约束力互等定理又都是由功的互等定理导出的,因此,本节中建立的三个互等定理只适用于线弹性体。

§11-7　结构的刚度校核

结构设计时,在进行了强度计算后,有时还须进行刚度校核。也就是要求结构在荷载作用下产生的变形不能过大,否则会影响工程上的正常使用。例如,建筑中的楼板梁变形过大时,会使下面的抹灰层开裂和剥落;厂房中吊车梁变形过大会影响吊车的正常运行;桥梁的变形过大会影响行车安全并引起很大的振动。因此,要进行结构的刚度校核。

对于梁而言,其挠度容许值通常用许用的挠度与跨长的比值 $\left[\dfrac{w}{l}\right]$ 作为标准。对于转角,一般用许用转角 $[\theta]$ 作为标准。对于建筑工程中的梁,大多只校核挠度。因此,梁的刚度条件可写为

$$\frac{w_{\max}}{l} \leqslant \left[\frac{w}{l}\right] \tag{11-22}$$

式中 $w_{\max}$ 为梁的最大挠度值;$\left[\dfrac{w}{l}\right]$ 则根据不同的工程用途,在有关规范中,均有具体的规定值。

【例 11-16】　图 11-33 所示悬臂梁,在自由端承受集中力 $F = 10$ kN 的作用,梁采用 32a 号工字钢,其弹性模量 $E = 2.1 \times 10^5$ MPa。已知 $l = 4$ m,$\left[\dfrac{w}{l}\right] = \dfrac{1}{400}$,试校核梁的刚度。

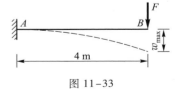

图 11-33

【解】　查得 32a 号工字钢的惯性矩为

$$I_z = 1.11 \times 10^{-4} \text{ m}^4$$

由表 11-1 查得梁的最大挠度为

$$w_{\max} = \frac{Fl^3}{3EI_z} = \frac{10 \times 10^3 \times 4^3}{3 \times 2.1 \times 10^{11} \times 1.11 \times 10^{-4}}\ \mathrm{m} = 0.92 \times 10^{-2}\ \mathrm{m}$$

代入刚度条件式(11−22)得

$$\frac{w_{\max}}{l} = \frac{0.92 \times 10^{-2}}{4} = 0.002\ 3 < \frac{1}{400} = 0.002\ 5$$

满足刚度要求。

【例 11−17】 图 11−34a 所示悬臂刚架,在 D 端受水平力 F 的作用,要求结点 B 的水平位移 Δ_B 与 D 点的水平位移 Δ_D 之比小于 0.5,试校核这一刚度条件是否满足。$EI =$ 常数。

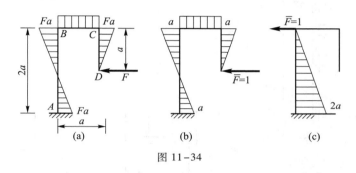

图 11−34

【解】 作 M_F 图如图 11−34a 所示。

为求 D 点水平位移 Δ_D,在点 D 加水平力 $\overline{F} = 1$,弯矩图如图 11−34b 所示。分四段进行图乘,有

$$\Delta_D = \frac{1}{EI} \times \frac{1}{2} Fa \times a \times \frac{2}{3} a \times 3 + \frac{1}{EI} \times Fa \times a \times a = \frac{2Fa^3}{EI}$$

为求 B 点水平位移 Δ_B,在 B 点加水平力 $\overline{F} = 1$,弯矩图如图 11−34c 所示,将立柱分上、下两段进行图乘,有

$$\Delta_B = \frac{1}{EI} \left(-\frac{1}{2} Fa \times a \times \frac{a}{3} + \frac{1}{2} Fa \times a \times \frac{5}{6} \times 2a \right) = \frac{2Fa^3}{3EI}$$

B、D 两点水平位移之比

$$\frac{\Delta_B}{\Delta_D} = \frac{2Fa^3}{3EI} \bigg/ \frac{2Fa^3}{EI} = \frac{1}{3} < 0.5$$

满足刚度要求。

在实际工程中,一般需要进行不同受力构件的强度条件和刚度条件的综合计算分析。

【例 11−18】 建筑外立面玻璃幕墙的铝合金方管型材支承框架立柱计算简图取为简支梁(图 11−35a),铰支座局部构造为立柱与钢角码支承用钢螺栓连

接,如图 11-35b、c 所示。已知铝合金材料的拉压强度设计值 $f_1 = 84.2$ MPa,剪切强度设计值 $f_2 = 48.9$ MPa,局部挤压强度设计值 $f_3 = 120$ MPa,弹性模量 $E = 7 \times 10^6$ N/cm^2,立柱高 $l = 3\ 400$ mm。钢螺栓直径 $d = 12$ mm,剪切强度设计值 $f_g = 130$ MPa,幕墙玻璃承受的风压荷载折算成作用于立柱的横向均匀分布荷载 $q = 1.61$ kN/m。立柱弯曲变形的许用挠度为 $l/180$(注:强度设计值视为许用应力)。

试进行风压荷载作用下立柱的强度、刚度及螺栓的剪切强度校核。

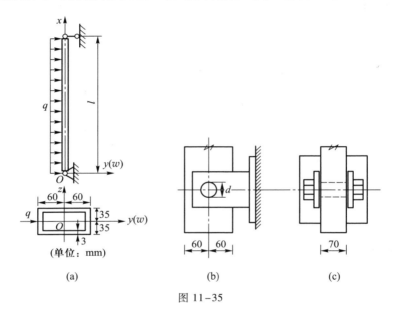

图 11-35

【解】 (1)铝合金立柱弯曲应力校核。

立柱截面惯性矩为

$$I_z = \frac{1}{12}(70 \times 120^3 - 64 \times 114^3)\ \text{mm}^4 = 2\ 178 \times 10^3\ \text{mm}^4$$

弯曲截面系数为

$$W_z = \frac{I_z}{60\ \text{mm}} = \frac{2\ 178 \times 10^3}{60}\ \text{mm}^3 = 36\ 300\ \text{mm}^3$$

截面静距为

$$S_z^* = 70 \times 60 \times 60/2 - 64 \times 57 \times 57/2\ \text{mm}^3 = 22\ 032\ \text{mm}^3$$

截面面积为

$$A = 70 \times 120 - 64 \times 114\ \text{mm}^2 = 1\ 104\ \text{mm}^2$$

风荷载最大弯矩为

$$M_{\max} = \frac{ql^2}{8} = \frac{1.61 \times 10^3 \times 3.4^2}{8} \text{ N} \cdot \text{m} = 2.33 \text{ kN} \cdot \text{m}$$

最大弯曲正应力为

$$\sigma_{\max} = \frac{M_{\max}}{W_z} = \frac{2.33 \times 10^3}{36\ 300 \times 10^{-9}} \text{ Pa} = 64.2 \text{ MPa}$$

$\sigma_{\max} = 64.2$ MPa $< [\sigma] = f_1 = 84.2$ MPa,立柱满足弯曲正应力强度要求。

最大弯曲切应力为

$$F_{\text{S}} = \frac{ql}{2} = \frac{1.61 \times 10^3 \times 3.4}{2} \text{ N} = 2.74 \text{ kN}, t = 6 \text{ mm}$$

$$\tau_{\max} = \frac{F_{\text{S}} S_z^*}{I_z t} = \frac{2.74 \times 10^3 \times 22\ 032 \times 10^{-9}}{2\ 178 \times 10^{-9} \times 6 \times 10^{-3}} \text{ Pa} = 4.62 \text{ MPa}$$

$\tau_{\max} = 4.62$ MPa $< [\tau] = f_2 = 48.9$ MPa,立柱满足弯曲切应力强度要求。

（2）铝合金立柱弯曲挠度校核。

简支梁挠度为

$$w_{\max} = \frac{5ql^4}{384EI_z} = \frac{5 \times 1.61 \times 10^3 \times 3.4^4}{384 \times 7 \times 10^{10} \times 2\ 178 \times 10^{-9}} \text{ m} = 1.84 \times 10^{-2} \text{ m}$$

$w_{\max} = 1.84 \times 10^{-2}$ m $< \dfrac{l}{180} = \dfrac{3.4}{180}$ m $= 1.89 \times 10^{-2}$ m,立柱满足弯曲刚度要求。

（3）铝合金立柱支座局部挤压强度校核。

立柱侧壁在支座处承受的螺栓挤压力为

$$F_{\text{bs}} = F_{\text{S}} = \frac{ql}{2} = \frac{1.61 \times 10^3 \times 3.4}{2} \text{ N} = 2.74 \text{ kN}$$

立柱侧壁厚 $2t = 6$ mm,支座处螺栓直径 $d = 12$ mm,支座局部挤压应力为

$$\sigma_{\text{bs}} = \frac{F_{\text{bs}}}{2td} = \frac{2.74 \times 10^3}{6 \times 10^{-3} \times 12 \times 10^{-3}} \text{ Pa} = 38.1 \text{ MPa}$$

$\sigma_{\text{bs}} = 38.1$ MPa $< [\sigma_{\text{bs}}] = f_3 = 120$ MPa,立柱满足支座局部挤压强度要求。

（4）钢螺栓剪切强度校核。

钢螺栓有两个剪切面,切应力为

$$\tau_{\text{g}} = \frac{F_{\text{S}}}{2 \times \dfrac{\pi d^2}{4}} = \frac{2.74 \times 10^3}{2 \times \dfrac{\pi \times 12^2 \times 10^{-6}}{4}} \text{ Pa} = 12.1 \text{ MPa}$$

$\tau_{\text{g}} = 12.1$ MPa $< [\tau_{\text{g}}] = f_{\text{g}} = 130$ MPa,钢螺栓满足剪切强度要求。

综合以上计算可知,立柱的强度、刚度及螺栓的剪切强度均满足强度要求。

本例计算包括了梁的弯曲正应力、弯曲切应力和弯曲变形校核,以及薄壁构件的局部挤压应力和螺栓剪切应力校核。

小　结

（1）构件和结构上各横截面的位移用线位移（挠度）、角位移（转角）两个基本量来描述。

（2）对弯曲变形的构件，可建立挠曲线近似微分方程，通过积分运算求出转角 $\theta(x)$ 和挠度 $w(x)$。这其中，正确地写出弯矩方程、正确地运用边界条件和变形连续条件确定积分常数是十分重要的。

（3）"变形位能在数值上等于外力在变形过程中所作的功"，这一概念是变形体力学中重要的基本概念之一。单位荷载法是在这一概念的基础上建立的，它适用于求解各种变形形式（包括组合变形）构件的位移。

（4）求解多种荷载共同作用下的位移时，可先分别算出每一种荷载单独作用下的位移，然后代数相加。这种方法称为叠加法。叠加法适用于小变形的线弹性体。

（5）图乘法是求解线弹性结构位移的基本方法，其计算公式为

$$\Delta = \sum \frac{\omega y_C}{EI}$$

式中 Δ 为待求的某截面的位移（线位移、角位移等）；ω 为"曲线"图形的面积；y_C 为"曲线"图形的形心所对应的直线图形的纵标；$\sum$ 为各杆件上图乘求和或同一杆件的不同杆段上图乘求和。

应用该公式时，§11–5中所揭示的注意点是必须了解的。

（6）三个互等定理是超静定结构内力分析的理论基础，要了解其内容及其表达式中各符号的含义。

（7）工程设计中，构件和结构不但要满足强度条件，还应满足刚度条件，把位移控制在允许的范围内。

思　考　题

11–1　何谓挠曲线？何谓挠度？何谓转角？它们之间有何关系？

11–2　用积分法求梁的变形时，若采用图示的两种坐标系，挠度 w 和转角 θ 的正负号是否会改变？

11–3　怎样确定对挠曲线近似微分方程进行积分时所得的积分常数？

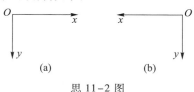

思 11–2 图

11-4　如何利用叠加法求梁的变形？应用叠加法的前提条件是什么？

11-5　为求解思 11-5 图所示悬臂梁中点的挠度，用如下公式：

$$\Delta_{\frac{l}{2}} = \frac{1}{EI}\omega y_C$$

式中 ω 为 M_F 图形的面积；y_C 为 M_F 图形的形心所对应的 $\overline{M}$ 图的纵标。这样做对吗？为什么？

11-6　如果 δ_{12} 表示点 2 加单位力引起点 1 的转角，那么 δ_{21} 应代表什么含义？

11-7　温度改变会对结构位移产生影响吗？

11-8　静定结构的支座移动，会不会在结构中产生内力？会不会产生结构的弹性变形？

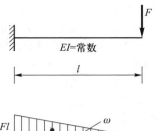

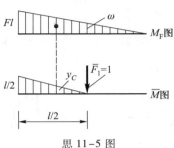

思 11-5 图

习　　题

11-1　图示简支梁 AB 的弯曲刚度为 EI，B 端受力偶 M 作用。试用积分法求 A、B 截面转角和 C 截面挠度。

11-2　图示悬臂梁 AB 受均布荷载 q 作用，梁的抗弯刚度为 EI。试用积分法求自由端截面的转角和挠度。

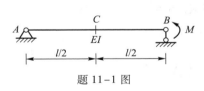

题 11-1 图

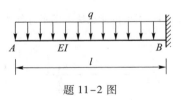

题 11-2 图

11-3　图示简支梁的跨中作用一力偶 M，梁的弯曲刚度为 EI。试用积分法求 A 截面的转角和 C 截面的挠度。

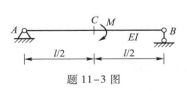

题 11-3 图

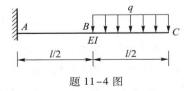

题 11-4 图

11-4　图示悬臂梁 BC 段受均布荷载 q 作用，梁的弯曲刚度为 EI。试用积分法求梁自由

端 C 截面的转角和挠度。

11-5   图示简支型钢梁,已知所用型钢为 18 号工字钢,$E = 210$ GPa,梁上所承受的荷载为集中力偶 $M = 8.1$ kN·m 和均布荷载 $q = 15$ kN/m,跨长 $l = 3.26$ m。试用积分法求此梁中点 C 处的挠度。

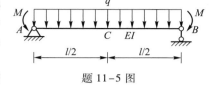

题 11-5 图

11-6   如图所示,试用叠加法求梁自由端截面的转角和挠度。

11-7   在图示梁上 $M = \dfrac{ql^2}{20}$,梁的弯曲刚度为 EI。试用叠加法求跨中截面的挠度和 A、B 截面的转角。

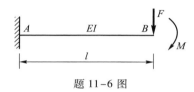

题 11-6 图

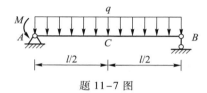

题 11-7 图

11-8   试用叠加法求图示梁自由端截面的挠度。

11-9   试用叠加法求图示梁 B、C 截面的转角和挠度。

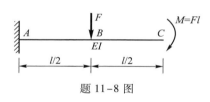

题 11-8 图

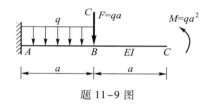

题 11-9 图

11-10   用单位荷载法求图示外伸梁 C 端的竖向位移 Δ_C。$EI =$ 常数。

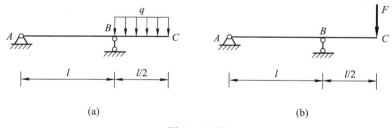

(a)   (b)

题 11-10 图

11-11   用单位荷载法求上题中 AB 段中点的转角 $\theta_{\frac{l}{2}}$。

11-12   用单位荷载法求图示悬臂梁自由端的竖向位移 Δ。

11-13   求图示桁架结点 B 和结点 C 的水平位移,各杆 EA 相同。

11-14   求图示桁架结点 1 的竖向位移。两个下弦杆拉压刚度为 $2EA$,其他各杆的拉压

刚度为 EA。

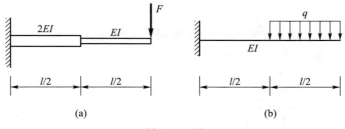

(a)　　　　　　　　　　　　(b)

题 11-12 图

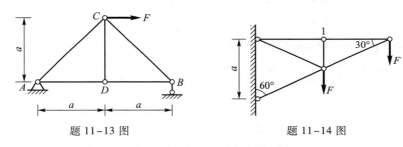

题 11-13 图　　　　　　　　　　　题 11-14 图

11-15　求图示刚架横梁中点的竖向位移,各杆长同为 l,EI 相同。

11-16　求图示悬臂折杆自由端的竖向位移,各杆长为 l,EI 相同。

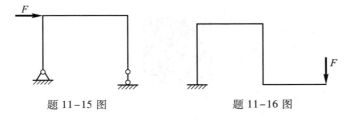

题 11-15 图　　　　　　　　　　题 11-16 图

11-17　求图示刚架刚结点的转角,各段杆长同为 l。

11-18　求图示刚架下端支座处截面的转角,各杆长同为 l,EI 相同。

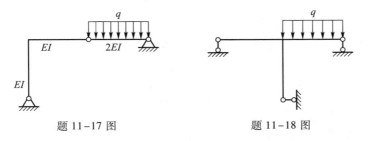

题 11-17 图　　　　　　　　　　题 11-18 图

11-19　求题 11-17 中铰结点左、右两截面的相对转角。

11-20   一工字型钢的简支梁,梁上荷载如图所示。已知 $l=6$ m, $F=10$ kN, $q=4$ kN/m, $\left[\dfrac{w}{l}\right]=\dfrac{1}{400}$,工字钢的型号为 20b,钢材的弹性模量 $E=200$ GPa,试校核梁的刚度。

11-21   图示 45a 号工字钢制成的简支梁,承受均布荷载 q,已知 $l=10$ m, $E=200$ GPa, $\left[\dfrac{w}{l}\right]=\dfrac{1}{600}$,试按刚度条件求该梁许用最大均布荷载 $[q]$ 及此时梁的最大正应力的数值。

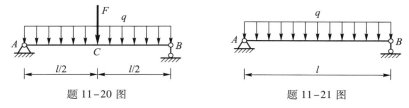

题 11-20 图   题 11-21 图

11-22   由工字钢制成的悬臂梁受力如图所示,已知 $F=20$ kN, $l=3$ m, $E=200$ GPa, $[\sigma]=160$ MPa, $\left[\dfrac{w}{l}\right]=\dfrac{1}{400}$,试选择工字钢型号。

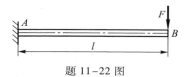

题 11-22 图

A11   习题答案

第十二章

力　　法

　　力法是最早提出的求解超静定结构的方法之一,力法的物理概念清晰、易于理解,适用于各种结构的内分析。严格地说,工程实际结构绝大多数是超静定结构,解决超静定结构的内力计算,是结构分析的主要任务,掌握了这个方法,就可以分析超静定结构的内力了。

§12-1　超静定结构的概念和超静定次数的确定

12-1-1　超静定结构的概念

本章研究超静定结构的内力计算。

求解超静定结构的内力的基本方法之一是力法。

与静定结构相比较,超静定结构具有如下性质:

（1）超静定结构是具有多余联系的几何不变体系。由于存在多余联系,仅依据平衡条件不可能确定其全部约束力和内力。求解超静定结构的内力,必须考虑变形条件。

（2）据前一章的知识,变形与材料的物理性质和截面的几何性质有关,所以,超静定结构的内力与材料的物理性质和截面的几何性质有关。

（3）由于具有多余联系,因支座移动、温度改变等原因,均会使超静定结构产生内力。

（4）由于多余联系的作用,局部荷载作用下局部的较大位移和内力被减小,图 12-1a 为一静定的两跨梁,图 12-1b 为有多余联系的超静定两跨梁。在相同荷载 F 的作用下,超静定梁上 AB 跨的最大挠度和弯矩,

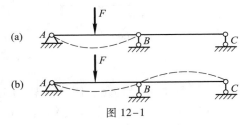

图 12-1

均小于静定梁上 AB 跨的最大挠度和弯矩。

12-1-2　超静定次数的确定

超静定结构中多余联系的数目,称为超静定次数。超静定结构的次数可以这样来确定:如果从原结构中去掉 n 个联系后,结构就成为静定的,则原结构的超静定次数就等于 n。

从静力分析的角度看,超静定次数等于与多余联系相对应的多余约束力的个数。

图 12-2a 所示结构,如果将 B 支杆去掉(图 12-2b),原结构就变成一个静定结构。这个结构具有 1 个多余联系,所以是 1 次超静定结构。如将链杆支座 B 视为多余联系,则多余约束力即为链杆支座 B 的约束力 X_1。

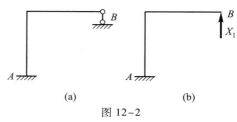

图 12-2

图 12-3a 所示超静定桁架结构,如果去掉 3 根水平上弦杆(图 12-3b),原结构就变成一静定结构,去掉 3 个链杆相当于去掉 3 个联系,所以原桁架是 3 次超静定桁架。与这 3 个多余联系相应的 3 对多余约束力示于图 12-3b 中。

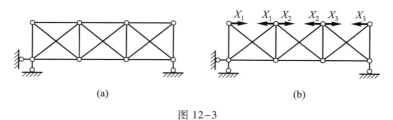

图 12-3

图 12-4a 所示超静定结构,如果去掉铰支座 B 和铰 C(图 12-4b),原结构就变成一静定结构,去掉 1 个铰支座相当于去掉 2 个联系,去掉 1 个单铰相当于去掉 2 个联系,所以原结构是 4 次超静定结构。

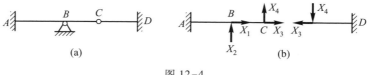

图 12-4

图 12-5a 所示结构是一闭合框架,任选一截面切开一切口,暴露出 3 个多余力(图 12-5b),即变成为静定结构。这说明一个闭合框有 3 个多余联系。

图 12-5c 所示框架有两个闭合框,有 6 个多余联系,即为 6 次超静定结构。

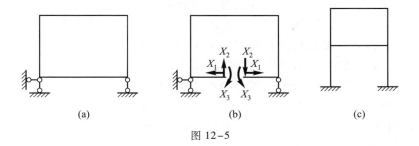

图 12-5

图 12-6a 所示刚架。如果将 B 端固定支座去掉(图 12-6b),则得到一静定结构,所以原结构是 3 次超静定结构。如果将原结构在横梁中间切断(图 12-6c),这相当于去掉 3 个联系,仍可得到一静定结构。还可以将原结构横梁的中点及两个固定端支座处加铰,得到图 12-6d 所示的静定结构。总之,对于同一个超静定结构,可以采用不同的方法去掉多余联系,从而得到不同形式的静定结构体系。但是,所去掉的多余联系的数目应该是相同的,即超静定次数不会因采用不同的静定结构体系而改变。

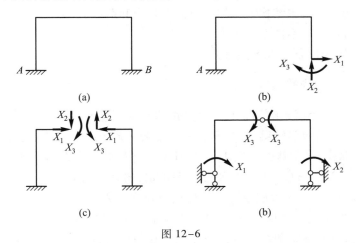

图 12-6

由上述例子可知,当将一超静定结构通过去掉多余联系变成静定结构时,去掉多余联系的数目可如下计算:

(1)去掉 1 个链杆支座或切断 1 根链杆,相当于去掉 1 个联系。

(2)去掉 1 个铰支座或 1 个单铰,相当于去掉 2 个联系。

(3)去掉 1 个固定端或切断 1 个梁式杆,相当于去掉 3 个联系。

(4)在连续杆上加 1 个单铰或将固定端用固定铰支座代替,相当于去掉 1

个联系。

（5）切开 1 个闭合框,相当于去掉 3 个联系。

采用上述方法,可以确定任何结构的超静定次
数。由于去掉多余联系的方案具有多样性,所以同
一超静定结构可以得到不同形式的静定结构体系。
但必须注意,在去掉超静定结构的多余联系时,所得
到的体系应是几何不变的静定结构。如图 12-7 所
示结构的任何一个竖向支杆都不能去掉,否则将成
一个瞬变体系。

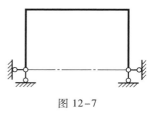

图 12-7

§12-2　力法的典型方程

力法是计算超静定结构的最基本的方法之一。力法的基本思想可以概括为:

（1）去掉超静定结构的多余联系,使之成为静定结构体系,并称之为**力法的
基本结构**。

（2）在基本结构上施加与多余约束相应的多余力,称多余力为**力法的基本
未知量**。显然,在基本结构上施加相应的多余力和荷载后,它便与原超静定结构
等同,称为力法的基本体系。

（3）应用变形条件求解多余力。

12-2-1　力法的基本概念

下面通过一个简单的例子来说明力法的基本概念。图 12-8a 所示为一端固
定、另一端铰支的超静定梁,它是具有一个多余联系的超静定结构。选链杆支座
B 作为多余联系,基本体系如图 12-8b 所示。将相应的多余力用 X_1 表示,则只
要求出力 X_1,其余未知量均可用平衡方程确定,超静定问题就转化为静定问题。

为求多余力 X_1,必须应用变形条件建立补充方程。原结构在多余联系位置
（点 B）不能发生竖向位移,在基本结构上限制点 B 竖向位移的约束虽然已被解
除,但必须保证基本结构在点 B 所发生的位移与原结构一致,即基本结构上点 B
的竖向位移 Δ_1 必须等于零,即

$$\Delta_1 = 0 \tag{a}$$

式（a）就是确定多余力 X_1 的变形（位移）条件。

基本结构上作用有均布荷载 q 和多余未知力 X_1（图 12-8b）,均布荷载 q 引
起点 B 的竖向位移用 Δ_{1F} 表示（图 12-8c）,多余未知力 X_1 引起的点 B 的竖向位
移用 Δ_{11} 表示（图 12-8d）。由叠加原理,基本结构在均布荷载 q 及多余未知力

X_1 的共同作用下所引起的点 B 的竖向位移为

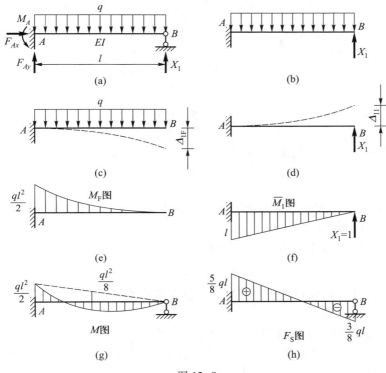

图 12−8

$$\Delta_1 = \Delta_{11} + \Delta_{1F} = 0 \qquad\qquad (b)$$

用 δ_{11} 表示在力 $X_1 = 1$ 作用下,点 B 沿 X_1 方向所产生的位移,则 $\Delta_{11} = \delta_{11}X_1$,所以表示位移条件的式(b)可以写成

$$\delta_{11}X_1 + \Delta_{1F} = 0 \qquad\qquad (12-1)$$

δ_{11} 和 Δ_{1F} 可按前面所介绍的计算静定结构位移的图乘方法求出。

按位移计算公式(11−11),荷载所引起的点 B 的竖向位移为

$$\Delta_{1F} = \int_l \frac{M_F(x) \cdot \overline{M}_1(x)}{EI} dx$$

这里 $M_F(x)$ 为均布荷载作用下的弯矩方程(图 12−8e),$\overline{M}_1(x)$ 为单位力 $X_1 = 1$ 作用下的弯矩方程(图 12−8f)。Δ_{1F} 也可由图乘法求得为

$$\Delta_{1F} = -\frac{1}{EI}\left(\frac{1}{3} \times l \times \frac{ql^2}{2}\right) \times \frac{3l}{4} = -\frac{ql^4}{8EI}$$

单位力 $X_1 = 1$ 所引起的点 B 的竖向位移按式(11−11)则应为

$$\delta_{11} = \int_l \frac{\overline{M}_1(x) \cdot \overline{M}_1(x)}{EI} dx$$

δ_{11} 也可由图乘法求得为

$$\delta_{11} = \frac{1}{EI}\left(\frac{1}{2} \times l \times l\right) \times \frac{2l}{3} = \frac{l^3}{3EI}$$

代入式(12-1)解出

$$X_1 = -\frac{\Delta_{1F}}{\delta_{11}} = \frac{ql^4}{8EI} \times \frac{3EI}{l^3} = \frac{3}{8}ql$$

求出多余未知力 X_1 后,可以利用平衡方程求出原结构的其他支座约束力为

$$F_{Ax} = 0, \quad F_{Ay} = \frac{5}{8}ql, \quad M_A = \frac{1}{8}ql^2$$

超静定结构上由荷载所引起的内力,就等于在静定基本结构上由荷载和多余力共同作用所引起的内力。

由叠加原理,结构的弯矩可表述为

$$M = \overline{M}_1 X_1 + M_F \tag{12-2}$$

原结构的内力图如图 12-8g、h 所示。该内力图也是基本结构在荷载和多余力共同作用下的内力图。

总结上例,用力法求解超静定结构的基本步骤可概述如下:

(1)去掉多余联系,用多余力代替多余联系的作用,用静定的基本结构代替超静定结构。

(2)以多余力为基本未知量,令基本结构上多余力作用点的位移与原超静定结构的位移保持一致,利用这一变形条件求解多余力。

(3)将已知外荷载和多余力所引起的基本结构的内力叠加,即为原超静定结构在荷载作用下产生的内力。

全部运算过程都是在静定的基本结构上进行的。

12-2-2　力法的典型方程

图 12-9a 所示刚架为 3 次超静定结构。如果取固定支座 B 的约束力 X_1、X_2、X_3 为基本未知量,可以得到图 12-9b 所示的基本体系。为求出 X_1、X_2、X_3,可利用固定支座 B 处没有水平位移、竖向位移和角位移的变形条件,即基本体系在点 B 沿 X_1、X_2 和 X_3 方向的位移应与原结构相同,有

$$\left.\begin{array}{l} \Delta_1 = 0 \\ \Delta_2 = 0 \\ \Delta_3 = 0 \end{array}\right\} \tag{c}$$

式中 Δ_1 是基本体系上点 B 沿 X_1 方向的位移;Δ_2 是基本体系上点 B 沿 X_2 方向的位移;Δ_3 是基本体系上点 B 沿 X_3 方向的位移。

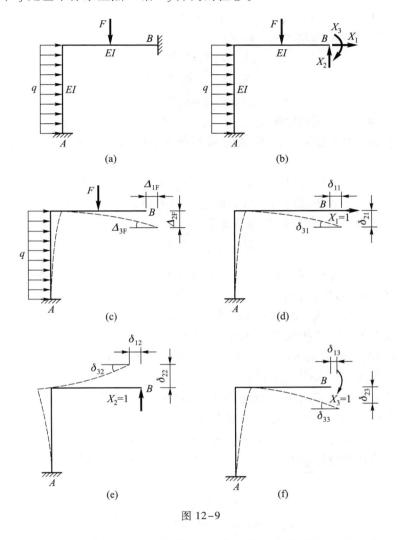

图 12−9

用 Δ_{1F}、Δ_{2F} 和 Δ_{3F} 分别表示荷载单独作用在基本结构上时,点 B 沿 X_1、X_2 和 X_3 方向的位移(图 12−9c)。

用 δ_{11}、δ_{21} 和 δ_{31} 分别表示力 $X_1 = 1$ 单独作用在基本结构上时,点 B 沿 X_1、X_2 和 X_3 方向的位移(图 12−9d)。

用 δ_{12}、δ_{22} 和 δ_{32} 分别表示力 $X_2 = 1$ 单独作用在基本结构上时,点 B 沿 X_1、X_2 和 X_3 方向的位移(图 12−9e)。

用 δ_{13}、δ_{23} 和 δ_{33} 分别表示力 $X_3 = 1$ 单独作用在基本结构上时,点 B 沿 X_1、X_2 和 X_3 方向的位移(图 12-9f)。

点 B 的三个位移 Δ_1、Δ_2、Δ_3 均为三个多余力和荷载所共同引起的。由叠加原理,变形条件(c)可以写成

$$\left.\begin{aligned}\Delta_1 &= \delta_{11}X_1 + \delta_{12}X_2 + \delta_{13}X_3 + \Delta_{1F} = 0 \\ \Delta_2 &= \delta_{21}X_1 + \delta_{22}X_2 + \delta_{23}X_3 + \Delta_{2F} = 0 \\ \Delta_3 &= \delta_{31}X_1 + \delta_{32}X_2 + \delta_{33}X_3 + \Delta_{3F} = 0\end{aligned}\right\} \qquad (12\text{-}3)$$

上式即为 3 次超静定结构的力法基本方程。这组方程的物理意义是,**基本结构在多余力和荷载的作用下,在去掉多余联系处的位移与原结构中相应的位移相等**。

解上述方程组即可以求出未知力 X_1、X_2 和 X_3,然后利用平衡条件求出原结构的其他支座约束力和内力。弯矩图也可利用叠加原理,将各多余力的弯矩图和荷载弯矩图叠加(相应截面弯矩值叠加)求得

$$M = \overline{M}_1 X_1 + \overline{M}_2 X_2 + \overline{M}_3 X_3 + M_F \qquad (12\text{-}4)$$

式中 $\overline{M}_1$、$\overline{M}_2$ 与 $\overline{M}_3$ 分别为单位力 $X_1 = 1$,$X_2 = 1$ 与 $X_3 = 1$ 单独作用在基本结构上时,基本结构的弯矩值;M_F 是基本结构在荷载作用下的弯矩值。

同一结构可以按不同的方式选取力法的基本结构和基本未知量,无论按何种方式选取的基本结构都应是几何不变的。当选不同的基本结构时,基本未知量 X_1、X_2 和 X_3 的含义不同,因而变形条件的含义也不相同,但是力法基本方程在形式上与式(12-3)完全相同。

对于 n 次超静定结构,力法的基本未知量是 n 个多余未知力 $X_1, X_2, \cdots, X_n$,每一个多余未知力都对应着一个多余联系,相应就可以写出一个变形条件。n 个未知力就可以写出 n 个变形条件,这些变形条件保证基本体系中沿多余未知力方向的位移与原结构中相应的位移相等。所以,可以根据 n 个变形条件建立 n 个方程:

$$\left.\begin{aligned}\delta_{11}X_1 + \delta_{12}X_2 + \cdots + \delta_{1n}X_n + \Delta_{1F} = 0 \\ \delta_{21}X_1 + \delta_{22}X_2 + \cdots + \delta_{2n}X_n + \Delta_{2F} = 0 \\ \cdots\cdots\cdots\cdots \\ \delta_{n1}X_1 + \delta_{n2}X_2 + \cdots + \delta_{nn}X_n + \Delta_{nF} = 0\end{aligned}\right\} \qquad (12\text{-}5)$$

上式即为 n 次超静定结构力法方程的一般形式,通常称为**力法的典型方程**。

典型方程中位于主对角线上的系数 δ_{ii} 称为**主系数**。它的物理意义是,当单位力 $X_i = 1$ 单独作用时,力 X_i 作用点沿 X_i 方向产生的位移。主系数与外荷载无关,不随荷载而改变,是**基本结构**所固有的常数。主系数的计算公

式为

$$\delta_{ii} = \sum \int \frac{\overline{M}_i^2 \mathrm{d}s}{EI}$$

式中 $\overline{M}_i$ 是单位力 $X_i = 1$ 单独作用下的弯矩值。

典型方程中不在主对角线上的系数 δ_{ij} 称为**副系数**,它的物理意义是,**当单位力 $X_j = 1$ 单独作用时,力 X_i 作用点沿 X_i 方向产生的位移**。副系数与外荷载无关,不随荷载而改变,也是基本结构所固有的常数,计算公式为

$$\delta_{ij} = \sum \int \frac{\overline{M}_i \overline{M}_j}{EI} \mathrm{d}s$$

式中 $\overline{M}_i$、$\overline{M}_j$ 分别是单位力 $X_i = 1$、$X_j = 1$ 单独作用下的弯矩值。系数 δ_{ij} 的前一个脚标指示位移发生的地点和方向,后一个脚标指示产生位移的原因。

根据位移互等定理,副系数有如下互等关系:

$$\delta_{ij} = \delta_{ji}$$

系数 δ_{ij} 表示单位力 $X_j = 1$ 作用下结构沿 X_i 方向的位移,其值愈大,表明结构在此方向的位移愈大,即柔性愈大,所以称 δ_{ij} 为柔性系数。

典型方程中系数 Δ_{iF} 称为**自由项**,它的物理意义是,基本结构在荷载作用下力 X_i 作用点沿 X_i 方向产生的位移。它与荷载有关,由作用在基本结构上的荷载所确定,即

$$\Delta_{iF} = \sum \int \frac{\overline{M}_i M_F}{EI} \mathrm{d}s$$

如果用图乘法,主系数 δ_{ii} 是由 $\overline{M}_i$ 图自乘求得,故恒为正值。副系数 δ_{ij} 和自由项 Δ_{iF} 是由 $\overline{M}_i$ 图与 $\overline{M}_j$ 图互乘和 $\overline{M}_i$ 图与图 M_F 图互乘求得,故可能为正值,可能为负值或等于零。

δ_{ij} 或 Δ_{iF} 得正值(负值)说明位移的方向与相应的未知力 X_i 的正向相同(相反)。

系数和自由项求出后,解力法方程可求出多余未知力。超静定结构的内力可根据叠加原理按下式计算:

$$\left. \begin{array}{l} M = \overline{M}_1 X_1 + \overline{M}_2 X_2 + \cdots + \overline{M}_n X_n + M_F \\ F_S = \overline{F}_{S1} X_1 + \overline{F}_{S2} X_2 + \cdots + \overline{F}_{Sn} X_n + F_{SF} \\ F_N = \overline{F}_{N1} X_1 + \overline{F}_{N2} X_2 + \cdots + \overline{F}_{Nn} X_n + F_{NF} \end{array} \right\} \tag{12-6}$$

式中 $\overline{M}_i X_i$、$\overline{F}_{Si} X_i$ 和 $\overline{F}_{Ni} X_i$ 是由力 X_i 单独作用在基本结构上而产生的内力;M_F、

F_{SF} 和 F_{NF} 是由荷载单独作用在基本结构上而产生的内力。作 F_S 图和 F_N 图时，可以先作出原结构的弯矩图，然后利用平衡条件计算出各杆端力 F_S 和 F_N，再画出 F_S、F_N 图。

§12-3 用力法计算超静定结构

本节将通过算例来说明用力法计算超静定结构的过程。

【例12-1】 图 12-10a 所示超静定梁，EI＝常量。绘制内力图。

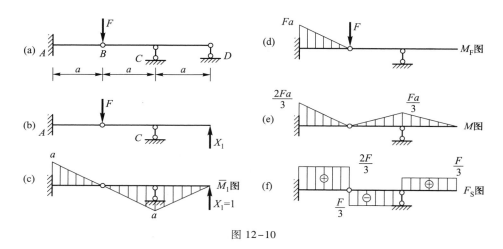

图 12-10

【解】 （1）选取基本体系。

选该 1 次超静定梁的基本体系如图 12-10b 所示，基本未知量为 X_1。

（2）列力法方程、求系数。

力法方程为

$$\delta_{11}X_1 + \Delta_{1F} = 0$$

绘制 $X_1 = 1$ 单独作用下的弯矩图，$\overline{M}_1$ 图如图 12-10c 所示。

绘制荷载单独作用下的 M_F 图，如图 12-10d 所示。

主系数 δ_{11} 由 $\overline{M}_1$ 图自乘得到

$$\delta_{11} = \frac{1}{EI}\left(\frac{1}{2}a \times a \times \frac{2a}{3}\right) \times 3 = \frac{a^3}{EI}$$

自由项 Δ_{1F} 由 $\overline{M}_1$ 图与图 M_F 图互乘得到

$$\Delta_{1F} = \frac{1}{EI} \cdot \frac{1}{2}a \times Fa \times \frac{2a}{3} = \frac{Fa^3}{3EI}$$

（3）求多余力、绘内力图。

由力法方程解得多余力

$$X_1 = -\frac{\Delta_{1F}}{\delta_{11}} = -\frac{F}{3}$$

按叠加法绘弯矩图：$M = \overline{M}_1 X_1 + M_F$。弯矩图如图 12-10e 所示。

绘制剪力图时，可先在基本体系图 12-10b 上求出链杆支座 B 的约束力 $F_B = \frac{2}{3}F(\downarrow)$，则可根据图 12-10b 绘出剪力图如图 12-10f 所示。

【例 12-2】 图 12-11a 所示超静定刚架，各杆 EI = 常量。绘制内力图。

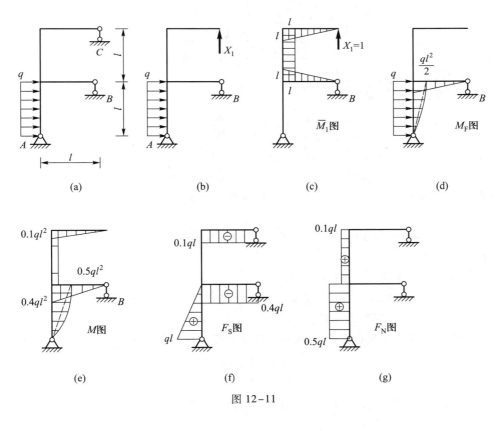

图 12-11

【解】 （1）选取基本体系。

选该 1 次超静定刚架的基本体系如图 12-11b 所示，基本未知量为 X_1。

（2）列力法方程，求系数。

力法方程为

$$\delta_{11}X_1 + \Delta_{1F} = 0$$

绘 $\overline{M}_1$ 图和 M_F 图分别如图 12-11c 和图 12-11d 所示。系数 δ_{11} 由 $\overline{M}_1$ 图自乘求得

$$\delta_{11} = \sum \int \frac{\overline{M}_1 \overline{M}_1}{EI} \mathrm{d}s$$

$$= \frac{1}{EI}\left[\left(\frac{1}{2}l \times l \times \frac{2l}{3}\right) \times 2 + l^3\right] = \frac{5l^3}{3EI}$$

系数 Δ_{1F} 由 $\overline{M}_1$ 图与 M_F 图互乘求得

$$\Delta_{1F} = \sum \int \frac{\overline{M}_1 M_F}{EI} \mathrm{d}s$$

$$= -\frac{1}{EI} \cdot \frac{1}{2}l \times \frac{ql^2}{2} \times \frac{2l}{3} = -\frac{ql^4}{6EI}$$

（3）求多余力、绘内力图。

由力法方程解得多余力

$$X_1 = -\frac{\Delta_{1F}}{\delta_{11}} = \frac{ql}{10}$$

按叠加法绘弯矩图：$M = \overline{M}_1 X_1 + M_F$。弯矩图如图 12-11e 所示。

绘制剪力图和轴力图时，可先在基本体系图 12-11b 上求出铰支座 A 和链杆支座 B 的约束力，绘出剪力图和轴力图分别如图 12-11f 和图 12-11g 所示。

【例 12-3】　图 12-12a 所示刚架为 2 次超静定刚架，求在水平力 F 的作用下，刚架的内力图。

【解】　（1）取基本体系。

取基本体系如图 12-12b 所示。基本未知量为 X_1、X_2。

（2）列力法方程，求系数。

基本体系应满足点 B 既无水平位移又无竖向位移的变形条件，力法方程为

$$\delta_{11}X_1 + \delta_{12}X_2 + \Delta_{1F} = 0$$

$$\delta_{21}X_1 + \delta_{22}X_2 + \Delta_{2F} = 0$$

为计算主、副系数及自由项，作出 $\overline{M}_1$、$\overline{M}_2$ 及 M_F 图。由图乘法知，δ_{11} 为 $\overline{M}_1$ 图（图 12-12c）的自乘，即

$$\delta_{11} = \sum \int \frac{\overline{M}_1^2}{EI} \mathrm{d}s$$

$$= \frac{1}{EI} \times \frac{1}{2}l^2 \times \frac{2}{3}l + \frac{1}{4EI} \times l^2 \times l + \frac{1}{4EI} \times \frac{1}{2}l^2 \times \frac{2}{3}l = \frac{2l^3}{3EI}$$

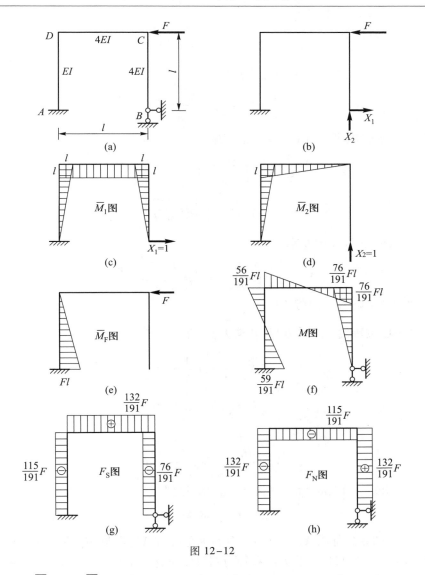

图 12-12

δ_{12} 为 $\overline{M}_1$ 图与 $\overline{M}_2$ 图(图 12-12d)的互乘,即

$$\delta_{12} = \sum \int \frac{\overline{M}_1 \overline{M}_2}{EI} ds$$

$$= \frac{1}{EI} \times \frac{1}{2} l^2 \times l + \frac{1}{4EI} \times l^2 \times \frac{l}{2} = \frac{5l^3}{8EI}$$

$$\delta_{21} = \sum \int \frac{\overline{M}_2 \overline{M}_1}{EI} ds = \delta_{12} \quad (位移互等定理)$$

δ_{22} 为 $\overline{M}_2$ 图的自乘

$$\delta_{22} = \sum \int \frac{\overline{M}_2^2}{EI} ds$$

$$= \frac{1}{EI} \times l^2 \times l + \frac{1}{4EI} \times \frac{1}{2} l^2 \times \frac{2}{3} l = \frac{13l^3}{12EI}$$

Δ_{1F} 为 $\overline{M}_1$ 图与 M_F 图（图 12-12e）的互乘

$$\Delta_{1F} = \sum \int \frac{\overline{M}_1 M_F}{EI} ds$$

$$= \frac{1}{EI} \times \frac{1}{2} Fl^2 \times \frac{1}{3} l = \frac{Fl^3}{6EI}$$

Δ_{2F} 为 $\overline{M}_2$ 图与 M_F 图的互乘

$$\Delta_{2F} = \sum \int \frac{\overline{M}_2 M_F}{EI} ds = \frac{1}{EI} \times \frac{1}{2} Fl^2 \times l = \frac{Fl^3}{2EI}$$

（3）求多余力、绘内力图。

将各项系数代入力法方程，并消去 $\frac{l^3}{EI}$，有

$$\frac{2}{3} X_1 + \frac{5}{8} X_2 + \frac{1}{6} F = 0$$

$$\frac{5}{8} X_1 + \frac{13}{12} X_2 + \frac{1}{2} F = 0$$

解方程得

$$X_1 = \frac{76}{191} F, \quad X_2 = -\frac{132}{191} F$$

求出多余未知力 X_1、X_2 后，弯矩图由叠加法得到

$$M = \overline{M}_1 X_1 + \overline{M}_2 X_2 + M_F$$

即将 $\overline{M}_1$ 图的纵坐标乘 X_1，加上 $\overline{M}_2$ 图的纵坐标乘 X_2，再与 M_F 图的纵坐标相加得弯矩图（图 12-12f）。剪力图和轴力图可以研究基本体系，按静定结构绘制内力图的方法得到（图 12-12g、h）。

排架是工业厂房常用结构形式。排架由屋架、柱子和基础组成。柱子通常采用阶梯形变截面构件，柱底为固定端，柱顶与屋架为铰接。图 12-13 所示为一排架的结构及其计算简图。

下面通过一个例子来说明铰接排架的计算。

【例 12-4】 图 12-14a 所示不等高两跨排架，已知 $EI_1 : EI_2 = 4 : 3$，受水平均布荷载作用。试作出该排架的弯矩图。

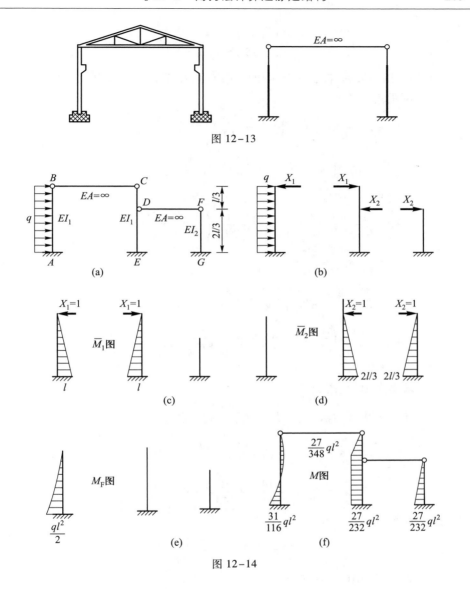

图 12-13

图 12-14

【解】　（1）选取基本体系。

该排架是 2 次超静定结构，基本体系如图 12-14b 所示。取 BC 杆的轴力 X_1 和 DF 杆的轴力 X_2 为多余未知力。

（2）列力法方程、求系数。

基本体系应满足柱端处 B、C 二点间的相对位移和 D、F 二点间的相对位移同时等于零，即

$$\delta_{11}X_1+\delta_{12}X_2+\Delta_{1F}=0$$

$$\delta_{21}X_1+\delta_{22}X_2+\Delta_{2F}=0$$

为求主、副系数和自由项,分别作出相应的 $\overline{M}_1$ 图、$\overline{M}_2$ 图和 M_F 图(图 12–14c、d、e)。按图乘法

$$\delta_{11}=2\times\frac{1}{EI_1}\times\left(\frac{1}{2}\times l\times l\right)\times\frac{2l}{3}=\frac{2l^3}{3EI_1}$$

$$\delta_{12}=-\frac{1}{EI_1}\times\left(\frac{1}{2}\times\frac{2}{3}l\times\frac{2}{3}l\right)\times\frac{7}{9}l=-\frac{14l^3}{81EI_1}$$

$$\delta_{12}=\delta_{21}$$

$$\delta_{22}=\frac{1}{EI_1}\times\left(\frac{1}{2}\times\frac{2l}{3}\times\frac{2l}{3}\right)\times\frac{4l}{9}+\frac{1}{EI_2}\times\left(\frac{1}{2}\times\frac{2l}{3}\times\frac{2l}{3}\right)\times\frac{4l}{9}$$

$$=\frac{l^3}{EI_1}\times\frac{8}{81}+\frac{l^3}{EI_2}\times\frac{8}{81}$$

$$=\frac{l^3}{EI_1}\times\frac{8}{81}+\frac{4}{3}\times\frac{l^3}{EI_1}\times\frac{8}{81}=\frac{56l^3}{243EI_1}$$

$$\Delta_{1F}=-\frac{1}{EI_1}\times\left(\frac{1}{3}\times l\times\frac{1}{2}ql^2\right)\times\frac{3l}{4}=-\frac{ql^4}{8EI_1}$$

$$\Delta_{2F}=0$$

(3)求多余力、绘内力图。

将各项系数代入力法方程,并消去 $\dfrac{l^3}{EI_1}$,得方程组

$$\frac{2}{3}X_1-\frac{14}{81}X_2-\frac{ql}{8}=0$$

$$-\frac{14}{81}X_1+\frac{56}{243}X_2=0$$

解上述方程组,得

$$X_1=\frac{81ql}{348},\quad X_2=\frac{81ql}{464}$$

结构弯矩图如图 12–14f 所示。

在工程实际中,有时采用超静定桁架这一结构形式。超静定桁架的计算,在基本方法上与其他超静定结构相同。但又有其特点,其基本体系的位移是由杆件的轴向变形引起的。典型方程中的主、副系数和自由项,可根据式(11–14)按下式计算:

$$\delta_{ij}=\sum\frac{\overline{F}_{Ni}\overline{F}_{Nj}l}{EA},\quad \Delta_{iF}=\sum\frac{\overline{F}_{Ni}\overline{F}_{NF}l}{EA}$$

下面,通过一个例题说明超静定桁架的计算。

【例 12−5】　计算图 12−15a 所示桁架。各杆 $EA=$ 常数。

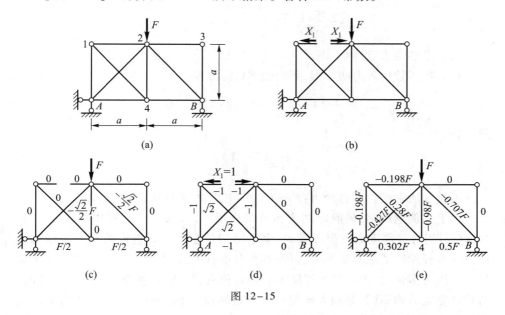

图 12−15

【解】　(1) 取基本体系。

该桁架是 1 次超静定结构,基本体系如图 12−15b 所示,取 12 杆的轴力 X_1 为多余未知力。

(2) 列力法方程、求系数。

基本体系应满足杆 12 截口处相对位移等于零的变形条件,即

$$\delta_{11} X_1 + \Delta_{1F} = 0$$

为求主系数和自由项,分别求出相应的 $\overline{F}_{N1}$(图 12−15d)和 F_{NF}(图 12−15c)。按照桁架位移计算公式,有

$$\delta_{11} = \sum \frac{\overline{F}_{N1}^2 l}{EA}$$

$$= 4 \times \frac{1}{EA} \times (-1)^2 \times a + 2 \times \frac{1}{EA} \times (\sqrt{2})^2 \times \sqrt{2}\, a$$

$$= \frac{4a(1+\sqrt{2})}{EA}$$

$$\Delta_{1F} = \sum \frac{\overline{F}_{N1} \overline{F}_{NF} l}{EA}$$

$$= \frac{1}{EA} \times \sqrt{2} \times \left(-\frac{\sqrt{2}}{2}F \right) \times \sqrt{2}\,a + \frac{1}{EA} \times (-1) \times \frac{F}{2} \times a$$

$$= -\frac{(2\sqrt{2}+1)Fa}{2EA}$$

（3）求多余力、绘内力图。

将各项系数代入力法方程，并消去 EA，得方程

$$4a(1+\sqrt{2})X_1 - (2\sqrt{2}+1)\frac{Fa}{2} = 0$$

解方程，得

$$X_1 = \frac{(3-\sqrt{2})}{8}F$$

由叠加法求结构各杆轴力：$F_N = \overline{F}_{N1}X_1 + F_{NF}$，各杆轴力如图 12-15e 所示。

由上述例题可知，超静定结构在荷载作用下，多余力表达式中不含刚度 EI（EA），但当各杆刚度的比值不同时，多余力的值也不同。这说明超静定结构的内力与各杆刚度的绝对值无关，只与其相对值有关，这是超静定结构的一个重要特性。因为多余力、内力与各杆刚度的相对值有关，所以，在设计超静定结构时，与设计静定结构不同，要预先给定各构杆的刚度之比。待求出多余力后才能选定截面，并确定实际采用的构件刚度。

现在，将用力法计算超静定结构的步骤总结如下：

（1）去掉多余联系，代之以多余未知力，得到静定的基本体系，并定出基本未知量的数目。

（2）根据原结构在去掉多余联系处的位移与基本体系在多余未知力和荷载作用下相应处的位移相同的变形条件，建立力法典型方程。

（3）作基本结构的单位内力图和荷载内力图，求出力法方程的系数和自由项。

（4）解力法典型方程，求出多余未知力，用叠加法绘制弯矩图。

（5）按分析静定结构的方法，作出原结构的剪力图和轴力图。

§12-4　结构对称性的利用

12-4-1　概述

工程中经常会采用**对称结构**。对称结构有一对称轴，其几何形状、支承条件、各杆件的刚度都相对该轴对称。也有一类结构是关于原点对称的。对称结构可分为两类，一是没有中柱的对称结构，如图 12-16a 所示，一是有中柱的对称

结构,如图 12-16b 所示。

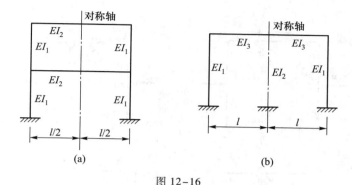

图 12-16

当将对称结构绕对称轴对折后,如果轴两侧的荷载作用点、作用线重合,且指向相同、大小相等,则说荷载是对称的;如果轴两侧荷载作用点、作用线重合,大小相等、指向相反,则说荷载是反对称的。作用在对称结构上的一般荷载,都可以分解为对称荷载和反对称荷载两组,如图 12-17 所示。

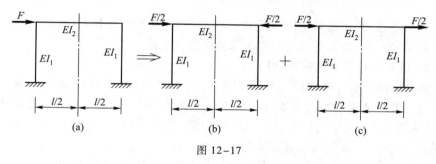

图 12-17

对称结构的力学特征是,**在对称荷载作用下,其内力和变形是对称的;在反对称荷载作用下,其内力和变形是反对称的**。由此判定,无论荷载是对称的或反对称的,都只需计算对称轴一侧的半个结构,从而使计算得到简化,并称此半个结构为原结构的**等代结构**。

12-4-2   无中柱对称刚架的等代结构

1. 对称荷载下的等代结构

图 12-18a 所示对称刚架受对称荷载作用,将其沿对称轴切割为两半(图 12-18b),则对称轴处截面 A 上只有对称的内力(轴力和弯矩),没有反对称的内力(剪力),如图 12-18c 中所示。由于刚架发生对称的变形(图 12-18a),截面 A 只能有竖向位移,不能有水平位移和转角。截面 A 处内力和位移的上述

特征,正与在该处安装一个垂直于轴线的定向支座相符合,于是得到等代结构,
如图 12-18d 所示。

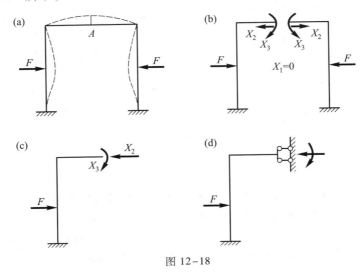

图 12-18

综上所述,无中柱对称刚架受对称荷载作用,其等代结构是:对称轴任一侧
的半刚架,在切开截面处加与对称轴垂直的定向支座。

2. 反对称荷载下的等代结构

图 12-19a 所示对称刚架受反对称荷载作用,将其沿对称轴切割为两半
(图 12-19b),则对称轴处截面 A 上只有反对称的内力(剪力),没有对称的内力
(轴力和弯矩)。由于刚架发生反对称的变形(图 12-19a),截面 A 有水平位移
和转角,不能有竖向位移。截面 A 处内力和位移的上述特征,正与该处安装一个
平行轴线的链杆支座相符合,于是得到等代结构,如图 12-19c 所示。

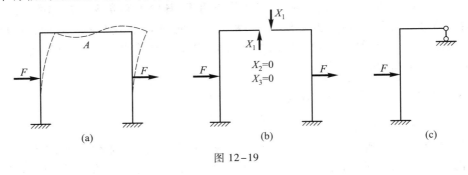

图 12-19

综上所述,无中柱对称刚架受反对称荷载作用,其等代结构是:对称轴任一
侧的半刚架,在切开截面处加与对称轴平行的链杆支座。

12-4-3　有中柱对称刚架的等代结构

1. 对称荷载下的等代结构

图 12-20a 所示对称刚架受对称荷载作用,如不计轴向变形,中柱端点 A 将不发生任何位移。于是,可判定刚结点 A 的两侧截面也不发生任何位移,就像端点 A 两侧均是固定端约束一样,得到等代结构如图 12-20b 所示。

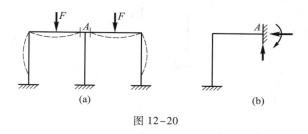

(a)　　　　　　　　　　(b)

图 12-20

综上所述,有中柱对称刚架受对称荷载作用,其等代结构是:对称轴任一侧的半刚架(不含中柱),在切开截面处加一固定端约束。

2. 反对称荷载下的等代结构

有中柱对称刚架受反对称荷载作用(图 12-21a),其等代结构是:对称轴一侧的半刚架(含中柱),中柱的截面惯性矩减半,中柱上的荷载也减半,如图 12-21b 中所示。

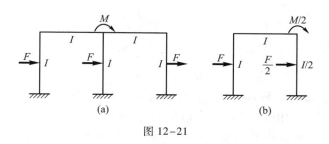

(a)　　　　　　　　　(b)

图 12-21

12-4-4　对称性的利用

下面讨论求解刚架内力时对称性的利用。

【例 12-6】　作图 12-22a 所示刚架的弯矩图。

【解】　此刚架在反对称荷载的作用下,只有反对称未知力,对称未知力等于零。等代结构如图 12-22b 所示,取基本体系如图 12-22c 所示。

用图乘法可以求出力法方程的系数和自由项,由图 12-22d、e 可得

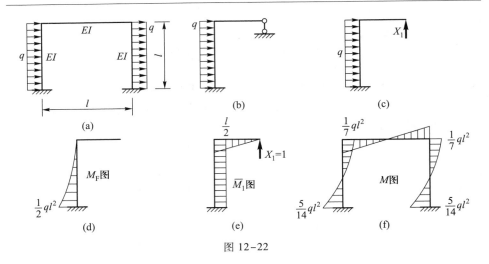

图 12-22

$$\delta_{11} = \frac{1}{EI}\left[l\times\frac{l}{2}\times\frac{l}{2} + \frac{1}{2}\times\frac{l}{2}\times\frac{l}{2}\times\frac{2}{3}\times\frac{l}{2} \right] = \frac{7l^3}{24}\times\frac{1}{EI}$$

$$\Delta_{1F} = -\frac{1}{EI}\times\frac{1}{3}\times l\times\frac{ql^2}{2}\times\frac{l}{2} = -\frac{1}{12}\times\frac{ql^4}{EI}$$

代入力法方程

$$\delta_{11}X_1 + \Delta_{1F} = 0$$

解出

$$X_1 = -\frac{\Delta_{1F}}{\delta_{11}} = \frac{2}{7}ql$$

求出 X_1 后,由叠加法

$$M = \overline{M}_1 X_1 + M_F$$

给出弯矩图如 12-22f 所示,其中右半部结构的 M 图是按图形反对称绘出。

【例 12-7】　作图 12-23a 所示刚架的弯矩图。

【解】　图示刚架在对称荷载的作用下,只会产生对称未知力,反对称未知力等于零。因半结构的切开截面处是铰,该处可有转角,不产生弯矩,等代结构如图 12-23b 所示。取基本体系示于图 12-23c 中,基本未知量只有对称未知力 X_1。

用图乘法可以求出力法方程的系数和自由项,由图 12-23d、e 可得

$$\delta_{11} = \frac{1}{EI}\times\frac{1}{2}\times l\times l\times\frac{2}{3}l = \frac{l^3}{3EI}$$

$$\Delta_{1F} = -\frac{1}{EI}\times\frac{1}{2}\times\frac{Fl}{2}\times\frac{l}{2}\times\frac{5}{6}l = -\frac{5Fl^3}{48EI}$$

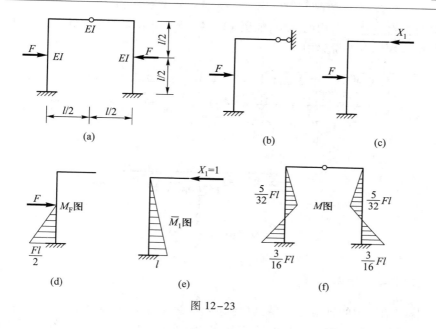

图 12-23

代入力法方程

$$\delta_{11}X_1 + \Delta_{1F} = 0$$

解得

$$X_1 = -\frac{\Delta_{1F}}{\delta_{11}} = \frac{5Fl^3}{48EI} \times \frac{3EI}{l^3} = \frac{5}{16}F$$

求出 X_1 后,由叠加法

$$M = \overline{M}_1 X_1 + M_F$$

绘出结构弯矩如图 12-23f 所示,其中右半部结构的 M 图是按图形对称性绘出。

§12-5 多跨连续梁、排架、刚架、桁架的受力特点

12-5-1 多跨连续梁

多跨连续梁是一个连续的整体,连续梁在支座处的截面可以承受和传递弯矩,使梁各段能共同工作,其整体刚度和承载力优于静定多跨梁。

图 12-24a 为一多跨连续梁。当其中两跨有荷载作用时,整个梁都产生内力(图中所示图形为弯矩图)。图 12-24b 为一静定多跨梁。当其中两跨有荷载作用时,只引起本跨梁的内力,对其他跨梁无影响。多跨连续梁在支座产生不均匀

沉降时会引起整个结构的内力,如图 12-24c 所示。在工程中多跨连续梁通常用于梁板结构体系及桥梁中。

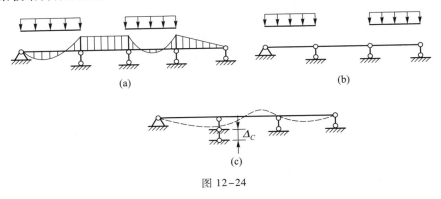

图 12-24

12-5-2 排架

排架结构中的排架柱与横梁(屋架)铰接,通常可不考虑横梁的轴向变形。横梁对排架柱的支座不均匀沉降不敏感,如图 12-25a 所示。在有吊车的排架中,排架柱通常采用变截面柱。排架主要承受竖向(屋架、吊车)和水平荷载。在自身平面内刚度和承载力较大,可以做成较大跨度的结构,形成较大的空间。排架的施工安装较方便,通常用于单层工业厂房和仓库中。在实际工程结构中,排架与排架之间需要加设支承和纵向系杆,以保证结构体系的纵向刚度。在有吊车梁的排架中,吊车梁本身就是很好的系杆,如图 12-25b 所示。

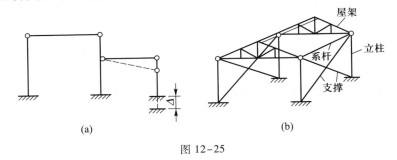

图 12-25

通常排架还可以做成多跨的连排排架,这样可以增大结构的使用空间,满足不同的需求。

12-5-3 刚架

在工程中刚架结构又称为框架结构。在刚架中柱与梁之间的联系采用刚性结点,结构整体性好,刚度强。刚结点可以承受和传递弯矩,结构中的杆件以受弯为主。

在竖向荷载作用下,刚架中的横梁比两端铰支梁受力合理,如图 12-26 所示。刚结点起到了承受和传递弯矩的约束作用。

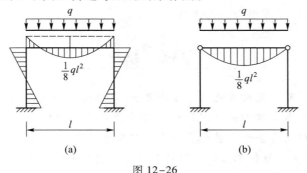

图 12-26

在水平荷载作用下,因为刚结点的存在,对结点转角和侧移有约束作用。与排架相比,排架柱顶横梁为铰接,对柱的侧移无限制作用,所以刚架的侧移小于排架的侧移。

刚架结构,由于杆件数量较少,且大多数是直杆,所以能形成较大的空间,结构布置灵活,通常用于多层、多跨和高层建筑中。

12-5-4 桁架

无论是静定桁架还是超静定桁架,它们的所有杆件都只受轴力作用,杆件受力合理,结构自重轻,可以做成较大的跨度,能承受较大的荷载。超静定桁架由于具有多余联系杆件,比静定桁架更具有安全性。超静定桁架中个别杆件受破坏不能承受作用力时,可由其他杆件分担,整个结构不会破坏,所以它优于静定桁架。当桁架用作受弯结构时(起梁的作用),在竖向荷载作用下,上弦杆受压,下弦杆受拉。上、下弦杆用来抵抗弯矩。桁架高度 h 值越大,对抵抗弯矩越有利。桁架的腹杆用来抵抗剪力。在承受相同荷载时(图 12-27),桁架的刚度、强度要优于等跨实体梁。

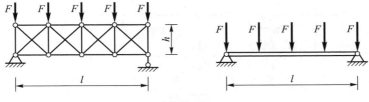

图 12-27

　　桁架结构在工程中可以采用不同形式的造型,可用作屋架、桥梁、空间塔架等,还可组成空间网架结构形式。高层建筑中也常采用桁架结构作为支承体系,对高层建筑来说水平荷载是主要荷载,桁架的斜杆支承可以更有效地抵抗水平荷载所引起的水平侧移,对提高结构的整体刚度是非常有利的。桁架还可以与刚架结构相结合,组成组合结构体系

小   结

　　力法是计算超静定结构的基本方法之一,是位移法的基础,应该切实掌握。

　　(1)力法的基本结构是静定结构。力法是以多余力作为基本未知量,由满足原结构的位移变形条件来求解多余力。然后通过静定结构来计算超静定结构的内力,将超静定问题转化为静定问题来处理。这是力法的基本思想。

　　(2)力法方程是一组变形协调方程,其物理意义是基本结构在多余力和荷载的共同作用下,多余力作用处的位移与原结构相应处的位移相同。在计算超静定结构时,要同时运用平衡条件和变形条件,这是求解静定结构与求解超静定结构的根本区别。

　　(3)熟练地选取基本结构,熟练地计算力法方程中的主、副系数和自由项是掌握和运用力法的关键。必须准确地理解主、副系数和自由项的物理意义,并在此基础上理解力法的基本思想。

　　(4)对于对称结构,只需计算对称轴一侧的半个结构——等代结构,这样可使计算得到简化。

思 考 题

　　12-1　如何得到力法的基本结构?对于给定的超静定结构,它的力法基本结构是唯一的吗?基本未知量的数目是确定的吗?结构最终的内力是否相同?

　　12-2　力法方程中的主系数 δ_{ii}、副系数 δ_{ij}、自由项 Δ_{iF} 的物理意义是什么?

　　12-3　对图(a)所示的超静定结构,当分别取图(b)和图(c)为基本结构时,力法方程的物理意义有何不同?

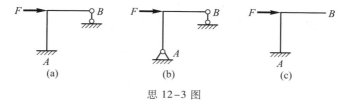

(a)　　　　　　　(b)　　　　　　　(c)

思 12-3 图

12-4　适当选取力法的基本结构,能简化计算吗?

12-5　对关于原点对称的结构,可以采用对称性吗? 怎样选择等代结构? 能否结合习题 12-6a 作一选择?

习　题

12-1　确定图示结构的超静定次数。

12-2　用力法计算图示结构,并作 M 图。

12-3　用力法计算图示刚架,并作 M 图。

12-4　已知图示桁架中各杆 EA 相同,试求桁架中各杆的轴力。

12-5　图示一不等高两跨排架,$EI_1 : EI_2 = 4 : 3$。试作出该排架的弯矩图。

12-6　作图示对称结构的弯矩图。

12-7　一端固定、另端铰支的梁,如图所示,右端支座产生竖向位移 Δ,试作其弯矩图。

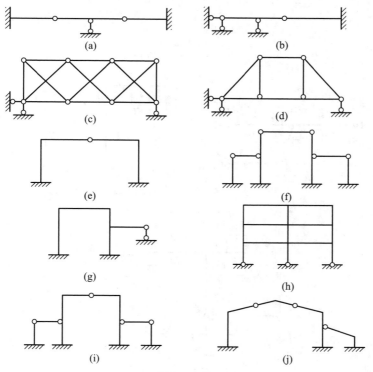

题 12-1 图

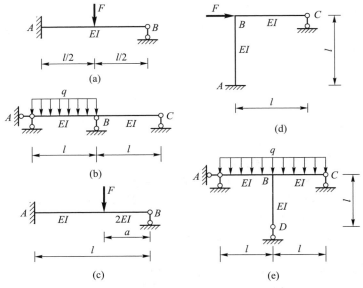

题 12-2 图

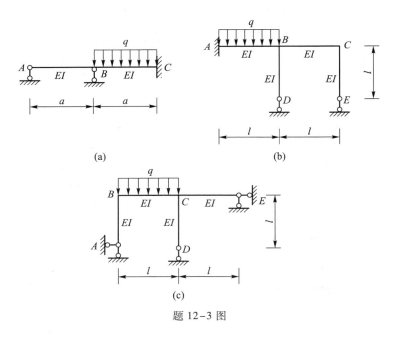

题 12-3 图

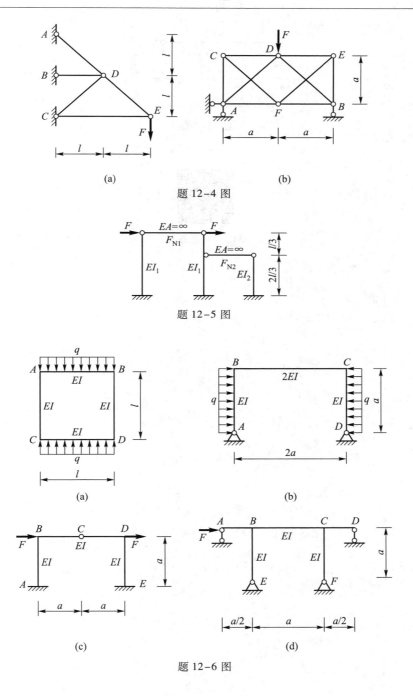

题 12-4 图

题 12-5 图

题 12-6 图

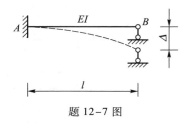

题 12-7 图

A12　习题答案

第十三章

位 移 法

本章将介绍求解超静定结构的另一个重要方法——位移法。从编制结构分析程序的角度来看，以位移法为基础的结构分析程序，要比以力法为基础的方法更具有优点。目前的主流结构分析程序都是这种形式。

位移法是求解超静定结构的另一基本方法，也是一个重要的方法，而且它是以力法为基础的一种方法。与力法相比较，二者分析和求解超静定结构的思路截然不同。在表 13-1 中对两种方法进行了比较，并显现了位移法的核心思想。

表 13-1 位移法与力法比较

	基本结构	给定基本结构方法	基本未知量	典型方程的意义
力法	静定结构	去掉多余联系	与多余联系相应的多余力	多余联系处的变形位移条件
位移法	超静定单跨梁集合	在结点处加约束	与结点约束相应的结点位移	结点约束处的平衡条件

§13-1 等截面单跨超静定梁的杆端内力

位移法中用加约束的办法将结构中的各杆件均变成单跨超静定梁。在不计轴向变形的情况下，单跨超静定梁有图 13-1 中所示的三种形式。它们分别为：两端固定梁（图 13-1a）；一端固定另端链杆（铰）支座梁（图 13-1b）；一端固定另端定向支座梁（图 13-1c）。

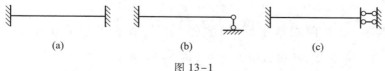

(a)   (b)   (c)

图 13-1

上述各单跨超静定梁因荷载作用产生的杆端力,或因支座移动产生的杆端力,均可用力法求出,在位移法中是已知量。

13-1-1　杆端力与杆端位移的正、负号规定

1. 杆端力的正、负号规定

杆端弯矩:顺时针转向为正,逆时针转向为负。对结点而言,则逆时针转向为正,顺时针转向为负。

杆端剪力:使所研究的分离体有顺时针转动趋势为正,有逆时针转动趋势为负。

对图 13-2a 所示的两端固定梁,图 13-2b 给出其正向杆端力和结点力,图 13-2c 则给出其负向杆端力和结点力。

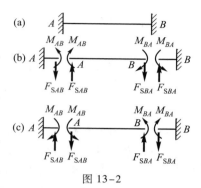

图 13-2

2. 杆端位移的正、负号规定

杆端转角:顺时针方向转动为正(图 13-3a),逆时针方向转动为负(图 13-3b)。

杆端相对线位移:两杆端连线发生顺时针方向转动时,相对线位移 Δ 为正,反之为负。图 13-4a 和图 13-4b 分别为正向和负向相对线位移。

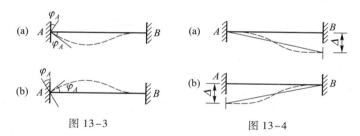

图 13-3   图 13-4

13-1-2　荷载作用下等截面单跨超静定梁的杆端力——载常数

荷载所引起的杆端弯矩和杆端剪力分别称为固端弯矩和固端剪力,统称为载常数。

给定等截面单跨超静定梁和荷载,载常数可用力法求得。为方便使用,列于表 13-2 中。表中的符号如 F_{SBA}^{F} 则表示由荷载所引起的 AB 杆 B 端的固端剪力。

事实上,已知固端弯矩后,固端剪力不需查表可由平衡方程求得。如图 13-5 所示单跨梁,已知固端弯矩 $M_{AB}^{F} = -\dfrac{ql^2}{8}$,由平衡方程

表 13-2 单跨超静定梁的固端弯矩与固端剪力

编号	简图	弯矩图	固端弯矩 M_{AB}^{F}	固端弯矩 M_{BA}^{F}	固端剪力 F_{SAB}^{F}	固端剪力 F_{SBA}^{F}
1			$-\dfrac{Fab^2}{l^2}$ 当 $a=b$ 时 $-\dfrac{Fl}{8}$	$\dfrac{Fa^2 b}{l^2}$ $\dfrac{Fl}{8}$	$\dfrac{Fb^2}{l^2}\left(1+\dfrac{2a}{l}\right)$ $\dfrac{F}{2}$	$-\dfrac{Fb^2}{l^2}\cdot\left(1+\dfrac{2b}{l}\right)$ $-\dfrac{F}{2}$
2			$-\dfrac{ql^2}{12}$	$\dfrac{ql^2}{12}$	$\dfrac{ql}{2}$	$-\dfrac{ql}{2}$
3			$-\dfrac{Fab}{2l^2}(l+b)$ 当 $a=b$ 时 $-\dfrac{3Fl}{16}$	0	$\dfrac{Fb}{3l^3}(3l^2-b^2)$ $\dfrac{11F}{16}$	$-\dfrac{Fa^2}{2l^3}\cdot(2l+b)$ $-\dfrac{5F}{16}$
4			$-\dfrac{ql^2}{8}$	0	$\dfrac{5}{8}ql$	$-\dfrac{3}{8}ql$
5			$\dfrac{M}{2}$	M	$-\dfrac{3M}{2l}$	$-\dfrac{3M}{2l}$
6			$-\dfrac{Fl}{2}$	$-\dfrac{Fl}{2}$	F	F
7			$-\dfrac{ql^2}{3}$	$-\dfrac{ql^2}{6}$	ql	0
8			$-\dfrac{Fa}{2l}(l+b)$ 当 $a=b$ 时 $-\dfrac{3Fl}{8}$	$-\dfrac{Fa^2}{2l}$ $-\dfrac{Fl}{8}$	F	0

$$\sum M_A = 0, \qquad M_{AB}^{F} + \frac{1}{2}ql^2 + F_{SBA}^{F}l = 0$$

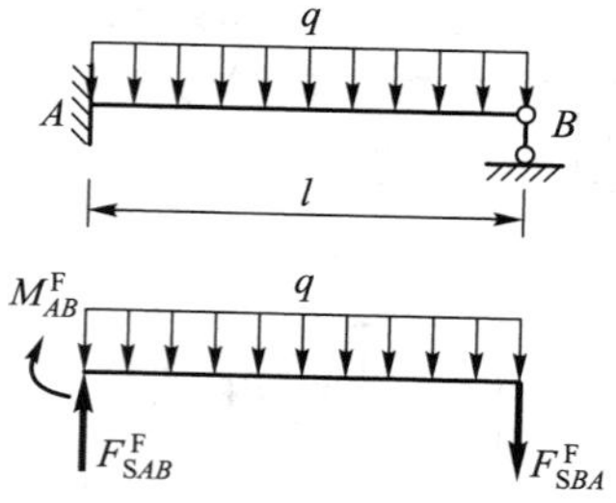

解得

$$F_{SBA}^{F} = -\frac{3}{8}ql$$

由方程

$$\sum M_B = 0$$

则得

$$F_{SAB}^{F} = \frac{5}{8}ql$$

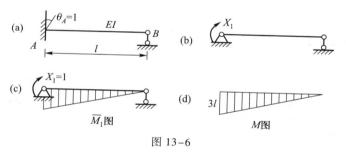

图 13-5

13-1-3 杆端单位位移所引起的等截面单跨超静定梁的杆端力——刚度系数(形常数)

杆端单位位移所引起的杆端力称为刚度系数,或称形常数。

形常数可用力法求解。如图 13-6a 所示单跨超静定梁 A 端发生单位转角 $\theta_A = 1$,可求杆端力如下。

图 13-6

取基本结构如图 13-6b 所示。力法方程为

$$\delta_{11}X_1 = \theta_A = 1$$

由 $\overline{M}_1$ 图(图 13-6c)求得

$$\delta_{11} = \frac{l}{3EI}$$

代入力法方程有

$$X_1 = \frac{3EI}{l} = 3i$$

符号 $i = \dfrac{EI}{l}$,称为线刚度。由 A 端单位转角 $\theta_A = 1$ 引起的弯矩图如图 13-6d 所示。

这里力法方程的物理意义是:由多余力 X_1 所引起的多余力作用点(点 A)沿

多余力方向的角位移与原结构所发生的 A 端角位移相等。

为方便使用,将杆端单位位移所引起的杆端弯矩和杆端剪力列于表 13–3 中。

表 13–3　单跨超静定梁的刚度系数

编号	简图	弯矩图	杆端弯矩		杆端剪力	
			M_{AB}	M_{BA}	F_{SAB}	F_{SBA}
1	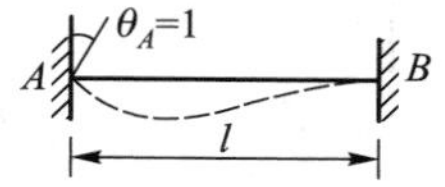	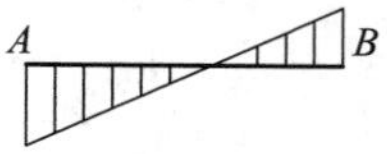	$4i$	$2i$	$-\dfrac{6i}{l}$	$-\dfrac{6i}{l}$
2	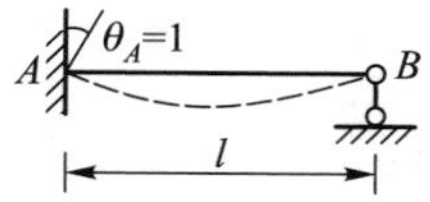	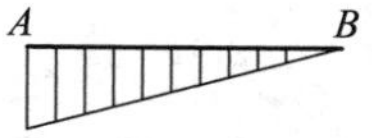	$3i$	0	$-\dfrac{3i}{l}$	$-\dfrac{3i}{l}$
3	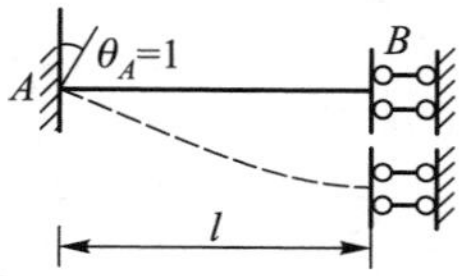	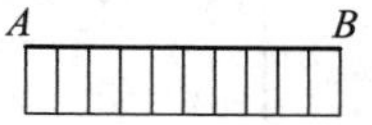	i	$-i$	0	0
4	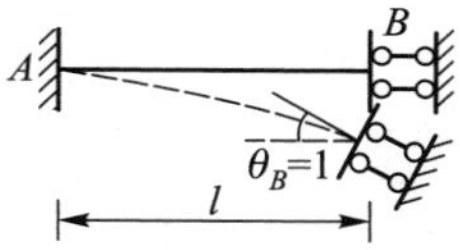	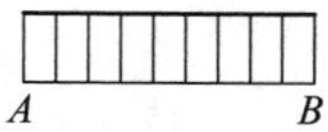	$-i$	i	0	0
5	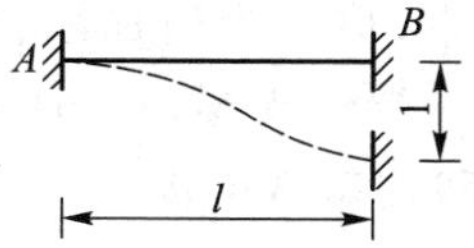	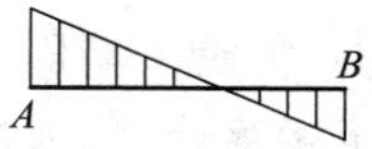	$-\dfrac{6i}{l}$	$-\dfrac{6i}{l}$	$\dfrac{12i}{l^2}$	$\dfrac{12i}{l^2}$
6	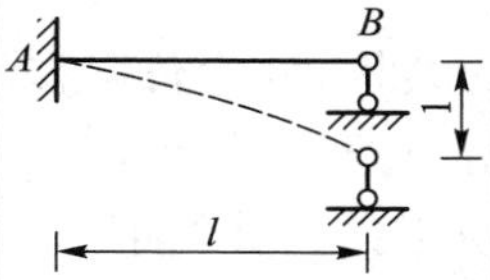	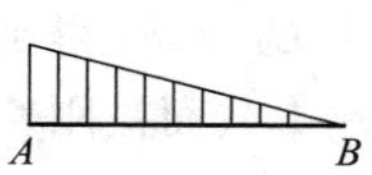	$-\dfrac{3i}{l}$	0	$\dfrac{3i}{l^2}$	$\dfrac{3i}{l^2}$

§13–2　位移法的基本概念

图 13–7a 所示刚架,受荷载 F 作用发生图中虚线所示的变形。

1. 基本未知量

当不计轴向变形时,刚结点 1 不发生线位移,只发生角位移 Z_1,且杆 $A1$ 和杆 $B1$ 的 1 端发生相同的转角 Z_1。只要求出转角 Z_1,两个杆的变形和内力就完全确定。因此,刚结点 1 的角位移 Z_1 就是求解该刚架的**位移法基本未知量**。

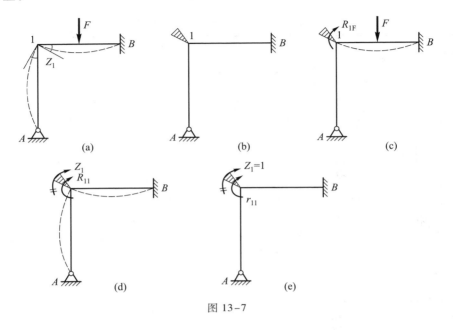

图 13-7

2. 基本结构

在刚结点 1 上加一限制转动(不限制线位移)的约束,称之为**附加刚臂**,如图 13-7b 所示。因不计轴向变形,杆 A1 变成一端固定一端铰支梁,杆 B1 变成两端固定梁。原刚架则变成单跨超静定梁组合,称为**位移法基本结构**。

3. 荷载在附加刚臂中产生的约束力矩 R_{1F}

在基本结构图 13-7b 上施加原结构的荷载,得到的结构,称为**位移法基本体系**杆 B1 发生虚线所示的变形,但杆端 1 截面被刚臂制约,不产生角位移,使得刚臂中出现了约束力矩 R_{1F},如图 13-7c 中所示。荷载引起的刚臂约束力矩 R_{1F} 规定以顺时针方向为正。R_{1F} 可借助载常数表 13-2 求得。

4. 刚臂转动引起的刚臂约束力矩 R_{11}

为使基本结构与原结构一致,需将刚臂(连同刚结点 1)转动一角度 Z_1,使得基本结构的结点 1 转角与原结构虚线所示自然变形状态刚结点转角相同。刚臂转动角度 Z_1 所引起的刚臂约束力矩用 R_{11} 表示,并规定以顺时针方向为正,如图 13-7d 中所示。

R_{11} 可用未知量 Z_1 表示为

$$R_{11} = r_{11} Z_1$$

r_{11}为刚臂产生单位转角(即 $Z_1 = 1$)时,所引起的刚臂约束力矩,如图 13-7e 所示,r_{11} 可借助形常数表 13-3 求得。

5. 刚臂总约束力矩 R_1 ,位移法基本方程

荷载作用于基本结构,引起刚臂约束力矩 R_{1F} ;刚结点转角 Z_1 引起刚臂约束力矩 R_{11}。二者之和为总约束力矩 R_1 ,即

$$R_1 = R_{11} + R_{1F}$$

在基本结构上施加原结构荷载,令基本结构的刚臂转动原结构的结点转角,这使得基本结构和原结构的受力状态及变形状态完全一致。这时,刚臂已失去约束作用,没有刚臂存在刚结点也能自身处于平衡状态。表明总约束力矩

$$R_1 = 0$$

即

$$R_{11} + R_{1F} = 0$$

或

$$r_{11} Z_1 + R_{1F} = 0 \qquad\qquad (13-1)$$

式(13-1)可用于求解基本未知量 Z_1 ,称为**位移法基本方程**。它的物理意义是:基本结构由于刚臂转角 Z_1 及外荷载共同作用,附加刚臂的总约束力矩为零。

式(13-1)中的系数 r_{11} 及自由项 R_{1F} 可借助载常数表 13-2 及形常数表 13-3 由刚结点的平衡条件求出。作法如下:

设图 13-7a 中刚架两个杆的长度同为 l ,抗弯刚度同为 EI ,力 F 作用于 B1 杆中点。

(1)求 r_{11}。给刚臂(结点 1)正向单位转角 $Z_1 = 1$,由形常数表查得杆 A1 和 B1 的弯矩图如图 13-8a 所示,称为**单位弯矩图**,记为 $\overline{M}_1$。

当结点发生转角 $Z_1 = 1$ 时,基本结构和其上的两个单跨超静定梁的变形如图 13-8b 中的虚线所示。由此变形图可以判定 A1 杆左侧受拉;B1 杆的左端面下侧受拉,右端面上侧受拉。这与 $\overline{M}_1$ 图是一致的。

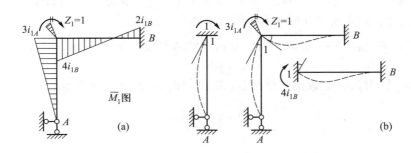

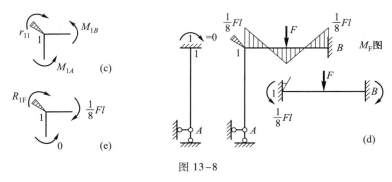

图 13-8

取结点 1 为分离体,其上的刚臂约束力矩及杆端力矩如图 13-8c 所示。由平衡方程

$$\sum M_1 = 0, \qquad M_{1A} + M_{1B} - r_{11} = 0$$

由表 13-3 表查得

$$r_{11} = M_{1A} + M_{1B} = 3i_{1A} + 4i_{1B}$$

式中 $i_{1A} = i_{1B} = \dfrac{EI}{l} = i$,则得 $r_{11} = 7i$。

(2)求 R_{1F}。将荷载 F 作用在基本结构上,由表 13-2 查得弯矩图如图 13-8d 所示,称为**荷载弯矩图**,记为 M_F。

取荷载作用下的结点 1 为分离体,其上的刚臂约束力矩及杆端力矩如图 13-8e 所示。由平衡条件

$$\sum M_1 = 0, \qquad R_{1F} + \frac{1}{8}Fl = 0$$

$$R_{1F} = -\frac{1}{8}Fl$$

将所求结果代入式(13-1),则可求得基本未知量

$$Z_1 = -\frac{R_{1F}}{r_{11}} = \frac{Fl}{56i}$$

【例 13-1】   用位移法绘制图 13-9a 所示两跨连续梁的弯矩图。$EI =$ 常量。

【解】   (1)取结点 B 的转角 Z_1 为基本未知量。取基本体系如图 13-9b 所示,当刚臂转动角度 Z_1 时,基本体系与原结构一致。

(2)参照表 13-3 绘 $\overline{M}_1$ 图,并取出刚臂结点(图 13-9c),由平衡条件求得

$$r_{11} = 4i + 3i = 7i$$

(3)绘 M_F 图,并取出刚臂结点(图 13-9d),由平衡条件求得

$$R_{1F} = -\frac{1}{8}ql^2$$

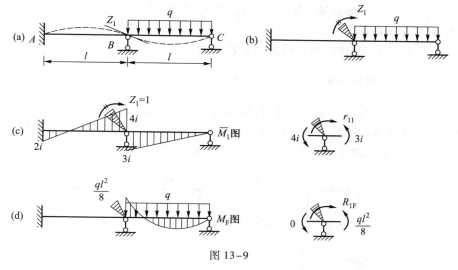

图 13-9

（4）由位移法基本方程

$$r_{11}Z_1 + R_{1F} = 0$$

求得

$$Z_1 = -\frac{R_{1F}}{r_{11}} = \frac{ql^2}{56i}$$

（5）绘弯矩图

按叠加原理，弯矩图为刚臂转角 Z_1 产生的弯矩图与荷载产生的弯矩图的纵标叠加，即

$$M = \overline{M}_1 Z_1 + M_F$$

弯矩图如图 13-10 所示。图中支座 B 的右截面的弯矩为

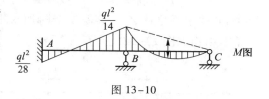

图 13-10

$$M_{RB} = -\frac{1}{8}ql^2 + 3iZ_1 = -\frac{ql^2}{14}$$

§13-3   位移法基本未知量数目的确定

位移法的基本未知量是结点位移，其中包含结点转角和结点线位移。这里讨论确定未知量数目的方法。

位移法的基本结构是单跨超静定梁组合。为此，需应用在原结构上施加附加刚臂（限制结点转角）和附加支杆（限制结点线位移）的方法，将原结构变成若干单跨超静定梁。**形成基本结构时所需施加的约束(刚臂和支杆)的数目,即是位移法基本未知量数。**

当不计轴向变形时,附加约束的个数可用下面介绍的方法确定。

13-3-1 附加刚臂

在结构的刚结点上需加刚臂,铰结点处不需加刚臂,如图 13-11a 所示结构,结点 1 和 3 处应加刚臂,基本结构如图 13-11b 所示。其中杆 $A1$、$B1$、$C3$ 均为两端固定梁,杆 12、$D2$、23 则均为一端固定一端铰支梁。

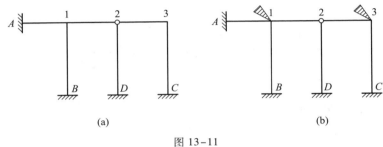

(a)   (b)

图 13-11

13-3-2 附加支杆

图 13-12a 所示排架结构中,受荷载作用后,横梁的长度不发生变化,各柱头发生相同的水平位移 Z_1。只需一个附加水平支杆即可限制各结点的水平线位移,基本结构如图 13-12b 所示。

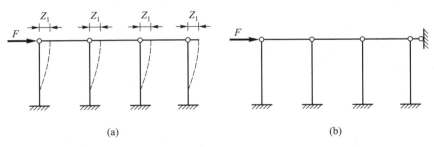

(a)   (b)

图 13-12

一般情况下,为确定独立的结点线位移数目,可采用刚结点铰化的方法,即将所有刚结点一律变成铰结点,固定支座也变成固定铰支座。对所得到的铰接体系进行几何组成分析,若为几何不变体系,则原结构没有结点线位移,不需加支杆。图 13-11a 中所示结构即属于此种情况。若为几何可变体系,则需在结点上加支杆,使其变成几何不变体系。所需加支杆的数目等于独立的结点线位移数。

如为确定图 13-13a 所示结构的独立结点线位移数,需将 4 个刚结点用铰结点代替,将 3 个固定端支座用固定铰支座代替,得到图 13-13b 所示的铰接体系。该体系是几何可变的,需在结点上加两个支杆(图 13-13c),才能使其成为几何不变体系。这样,该体系的独立线位移数为 2。

图 13-13a 中所示结构的位移法基本结构示于图 13-13d 中,其位移法基本未知量数等于 6。

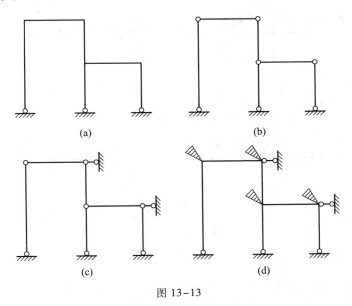

图 13-13

§13-4   位移法典型方程

在 §13-2 中,通过简单的例子说明了位移法的基本概念。本节将以图 13-14a 中所示刚架为例,说明用位移法求解一般超静定结构的原理和方法,并导出位移法典型方程。

13-4-1   位移法基本体系

所研究的刚架在荷载的作用下,会产生如图 13-14a 中虚线所示的变形。刚结点 B、C 的转角分别为 Z_1、Z_2。柱端线位移为 Z_3。在刚架结点 B 和 C 处各加一刚臂约束,在结点 C(或 B)处加一支杆约束,形成位移法的基本体系如图 13-14b 所示。

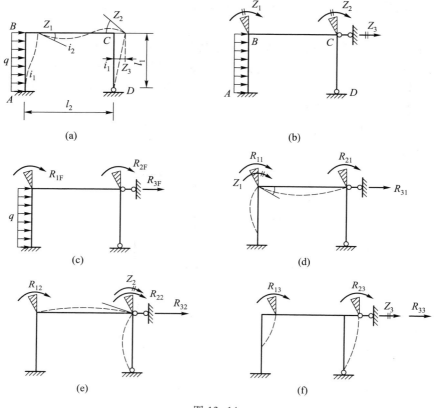

图 13-14

基本未知量为结点 B、C 的转角 Z_1、Z_2 及结点 C 的线位移 Z_3。

以后,将位移法中的两种基本未知量(转角、线位移)统称为附加约束的位移,或简称位移。

13-4-2　位移法典型方程

将荷载施加在基本结构上,因荷载作用,结点 B、C 处的刚臂约束上分别产生约束力矩 R_{1F}、R_{2F};结点 C 处的支杆约束上产生约束力 R_{3F}(图 13-14c)。

为消除基本结构与原结构的差别,令三个附加约束分别发生位移 Z_1、Z_2、Z_3,这些位移在三个约束上所引起的约束力分别标记为

R_{11}、R_{21}、R_{31}——Z_1 引起的在约束 1、2、3 上的约束力(图 13-14d)。

R_{12}、R_{22}、R_{32}——Z_2 引起的在约束 1、2、3 上的约束力(图 13-14e)。

R_{13}、R_{23}、R_{33}——Z_3 引起的在约束 1、2、3 上的约束力(图 13-14f)。

为讲述方便,这里将刚臂约束、支杆约束一律统称为约束;将约束力和约束

力矩一律统称为约束力。

当这些结点位移等于原结构在荷载作用下的真实结点位移时,基本体系的受力和变形状态就与原结构在荷载作用下的受力和变形状态完全一致,这时,各附加约束均已不起作用。这就是说,基本体系在荷载和结点位移 Z_1、Z_2、Z_3 的共同作用下,各约束力矩和支杆约束的约束力均应为零。

以 R_i 代表由荷载和附加约束位移共同作用在第 i 个附加约束上所引起的约束力,则按上述分析应有

$$\left.\begin{array}{l} R_1 = R_{11} + R_{12} + R_{13} + R_{1F} = 0 \\ R_2 = R_{21} + R_{22} + R_{23} + R_{2F} = 0 \\ R_3 = R_{31} + R_{32} + R_{33} + R_{3F} = 0 \end{array}\right\} \qquad (13-2)$$

其中 R_{ij} 的前脚标 i 表示产生力的地点,后脚标 j 表示产生力的原因。如 R_{23} 是第三个约束发生位移 Z_3 在第二个约束上所引起的约束力。

将 R_{ij} 用结点位移 Z_j 的显式表述,有

$$R_{ij} = r_{ij} Z_j \qquad (13-3)$$

式中 r_{ij} 的物理意义是:当位移 $Z_j = 1$ 时,在 i 约束上引起的约束力。

将式(13-3)代入式(13-2),得

$$\left.\begin{array}{l} r_{11} Z_1 + r_{12} Z_2 + r_{13} Z_3 + R_{1F} = 0 \\ r_{21} Z_1 + r_{22} Z_2 + r_{23} Z_3 + R_{2F} = 0 \\ r_{31} Z_1 + r_{32} Z_2 + r_{33} Z_3 + R_{3F} = 0 \end{array}\right\} \qquad (13-4)$$

式(13-4)是关于位移法基本未知量的代数方程组,称为**位移法典型方程**。解方程组即可求出基本未知量 Z_1、Z_2、Z_3。

下面以图13-15a所示刚架为例,具体说明典型方程中 R_{iF} 和 r_{ij} 的求法。

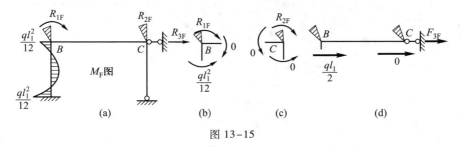

图 13-15

(1)基本结构在荷载作用下的计算(求 R_{iF})。

给出在荷载作用下各杆的固端弯矩,作出 M_F 图如图13-15a所示。

取结点 B 为分离体(图13-15b),由平衡方程 $\sum M_B = 0$,求得 $R_{1F} = \dfrac{ql_1^2}{12}$。

取结点 C 为分离体(图 13-15c),由平衡方程 $\sum M_C = 0$,求得 $R_{2F} = 0$。

再取横梁及柱端为分离体(图 13-15d),由表 13-2 查出杆端剪力 F_{SBA}^F,由平衡方程 $\sum F_x = 0$,求得 $R_{3F} = -\dfrac{ql_1}{2}$。

(2)基本结构在单位转角 $Z_1 = 1$ 作用下的计算(求 r_{i1})。

作出基本体系的 $\overline{M}_1$ 图(图 13-16a),分别取结点 B、C 及横梁 BC 为分离体(图 13-16b、c、d),由平衡方程求得

$$r_{11} = 4i_1 + 4i_2, \qquad r_{21} = 2i_2, \qquad r_{31} = -\frac{6i_1}{l_1}$$

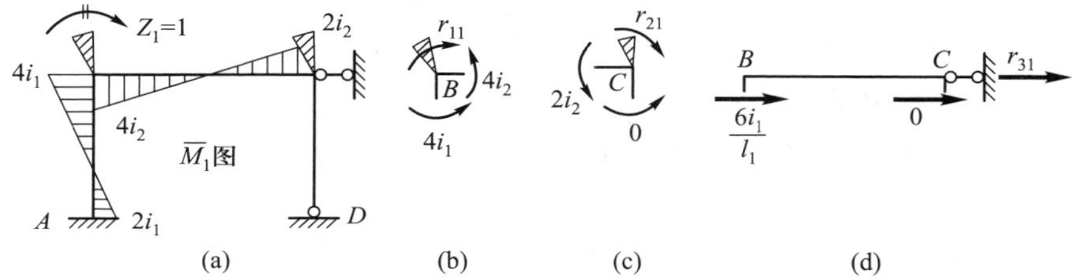

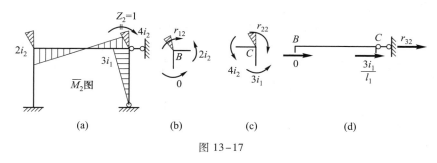

图 13-16

(3)基本结构在单位转角 $Z_2 = 1$ 作用下的计算(求 r_{i2})。

作出基本体系的 $\overline{M}_2$ 图(图 13-17a),分别取结点 B、C 及横梁 BC 为分离体(图 13-17b、c、d),由平衡方程求得

图 13-17

$$r_{12} = 2i_2, \qquad r_{22} = 3i_1 + 4i_2, \qquad r_{32} = -\frac{3i_1}{l_1}$$

(4)基本结构在单位水平位移 $Z_3 = 1$ 作用下的计算(求 r_{i3})。

作出基本体系的 $\overline{M}_3$ 图(图 13-18a),分别取结点 B、C 及横梁 BC 为分离体(图 13-18b、c、d),由平衡方程求得

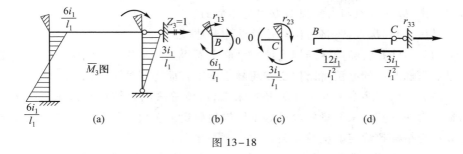

图 13-18

$$r_{13} = -\frac{6i_1}{l_1}, \quad r_{23} = -\frac{3i_1}{l_1}, \quad r_{33} = \frac{15i_1}{l_1^2}$$

求出所有的系数后,将它们代入基本方程(13-4)中,即可得到下列方程组:

$$\left(4i_1 + 4i_2\right)Z_1 + 2i_2 Z_2 - \frac{6i_1}{l_1}Z_3 + \frac{ql_1^2}{12} = 0$$

$$2i_2 Z_1 + \left(3i_1 + 4i_2\right)Z_2 - \frac{3i_1}{l_1}Z_3 + 0 = 0$$

$$-\frac{6i_1}{l_1}Z_1 - \frac{3i_1}{l_1}Z_2 + \frac{15i_1}{l_1^2}Z_3 - \frac{ql_1}{2} = 0$$

由上述方程组解出 Z_1、Z_2 和 Z_3 后,即可用叠加法作出刚架的弯矩图

$$M = \overline{M}_1 Z_1 + \overline{M}_2 Z_2 + \overline{M}_3 Z_3 + M_{\mathrm{F}} \tag{13-5}$$

对于具有 n 个基本未知量的问题,则可以写出 n 个方程为

$$\left.\begin{array}{l} r_{11}Z_1 + r_{12}Z_2 + \cdots + r_{1n}Z_n + R_{1\mathrm{F}} = 0 \\ r_{21}Z_1 + r_{22}Z_2 + \cdots + r_{2n}Z_n + R_{2\mathrm{F}} = 0 \\ \cdots\cdots\cdots\cdots \\ r_{n1}Z_1 + r_{n2}Z_2 + \cdots + r_{nn}Z_n + R_{n\mathrm{F}} = 0 \end{array}\right\} \tag{13-6}$$

上述方程组就是具有 n 个基本未知量的**位移法典型方程**,在方程(13-6)中 r_{ii} 称为**主系数**,$r_{ij}(i \neq j)$ 称为**副系数**,$R_{i\mathrm{F}}$ 称为**自由项**。r_{ij} 的物理意义是:当第 j 个附加约束发生单位位移 $Z_j = 1$ 时,在第 i 个附加约束上产生的约束力。$R_{i\mathrm{F}}$ 的物理意义是:基本结构在荷载作用下,第 i 个附加约束上产生的约束力。

主系数、副系数和自由项有如下特征:

(1)主系数和副系数与外荷载无关,为结构常数。自由项随荷载变化而改变。

(2)主系数 r_{ii} 恒为正值,副系数 r_{ij} 和自由项 $R_{i\mathrm{F}}$ 可为正可为负,也可能等于零。

(3)由约束力互等定理知,副系数满足互等关系,即

$$r_{ij} = r_{ji}$$

可以看出,以上各点与力法典型方程是相似的。

最后,为加深理解,将力法与位移法作一比较:

(1)力法是将超静定结构去掉多余联系而得到静定的基本结构。位移法是通过加附加约束的办法将结构变成超静定梁组合而得到基本结构。

(2)力法以多余未知力作为基本未知量,位移法则以结点位移作为基本未知量。力法中基本未知量的数目等于结构超静定的次数。位移法中基本未知量的数目与结构超静定的次数无关。

(3)力法的典型方程是根据原结构的位移条件建立的,体现了基本体系的变形与原结构的变形相一致。位移法的典型方程是根据附加约束的约束力矩(或约束力)等于零的条件建立的,反映了荷载与结点位移共同作用下,基本体系的受力和变形状态与原结构相同,附加约束不起约束作用,结点处于平衡状态。

§13-5　用位移法计算超静定结构

【例 13-2】　绘制图 13-19a 所示刚架的 M 图。

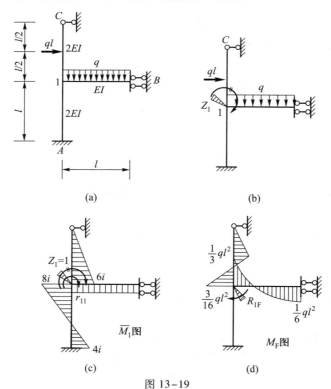

图 13-19

【解】 （1）基本体系。

刚架有一个基本未知量——结点 1 的角位移 Z_1。在结点 1 上附加刚臂得到基本体系，如图 13-19b 中所示。

（2）绘单位弯矩图，求 r_{11}。

参照表 13-3，绘出 $\overline{M}_1$ 图（图 13-19c）。从该图上可直接求出

$$r_{11} = 8i + 6i + i = 15i$$

这里因杆 $A1$ 和 $C1$ 的刚度为 $2EI$，所以 $A1$ 杆 1 端的杆端力矩为 $4i_{1A} = 8i$，而 $C1$ 杆 1 端的杆端力矩为 $3i_{1C} = 6i$。

（3）绘荷载弯矩图，求 R_{1F}。

参照表 13-2，绘制 M_F 图（图 13-19d）。从该图上可直接求出

$$R_{1F} = -\frac{3}{16}ql^2 - \frac{1}{3}ql^2 = -\frac{25}{48}ql^2$$

（4）列典型方程，求未知量。

由位移法典型方程

$$r_{11}Z_1 + R_{1F} = 0$$

求得

$$Z_1 = -\frac{R_{1F}}{r_{11}} = \frac{25ql^2}{48} \Big/ 15i = \frac{5ql^2}{144i}$$

（5）叠加法绘弯矩图。

由叠加原理得

$$M = \overline{M}_1 Z_1 + M_F$$

$$M_{1A} = 8i \cdot Z_1 = \frac{120}{432}ql^2$$

$$M_{A1} = 4i \cdot Z_1 = \frac{60}{432}ql^2$$

$$M_{1B} = i \cdot Z_1 - \frac{1}{3}ql^2 = -\frac{129}{432}ql^2 \,(\text{上侧受拉})$$

$$M_{B1} = -i \cdot Z_1 - \frac{1}{6}ql^2 = -\frac{87}{432}ql^2$$

$$M_{C1} = 6i \cdot Z_1 - \frac{3}{16}ql^2 = \frac{9}{432}ql^2 \,(\text{右侧受拉})$$

最终弯矩图如图 13-20a 所示。图中各纵标值均应乘公因子 ql^2。$B1$ 杆上有均布荷载，绘该杆段弯矩图时，应先将两杆端弯矩纵标连一虚线，以此虚线为基线叠加简支梁在均布荷载下的弯矩图。

为校核 M 图，可截取结点 1 为分离体，画结点各杆端弯矩值（图 13-20b）。

由平衡方程

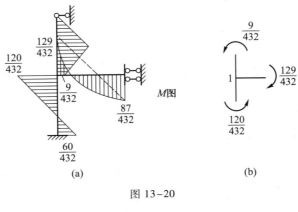

M图

图 13-20

$$\sum M_1 = \frac{ql^2}{432}(9+120-129)=0$$

判定计算无误。

【例 13-3】　计算图 13-21a 所示排架,绘 M 图。

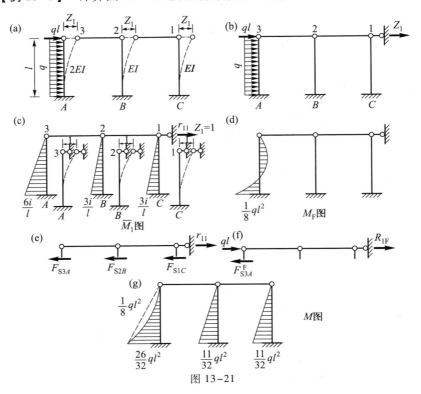

图 13-21

【解】 （1）基本体系。

不计排架横梁的轴向变形时，各柱端的水平位移同为 Z_1。取 Z_1 为基本未知量，基本体系如图 13-21b 所示。

（2）绘单位弯矩图，求 r_{11}。

在基本体系中，三个立柱均为一端固定一端铰支梁，参照表 13-3，单位弯矩图示于图 13-21c 中。图中 A3 杆 A 端的弯矩

$$M_{A3} = 3i_{A3}/l = 6i/l$$

为求附加支杆约束力 r_{11}，过柱头引水平截面，将所取分离体示于图 13-21e 中。受力图上支杆约束力和柱头剪力均按正向画出。写平衡方程

$$\sum F_x = 0$$

得

$$r_{11} = F_{S1C} + F_{S2B} + F_{S3A}$$

由表 13-3 查得

$$F_{S3A} = 3i_{3A}/l^2 = 6i/l^2$$

$$F_{S2B} = F_{S1C} = 3i/l^2$$

得

$$r_{11} = 12i/l^2$$

（3）绘荷载弯矩图，求 R_{1F}。

参照表 13-2，绘制 M_F 图（图 13-21d）。为求 R_{1F}，取分离体如图 13-21f 所示。由平衡方程

$$\sum F_x = 0$$

得

$$R_{1F} + ql - F_{S3A}^F = 0$$

式中 $F_{S3A}^F = -\dfrac{3}{8}ql$（表 13-2），解得

$$R_{1F} = -\frac{11}{8}ql$$

（4）列典型方程，求未知量。

由位移法典型方程

$$r_{11}Z_1 + R_{1F} = 0$$

解得

$$Z_1 = -\frac{R_{1F}}{r_{11}} = \frac{11ql^3}{96i}$$

（5）叠加法绘弯矩图。

由叠加原理有

$$M = \overline{M}_1 Z_1 + M_F$$

最终弯矩图如图 13-21g 中所示。

【例 13-4】　试用位移法计算图 13-22a 所示刚架,并作弯矩图。

【解】　（1）基本体系。

该刚架有两个基本未知量,一个是结点 B 的转角 Z_1,另一个是结点 C 的线位移 Z_2。在 B、C 处加附加约束,就可以得到基本体系,如图 13-22b 所示。

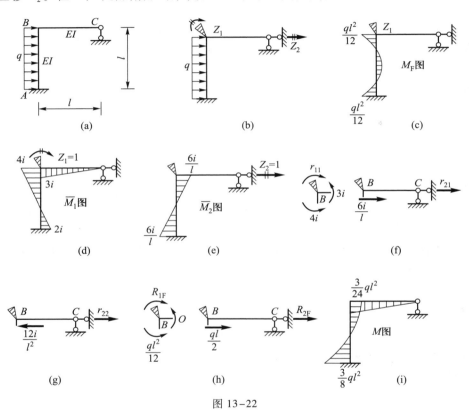

图 13-22

（2）作荷载弯矩图和单位位移弯矩图。

由表 13-2 查出杆 AB 的固端弯矩,作出 M_F 图(图 13-22c)。分别令 $Z_1 = 1$、$Z_2 = 1$,作出 $\overline{M}_1$ 图和 $\overline{M}_2$ 图(图 13-22d、e)。

（3）求系数和自由项。

以 $\overline{M}_1$ 图中结点 B 及 BC 梁为分离体(图 13-22f),可求得

$$r_{11} = 4i + 3i = 7i, \quad r_{21} = r_{12} = -\frac{6i}{l}$$

以 $\overline{M}_2$ 图中 BC 梁为分离体(图 13-22g),可求得

$$r_{22} = \frac{12i}{l^2}$$

以 M_F 图中结点 B 及 BC 梁为分离体(图 13-22h),可求得

$$R_{1F} = \frac{ql^2}{12}, \quad R_{2F} = -\frac{ql}{2}$$

(4)列典型方程求解未知量。

将系数和自由项代入典型方程,有

$$7iZ_1 - \frac{6i}{l}Z_2 + \frac{ql^2}{12} = 0$$

$$-\frac{6i}{l}Z_1 + \frac{12i}{l^2}Z_2 - \frac{ql}{2} = 0$$

解方程得

$$Z_1 = \frac{1}{24}\frac{ql^2}{i}, \quad Z_2 = \frac{1}{16}\frac{ql^3}{i}$$

(5)作弯矩图。

由叠加原理 $M = \overline{M}_1 Z_1 + \overline{M}_2 Z_2 + M_F$,作出弯矩图如图 13-22i 所示。其中杆端弯矩 M_{AB} 的值为

$$M_{AB} = 2i \times \frac{1}{24}\frac{ql^2}{i} - \frac{6i}{l}\frac{1}{16}\frac{ql^3}{i} - \frac{1}{12}ql^2 = -\frac{3}{8}ql^2$$

【例 13-5】 计算图 13-23a 所示刚架,并绘弯矩图。

【解】 (1)结构的 A、B 二结点各有一角位移,没有线位移。基本体系如图 13-23b 所示,基本未知量为 Z_1 和 Z_2。

从前述各例中可知,计算杆端力时,线刚度 i 将被消掉,即内力与 i 的绝对值无关,只有结点位移才与 i 的绝对值有关。所以可以取消相对线刚度,使算式简化。基本体系图 13-23b 中给出了各杆的相对线刚度值。

(2)分别令 $Z_1 = 1$、$Z_2 = 1$ 单独作用于基本结构,并绘制 $\overline{M}_1$、$\overline{M}_2$ 图;绘制荷载单独作用的 M_F 图。三个弯矩图分别示于图 13-23c、d、e 中。

(3)求主、副系数和自由项。

从 $\overline{M}_1$ 图中分别取结点 A、结点 B 为分离体,可求得

$$r_{11} = 4 \times 2 + 4 \times 1 = 12$$

$$r_{12} = r_{21} = 2 \times 2 = 4$$

从 $\overline{M}_2$ 图中取结点 B 为分离体,可求得

$$r_{22} = 4 \times 2 + 4 \times 2 = 16$$

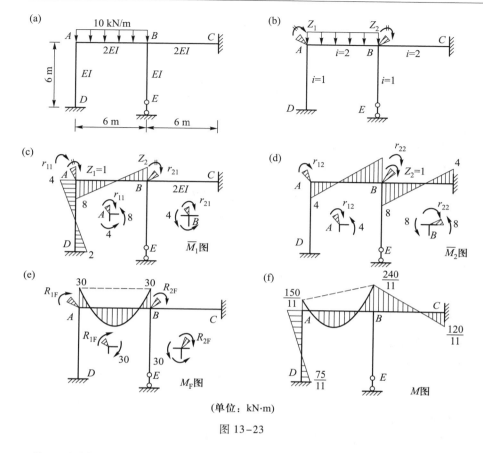

(单位：kN·m)

图 13-23

从 M_F 图中分别取结点 A、结点 B 为分离体，可求得

$$R_{1F} = -\frac{ql^2}{12} = -30$$

$$R_{2F} = \frac{ql^2}{12} = 30$$

（4）列典型方程、解未知量。

位移法典型方程为

$$12Z_1 + 4Z_2 - 30 = 0$$
$$4Z_1 + 16Z_2 + 30 = 0$$

从中解得

$$Z_1 = \frac{75}{22}, \quad Z_2 = -\frac{30}{11}$$

（5）用叠加法作弯矩图。

按

$$M = \overline{M}_1 Z_1 + \overline{M}_2 Z_2 + M_F$$

绘出弯矩图如图 13-23f 所示。给出其中 AB 杆 A 端弯矩计算式为

$$M_{AB} = 8Z_1 + 4Z_2 - 30 = -\frac{150}{11}$$

§13-6 超静定结构的特性

与静定结构比较,超静定结构具有以下特性:

(1) 超静定结构比静定结构具有较大的刚度。所谓结构刚度是指结构抵抗某种变形的能力。图 13-24a、b 所示两种梁,在荷载、截面尺寸、长度、材料均相同的情况下,简支梁的最大挠度 $w = \dfrac{0.013ql^4}{EI}$,而两端固定梁的最大挠度 $w = \dfrac{0.002\,6ql^4}{EI}$,仅是前者的 $\dfrac{1}{5}$。

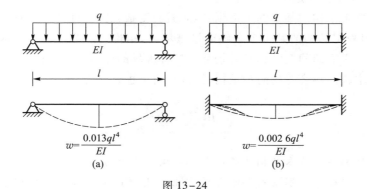

图 13-24

(2) 在局部荷载作用下,超静定结构的内力分布比静定结构均匀,分布范围也大。图 13-25a、b 所示两种刚架,在相同荷载作用下,图 13-25a 静定刚架只有横梁承受弯矩,最大值为 $\dfrac{Fa}{4}$;图 13-25b 超静定刚架的各杆都受弯矩作用,最大弯矩值为 $\dfrac{Fa}{6}$。

加载跨杆件的弯矩减小,意味着该跨杆件的应力降低,因而选择梁的截面可以比静定结构所要求的小,故节省材料。

(3) 静定结构的内力只用平衡条件即可确定,其值与结构的材料性质及构件截面尺寸无关;而超静定结构的内力需要同时考虑平衡条件和变形条件才能

确定,故超静定结构的内力与结构的材料性质和截面尺寸有关。利用这一特性,也可以通过改变各杆刚度的大小来调整超静定结构的内力分布。

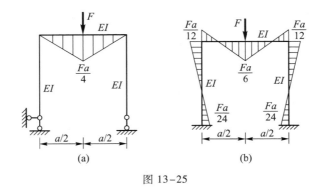

图 13-25

(4) 在静定结构中,除荷载以外的其他因素,如支座移动、温度改变、制造误差等,都不会引起内力;而超静定结构由于有多余约束,构件的变形不能自由发生,上述因素都要引起结构的内力。

(5) 静定结构的某个约束遭到破坏,就会变成几何可变体系,不能再承受荷载;而当超静定结构的某个多余约束被破坏时,结构仍然为几何不变体系,仍能承受荷载。因而超静定结构具有较强的抵抗破坏的能力。在进行军事和抗震及安全度要求较高场合等的防护结构设计时,可考虑这一点。

小 结

(1) 位移法的基本结构是通过在原结构上施加附加约束的方法而得到的一组超静定梁组合。在刚结点和组合结点上加刚臂约束,依据结构的铰接体系为几何不变体系的原则加支杆约束,这是形成基本体系的关键。这些结点的角位移和线位移就是位移法的基本未知量。

(2) 对于超静定结构,只要能求出其结点位移,就可以确定杆件的杆端力,用位移法求解超静定结构的关键是求出结点位移。

(3) 位移法典型方程的物理意义是:基本结构在荷载和结点位移共同作用下,与原结构的受力和变形状态相同,附加约束无约束作用,即附加约束的约束力全部等于零。位移法典型方程的每个方程或表示刚臂约束力矩为零的结点力矩平衡方程,或表示支杆约束力为零的截面投影平衡方程。

(4) 熟练地选取基本体系,熟练地计算位移法方程中的主、副系数和自由项,是掌握和运用位移法的关键。必须准确地理解主、副系数和自由项的物理意义,并在此基础上加深理解位移法的基本思想。

（5）计算过程中,结点位移和附加约束的约束力一律要按规定的正向画出。

思　考　题

13-1　位移法的基本结构是怎样构成的？与力法的基本结构有何不同？

13-2　在位移法中,杆端力和杆端（结点）位移的正负号是如何规定的？

13-3　说明位移法典型方程（13-6）中第二个方程的物理意义。

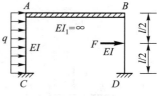

思 13-4 图

13-4　图示结构中横梁 AB 的抗弯刚度为无限大。用位移法求内力时,如何确定基本结构？r_{11} 和 R_{1F} 的物理意义是什么？其值为多大？

13-5　位移法的基本体系的确定是否是唯一的？未知结点角位移和结点线位移数目是否是不变的？

13-6　位移法的基本未知量数目是否与结构超静定次数有关？

习　题

13-1　试确定位移法计算图示结构时的基本未知量。

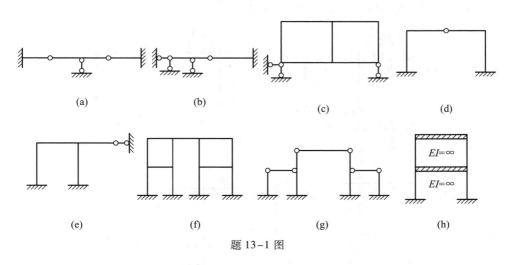

题 13-1 图

13-2　用位移法计算图示结构,并作出 M、F_s、F_N 图。

13-3　用位移法计算图示结构,并作出 M 图。

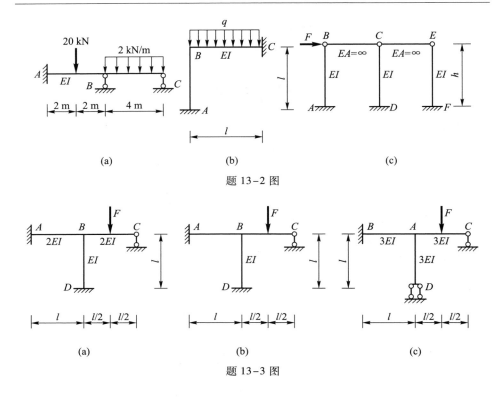

题 13-2 图

题 13-3 图

13-4 用位移法计算图示结构,并作出 M 图。

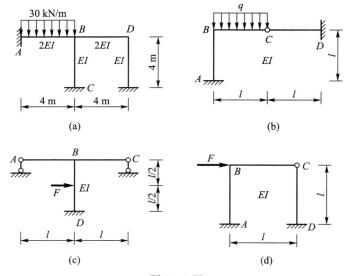

题 13-4 图

13-5　用位移法计算图示连续梁,并作出 *M* 图。

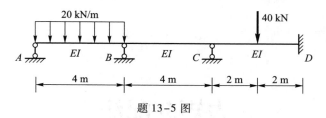

题 13-5 图

A13　习题答案

第十四章

力矩分配法

力法和位移法是求解超静定结构的基本方法。应用这两种方法时,采用手算方法建立和求解典型方程的工作都是很繁重的。为满足工程的要求,在力法、位移法的基础上建立了许多实用计算方法。当前广泛流行的有限元法就是与电子计算技术相结合的实用计算方法。在实用计算方法中,一类是近似法;一类是通过反复运算,逐渐趋于精确解的渐近法。本章介绍的力矩分配法是渐近法中的一种。该法以位移法为理论基础,但不是用典型方程求解结点位移的精确解,而是按某种程序直接渐近地求解杆端弯矩。

用力矩分配法求解多跨连续梁和无侧移刚架步骤简单易于掌握,十分方便。

§14-1 力矩分配法的基本概念

研究图 14-1a 所示的有一个结点角位移的刚架。在荷载作用下,刚架的变形如图中虚线所示,称作结构的自然状态。

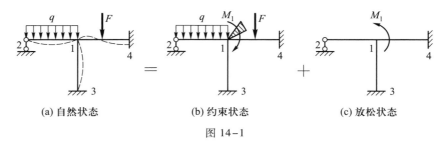

(a) 自然状态　　　　　　(b) 约束状态　　　　　　(c) 放松状态

图 14-1

用力矩分配法求解时,先在刚结点上加限制转动的约束,将结点 1 固定,使刚架变成三个单跨梁(图 14-1b),称作结构的约束状态。限制转动约束的作用,从变形角度看,是使结点 1 不发生转动;从受力角度看,是在结点 1 上施加一约束力矩 M_1。为让结构恢复在荷载作用下的自然状态,再把约束力矩 M_1 反方向施加在结点 1 上(图 14-1c),这就相当于去掉了约束的作用,称作结构的**放松状态**。显然,将约束状态下和放松状态下的内力叠加,即得到结构在荷载作用的自然状态下的内力。

约束状态下荷载引起的杆端弯矩称为**固端弯矩**,用 M_{ij}^F 表示,可由表 13-2 查得。

固端弯矩对杆端而言以顺时针转向为正,对结点而言则以逆时针转向为正。

欲求放松状态下的杆端弯矩,则必须解决以下三个问题:

(1)求约束力矩 M_1 的值。**不平衡力矩的概念**。

约束力矩 M_1 的值,可由约束状态下结点 1 的平衡条件求出。由图 14-2 有

$$M_1 = M_{12}^F + M_{13}^F + M_{14}^F \tag{14-1}$$

即:**约束力矩 M_1 等于汇交于结点 1 的各杆固端弯矩的代数和。规定约束力矩以绕结点顺时针转向为正,反之为负。**

由于原结构上并不存在限制结点转动的约束,所以结点上各杆固端弯矩不能使结点平衡,而使结点产生转动,且结点转角的大小由固端弯矩的代数和决定,即由结点约束力矩决定。由此,又称结点约束力矩为**结点不平衡力矩**。

(2)由不平衡力矩求结点上各杆端弯矩。**转动刚度、分配系数、分配弯矩的概念**。

假设在放松状态下(图 14-1c)受不平衡力矩 M_1 的作用,结点 1 的转角为 φ_1(图 14-3),按位移法中的基本概念,则可求得因结点转角所引起的结点 1 上各杆端弯矩为

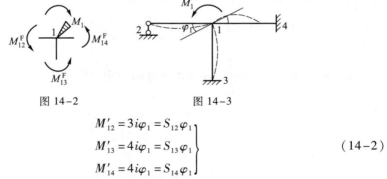

图 14-2   图 14-3

$$\left. \begin{aligned} M'_{12} &= 3i\varphi_1 = S_{12}\varphi_1 \\ M'_{13} &= 4i\varphi_1 = S_{13}\varphi_1 \\ M'_{14} &= 4i\varphi_1 = S_{14}\varphi_1 \end{aligned} \right\} \tag{14-2}$$

其中 S_{12}、S_{13}、S_{14} 分别反映了各杆件抵抗结点转动的能力,称为**转动刚度**。**转动刚度在数值上等于:使杆端产生单位转角时,在杆端所需施加的力矩。**

结构给定后,各杆件的转动刚度是确定的。对远端铰支的杆件 $S=3i$,对远端固定的杆件 $S=4i$。

根据结点 1 的平衡条件,将式(14-2)中各式相加,可以得到不平衡力矩 M_1

和由它所引起的结点转角 φ_1 之间的关系为

$$
\begin{aligned}
M_1 &= M'_{12} + M'_{13} + M'_{14} \\
&= (S_{12} + S_{13} + S_{14}) \varphi_1 \\
&= \left(\sum_1 S \right) \varphi_1
\end{aligned}
$$

式中 $\sum\limits_1 S$ 为汇交于结点 1 的各杆端转动刚度之和,可见求出结点不平衡力矩,就可以求出结点转角,其值为

$$
\varphi_1 = \frac{M_1}{\sum\limits_1 S} \tag{14-3}
$$

将式(14-3)代入式(14-2),求得不平衡力矩作用下结点上各杆端弯矩如下:

$$
\left.
\begin{aligned}
M'_{12} &= \frac{S_{12}}{\sum\limits_1 S} M_1 \\[2ex]
M'_{13} &= \frac{S_{13}}{\sum\limits_1 S} M_1 \\[2ex]
M'_{14} &= \frac{S_{14}}{\sum\limits_1 S} M_1
\end{aligned}
\right\} \tag{14-4}
$$

这一结果表明,因结点转角引起的杆端弯矩与杆件自身的转动刚度成正比,与通过该结点的各杆件转动刚度的总和成反比。结点不平衡力矩 M_1 按系数 $\dfrac{S_{1i}}{\sum\limits_1 S}$ 分配给各杆件的杆端。

式(14-4)中的系数 $\dfrac{S_{1i}}{\sum\limits_1 S}$ 称为各杆件的力矩**分配系数**,记为 μ_{1i},即

$$
\left.
\begin{aligned}
\mu_{12} &= \frac{S_{12}}{\sum\limits_1 S} \\[2ex]
\mu_{13} &= \frac{S_{13}}{\sum\limits_1 S} \\[2ex]
\mu_{14} &= \frac{S_{14}}{\sum\limits_1 S}
\end{aligned}
\right\} \tag{14-5}
$$

结构给定后,力矩分配系数是确定的。

力矩分配系数 μ_{1i} 是 $1i$ 杆件承受不平衡力矩的能力的体现。分配系数较大（小）的杆件，承受不平衡力矩的较大（小）部分。也可以说，转动刚度较大（小）的杆件，承受不平衡力矩的较大（小）部分。

显然，汇交于一结点的所有各杆件的分配系数之和等于 1，即

$$\sum \mu_{1i} = 1 \tag{14-6}$$

算题时，可用式（14-6）验算分配系数计算是否正确。

由结点不平衡力矩 M_1 所引起的杆端弯矩 M'_{12}、M'_{13}、M'_{14} 称为**分配弯矩**。

这里需注意，分配弯矩是放松状态下的杆端弯矩，放松状态是将结点不平衡力矩反向加在结点上。因而，按公式

$$\left.\begin{array}{l} M'_{12} = \mu_{12} M_1 \\ M'_{13} = \mu_{13} M_1 \\ M'_{14} = \mu_{14} M_1 \end{array}\right\} \tag{14-7}$$

计算分配弯矩时，式中的 M_1 应将结点不平衡力矩加负号代入。

（3）求杆件上结点远端的杆端弯矩。**传递系数、传递弯矩的概念。**

近端弯矩是指杆件靠结点一端的杆端弯矩，远端弯矩是指杆件远离结点一端的杆端弯矩。例如，杆件 13 的 1 端的弯矩称近端弯矩，3 端的弯矩称远端弯矩。

按位移法的基本概念，近端弯矩 M_{ij} 求出后，远端弯矩 M_{ji} 可按公式

$$M_{ji} = C_{ij} M_{ij} \tag{14-8}$$

求出。式中 C_{ij} 是远端弯矩与近端弯矩的比值，称为**传递系数**。例如，对远端铰接的杆件 12，近端弯矩

$$M_{12} = 3i\varphi_1$$

远端弯矩

$$M_{21} = 0$$

则传递系数

$$C_{12} = 0$$

又如，对远端固定的杆件 13，近端弯矩

$$M_{13} = 4i\varphi_1$$

远端弯矩

$$M_{31} = 2i\varphi_1$$

则传递系数

$$C_{13} = \frac{1}{2}$$

结构给定后，传递系数是确定的，它依杆件远端的支承情况而定。

在力矩分配法中,**近端弯矩即是分配弯矩**,**远端弯矩即是传递弯矩**。以下讲述中,**传递弯矩以 M'' 表示**。

上面通过具有一个结点角位移的简单结构,介绍了力矩分配法的基本概念。从中可以看出,用力矩分配法求杆端弯矩的过程是:

(1)将结点固定,求荷载作用下的杆端弯矩,即固端弯矩。求各杆固端弯矩的代数和,得出结点不平衡力矩。

(2)求各杆端的分配系数,将不平衡力矩冠以负号,分别乘以各杆件的分配系数,得到分配弯矩。

(3)将分配弯矩乘以传递系数,得到远端的传递弯矩。

(4)将各杆端的固端弯矩、分配弯矩及传递弯矩相加,就得到原结构在荷载作用下的杆端弯矩。

以上过程中的第一步是求约束状态下的杆端弯矩;第二、三步是求放松状态下的杆端弯矩;第四步是叠加约束状态和放松状态的杆端弯矩,求得结构在自然状态下的杆端弯矩。

这样经过一次力矩分配得到的计算结果是精确解。实际上,上述过程就是按位移法的计算原理进行的,只不过没有写典型方程,并避开求解结点角位移,而按一定的程序直接求解杆端弯矩。通常,结构有多个结点角位移,对这种情况在力矩分配法中如何处理,将在下节中介绍。

【例 14-1】 用力矩分配法计算图 14-4a 所示连续梁的各杆杆端弯矩,绘制 M、F_s 图。

【解】 (1)求分配系数 将结点 1 固定,杆件 1A 与 1B 的转动刚度分别为

$$S_{1A} = \frac{3(2EI)}{12} = 0.5EI$$

$$S_{1B} = \frac{4EI}{8} = 0.5EI$$

分配系数

$$\mu_{1A} = \frac{S_{1A}}{S_{1A} + S_{1B}} = 0.5$$

$$\mu_{1B} = \frac{S_{1B}}{S_{1A} + S_{1B}} = 0.5$$

由 $\sum \mu_{1i} = \mu_{1A} + \mu_{1B} = 0.5 + 0.5 = 1$,验算分配系数,计算无误。

分配系数记入表中第一行结点 1 的两侧。

(2)求固端弯矩 杆件 1A 为一端铰支一端固定梁,杆件 1B 为两端固定梁。按表 13-2 查得固端弯矩

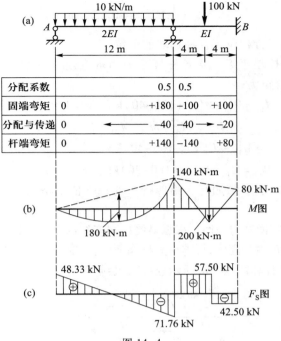

图 14-4

$$M_{1A}^F = \frac{1}{8}ql^2 = 180 \text{ kN} \cdot \text{m}$$

$$M_{A1}^F = 0$$

$$M_{1B}^F = -\frac{1}{8}Fl = -100 \text{ kN} \cdot \text{m}$$

$$M_{B1}^F = \frac{1}{8}Fl = 100 \text{ kN} \cdot \text{m}$$

固端弯矩记入表中第二行相应于杆端部位。

按结点 1 的平衡条件,计算结点 1 的不平衡力矩为

$$M_1 = M_{1A}^F + M_{1B}^F = (180-100) \text{kN} \cdot \text{m} = 80 \text{ kN} \cdot \text{m}$$

（3）求分配弯矩和传递弯矩　将结点 1 的不平衡力矩 M_1 冠以负号,乘各杆件的分配系数,得各杆件在 1 端的分配弯矩为

$$M_{1A}' = \mu_{1A}(-M_1) = -40 \text{ kN} \cdot \text{m}$$

$$M_{1B}' = \mu_{1B}(-M_1) = -40 \text{ kN} \cdot \text{m}$$

分配弯矩记入表中第三行相应于杆端部位。

将杆件近端的分配弯矩乘以该杆件的传递系数,得该杆件远端的传递弯矩为

$$M_{A1}'' = 0$$

$$M''_{B1} = \frac{1}{2}M'_{1B} = -20 \text{ kN} \cdot \text{m}$$

传递弯矩记入第三行相应于杆件远端的部位。

（4）求最终杆端弯矩 将各杆杆端的固端弯矩与分配弯矩和传递弯矩相加,得最终杆端弯矩为

$$M_{1A} = M^{\text{F}}_{1A} + M'_{1A} = (180-40)\text{ kN} \cdot \text{m} = 140 \text{ kN} \cdot \text{m}$$

$$M_{A1} = M^{\text{F}}_{A1} + M''_{A1} = 0$$

$$M_{1B} = M^{\text{F}}_{1B} + M'_{1B} = (-100-40)\text{ kN} \cdot \text{m} = -140 \text{ kN} \cdot \text{m}$$

$$M_{B1} = M^{\text{F}}_{B1} + M''_{B1} = (100-20)\text{ kN} \cdot \text{m} = 80 \text{ kN} \cdot \text{m}$$

最终杆端弯矩记入表中第四行。第四行中的每一值都是二、三两行相应值的竖向代数相加。

（5）绘制弯矩图和剪力图 根据最终杆端弯矩绘制弯矩图如图 14-4b 所示。分别取杆段 $A1$、$1B$ 为分离体,可求得其杆端剪力,并绘制剪力图如图 14-4c 所示。

【例 14-2】   计算图 14-5a 所示连续梁,绘制 M 图并求支座 B 的约束力。

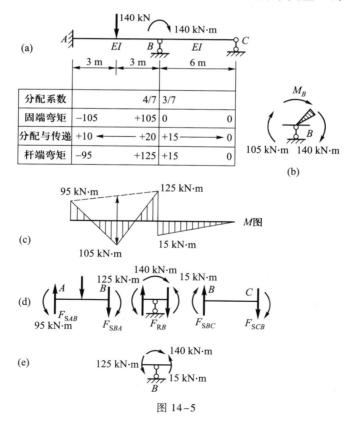

图 14-5

【**解**】　（1）求分配系数　杆件 BA 和 BC 的转动刚度分别为

$$S_{BA} = \frac{4EI}{6} = \frac{2}{3}EI$$

$$S_{BC} = \frac{3EI}{6} = \frac{1}{2}EI$$

分配系数

$$\mu_{BA} = \frac{S_{BA}}{S_{BA} + S_{BC}} = \frac{4}{7}$$

$$\mu_{BC} = \frac{S_{BC}}{S_{BA} + S_{BC}} = \frac{3}{7}$$

（2）求固端弯矩　固端弯矩是在结点固定的情况下荷载引起的杆端弯矩。当结点固定时,作用在结点上的力偶完全由限制转动的约束承受,不能引起杆端弯矩,计算固端弯矩时应不予考虑。

$$M_{BA}^{F} = \frac{1}{8}Fl = 105 \text{ kN}$$

$$M_{AB}^{F} = -\frac{1}{8}Fl = -105 \text{ kN}$$

$$M_{BC}^{F} = M_{CB}^{F} = 0$$

计算结点不平衡力矩 M_B 时,必须考虑作用在结点上的力偶的影响,按图 14-5b,由平衡条件得

$$M_B + 140 \text{ kN} \cdot \text{m} - 105 \text{ kN} \cdot \text{m} = 0$$

$$M_B = -35 \text{ kN} \cdot \text{m}$$

（3）求分配弯矩和传递弯矩　分配弯矩为

$$M'_{BA} = \mu_{BA}(-M_B) = 20 \text{ kN} \cdot \text{m}$$

$$M'_{BC} = \mu_{BC}(-M_B) = 15 \text{ kN} \cdot \text{m}$$

传递弯矩为

$$M''_{AB} = \frac{1}{2}M'_{BA} = 10 \text{ kN} \cdot \text{m}$$

$$M''_{CB} = 0$$

（4）求最终杆端弯矩　最终杆端弯矩分别为

$$M_{BA} = M_{BA}^{F} + M'_{BA} = 125 \text{ kN} \cdot \text{m}$$

$$M_{AB} = M_{AB}^{F} + M''_{AB} = -95 \text{ kN} \cdot \text{m}$$

$$M_{BC} = M_{BC}^{F} + M'_{BC} = 15 \text{ kN} \cdot \text{m}$$

$$M_{CB} = 0$$

（5）绘制弯矩图,求支座 B 约束力　根据最终杆端弯矩,绘制弯矩图如

图 14-5c 所示。

为求支座 B 的约束力,取结点 B 为研究对象,其上所受的杆端剪力 F_{SBA} 和 F_{SBC} 均按正向画出(图 14-5d)。二者可分别从左侧杆件 AB 和右侧杆件 BC 上求得

$$F_{SBA} = -75 \text{ kN}$$
$$F_{SBC} = -2.5 \text{ kN}$$

于是,可对结点 B 写投影方程 $\sum F_y = 0$,有

$$F_{RB} + F_{SBA} - F_{SBC} = 0$$

解得

$$F_{RB} = 72.5 \text{ kN}$$

最后说明一点,从弯矩图(图 14-5c)上看,结点 B 似乎不平衡,实际是平衡的,因为在结点上除受杆端弯矩作用外,还作用有力偶(图 14-5c),满足平衡方程 $\sum M = 0$。

【例 14-3】　计算图 14-6a 所示无侧移刚架,绘制 M 图。各杆 EI 值相同。

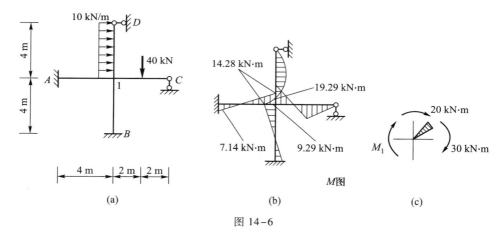

图 14-6

【解】　用力矩分配法可以求解无侧移刚架。这一简单的例子将说明,其作法与解连续梁完全相同。

(1)求分配系数　将结点 1 固定,各杆件的转动刚度分别为

$$S_{1A} = \frac{4EI}{4} = EI$$

$$S_{1B} = \frac{4EI}{4} = EI$$

$$S_{1C} = \frac{3EI}{4} = \frac{3}{4}EI$$

$$S_{1D} = \frac{3EI}{4} = \frac{3}{4}EI$$

分配系数

$$\mu_{1A} = \frac{S_{1A}}{S_{1A}+S_{1B}+S_{1C}+S_{1D}} = \frac{2}{7}$$

$$\mu_{1B} = \frac{S_{1B}}{S_{1A}+S_{1B}+S_{1C}+S_{1D}} = \frac{2}{7}$$

$$\mu_{1C} = \frac{S_{1C}}{S_{1A}+S_{1B}+S_{1C}+S_{1D}} = \frac{3}{14}$$

$$\mu_{1D} = \frac{S_{1D}}{S_{1A}+S_{1B}+S_{1C}+S_{1D}} = \frac{3}{14}$$

（2）求固端弯矩

$$M_{1A}^{F} = M_{1B}^{F} = 0$$

$$M_{1C}^{F} = -\frac{3}{16}Fl = -30 \text{ kN} \cdot \text{m}$$

$$M_{1D}^{F} = -\frac{1}{8}ql^2 = -20 \text{ kN} \cdot \text{m}$$

结点 1 的不平衡力矩可由结点 1 的平衡条件求得。按图 14−6c 有

$$M_1 = (-30-20)\text{kN} \cdot \text{m} = -50 \text{ kN} \cdot \text{m}$$

（3）求分配弯矩和传递弯矩 分配弯矩分别为

$$M_{1A}' = \mu_{1A}(-M_1) = 14.28 \text{ kN} \cdot \text{m}$$

$$M_{1B}' = \mu_{1B}(-M_1) = 14.28 \text{ kN} \cdot \text{m}$$

$$M_{1C}' = \mu_{1C}(-M_1) = 10.71 \text{ kN} \cdot \text{m}$$

$$M_{1D}' = \mu_{1D}(-M_1) = 10.71 \text{ kN} \cdot \text{m}$$

传递弯矩分别为

$$M_{A1}'' = M_{B1}'' = \frac{1}{2} \times 14.28 \text{ kN} \cdot \text{m} = 7.14 \text{ kN} \cdot \text{m}$$

$$M_{C1}'' = M_{D1}'' = 0$$

（4）求最终杆端弯矩

$$M_{1A} = M_{1A}' = 14.28 \text{ kN} \cdot \text{m}$$

$$M_{A1} = M_{A1}'' = 7.14 \text{ kN} \cdot \text{m}$$

$$M_{1B} = M_{1B}' = 14.28 \text{ kN} \cdot \text{m}$$

$$M_{B1} = M_{B1}'' = 7.14 \text{ kN} \cdot \text{m}$$

$$M_{1C} = M_{1C}^{F} + M_{1C}' = -19.29 \text{ kN} \cdot \text{m}$$

$$M_{1D} = M_{1D}^{F} + M_{1D}' = -9.29 \text{ kN} \cdot \text{m}$$

$$M_{C1} = M_{D1} = 0$$

（5）绘制弯矩图 弯矩图如图 14-6b 所示。

§14-2 用力矩分配法解连续梁

上节中的各例题是用于说明力矩分配法的基本概念。对这些具有一个结点转角未知量的简单结构，只需进行一次力矩分配便得到杆端弯矩的精确解。所得到的杆端弯矩使结点处于平衡状态。一般情况下，结构有多个结点转角未知量，如图 14-7 所示的连续梁就有三个结点转角未知量。这时，用力矩分配法求解通常是这样的：

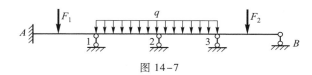

图 14-7

（1）将各结点同时固定，求分配系数。

（2）求各杆的固端弯矩和各结点的不平衡力矩 M_1、M_2、M_3。

（3）先放松第 1 个结点，其他结点保持固定。求结点 1 上各杆端的分配弯矩。再将分配弯矩向结点两端传递。

（4）再放松第 2 个结点，其他结点保持固定。求结点 2 上各杆端的分配弯矩。这时出现了新情况：在结点 1 进行力矩分配时，已有传递弯矩 M''_{21} 传到杆件 21 的 2 端。因此，结点 1 进行力矩分配后，结点 2 的不平衡力矩已不再是 M_2，而是 $M_2 + M''_{21}$，在结点 2 应以 $M_2 + M''_{21}$ 为不平衡力矩进行力矩分配。再将分配弯矩传递。

（5）最后放松结点 3，其他结点保持固定。求结点 3 上各杆端的分配弯矩。同样，在结点 2 进行力矩分配时，已有传递弯矩 M''_{32} 传到杆件 23 的 3 端。因此，在结点 3 应以 $M_3 + M''_{32}$ 为不平衡力矩进行力矩分配。再将分配弯矩传递。

各结点轮流完成一次力矩分配之后，即第一个循环的力矩分配完成之后，结点 1、2 都不处于平衡状态，这是因为：结点 1 接受了结点 2 进行力矩分配时的传递弯矩；结点 2 接受了结点 3 进行力矩分配时的传递弯矩。1、2 两个结点出现了新的不平衡力矩，需重复（3）～（5）的计算过程，进行第二个循环的力矩分配。如此往复作下去，新出现的不平衡力矩随循环次数的增加而减少，因分配系数 $\mu < 1$，传递系数 $C < 1$，当不平衡力矩趋向于零时，求得的最终杆端弯矩也就趋向于精确解。实际上，一般经二三个循环后，所得结果的精度就足以满足工程的要求。

最终杆端弯矩按下式计算：

$$杆端弯矩 = 固端弯矩 + \sum 分配弯矩 + \sum 传递弯矩 \qquad (14-9)$$

式中 $\sum$ 分配弯矩和 $\sum$ 传递弯矩分别代表同一杆端在各次循环中所得分配弯矩和传递弯矩的代数和。

【例 14–4】 用力矩分配法计算图 14–8a 所示连续梁的各杆端弯矩，并绘制弯矩图。

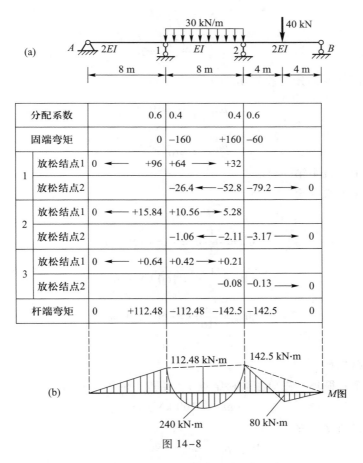

图 14–8

【解】 （1）求分配系数 本题中有两个结点转角未知量。将结点 1、2 同时固定，计算转动刚度和分配系数。杆件 1A 和杆件 12 的转动刚度分别为

$$S_{1A} = \frac{3 \times 2EI}{l} = 6i$$

$$S_{12} = \frac{4 \times EI}{l} = 4i$$

结点 1 上两杆件的分配系数分别为

$$\mu_{1A} = \frac{6i}{4i+6i} = 0.6$$

$$\mu_{12} = \frac{4i}{4i+6i} = 0.4$$

杆件 21 和杆件 2B 的转动刚度分别为

$$S_{21} = \frac{4EI}{l} = 4i$$

$$S_{2B} = \frac{3 \times 2EI}{l} = 6i$$

结点 2 上两杆件的分配系数分别为

$$\mu_{21} = \frac{4i}{4i+6i} = 0.4$$

$$\mu_{2B} = \frac{6i}{4i+6i} = 0.6$$

分配系数记入表中第一行。

（2）求固端弯矩

$$M_{1A}^{F} = M_{A1}^{F} = 0$$

$$M_{12}^{F} = -\frac{1}{2}ql^2 = -160 \text{ kN} \cdot \text{m}$$

$$M_{21}^{F} = \frac{1}{2}ql^2 = 160 \text{ kN} \cdot \text{m}$$

$$M_{2B}^{F} = -\frac{3}{16}Fl = -60 \text{ kN} \cdot \text{m}$$

$$M_{B2}^{F} = 0$$

记入表中第二行。

（3）第一循环　先单独放松结点 1。结点 1 的不平衡力矩为

$$M_1 = -160 \text{ kN} \cdot \text{m}$$

杆端分配弯矩分别为

$$M_{1A}' = \mu_{1A}(-M_1) = 96 \text{ kN} \cdot \text{m}$$

$$M_{12}' = \mu_{12}(-M_1) = 64 \text{ kN} \cdot \text{m}$$

传递弯矩分别为

$$M_{A1}'' = 0$$

$$M_{21}'' = \frac{1}{2}M_{12}' = 32 \text{ kN} \cdot \text{m}$$

以上结果记入表中第三行。

　　再单独放松结点 2。结点 1 经放松后又重新固定起来,这时,结点 2 接受了传递弯矩,其不平衡力矩为

$$M_2+M''_{21}=(160-60+32)\text{kN}\cdot\text{m}=132\text{ kN}\cdot\text{m}$$

分配弯矩分别为

$$M'_{21}=\mu_{21}\times(-132)\text{kN}\cdot\text{m}=-52.8\text{ kN}\cdot\text{m}$$

$$M'_{2B}=\mu_{2B}\times(-132)\text{kN}\cdot\text{m}=-79.2\text{ kN}\cdot\text{m}$$

传递弯矩分别为

$$M''_{B2}=0$$

$$M''_{12}=\frac{1}{2}M'_{21}=-26.4\text{ kN}\cdot\text{m}$$

以上结果记入表中第四行。

　　(4)第二循环　结点在进行力矩分配后总是处于平衡状态的,从力矩分配的概念和计算结果中都可说明这一点。例如,结点 2 在力矩分配后的杆端弯矩如图 14-9 所示,显然它满足平衡方程

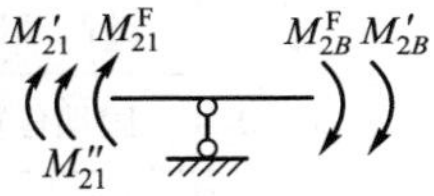

图 14-9

$$\sum M=0$$

但是,第一循环完成之后,结点 1 已不处于平衡状态,因为它又接受了传递弯矩 $M''_{12}=-26.4\text{ kN}\cdot\text{m}$,传递弯矩 M''_{12} 成为结点 1 的不平衡力矩。不过这一不平衡力矩已较原来的不平衡力矩小得多了。

　　进行了力矩分配和传递,结果记入表中第五行。

　　第五行中值为 5.28 kN·m 的传递弯矩又成为结点 2 的不平衡力矩。经分配和传递,结果记入表中第六行。

　　至此,第二循环完成。

　　(5)第三循环　第三循环的计算结果记入表中第七行和第八行。

　　可以看到,结点 1 的不平衡力矩已极小(-0.04 kN·m),计算可到此结束。

　　(6)求杆端弯矩　杆端弯矩按式(14-9)计算,即将表中各行竖向代数相加为相应杆端弯矩。如杆件 12 的 1 端的杆端弯矩按式(14-9)为

$$M_{12}=(-160+64-26.4+10.56-1.06+0.42)\text{kN}\cdot\text{m}=-112.48\text{ kN}\cdot\text{m}$$

各杆端弯矩记入表中最后一行。

　　(7)绘制弯矩图　弯矩图如图 14-8b 所示。

　　最后说明一点,本题中第一循环的计算是从结点 1 开始的,也可以从结点 2 开始计算。最好的作法是从不平衡力矩的绝对值最大的结点开始计算,这样能较快地收敛于精确解。本题正是这样作的,因为两个结点固定后,$|M_1|=160\text{ kN}\cdot\text{m}>|M_2|=100\text{ kN}\cdot\text{m}$。

【**例 14-5**】　用力矩分配法计算图 14-10a 所示连续梁的各杆端弯矩,绘制弯矩图。

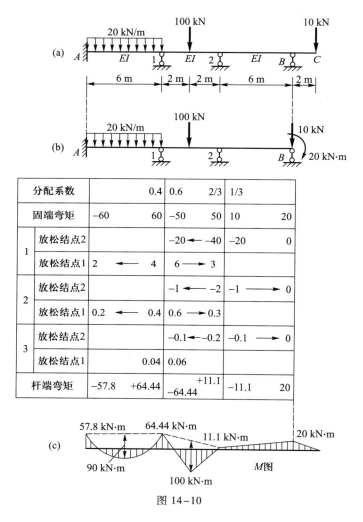

图 14-10

【**解**】　本题的特点是有伸臂段 BC,这部分是静定的,荷载作用下的内力已知。求解时可将这部分去掉,在支座 B 处用等效的集中力和力偶代替,如图 14-10b 所示。下面针对图 14-10b 所示的连续梁进行计算,该梁在结点 1、2 处有两个结点转角未知量。

（1）求分配系数　杆件 $1A$ 和 12 的转动刚度分别为

$$S_{1A} = \frac{4EI}{6} = \frac{2}{3}EI$$

$$S_{12} = \frac{4EI}{4} = EI$$

结点 1 上两杆件的分配系数分别为

$$\mu_{1A} = \frac{\frac{2}{3}EI}{\frac{2}{3}EI + EI} = 0.4$$

$$\mu_{12} = \frac{EI}{\frac{2}{3}EI + EI} = 0.6$$

杆件 21 和 2B 的转动刚度分别为

$$S_{21} = \frac{4EI}{4} = EI$$

$$S_{2B} = \frac{3EI}{6} = 0.5EI$$

结点 2 上两杆件的分配系数分别为

$$\mu_{21} = \frac{EI}{EI + 0.5EI} = \frac{2}{3}$$

$$\mu_{2B} = \frac{0.5EI}{EI + 0.5EI} = \frac{1}{3}$$

分配系数记入表中第一行。

（2）求固端弯矩　各杆件固端弯矩分别为

$$M_{A1}^{F} = -\frac{1}{12}ql^2 = -60 \text{ kN} \cdot \text{m}$$

$$M_{1A}^{F} = \frac{1}{12}ql^2 = 60 \text{ kN} \cdot \text{m}$$

$$M_{12}^{F} = -\frac{1}{8}Fl = -50 \text{ kN} \cdot \text{m}$$

$$M_{21}^{F} = \frac{1}{8}Fl = 50 \text{ kN} \cdot \text{m}$$

对杆件 B2，B 端集中力作用在支座上，不产生固端弯矩；B 端力偶产生的固端弯矩可由表 13-2 查得

$$M_{B2}^{F} = 20 \text{ kN} \cdot \text{m}$$

$$M_{2B}^{F} = \frac{1}{2}M_{B2}^{F} = 10 \text{ kN} \cdot \text{m}$$

以上结果记入表中第二行。

（3）第一循环　因为 $|M_2| > |M_1|$，力矩分配应从结点 2 开始。

先单独放松结点 2, 结点 2 的不平衡力矩为

$$M_2 = (50+10) \text{kN} \cdot \text{m} = 60 \text{ kN} \cdot \text{m}$$

杆端分配弯矩分别为

$$M'_{21} = \mu_{21}(-M_2) = -40 \text{ kN} \cdot \text{m}$$

$$M'_{2B} = \mu_{2B}(-M_2) = -20 \text{ kN} \cdot \text{m}$$

传递弯矩分别为

$$M''_{12} = \frac{1}{2}M'_{21} = -20 \text{ kN} \cdot \text{m}$$

$$M''_{B2} = 0$$

记入表中第三行。

再单独放松结点 1, 结点 1 的不平衡力矩为

$$M_1 = (60-50-20) \text{kN} \cdot \text{m} = -10 \text{ kN} \cdot \text{m}$$

杆端分配弯矩分别为

$$M'_{1A} = \mu_{1A}(-M_1) = 4 \text{ kN} \cdot \text{m}$$

$$M'_{12} = \mu_{12}(-M_1) = 6 \text{ kN} \cdot \text{m}$$

传递弯矩分别为

$$M''_{A1} = \frac{1}{2}M'_{1A} = 2 \text{ kN} \cdot \text{m}$$

$$M''_{21} = \frac{1}{2}M'_{12} = 3 \text{ kN} \cdot \text{m}$$

记入表中第四行。

（4）第二循环, 第三循环　将上述分配过程再重复两次, 结果记入表中第五～八行。

（5）求杆端弯矩　按式(14-9)求杆端弯矩, 结果记入表中第九行。

（6）绘制弯矩图　弯矩图如图 14-10c 所示。

小　结

（1）力矩分配法是渐近法的一种。一般情况下, 要按一定的程序反复运算, 使杆端弯矩趋于精确解。该法用于求解连续梁和无侧移刚架较为方便。

（2）力矩分配法以位移法为理论基础, 将结构的受载状态分解为约束状态（固定结点）和放松状态（放松结点）, 分别求约束状态与放松状态下的杆端弯矩。二者的和即为结构受荷状态下的杆端弯矩。

（3）力矩分配法的关键是如何确定放松状态下的杆端弯矩, 为此必须明确以下三点：

　　a. 约束状态相当于在受载结构上施加了不平衡力矩 M，M 可由约束状态下的结点平衡条件求得；放松状态是将不平衡力矩 M 反向加在结构结点上，是原结构受荷载（$-M$）作用的状态。

　　b. 分配弯矩是放松状态下结点近端的杆端弯矩，分配弯矩由（$-M$）乘以分配系数求得，分配系数与杆端转动刚度成正比，所以，转动刚度越大所获得的分配弯矩也越大。

　　c. 传递弯矩是放松状态下结点远端的杆端弯矩，传递弯矩由分配弯矩乘以传递系数求得。

　　（4）结点放松后就处于平衡状态。但是，当结构有多个结点时，一个结点放松、平衡的同时，相邻结点获得不平衡力矩——传递弯矩，这就破坏了相邻结点的平衡。所以，力矩分配法的计算要逐个结点反复地进行，直到每个结点的不平衡力矩都足够小，精度满足工程的要求时为止。

　　力矩分配法的优点之一就是有较快的收敛速度，通常经二至三个循环所得结果的精度就可满足工程的需要。

　　（5）运用力矩分配法时，失误常出在正负号上，这里的正负号法则与位移法中的规定完全一致。要特别注意不平衡力矩的正负号规定，在求分配弯矩时要将不平衡力矩变号进行分配。

思 考 题

14-1　图示各结构中，哪些可以直接用力矩分配法计算，哪些不能？

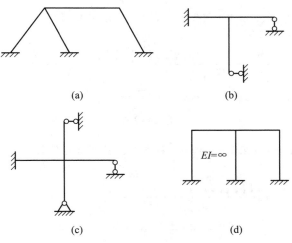

(a)　　　　　　　　　　(b)

(c)　　　　　　　　　　(d)

思 14-1 图

14-2　为什么要将结点的不平衡力矩反号进行分配？说明它所表示的物理意义。

14-3　什么叫转动刚度？它与哪些因素有关？

14-4　在力矩分配法的计算中，为什么结点不平衡力矩会愈来愈小？

14-5　单结点力矩分配与多结点力矩分配有什么相同点？有什么不同点？

14-6　力矩分配法在什么情况下是精确的？什么情况下是近似的？

14-7　力矩分配法求解多跨梁时与位移法比有什么优点？

习　题

14-1　用力矩分配法求图示结构的杆端弯矩，绘制弯矩图。

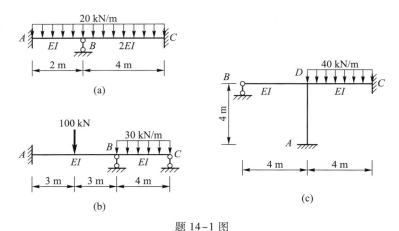

题 14-1 图

14-2　用力矩分配法求图示连续梁的杆端弯矩，绘制 M 图。

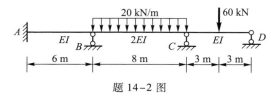

题 14-2 图

14-3　用力矩分配法求图示连续梁的杆端弯矩，绘制 M 图并求支座 B 的约束力。

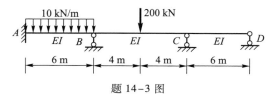

题 14-3 图

14-4　用力矩分配法求图示连续梁的杆端弯矩,绘制 M 图。

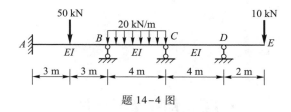

题 14-4 图

14-5　用力矩分配法求图示连续梁的杆端弯矩,绘制 M 图。

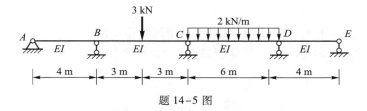

题 14-5 图

A14　习题答案

第十五章

压 杆 稳 定

本章从单个杆件的稳定出发,得出判断压杆稳定性的方法,据此就可以对杆系结构中的压杆稳定问题提供分析的基础,为解决杆系结构的稳定性问题创造了条件。

§15-1 压杆稳定的概念

工程中把承受轴向压力的直杆称为压杆。在前文讨论压杆时,只是从强度角度出发,认为压杆横截面上的正应力只要不超过材料的容许应力,就能保证杆件不发生破坏。这种观点对于短粗杆来说是正确的,但对于细长的杆件来说就不尽然,实践表明,在轴向压力作用下,杆内的应力并没有达到材料的容许应力时,就可能发生突然弯曲甚至导致破坏,这种现象称为**失稳**。因此,对于细长受压杆件,除考虑强度问题外,还必须考虑稳定性问题。

为了便于理解压杆稳定性的概念,我们取细长的受压杆来说明。

以图 15-1a 所示轴心受压直杆为例,通过调整压力 F 的大小,观察压杆直线形式的平衡状态是否稳定。为便于观察,对压杆施加不大的横向干扰力,将其推至微弯状态(图 15-1a 中的虚线状态)。

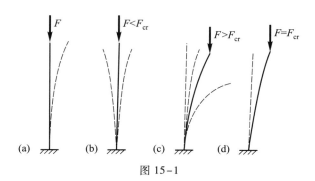

图 15-1

（1）当压力 F 值较小时（F 小于某一临界值 F_{cr}），将横向干扰力去掉后，压杆将在直线平衡位置左右摆动，最终仍恢复到原来的直线平衡状态（图 15–1b）。这表明，压杆原来的直线平衡状态是稳定的，即该压杆原有直线状态的平衡是**稳定平衡状态**。

（2）当压力 F 值超过某一临界值 F_{cr} 时，将横向干扰力去掉后，压杆不仅不能恢复到原来的直线平衡状态，还将在微弯的基础上继续弯曲，而失去承载能力（图 15–1c）。这表明，压杆原来的直线平衡状态是不稳定的，即该压杆原有直线状态的平衡是**不稳定平衡状态**。

（3）当压力 F 值恰好等于某一临界值 F_{cr} 时，将横向干扰力去掉后，压杆就在被干扰成的微弯状态下处于平衡状态，既不恢复原状，也不增加其弯曲的程度（图 15–1d）。这表明，压杆可以在偏离直线平衡位置的附近保持微弯状态的平衡，这种处于稳定平衡和不稳定平衡之间的平衡状态，称为**临界平衡状态**。临界平衡状态实质上是不稳定平衡状态，因为压杆受微小干扰后，不能再恢复到原有直线平衡状态。

压杆直线平衡状态是不稳定的平衡状态时，称压杆失去稳定，简称**失稳**。压杆处于稳定平衡状态和不稳定平衡状态之间的临界状态时，其轴向压力称为**临界力**，用 F_{cr} 表示。临界力 F_{cr} 是判别压杆是否会失稳的重要指标。

应该指出，不仅压杆会出现失稳现象，其他类型的构件，如图 15–2 所示的梁、拱、薄壁筒、圆环等也存在稳定问题。在荷载作用下，它们失稳的变形形式如图中虚线所示。这些构件的稳定问题都比较复杂，这里不予研究，本章仅讨论常见的受压直杆的稳定性。

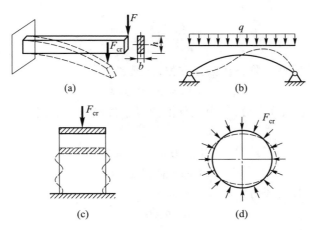

(a)   (b)

(c)   (d)

图 15–2

§15-2　细长压杆的临界力

15-2-1　两端铰支压杆的临界力

　　稳定计算的关键是确定临界力,下面首先讨论两端铰支(球铰)的细长压杆(图15-3a)的临界力计算公式。

　　由上节所述可知,当轴向压力 F 达到临界力 F_{cr} 时,压杆可在微弯状态下保持平衡,此时,在任一横截面上存在弯矩 $M(x)$(图15-3b),其值为

$$M(x) = F_{cr}w \qquad (a)$$

微弯杆的挠曲线近似微分方程为

$$\frac{\mathrm{d}^2 w}{\mathrm{d}x^2} = -\frac{M(x)}{EI} \qquad (b)$$

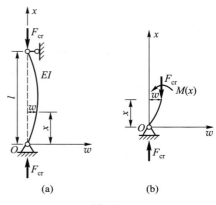

图 15-3

将式(a)代入式(b),得

$$\frac{\mathrm{d}^2 w}{\mathrm{d}x^2} = -\frac{F_{cr}}{EI}w \qquad (c)$$

令

$$k^2 = \frac{F_{cr}}{EI} \qquad (d)$$

则式(c)可写为

$$\frac{\mathrm{d}^2 w}{\mathrm{d}x^2} + k^2 w = 0 \qquad (e)$$

(e)式为常系数线性二阶齐次微分方程,其通解为

$$w = A\sin kx + B\cos kx \qquad (f)$$

式中的 A 和 B 为积分常数,可由压杆的边界条件确定。对图15-3a所示压杆的边界条件为

$$当 x = 0 时,\quad w = 0 \qquad (1)$$

$$当 x = l 时,\quad w = 0 \qquad (2)$$

将边界条件(1)代入式(f),得

$$B = 0$$

于是式(f)变为

$$w = A\sin kx \qquad\qquad (\text{g})$$

将边界条件(2)代入式(g)得

$$A\sin kl = 0 \qquad\qquad (\text{h})$$

若式(h)中 $A = 0$,则由式(f)可知杆的挠度 $w = 0$,这与微弯状态的假设不符,所以只能是

$$\sin kl = 0$$

要满足这一条件,则要求

$$kl = n\pi \quad (n = 0,1,2,3,\cdots)$$

将其代入式(d)得

$$F_{\text{cr}} = \frac{n^2\pi^2 EI}{l^2}$$

式中若取 $n = 0$,则 $F_{\text{cr}} = 0$,没有意义。这里应取使杆丧失稳定的最小压力值,即取 $n = 1$,则得到

$$F_{\text{cr}} = \frac{\pi^2 EI}{l^2} \qquad\qquad (15-1)$$

该式即为两端铰支细长压杆的临界力计算公式,又称为**欧拉公式**。应注意的是,杆的弯曲必然发生在抗弯能力最小的平面内,所以,式(15-1)中的惯性矩 I 应为压杆横截面的最小惯性矩。

15-2-2　其他支承形式的压杆的临界力

以上讨论的是两端铰支的细长压杆的临界力计算。对于其他支承形式的压杆,也可用同样方法导出其临界力的计算公式。这里不再一一推导,只把计算结果列表(见表15-1):

表15-1　各种支承情况下等截面细长杆的临界力公式

支承情况	两端铰支	一端固定 一端自由	两端固定	一端固定 一端铰支
失稳时挠曲线形状			C、D—挠曲线拐点	C—挠曲线拐点
临界力公式	$F_{\text{cr}} = \dfrac{\pi^2 EI}{l^2}$	$F_{\text{cr}} = \dfrac{\pi^2 EI}{(2l)^2}$	$F_{\text{cr}} = \dfrac{\pi^2 EI}{(0.5l)^2}$	$F_{\text{cr}} = \dfrac{\pi^2 EI}{(0.7l)^2}$

支承情况	两端铰支	一端固定 一端自由	两端固定	一端固定 一端铰支
计算长度	l	$2l$	$0.5l$	$0.7l$
长度因数	$\mu = 1$	$\mu = 2$	$\mu = 0.5$	$\mu = 0.7$

　　从表中可以看出,各种细长压杆的临界力公式基本相似,只是分母中 l 前边的系数不同,因此,可以写成统一形式的欧拉公式,即

$$F_{cr} = \frac{\pi^2 EI}{(\mu l)^2} \qquad (15-2)$$

式中 μ 反映了杆端支承对临界力的影响,称为**长度因数**,μl 称为**原压杆的相当长度**。

　　【例15-1】　图15-4所示细长压杆的两端为球形铰,弹性模量 $E = 200$ GPa,截面形状为:(1)圆形截面,$d = 50$ mm;(2)16 号工字钢。杆长为 $l = 2$ m,试用欧拉公式计算其临界荷载。

　　【解】　因压杆两端为球形铰,故 $\mu = 1$。现分别计算两种截面杆的临界力。

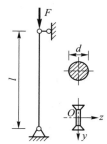

图 15-4

　　(1)圆形截面杆

$$\begin{aligned} F_{cr} &= \frac{\pi^2 EI}{(\mu l)^2} = \frac{\pi^3 E d^4}{64 l^2} \\ &= \frac{\pi^3 \times 200 \times 10^9 \times 5^4 \times 10^{-8}}{64 \times 4} \text{ N} \\ &= 151.2 \times 10^3 \text{ N} = 151.2 \text{ kN} \end{aligned}$$

　　(2)工字形截面杆

　　对压杆为球铰支承的情况,应取 $I = I_{min} = I_y$。由型钢表查得

$$I_y = 93.1 \text{ cm}^4 = 93.1 \times 10^{-8} \text{ m}^4$$

$$\begin{aligned} F_{cr} &= \frac{\pi^2 EI}{(\mu l)^2} = \frac{\pi^2 \times 200 \times 10^9 \times 93.1 \times 10^{-8}}{4} \text{ N} \\ &= 459 \times 10^3 \text{ N} = 459 \text{ kN} \end{aligned}$$

§15-3　压杆的临界应力

15-3-1　临界应力

将临界荷载 F_{cr} 除以压杆的横截面面积 A,即可求得压杆的临界应力,即

$$\sigma_{cr} = \frac{F_{cr}}{A} = \frac{\pi^2 EI}{(\mu l)^2 A}$$

把截面的惯性半径 $i = \sqrt{I/A}$ 引入上式,得

$$\sigma_{cr} = \frac{\pi^2 E}{\left(\dfrac{\mu l}{i}\right)^2}$$

再令

$$\lambda = \frac{\mu l}{i} = \frac{\mu l}{\sqrt{I/A}} \tag{15-3}$$

则细长杆的临界应力可表达为

$$\sigma_{cr} = \frac{\pi^2 E}{\lambda^2} \tag{15-4}$$

式(15-4)称为欧拉临界应力公式,式中的 λ 称为**长细比或柔度**,λ 是一个量纲为一的量,它综合地反映了压杆的长度、截面的形状与尺寸,以及杆件的支承情况对临界应力的影响。式(15-4)表明,λ 值愈大,临界应力 σ_{cr} 愈小,压杆就愈容易失稳。

15-3-2 欧拉公式的适用范围

式(15-4)表明,临界应力 σ_{cr} 是柔度 λ 的函数,其函数关系曲线为**欧拉曲线**(图15-5)。

为了考察欧拉公式是否符合实际情况,并研究非弹性稳定问题,可作如下稳定实验。

用 Q235 钢制成不同柔度的压杆试件,在尽可能保持轴心受压的条件下作受压实验,测得每个试件的临界应力(压溃应力),将实验结果在图15-5中标出[①]。当 $\lambda > \lambda_p$ 时,实验值与欧拉曲线比较吻合;而当 $\lambda < \lambda_p$ 时,实验值与欧拉曲线完全不符合。这说明,欧拉公式并不是对

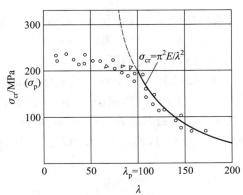

图15-5 Q235 的实验点与欧拉双曲线

---

① 泰特马耶实验和德国钢结构协会实验等诸多稳定实验结果均与图15-5所示实验结果类似。

任何柔度的压杆都适用。

进一步分析图 15-5 所示的实验点和欧拉理论曲线发现,对应于柔度 λ_p 的临界应力 $\sigma_{cr} = 200$ MPa,该值恰为 Q235 钢的比例极限值($\sigma_p = 200$ MPa)。说明 $\sigma_{cr} \leqslant \sigma_p$ 时,欧拉公式是正确的;而在 $\sigma_{cr} > \sigma_p$ 时,欧拉公式不成立。这是由于欧拉公式是利用压杆的弹性曲线近似微分方程推导出来的,而该方程仅在材料服从胡克定律时才成立,故欧拉公式只在临界应力 σ_{cr} 不超过材料的比例极限 σ_p 时才能应用。欧拉公式的适用范围是

$$\sigma_{cr} = \frac{\pi^2 E}{\lambda^2} \leqslant \sigma_p$$

或写作

$$\lambda \geqslant \pi \sqrt{\frac{E}{\sigma_p}}$$

若用 λ_p 表示对应于 $\sigma_{cr} = \sigma_p$ 时的柔度值(图 15-5),则有

$$\lambda_p = \pi \sqrt{\frac{E}{\sigma_p}} \qquad\qquad (15-5)$$

显然,λ_p 是判断欧拉公式能否应用的柔度,称为判别柔度。当 $\lambda \geqslant \lambda_p$ 时,才能满足 $\sigma_{cr} \leqslant \sigma_p$,欧拉公式才适用,这种压杆称为大柔度杆或细长杆。

对于用 Q235 钢制成的压杆,$E = 200$ GPa,$\sigma_p = 200$ MPa,其判别柔度 λ_p 为

$$\lambda_p = \pi \sqrt{\frac{200 \times 10^3}{200}} \approx 100$$

若压杆的柔度 λ 小于 λ_p,称为中、小柔度杆或非细长杆。中、小柔度杆的临界应力大于材料的比例极限,这时的压杆将产生塑性变形,称为弹塑性稳定问题。

【例 15-2】   图 15-6 所示矩形截面压杆,其支承情况为:在 xz 平面内,两端固定;在 xy 平面内,下端固定,上端自由。已知 $l = 3$ m,$b = 0.1$ m,材料的弹性模量 $E = 200$ GPa,比例极限 $\sigma_p = 200$ MPa。试计算该压杆的临界力。

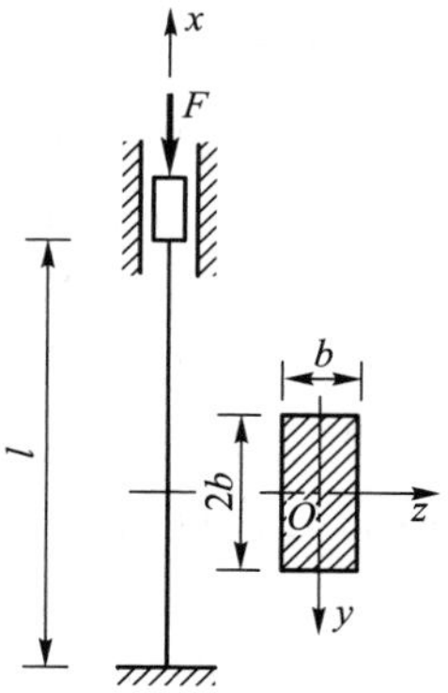

【解】   (1) 判断失稳方向

由于杆的上端在两个平面内的支承情况不同,所以压杆在两个平面内的长细比也不同,压杆将首先在 λ 值大的平面内失稳。两个平面内的 λ 值分别为
在 xz 面

图 15-6

$$\lambda_y = \frac{\mu_1 l}{i_y} = \frac{\mu_1 l}{\sqrt{I_y/A}} = \frac{\mu_1 l}{b/\sqrt{12}} = \frac{0.5 \times 3}{0.1/\sqrt{12}} = 51.96$$

在 xy 面

$$\lambda_z = \frac{\mu_2 l}{i_z} = \frac{\mu_2 l}{\sqrt{I_z/A}} = \frac{\mu_2 l}{2b/\sqrt{12}} = \frac{2 \times 3}{2 \times 0.1/\sqrt{12}} = 103.92$$

因 $\lambda_z > \lambda_y$，所以杆若失稳，将发生在 xy 面内。

（2）判定该压杆是否可用欧拉公式求临界力

$$\lambda_p = \pi\sqrt{\frac{E}{\sigma_p}} = \pi\sqrt{\frac{200 \times 10^3}{200}} = 99.35$$

因 $\lambda_z > \lambda_p$，故可用欧拉公式求临界力，其值为

$$F_{cr} = \frac{\pi^2 E I_z}{(\mu_2 l)^2} = \frac{\pi^2 \times 200 \times 10^9 \times \dfrac{0.1 \times 0.2^3}{12}}{(2 \times 3)^2} = 3\ 655.4 \times 10^3\ \text{N} = 3\ 655.4\ \text{kN}$$

15-3-3 超过比例极限时压杆的临界应力、临界应力总图

临界应力超过比例极限的压杆（$\lambda < \lambda_p$）可分为两类。

（1）短粗杆，或称小柔度杆。一般来说，短粗杆不会发生失稳，它的承压能力取决于材料的抗压强度，属于强度问题。

（2）中柔度杆。在工程实际中，这类压杆是最常见的。

关于这类压杆的临界力计算，有基于理论分析的公式，如切线模量公式；还有以实验为基础的经验公式。经验公式有多种形式，这里只介绍直线经验公式。

直线公式将临界应力 σ_{cr} 和柔度 λ 表示为以下的直线关系：

$$\sigma_{cr} = a - b\lambda \tag{15-6}$$

式中 a 与 b 是与材料性质有关的常数。例如 Q235 钢制成的压杆，$a = 304$ MPa，$b = 1.12$ MPa；松木压杆判别柔度 $\lambda_p = 110$，$a = 28.7$ MPa，$b = 0.19$ MPa。几种常用材料的 a 和 b 值见表 15-2。

表 15-2 常用材料的 a 和 b 值

材料	a/MPa	b/MPa	λ_p	λ_s
铬钼钢	980	5.29	55	0
Q235 钢	304	1.12	100	62
35 钢	461	20 568	100	60
45、55 钢	578	3.744	100	60
铸铁	331.9	1.453	80	——
硬铝	372	2.14	50	——
松木	28.7	0.19	110	40

应予指出,只有在临界应力小于屈服极限 σ_s 时,直线公式(15-6)才适用。若以 λ_s 表示对应于 $\sigma_{cr}=\sigma_s$ 时的柔度,则

$$\sigma_{cr}=\sigma_s=a-b\lambda_s$$

或

$$\lambda_s=\frac{a-\sigma_s}{b}$$

λ_s 是可用直线公式的最小柔度。对于 Q235 钢,$\sigma_s=235\ \text{MPa}$,则

$$\lambda_s=\frac{a-\sigma_s}{b}=\frac{304-235}{1.12}\approx 60$$

若 $\lambda<\lambda_s$,压杆应按压缩强度计算,即

$$\sigma_{cr}=\frac{F}{A}\leqslant\sigma_s$$

由欧拉公式和直线公式表示 σ_{cr}-λ 曲线,如图 15-7 所示。σ_{cr}-λ 曲线称为**临界应力总图**,工程中称它为柱子曲线。

稳定计算中,无论是欧拉公式,还是直线公式,都是以压杆的整体变形为基础的,即压杆在临界力作用下可保持微弯状态的平衡,以此作为压杆失稳时的整体变形状态。局部削弱(如螺钉孔等)对压杆的整体变形影响很小,所以计算临界应力时,应采用未经削弱的横截面面积 A(毛面积)和惯性矩 I。

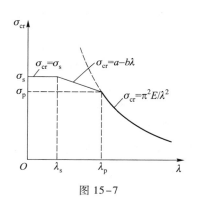

图 15-7

§15-4 压杆的稳定计算

压杆的稳定计算与强度计算相似,在实际工程上也可以解决稳定校核、确定许可荷载和截面设计三个方面的问题。

压杆的稳定计算通常采用安全系数法和折减系数法。稳定校核、确定许可荷载用安全系数法比较方便,截面设计用折减系数法比较方便。

15-4-1 安全系数法

实际工程中,为保证受压杆件不丧失稳定,并具有必要的安全储备,压杆应满足的稳定条件为:压杆横截面上的压力不能超过压杆临界压力的许用值,即

$$F \leqslant \frac{F_{cr}}{n_{st}} = [F_{st}]$$

整理得压杆的稳定条件为

$$n = \frac{F_{cr}}{F} \geqslant n_{st} \tag{15-7}$$

式中 F 为压杆的实际工作荷载；F_{cr} 为压杆的临界荷载；n_{st} 为稳定安全系数,该值一般大于强度安全系数。

　　稳定安全系数除考虑一般的安全因素外,还需要考虑外载可能出现的偏心及制造误差等不利因素的影响。n_{st} 值一般大于强度安全系数,具体取值可从有关设计规范和手册中查到。几种常见压杆的稳定安全系数如表 15-3 所示。

表 15-3　几种常见压杆的稳定安全系数

实际压杆	金属结构中的压杆	矿山冶金设备中的压杆	机床丝杆	精密丝杆	水平长丝杆	磨床油缸活塞杆	低速发动机挺杆	高速发动机挺杆
n_{st}	$1.8 \sim 3.0$	$4 \sim 8$	$2.5 \sim 4$	>4	>4	$2 \sim 5$	$4 \sim 6$	$2 \sim 5$

15-4-2　折减系数法

　　为计算简便,在工程中经常采用折减系数法进行稳定计算。

$$\sigma = \frac{F}{A} \leqslant [\sigma]_{st} \tag{15-8}$$

式中 F 为压杆的工作荷载,A 为横截面面积,$[\sigma]_{st}$ 为稳定许用应力。$[\sigma]_{st} = \frac{\sigma_{cr}}{n_{st}}$,它总是小于强度许用应力 $[\sigma]$。于是,式(15-8)又可表达为

$$\sigma = \frac{F}{A} \leqslant \varphi [\sigma] \tag{15-9}$$

其中 φ 可由下式确定:

$$\varphi = \frac{[\sigma]_{st}}{[\sigma]} = \frac{\sigma_{cr}}{n_{st}} \cdot \frac{n}{\sigma_u} = \frac{\sigma_{cr}}{\sigma_u} \cdot \frac{n}{n_{st}} < 1$$

式中 σ_u 为强度计算中的危险应力,n 为强度计算中的安全系数。由临界应力总图(图 15-7)可以看出,$\sigma_{cr} < \sigma_u$,且 $n < n_{st}$,故 φ 是一个小于 1 的系数,称为折减系数,也称为稳定因数。利用公式(15-9)可以为压杆设计截面。这种方法称为折减系数法。

　　因为压杆的临界应力总是随柔度而改变,柔度越大,临界应力越低,所以,在

压杆的稳定计算中,需要将材料的抗压许用应力乘以一个随柔度而变的稳定因数 $\varphi = \varphi(\lambda)$。

15-4-3　设计中应用的柱子曲线

在钢压杆中,稳定因数被定义为临界应力与材料屈服极限的比值,即 $\varphi = \sigma_{cr}/\sigma_s$。显然,$\varphi$-$\lambda$ 曲线与 σ_{cr}-λ 曲线的意义是相同的,均被称为柱子曲线。轴心受压直杆的柱子曲线如图 15-7 所示。

作为工程设计中应用的柱子曲线,理应是实际压杆的柱子曲线。为此,对实际压杆的 φ 与 λ 的关系作了大量的研究。在诸多影响压杆稳定的不利因素中,以杆件的初弯曲、压力偏心和残余应力尤为严重。但这三者同时对压杆构成最不利情况的概率很低,可只考虑初弯曲与残余应力两个不利因素,取存在残余应力的初弯曲压杆作为实际压杆的模型。

所谓残余应力,是指杆件由于轧制或焊接后的不均匀冷却,而在截面内产生的自相平衡(截面合内力为零)的一种应力。残余应力的大小和分布与截面形状尺寸、制造工艺和加工过程有关。压杆在增大压力的过程中,截面上最大残余应力区域将率先达到屈服极限,从而使截面出现塑性区,使压杆的临界应力降低。可见,残余应力对压杆的承载能力具有不利影响。

我国的《钢结构设计标准》(GB 50017—2017)中的柱子曲线,采用的计算假定为:

(1) 初弯曲为 $w_0 = l/1\,000$。w_0 为压杆的最大初挠度。

(2) 残余应力共选用了 13 种不同模式。

(3) 材料为理想弹塑性体。

基于上述假定,按最大强度准则用计算机求出 96 条曲线,这些曲线分布在相当宽的范围内,再将这些曲线分为三组,每组用一条曲线作为代表曲线,即 a、b、c 三条柱子曲线供设计时应用(图 15-8),它们分别对应着 a、b、c 三种截面分类,其中 a 类的残余应力影响较小,稳定性较好;c 类的残余应力影响较大,其稳定性较差;多数情况可归为 b 类。表 15-4 中只给出了圆管和工字形截面的分类,其他截面分类见《钢结构设计标准》(GB 50017—2017)。对于不同材料,根据 φ 与 λ 的关系,分别给出 a、b、c 三类截面的稳定因数 φ 值。表 15-5、表 15-6 和表 15-7 分别给出 Q235 钢 a、b、c 三类截面的 φ 值。

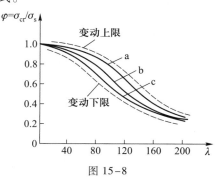

图 15-8

表 15-4 轴压杆件的截面分类

类别	截面形状和对应轴	
a 类	轧制,对任意轴	轧制,$b/h \leqslant 0.8$,对 z 轴
b 类	焊接,对任意轴	轧制,$b/h \leqslant 0.8$,对 y 轴 $b/h > 0.8$,对 y、z 轴
b 类	焊接,对任意轴	焊接,翼缘为轧制边,对 z 轴
c 类		焊接,翼缘为轧制边,对 y 轴

表 15-5 Q235 钢 a 类截面轴心受压构件的稳定因数 φ

λ	0	1.0	2.0	3.0	4.0	5.0	6.0	7.0	8.0	9.0
0	1.000	1.000	1.000	1.000	0.999	0.999	0.998	0.998	0.997	0.996
10	0.995	0.994	0.993	0.992	0.991	0.989	0.988	0.986	0.985	0.983
20	0.981	0.979	0.977	0.976	0.974	0.972	0.970	0.968	0.966	0.964
30	0.963	0.961	0.959	0.957	0.955	0.952	0.950	0.948	0.946	0.944
40	0.941	0.939	0.937	0.934	0.932	0.929	0.927	0.924	0.921	0.919
50	0.916	0.913	0.910	0.907	0.904	0.900	0.897	0.894	0.890	0.886
60	0.883	0.879	0.875	0.871	0.867	0.863	0.858	0.851	0.849	0.844
70	0.839	0.834	0.829	0.824	0.818	0.813	0.807	0.801	0.795	0.789
80	0.783	0.776	0.770	0.763	0.757	0.750	0.743	0.736	0.728	0.721
90	0.714	0.706	0.699	0.691	0.684	0.676	0.668	0.661	0.653	0.645
100	0.638	0.630	0.622	0.615	0.607	0.600	0.592	0.585	0.577	0.570
110	0.563	0.555	0.548	0.541	0.534	0.527	0.520	0.514	0.507	0.500
120	0.494	0.488	0.481	0.475	0.469	0.463	0.457	0.451	0.445	0.440
130	0.434	0.429	0.423	0.418	0.412	0.407	0.402	0.397	0.392	0.387
140	0.383	0.378	0.373	0.369	0.364	0.360	0.356	0.351	0.347	0.343
150	0.339	0.335	0.331	0.327	0.323	0.320	0.316	0.312	0.309	0.305

续表

λ	0	1.0	2.0	3.0	4.0	5.0	6.0	7.0	8.0	9.0
160	0.302	0.298	0.295	0.292	0.289	0.285	0.282	0.279	0.276	0.273
170	0.270	0.267	0.264	0.262	0.259	0.256	0.253	0.251	0.248	0.246
180	0.243	0.241	0.238	0.236	0.233	0.231	0.229	0.226	0.224	0.222
190	0.220	0.218	0.215	0.213	0.211	0.209	0.207	0.205	0.203	0.201
200	0.199	0.198	0.196	0.194	0.192	0.190	0.189	0.187	0.185	0.183
210	0.182	0.180	0.179	0.177	0.175	0.174	0.172	0.171	0.169	0.168
220	0.166	0.165	0.164	0.162	0.161	0.159	0.158	0.157	0.155	0.154
230	0.153	0.152	0.150	0.149	0.148	0.147	0.146	0.144	0.143	0.142
240	0.141	0.140	0.139	0.138	0.136	0.135	0.134	0.133	0.132	0.131
250	0.130									

表 15-6　Q235 钢 b 类截面轴心受压构件的稳定因数 φ

λ	0	1.0	2.0	3.0	4.0	5.0	6.0	7.0	8.0	9.0
0	1.000	1.000	1.000	0.999	0.999	0.998	0.997	0.996	0.995	0.994
10	0.992	0.991	0.989	0.987	0.985	0.983	0.981	0.978	0.976	0.973
20	0.970	0.967	0.963	0.960	0.957	0.953	0.950	0.946	0.943	0.939
30	0.936	0.932	0.929	0.925	0.922	0.918	0.914	0.910	0.906	0.903
40	0.899	0.895	0.891	0.887	0.882	0.878	0.874	0.870	0.865	0.861
50	0.856	0.852	0.847	0.842	0.838	0.833	0.828	0.823	0.818	0.813
60	0.807	0.802	0.797	0.791	0.786	0.780	0.774	0.769	0.763	0.757
70	0.751	0.745	0.739	0.732	0.726	0.720	0.714	0.707	0.701	0.694
80	0.688	0.681	0.675	0.668	0.661	0.655	0.648	0.641	0.635	0.628
90	0.621	0.614	0.608	0.601	0.594	0.588	0.581	0.575	0.568	0.561
100	0.555	0.549	0.542	0.536	0.529	0.523	0.517	0.511	0.505	0.499
110	0.493	0.487	0.481	0.475	0.470	0.464	0.458	0.453	0.447	0.442
120	0.437	0.432	0.426	0.421	0.416	0.411	0.406	0.402	0.397	0.392
130	0.387	0.383	0.378	0.374	0.370	0.365	0.361	0.357	0.353	0.340
140	0.345	0.341	0.337	0.333	0.329	0.326	0.322	0.318	0.315	0.311
150	0.308	0.304	0.301	0.298	0.265	0.291	0.288	0.285	0.282	0.279

λ	0	1.0	2.0	3.0	4.0	5.0	6.0	7.0	8.0	9.0
160	0.276	0.273	0.270	0.267	0.265	0.262	0.259	0.256	0.254	0.251
170	0.249	0.246	0.244	0.241	0.239	0.236	0.234	0.232	0.229	0.227
180	0.225	0.223	0.220	0.218	0.216	0.214	0.212	0.210	0.208	0.206
190	0.204	0.202	0.200	0.198	0.197	0.195	0.193	0.191	0.190	0.188
200	0.186	0.184	0.183	0.181	0.180	0.178	0.176	0.175	0.173	0.172
210	0.170	0.169	0.167	0.166	0.165	0.163	0.162	0.160	0.159	0.158
220	0.156	0.155	0.154	0.153	0.151	0.150	0.149	0.148	0.146	0.145
230	0.144	0.143	0.142	0.141	0.140	0.138	0.137	0.136	0.135	0.134
240	0.133	0.132	0.131	0.130	0.129	0.128	0.127	0.126	0.125	0.124
250	0.123									

表 15-7　Q235 钢 c 类截面轴心受压构件的稳定因数 φ

λ	0	1.0	2.0	3.0	4.0	5.0	6.0	7.0	8.0	9.0
0	1.000	1.000	1.000	0.999	0.999	0.998	0.997	0.996	0.995	0.993
10	0.992	0.990	0.988	0.986	0.983	0.981	0.978	0.976	0.973	0.970
20	0.966	0.959	0.953	0.947	0.940	0.934	0.928	0.921	0.915	0.909
30	0.902	0.896	0.890	0.884	0.877	0.871	0.865	0.858	0.852	0.846
40	0.839	0.833	0.826	0.820	0.814	0.807	0.801	0.794	0.788	0.781
50	0.775	0.768	0.762	0.755	0.748	0.742	0.735	0.729	0.722	0.715
60	0.709	0.702	0.695	0.689	0.682	0.676	0.669	0.662	0.656	0.649
70	0.643	0.636	0.629	0.623	0.616	0.610	0.604	0.597	0.591	0.584
80	0.578	0.572	0.566	0.559	0.553	0.547	0.541	0.535	0.529	0.523
90	0.517	0.511	0.505	0.500	0.494	0.488	0.483	0.477	0.472	0.467
100	0.463	0.458	0.454	0.449	0.445	0.441	0.436	0.432	0.428	0.423
110	0.419	0.415	0.411	0.407	0.403	0.399	0.395	0.391	0.387	0.383
120	0.379	0.375	0.371	0.367	0.364	0.360	0.356	0.353	0.349	0.346
130	0.342	0.339	0.335	0.332	0.328	0.325	0.322	0.319	0.315	0.312
140	0.309	0.306	0.303	0.300	0.297	0.294	0.291	0.288	0.285	0.282
150	0.280	0.277	0.274	0.271	0.269	0.266	0.264	0.261	0.258	0.256

续表

λ	0	1.0	2.0	3.0	4.0	5.0	6.0	7.0	8.0	9.0
160	0.254	0.251	0.249	0.246	0.244	0.242	0.239	0.237	0.235	0.233
170	0.230	0.228	0.226	0.224	0.222	0.220	0.218	0.216	0.214	0.212
180	0.210	0.208	0.206	0.205	0.203	0.201	0.199	0.197	0.196	0.194
190	0.192	0.190	0.189	0.187	0.186	0.184	0.182	0.181	0.179	0.178
200	0.176	0.175	0.173	0.172	0.170	0.169	0.168	0.166	0.165	0.163
210	0.162	0.161	0.159	0.158	0.157	0.156	0.154	0.153	0.152	0.151
220	0.150	0.148	0.147	0.146	0.145	0.144	0.143	0.142	0.140	0.139
230	0.138	0.137	0.136	0.135	0.134	0.133	0.132	0.131	0.130	0.129
240	0.128	0.127	0.126	0.125	0.124	0.124	0.123	0.122	0.121	0.120
250	0.119									

【例 15-3】　图 15-9a 所示某机械设备液压连杆承受轴向压力作用,压力 $F=150$ kN,杆为空心圆管,外径 $D=52$ mm,内径 $d=42$ mm,$l=980$ mm,材料为硅锰合金,$\sigma_p=1\,200$ MPa,$\sigma_b=1\,600$ MPa,$E=210$ GPa,规定的稳定安全系数 $n_{st}=2$。试校核液压杆的稳定性。

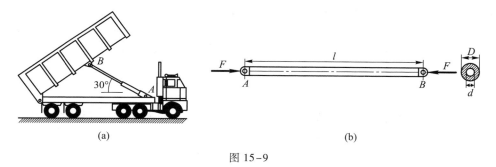

(a)　　　　　　　　　　　　　　　　　　(b)

图 15-9

【解】　液压杆受力简图如图 15-9 所示,其两端可视为铰支约束,$\mu=1$,惯性半径

$$i=\frac{\sqrt{D^2+d^2}}{4}=\frac{\sqrt{52^2+42^2}}{4}\ \text{mm}=16.7\ \text{mm}$$

于是,压杆的柔度

$$\lambda=\frac{\mu l}{i}=\frac{1\times980}{16.7}=58.68$$

而

$$\lambda_p = \sqrt{\frac{\pi^2 E}{\sigma_p}} = \sqrt{\frac{3.14^2 \times 210 \times 10^3}{1\,200}} = 41.5$$

由于 $\lambda > \lambda_p$，此杆为大柔度杆，可用欧拉公式求解，即

$$F_{cr} = \frac{\pi^2 EI}{(\mu l)^2} = \frac{3.14^2 \times 210 \times 10^3 \times \frac{\pi}{64}(52^4 - 42^4)}{(1 \times 980)^2}\ N = 444\,239.5\ N = 444\ kN$$

实际工作安全因数

$$n = \frac{F_{cr}}{F} = \frac{444}{150} = 2.96 > 2$$

所以液压杆的稳定性符合要求。

【例 15-4】　图 15-10 所示工字形截面型钢压杆，在压杆的中间沿截面的 z 轴方向有铰支座，即相当长度 $\mu l_z = 6$ m，$\mu l_y = 3$ m，$F = 1\,500$ kN，材料为 Q235 钢，试选择型钢号。

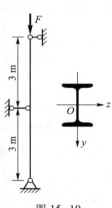

图 15-10

【解】　压杆截面选择的步骤通常是，先假定柔度 λ 值（一般取 $\lambda = 60 \sim 100$），并查出稳定因数 φ 值，再按式 (15-9) 求出截面面积。若采用型钢截面，可直接从型钢表中选用合适的型号。若采用工字形组合截面时，应先从假定的 λ 值求得截面的惯性半径 i，再借助惯性半径与截面轮廓尺寸（h、b）的近似关系，确定截面高度 h 和宽度 b（关于工字形组合截面压杆的截面选择问题，本书不予介绍）。

经此选定截面后，即可计算出所选截面的有关几何量，并按式 (15-9) 验算出压杆的稳定性。

本题选择工字型钢，设 $\lambda = 100$，从表 15-4 可知，应分别按 a 类（对 z 轴）及 b 类（对 y 轴）截面，查出稳定因数（表 15-5、表 15-6）

$$\varphi_z = 0.638, \qquad \varphi_y = 0.555$$

由式 (15-9)，得

$$A = \frac{F}{\varphi[\sigma]} = \frac{1\,500}{0.555 \times 170 \times 10^3}\ m^2$$

$$= 15.90 \times 10^{-3}\ m^2 = 15\,900\ mm^2$$

$$i_z = \frac{\mu l_z}{\lambda} = \frac{6\,000}{100}\ mm = 60\ mm$$

$$i_y = \frac{\mu l_y}{\lambda} = \frac{3\,000}{100}\ mm = 30\ mm$$

由型钢表查取 63b,得 $A = 16\ 750\ \text{mm}^2, i_z = 242\ \text{mm}, i_y = 32.9\ \text{mm}, b/h = 178/630 =$
0.28。于是

$$\lambda_z = \frac{\mu l_z}{i_z} = \frac{6\ 000}{242} = 24.79$$

$$\lambda_y = \frac{\mu l_y}{i_y} = \frac{3\ 000}{32.9} = 91.19$$

因 $b/h = 0.28 < 0.8$,由表 15-4 可知,对 z 轴为 a 类截面,对 y 轴为 b 类截面。分
别由表 15-5 和表 15-6 查得

$$\varphi_z = 0.972, \quad \varphi_y = 0.613$$

按式(15-9)验算压杆稳定,有

$$\frac{F}{\varphi A} = \frac{1\ 500 \times 10^{-3}}{0.613 \times 167.5 \times 10^{-4}}\ \text{MPa} = 146.1\ \text{MPa} < [\sigma] = 170\ \text{MPa}$$

§15-5　提高压杆稳定性的措施

提高压杆稳定性的措施应从决定压杆临界应力的各种因素去考虑。从前面
的讨论中可以看出,影响压杆临界应力的主要因素是柔度$\left(\text{即 } \lambda = \frac{\mu l}{i}\right)$。临界应
力与柔度的平方成反比,柔度越小,临界应力越大,稳定性越好。柔度取决于压
杆的长度、截面的形状、尺寸和支承情况。因此,要提高压杆的稳定性,必然要从
这几方面入手。

(1)减小杆的长度。从柔度的计算式中可以看出,杆长 l 与柔度 λ 成正比,l
越小,则 λ 越小,临界应力就越高。如图 15-11a 所示的两端铰支细长压杆,若
在中点增加一支承(图 15-11b),则其计算长度为原来的一半,柔度即为原来的
一半,而它的临界应力却是原来的四倍。

(2)选择合理的截面形状。在相同截面面积的情况下,应设法增大惯性矩
I,从而达到增大惯性半径 i、减小柔度 λ、提高压杆临界应力的目的。例如,空心
圆截面比实心圆截面要好(图 15-12a);四根角钢布置成一个箱形,比布置成一
个十字形要好(图 15-12b)等。

(3)改善支承情况。长度因数 μ 反映了压杆的支承情况,μ 值越小,柔度 λ
越小,临界应力就越大。所以,在结构条件允许的情况下,应尽可能使杆端约束
牢固些,以提高压杆的稳定性。

应该指出,临界应力也与材料的弹性模量 E 有关。但由于各种钢材的 E 值
大致相等,所以,采用优质钢材对提高临界应力来说效果并不明显,是不足取的。

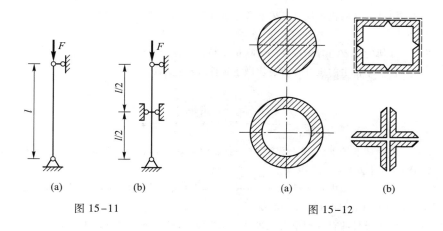

图 15-11　　　　　　　　　　图 15-12

小　结

（1）学习本章时，首先要准确地理解压杆稳定的概念，弄清压杆"稳定"和"失稳"是指压杆直线形式的平衡状态是稳定的还是不稳定的。

（2）欧拉公式是计算细长压杆临界力的基本公式，应用此公式时，要注意它的适用范围，即 $\lambda \geqslant \lambda_p$ 时，临界力和临界应力分别为

$$F_{cr} = \frac{\pi^2 EI}{(\mu l)^2}, \qquad \sigma_{cr} = \frac{\pi^2 E}{\lambda^2}$$

（3）长度因数 μ 反映了杆端支承对压杆临界力的影响，在计算压杆的临界力时，应根据支承情况选用相应的长度因数 μ。因此对表 15-1 中所列的 μ 值要熟记。

（4）要理解柔度 λ 的物理意义及其在稳定计算中的作用，λ 值愈大，压杆愈易失稳。

a. 根据柔度 λ 值的大小，判断压杆可能在哪个平面内失稳。

b. 计算临界力时，应先计算出 λ，然后根据其数值，判断压杆的类别，选用计算临界力的公式。

思　考　题

15-1　何谓失稳？何谓稳定平衡与不稳定平衡？

15-2　试判断以下两种说法对否？

（1）临界力是使压杆丧失稳定的最小荷载。

（2）临界力是压杆维持直线稳定平衡状态的最大荷载。

15-3　柔度 λ 的物理意义是什么？它与哪些量有关，各个量如何确定？

15-4　提高压杆的稳定性可以采取哪些措施？采用优质钢材对提高细长压杆稳定性的效果如何？

15-5　如何能有效地减少杆件的计算长度和支承情况？

15-6　杆系结构中的压杆是否也应做稳定性分析？

习　　题

15-1　图示两端铰支的 22a 号工字型钢压杆（Q235 钢），已知 $l=5$ m，材料的弹性模量 $E=200$ GPa。试求此压杆的临界力。

15-2　图示矩形截面木压杆，已知 $l=40$ m，$b=100$ mm，$h=150$ mm，材料的弹性模量 $E=10$ GPa，$\lambda_p=110$。试求此压杆的临界力。

15-3　图示各杆的材料和截面形状及尺寸均相同，各杆的长度如图所示，当压力 F 从零开始以相同的速率逐渐增加时，问哪个杆首先失稳。

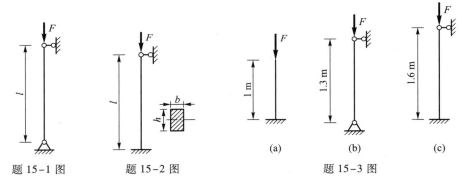

題 15-1 图　　　題 15-2 图　　　(a)　　(b)　　(c)
　　　　　　　　　　　　　　　　　題 15-3 图

15-4　有一 30 mm×50 mm 的矩形截面压杆，两端为球形铰支。已知材料的弹性模量 $E=200$ GPa，比例极限 $\sigma_p=200$ MPa。试求可用欧拉公式计算临界力的最小长度。

15-5　一根用 28b 工字钢（Q235）制成的立柱，上端自由，下端固定，柱长 $l=2$ m，轴向压力 $F=250$ kN，材料的许用应力 $[\sigma]=170$ MPa，试校核立柱的稳定性。

15-6　图示结构中，AC 与 CD 杆均用 Q235 钢制成，AC 为圆截面杆，CD 为矩形截面杆。C、D 两处均为球铰。已知 $d=20$ mm，$b=100$ mm，$h=180$ mm；$E=200$ GPa，$\sigma_s=235$ MPa，$\sigma_b=400$ MPa；强度安全系数 $n=2.0$，稳定安全系数 $n_{st}=3.0$。试确定该结构的最大许可荷载。

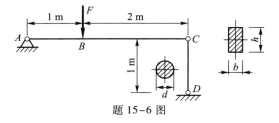

題 15-6 图

15-7　图示结构中，*CD* 杆为 Q235 轧制钢管，许用应力$[\sigma]=170$ MPa，钢管内直径 $d=26$ mm，外直径 $D=36$ mm。试对其进行稳定性校核。

15-8　图示两端铰支薄壁轧制钢管柱，材料为 Q235 钢，$[\sigma]=170$ MPa，$F=160$ kN，$l=3$ m，平均半径 $R=50$ mm。试求钢管壁厚 t。提示：圆环惯性半径 $i=\dfrac{D}{4}\sqrt{1+\alpha^2}$，$\alpha=\dfrac{d}{D}$。式中 d 和 D 分别为圆环的内直径和外直径。

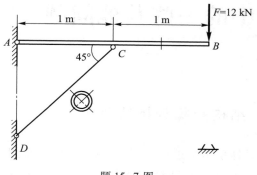

题 15-7 图

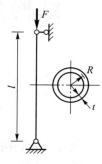

题 15-8 图

A15　习题答案

第十六章

结构分析中的一些其他问题

§16-1 结构矩阵分析的概念

结构矩阵分析是用计算机对杆系结构进行有限元分析的基础,是用计算机分析结构的有效、快捷的方法。为分析复杂结构提供了可能,也称为矩阵位移法。

结构矩阵分析以位移为基本未知量,但不采用位移法的基本结构,而是先将结构划分成若干单元,进行单元分析,然后按一定条件综合起来,进行整体分析,将分析过程用矩阵来表达,是有限元法在杆系结构中的应用。

下面以连续梁为例介绍结构矩阵分析的基本方法。

1. 离散化

连续梁支座处没有结点线位移,只有结点转角是未知量。设梁只在支座结点处受集中力偶作用,连续梁受力如图 16-1a 所示。规定:结点位移(转角)以逆时针为正,结点力(力偶)以逆时针为正。与位移法相同,梁的线刚度仍用 i 表示。

首先,将结构进行单元划分和编码(图 16-1b)。

连续梁划分为两个单元,从左至右编号为 1、2,用与空心圆组合的数字表示,称为单元编码。连续梁的三个支座结点从左至右编号为 1、2、3,称为结点编码。每个结点有一个结点位移,从左至右编号为(1)、(2)、(3),称为结点位移编码,是结点位移的总体编码。这些结点位移是矩阵位移法的基本未知量。

连续梁的每个单元两端结点处都只有转角位移,没有线位移,故各单元可取为简支单元,即每个单元为简支梁。

2. 单元分析

用 e 代表任意单元的编码。每个单元左右两端依次编号为 1、2,称为局部编码(图16-2)。

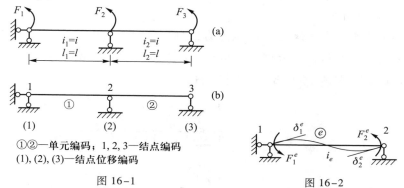

①②—单元编码；1, 2, 3—结点编码
(1), (2), (3)—结点位移编码

图16-1   图16-2

杆端力 F_1^e, F_2^e 和杆端位移 δ_1^e, δ_2^e 可写成列向量形式：

$$\{F\}^e = \begin{Bmatrix} F_1^e \\ F_2^e \end{Bmatrix} \tag{16-1}$$

$$\{\delta\}^e = \begin{Bmatrix} \delta_1^e \\ \delta_2^e \end{Bmatrix} \tag{16-2}$$

单元杆端力和单元杆端位移以逆时针为正。

单元分析的目的是建立单元杆端力与单元杆端位移的关系。

简支单元杆端力与杆端位移的关系，和两端固定梁两端只发生转角时的杆端力与杆端位移的关系完全相同(图16-3)。根据叠加法，由表13-3可知

$$\begin{cases} F_1^e = 4i_e\delta_1^e + 2i_e\delta_2^e \\ F_2^e = 2i_e\delta_1^e + 4i_e\delta_2^e \end{cases}$$

上式称为单元刚度方程。写成矩阵形式为

$$\begin{Bmatrix} F_1^e \\ F_2^e \end{Bmatrix} = \begin{bmatrix} 4i_e & 2i_e \\ 2i_e & 4i_e \end{bmatrix} \begin{Bmatrix} \delta_1^e \\ \delta_2^e \end{Bmatrix} \tag{16-3}$$

简记为

$$\{F\}^e = [k]^e \{\delta\}^e \tag{16-4}$$

其中 $[k]^e$ 称为单元刚度矩阵，简称为单刚。

$$[k]^e = \begin{bmatrix} k_{11}^e & k_{12}^e \\ k_{21}^e & k_{22}^e \end{bmatrix} = \begin{bmatrix} 4i_e & 2i_e \\ 2i_e & 4i_e \end{bmatrix} \tag{16-5}$$

单元刚度矩阵中元素的物理意义：k_{ij}^e 为发生 $\delta_j^e = 1$、$\delta_i^e = 0$ 位移时，在 i 端所需加的杆端力。

单元刚度矩阵是对称矩阵。

3. 整体分析

图 16-4 所示连续梁,受三个结点力(力偶)F_1、F_2 和 F_3 作用,发生三个结点位移(转角)δ_1、δ_2 和 δ_3。也可以表述为:发生三个结点位移(转角)δ_1、δ_2 和 δ_3 时,所需施加的结点力(力偶)为 F_1、F_2 和 F_3。

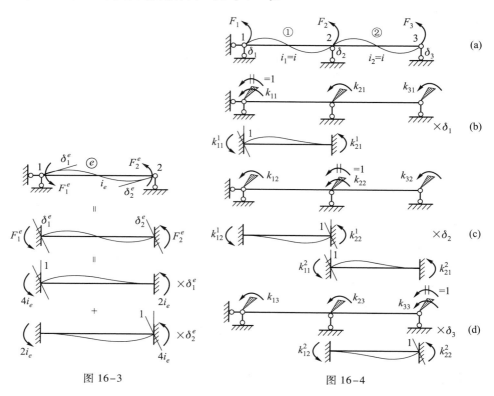

图 16-3

图 16-4

整体分析的目的是建立结点力与结点位移的关系。

首先,假设结点 1 单独发生单位转角位移 1,而其余结点位移为零时,各结点所施加的结点力为 k_{11}、k_{21} 和 k_{31}(图 16-4b)。此时只有单元 1 的杆端 1 发生单位位移。设单元 1 的杆端 1 发生单位位移时,单元 1 两端的杆端力分别为 k_{11}^1 和 k_{21}^1,单元 2 右端的杆端力为零。此时有:$k_{11} = k_{11}^1$,$k_{21} = k_{21}^1$ 和 $k_{31} = 0$。当结点 1 单独发生转角位移 δ_1,而其余结点位移为零时,各结点所施加的结点力为 $k_{11} \times \delta_1 = k_{11}^1 \times \delta_1$,$k_{21} \times \delta_1 = k_{21}^1 \times \delta_1$,$k_{31} \times \delta_1 = 0$。

同理,当结点 2 单独发生转角位移 δ_2,而其余结点位移为零时,各结点所施加的结点力为 $k_{12} \times \delta_2 = k_{12}^1 \times \delta_2$,$k_{22} \times \delta_2 = k_{22}^1 \times \delta_2 + k_{11}^2 \times \delta_2$ 和 $k_{32} \times \delta_2 = k_{21}^2 \times \delta_2$

（图 16-4c）。

三个结点发生 δ_1、δ_2 和 δ_3 位移时，由叠加法计算各杆端力为

$$\begin{cases} F_1 = k_{11}\delta_1 + k_{12}\delta_2 + k_{13}\delta_3 \\ F_2 = k_{21}\delta_1 + k_{22}\delta_2 + k_{23}\delta_3 \\ F_3 = k_{31}\delta_1 + k_{32}\delta_2 + k_{33}\delta_3 \end{cases}$$

将三个方程合写成矩阵形式：

$$\begin{Bmatrix} F_1 \\ F_2 \\ F_3 \end{Bmatrix} = \begin{bmatrix} k_{11} & k_{12} & k_{13} \\ k_{21} & k_{22} & k_{23} \\ k_{31} & k_{32} & k_{33} \end{bmatrix} \begin{Bmatrix} \delta_1 \\ \delta_2 \\ \delta_3 \end{Bmatrix} \tag{16-6}$$

简记为

$$\{F\} = [k]\{\Delta\} \tag{16-7}$$

上式称为结构刚度方程。$[k]$ 为结构刚度矩阵（总刚）。$\{F\}$ 为结点荷载向量，$\{\Delta\}$ 为结点位移向量。

总刚中各元素与单刚元素的关系为

$$k_{11} = k_{11}^1, \quad k_{21} = k_{21}^1, \quad k_{31} = 0$$

$$k_{12} = k_{12}^1, \quad k_{22} = k_{22}^1 + k_{11}^2, \quad k_{32} = k_{21}^2$$

$$k_{13} = 0, \quad k_{23} = k_{12}^2, \quad k_{33} = k_{22}^2$$

结构刚度矩阵中元素的物理意义：k_{ij} 为结点 j 发生 $\delta_j = 1$ 位移，其他结点位移为零时在 i 结点所需加的结点力。即表示总刚中元素所在行列位置的角标中，第二个角标是发生单位位移结点的编码，第一个角标是结点力作用结点的编码。

结构刚度矩阵是对称矩阵。

下面介绍形成总刚的对号入座法。

将各单元单刚的行列局部编码改换为该单元的杆端结点在整体结点位移编码中对应的整体编码，单刚元素的整体编码就是该元素在总刚中所在位置的行号和列号。将单刚元素按整体编码对应的行列位置加入到总刚当中，整体编码为零的行和列中的元素划掉，不加入总刚。

图 16-4a 所示为连续梁按对号入座法形成总刚的分析过程。单元 1 和单元 2 的单刚行列编码为

$$[k]^1 = \begin{array}{c} \overset{1}{\underset{1}{}} \quad\quad \overset{2}{\underset{2}{}} \\ \begin{bmatrix} k_{11}^1 & k_{12}^1 \\ k_{21}^1 & k_{22}^1 \end{bmatrix} \begin{array}{c} \overline{1} \\ \overline{2} \end{array} \begin{array}{c} 1 \\ 2 \end{array} \end{array} \quad\quad\quad [k]^2 = \begin{array}{c} \overset{2}{\underset{1}{}} \quad\quad \overset{3}{\underset{2}{}} \\ \begin{bmatrix} k_{11}^2 & k_{12}^2 \\ k_{21}^2 & k_{22}^2 \end{bmatrix} \begin{array}{c} \overline{1} \\ \overline{2} \end{array} \begin{array}{c} 2 \\ 3 \end{array} \end{array}$$

$\overline{1},\overline{2}$为单元的局部编码;1,2,3 为单元的整体编码。将单刚元素按整体编码对应的行列位置加入到总刚当中:

$$[\,k\,] = \begin{matrix} & 1 & 2 & 3 \\ \begin{bmatrix} k_{11}^1 & k_{12}^1 & 0 \\ k_{21}^1 & k_{22}^1 + k_{11}^2 & k_{12}^2 \\ 0 & k_{21}^2 & k_{22}^2 \end{bmatrix} & \begin{matrix} 1 \\ 2 \\ 3 \end{matrix} \end{matrix}$$

4. 非结点荷载

结构上的荷载不是作用在结点上时,称为非结点荷载,如分布荷载及作用在单元中段的集中荷载等。计算时,需要将非结点荷载转换成**等效结点荷载**。结构在等效结点荷载作用下产生的结点位移与原非结点荷载作用下产生的结点位移相同。

图 16-5 所示结构,受非结点荷载作用。为了计算等效结点荷载,可先将各结点固定,相当于在结点处加上附加刚臂(图 16-5a),保证结点不发生位移。在荷载作用下,刚臂产生约束力 F_{R1}、F_{R2} 和 F_{R3}(图 16-5b)。原来结构结点处并没有刚臂

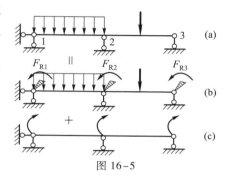

图 16-5

约束力,为消除其影响,需在结点处加上与刚臂约束力数值相等、方向相反的结点荷载 F_{E1}、F_{E2} 和 F_{E3}(图 16-5c)。按叠加原理可知,非结点荷载和刚臂约束力共同作用(图 16-5b)产生的位移加上与刚臂约束力等值反向结点荷载作用(图 16-5c)产生位移与全部荷载共同作用产生的结点位移相同。由于全部荷载共同作用时,与刚臂约束力等值反向的结点荷载与刚臂约束力相互抵消,所以全部荷载共同作用时的位移就是非结点荷载产生的位移。并且,非结点荷载和刚臂约束力共同作用产生的结点位移为零,因此,与刚臂约束力等值反向的结点荷载作用产生的结点位移等于非结点荷载产生的结点位移。所以,与刚臂约束力等值反向的结点荷载就是非结点荷载的等效结点荷载。

下面介绍单元等效结点荷载。

简支单元加上刚臂以后,在非结点荷载作用下产生的刚臂约束力与两端固定梁在同一荷载作用下的杆端力相同(图 16-6)。将杆端力写成矩阵形式为

$$\{F_q\}^e = \begin{Bmatrix} F_{q1}^e \\ F_{q2}^e \end{Bmatrix} \tag{16-8}$$

F_{q1}^e 和 F_{q2}^e 称为单元固端力,$\{F_q\}^e$ 称为单元固端力向量。单元固端力以逆时

针为正。

单元等效结点荷载为

$$\{F_{\mathrm{E}}\}^e = \begin{Bmatrix} F_{\mathrm{E1}}^e \\ F_{\mathrm{E2}}^e \end{Bmatrix} = \begin{Bmatrix} -F_{\mathrm{q1}}^e \\ -F_{\mathrm{q2}}^e \end{Bmatrix} \tag{16-9}$$

单元等效结点荷载仍以逆时针为正。

【例16-1】　求图16-7a所示单元的等效结点荷载。

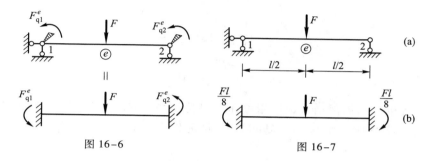

图 16-6　　　　　　　图 16-7

【解】　根据表13-2可以确定单元固端力的大小和方向,如图16-7b所示。

单元固端力为

$$\{F_{\mathrm{q}}\}^e = \begin{Bmatrix} Fl/8 \\ -Fl/8 \end{Bmatrix}$$

单元固端力改变符号得到单元等效结点荷载,单元等效结点荷载为

$$\{F_{\mathrm{E}}\}^e = \begin{Bmatrix} -Fl/8 \\ Fl/8 \end{Bmatrix}$$

按形成总刚的对号入座法,根据单元等效结点荷载可以求出结构等效结点荷载,下面举例说明。

【例16-2】　求图16-8所示结构的等效结点荷载。

【解】　根据表13-2可以确定各单元固端力的大小和方向,如图16-9所示。

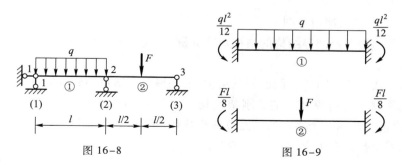

图 16-8　　　　　　　图 16-9

各单元固端力为

$$\{F_q\}^1 = \left\{ \begin{array}{c} ql^2/12 \\ -ql^2/12 \end{array} \right\}$$

$$\{F_q\}^2 = \left\{ \begin{array}{c} Fl/8 \\ -Fl/8 \end{array} \right\}$$

单元固端力改变符号得到单元等效结点荷载,各单元等效结点荷载为

$$\{F_E\}^1 = \left[\begin{array}{c} -ql^2/12 \\ ql^2/12 \end{array} \right] \quad \begin{array}{cc} \bar{1} & 1 \\ \bar{2} & 2 \end{array}$$

$$\{F_E\}^2 = \left[\begin{array}{c} -Fl/8 \\ Fl/8 \end{array} \right] \quad \begin{array}{cc} \bar{1} & 2 \\ \bar{2} & 3 \end{array}$$

将各单元的局部结点编码用整体编码替换,按整体编码对号入座,将单元等效结点荷载加入结构等效结点荷载向量相应位置,生成结构等效结点荷载为

$$\{F_E\} = \left\{ \begin{array}{c} -ql^2/12 \\ ql^2/12 - Fl/8 \\ Fl/8 \end{array} \right\} \quad \begin{array}{c} 1 \\ 2 \\ 3 \end{array}$$

当结构上既有直接结点荷载也有非结点荷载时,需将直接结点荷载$\{F_D\}$与结构等效结点荷载$\{F_E\}$相加,得到结构综合结点荷载$\{F\}$,$\{F\}$也称为总荷,即

$$\{F\} = \{F_D\} + \{F_E\}$$

5. 计算结点位移

当已知结构综合结点荷载$\{F\}$时,根据结构刚度方程式$\{F\} = [k]\{\Delta\}$,可求出结点位移$\{\Delta\}$。

6. 计算杆端力

求出结点位移$\{\Delta\}$后,根据单元刚度方程及单元固端力求出单元杆端力$\{F\}^e$:$\{F\}^e = [k]^e\{\delta\}^e + \{F_q\}^e$。

根据$\{F\}^e$绘制内力图。

对于刚架和桁架等结构的结构矩阵分析,仍包含离散化、单元分析和整体分析等步骤。

(1)离散化 对于不同的杆系结构,单元编码和结点编码方法基本相同,但结点位移编码差别较大。平面刚架结构一个结点的结点位移个数最多可达3个,平面桁架结构一个结点的结点位移个数最多可达2个,而连续梁一个结点的结点位移个数只有1个。

（2）**单元分析**　对于连续梁和刚架结构,可利用位移法的分析方法建立单元刚度矩阵;对于桁架结构等结构,可以根据单刚矩阵中元素的物理意义,直接分析建立单元的单一结点的单位位移与杆端力之间关系的计算表达式,从而建立单刚。

单元杆端的结点位移个数决定了单刚的阶数,连续梁单刚为4×4阶,刚架单刚最大可达6×6阶。

利用虚位移原理进行单元分析更具一般性,适用范围更广。

（3）**整体分析**　对于不同结构而言,建立单刚之后,采用对号入座法建立结构刚度矩阵的方法是普遍适用的,适合于编制计算机程序。

除连续梁之外,刚架和桁架等结构在建立结构刚度矩阵时,需要进行单刚的局部坐标和结构整体坐标之间的坐标转换分析。

除桁架之外,连续梁和刚架等结构在非结点荷载作用下,进行整体分析时需要进行非结点荷载的等效结点荷载转换分析。

进行结构矩阵分析时,需要根据已知的结点位移条件,进行边界条件处理。边界条件处理方法分为先处理法和后处理法两类方法。本节采用的是先处理法,即:在结点位移编码过程中,已知位移为零的结点位移均编码为0,不排序号。后处理法是将所有结点位移均按顺序编码,形成结构刚度矩阵以后,根据已知结点位移条件对总刚中元素进行更换,使结点位移满足边界条件。后处理法主要包括置换法和乘大数法。

上述内容在一般结构力学教材中有详细讲述。

【例 16-3】　计算图 16-10a 所示梁,作弯矩图。

【解】　（1）**离散化**　整体编码如图 16-10b 所示。结点 1 处为固定支座,结点位移为零,故结点 1 的结点位移编码为(0),即只有两个结点位移,两个未知量。

（2）**计算总刚**　单元刚度矩阵及结点位移局部编码为

$$[k]^1 = \begin{bmatrix} k_{11}^1 & k_{12}^1 \\ k_{21}^1 & k_{22}^1 \end{bmatrix} = \begin{bmatrix} 4i_1 & 2i_1 \\ 2i_1 & 4i_1 \end{bmatrix} = \begin{matrix} \overline{1} & \overline{2} \\ \begin{bmatrix} 4 & 2 \\ 2 & 4 \end{bmatrix} & \begin{matrix} \overline{1} \\ \overline{2} \end{matrix} \end{matrix}, \quad [k]^2 = \begin{matrix} \overline{1} & \overline{2} \\ \begin{bmatrix} 8 & 4 \\ 4 & 8 \end{bmatrix} & \begin{matrix} \overline{1} \\ \overline{2} \end{matrix} \end{matrix}$$

用整体编码代替局部编码,将整体编码为零的行和列划去,得到

$$[k]^1 = \begin{matrix} \overset{0}{\overline{1}} & \overset{1}{\overline{2}} \\ \begin{bmatrix} 4 & 2 \\ 2 & 4 \end{bmatrix} & \begin{matrix} \overline{1} \\ \overline{2} \end{matrix} \end{matrix} \begin{matrix} 0 \\ 1 \end{matrix}$$

$$[k]^2 = \begin{bmatrix} 8 & 4 \\ 4 & 8 \end{bmatrix} \begin{matrix} \bar{1} & 1 \\ \bar{2} & 2 \end{matrix}$$

按整体编码将各单刚元素加入总刚,得到

$$[k] = \begin{bmatrix} 4+8 & 4 \\ 4 & 8 \end{bmatrix} = \begin{bmatrix} 12 & 4 \\ 4 & 8 \end{bmatrix}$$

直接结点荷载为 $\{F_D\} = \begin{Bmatrix} -3 \\ 6 \end{Bmatrix}$;没有非结点荷载,故 $\{F_E\} = \{0\}$。 $\{F\} = \{F_D\} = \begin{Bmatrix} -3 \\ 6 \end{Bmatrix}$。

(3)解方程 $\{F\} = [k]\{\Delta\}$。求出位移为 $\{\Delta\} = \begin{Bmatrix} -3/5 \\ 21/20 \end{Bmatrix}$。

(4)求杆端力 各单元固端力矩为零,根据单元结点位移即可求出单元杆端力为

$$\{F\}^1 = \begin{bmatrix} 4 & 2 \\ 2 & 4 \end{bmatrix} \begin{Bmatrix} 0 \\ -3/5 \end{Bmatrix} = \begin{Bmatrix} -6/5 \\ -12/5 \end{Bmatrix}, \{F\}^2 = \begin{bmatrix} 8 & 4 \\ 4 & 8 \end{bmatrix} \begin{Bmatrix} -3/5 \\ 21/20 \end{Bmatrix} = \begin{Bmatrix} -3/5 \\ 6 \end{Bmatrix}$$

(5)画弯矩图 根据单元杆端力画弯矩图,如图16-11所示。

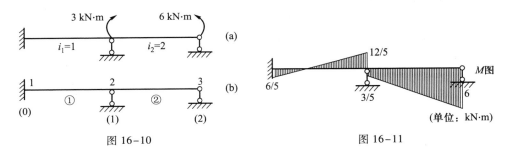

图 16-10   图 16-11

§16-2 移动荷载和影响线的概念

1. 移动荷载

工程实际中,除了不移动的静荷载外,还会遇到移动的静荷载,一般称为移动荷载。常见的移动荷载有:间距保持不变的几个集中力(称为行列荷载)和均布荷载。如吊车梁上行驶的吊车,桥梁上行驶的火车、汽车,这类方向、大小不变,作用点位置经常变动的荷载称为移动荷载。当移动荷载作用时,结构中的各

内力均随荷载位置的移动而改变。结构设计时,需求出各个截面内力的最大值,作为设计依据。

移动荷载虽然作用位置经常变化,但在每个确定位置上,移动荷载的数值都是从零缓慢增加到终值,且达到终值后保持数值不变,加载过程中结构产生的加速度可忽略不计,故仍视为静荷载。

2. 影响线

在竖向单位移动荷载作用下,结构内力、约束力或变形等变量的量值随竖向单位荷载位置移动而变化的规律曲线称为该变量影响线。例如弯矩影响线是反映在单位移动荷载作用下某一指定截面上的弯矩随荷载位置移动的变化规律。

简支梁任意指定 k 截面的弯矩影响线如图 16-12 所示。影响线上各点的纵坐标代表单位荷载 $F=1$ 作用在该位置时,指定 k 截面上弯矩 M_k 的值。

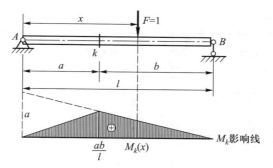

图 16-12　简支梁的弯矩影响线

要注意弯矩影响线与弯矩图纵坐标的区别,弯矩影响线与弯矩图的纵坐标虽然都表示梁横截面上的弯矩,但是弯矩影响线上各点的纵坐标表示的仅仅是梁上某一个指定截面上的弯矩,而弯矩图上的纵坐标表示的是梁上相应位置截面上的弯矩。这种区别也存在于其他内力影响线与对应内力图之间。

k 截面弯矩影响线方程为

$$\begin{cases} M_k(x) = \dfrac{b}{l}x, 0 \leq x \leq a \\ M_k(x) = a - \dfrac{a}{l}x, a \leq x \leq l \end{cases}$$

方程中 x 为单位荷载作用位置。

3. 最不利荷载布置

在移动荷载作用下,结构上各种内力的量值随荷载的位置而变化。如果荷载移动到某个位置,使某量值 S 达到最大值(或最小值),则此荷载位置称为量值 S 的最不利荷载位置。

行列荷载在某个位置上使量值 S 取得最大值,则这个行列荷载位置称为最不利荷载位置。

下面介绍连续梁的均布荷载最不利荷载布置。

连续梁承受的荷载分为恒荷载和活荷载:恒荷载是永久作用的荷载,如自重;活荷载是暂时作用的荷载,如教室里的学生等。对于连续梁而言,并不是在整个梁上布满荷载时是最不利的情况,而是需要找到活荷载的最不利分布情况。求解活荷载最不利分布情况的问题要借助于影响线,分析时往往只需要知道影响线的大致形状即可,而不需要知道影响线的纵坐标。对梁而言,一般情况下,只需作弯矩影响线。

图 16-13a 所示连续梁的 k 截面弯矩影响线如图 16-13b 所示。

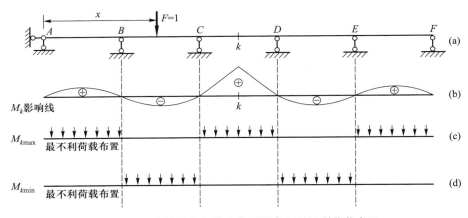

图 16-13   连续梁均匀荷载作用下弯矩最不利荷载布置

跨间截面正弯矩最不利活荷载布置:本跨有活荷载,向两边每隔一跨有活荷载。

跨间截面负弯矩最不利活荷载布置:本跨无活荷载,两边相邻跨有活荷载,如果跨数较多,则从相邻跨开始,向两边每隔一跨有活荷载。

连续梁均布荷载跨间截面弯矩最不利荷载布置如图 16-13c、d 所示。

小 结

影响线是在竖向移动荷载作用下,结构的内力等变量随荷载移动的位置而改变的规律。其作用是确定在移动荷载作用下最不利荷载的布置方式。

习　题

16-1　用矩阵位移法计算图示连续梁,并作出 M 图。

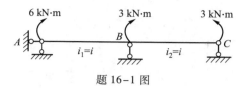

题 16-1 图

A16　习题答案

附录

型 钢 表

表 1 热轧等边角钢（GB/T 706—2016）

符号意义：

b——边宽度；
d——边厚度；
r——内圆弧半径；
r_1——边端圆弧半径；
I——惯性矩；
i——惯性半径；
W——截面模数；
Z_0——重心距离。

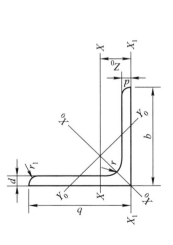

型号	截面尺寸/mm			截面面积/cm²	理论质量/(kg/m)	外表面积/(m²/m)	惯性矩/cm⁴				惯性半径/cm			截面模数/cm³			重心距离/cm
	b	d	r				I_x	I_{x1}	I_{x0}	I_{y0}	i_x	i_{x0}	i_{y0}	W_x	W_{x0}	W_{y0}	Z_0
2	20	3	3.5	1.132	0.889	0.078	0.40	0.81	0.63	0.17	0.59	0.75	0.39	0.29	0.45	0.20	0.60
		4		1.459	1.145	0.077	0.50	1.09	0.78	0.22	0.58	0.73	0.38	0.36	0.55	0.24	0.64

续表

型号	截面尺寸/mm			截面面积/cm²	理论质量/(kg/m)	外表面积/(m²/m)	惯性矩/cm⁴				惯性半径/cm			截面模数/cm³			重心距离/cm
	b	d	r				I_x	I_{x1}	I_{x0}	I_{y0}	i_x	i_{x0}	i_{y0}	W_x	W_{x0}	W_{y0}	Z_0
2.5	25	3	3.5	1.432	1.124	0.098	0.82	1.57	1.29	0.34	0.76	0.95	0.49	0.46	0.73	0.33	0.73
		4		1.859	1.459	0.097	1.03	2.11	1.62	0.43	0.74	0.93	0.48	0.59	0.92	0.40	0.76
3.0	30	3		1.749	1.373	0.117	1.46	2.71	2.31	0.61	0.91	1.15	0.59	0.68	1.09	0.51	0.85
		4	4.5	2.276	1.786	0.117	1.84	3.63	2.92	0.77	0.90	1.13	0.58	0.87	1.37	0.62	0.89
3.6	36	3		2.109	1.656	0.141	2.58	4.68	4.09	1.07	1.11	1.39	0.71	0.99	1.61	0.76	1.00
		4		2.756	2.163	0.141	3.29	6.25	5.22	1.37	1.09	1.38	0.70	1.28	2.05	0.93	1.04
		5		3.382	2.654	0.141	3.95	7.84	6.24	1.65	1.08	1.36	0.70	1.56	2.45	1.00	1.07
4	40	3		2.359	1.852	0.157	3.59	6.41	5.69	1.49	1.23	1.55	0.79	1.23	2.01	0.96	1.09
		4	5	3.086	2.422	0.157	4.60	8.56	7.29	1.91	1.22	1.54	0.79	1.60	2.58	1.19	1.13
		5		3.791	2.976	0.156	5.53	10.74	8.76	2.30	1.21	1.52	0.78	1.96	3.10	1.39	1.17
4.5	45	3		2.659	2.088	0.177	5.17	9.12	8.20	2.14	1.40	1.76	0.89	1.58	2.58	1.24	1.22
		4	5	3.486	2.736	0.177	6.65	12.18	10.56	2.75	1.38	1.74	0.89	2.05	3.32	1.54	1.26
		5		4.292	3.369	0.176	8.04	15.2	12.74	3.33	1.37	1.72	0.88	2.51	4.00	1.81	1.30
		6		5.076	3.985	0.176	9.33	18.36	14.76	3.89	1.36	1.70	0.8	2.95	4.64	2.06	1.33
5	50	3		2.971	2.332	0.197	7.18	12.5	11.37	2.98	1.55	1.96	1.00	1.96	3.22	1.57	1.34
		4	5.5	3.897	3.059	0.197	9.26	16.69	14.70	3.82	1.54	1.94	0.99	2.56	4.16	1.96	1.38
		5		4.803	3.770	0.196	11.21	20.90	17.79	4.64	1.53	1.92	0.98	3.13	5.03	2.31	1.42
		6		5.688	4.465	0.196	13.05	25.14	20.68	5.42	1.52	1.91	0.98	3.68	5.85	2.63	1.46

续表

型号	b	d	r	截面面积/cm²	理论质量/(kg/m)	外表面积/(m²/m)	I_x	I_{x1}	I_{x0}	I_{y0}	i_x	i_{x0}	i_{y0}	W_x	W_{x0}	W_{y0}	Z_0/cm
5.6	56	3	6	3.343	2.624	0.221	10.19	17.56	16.14	4.24	1.75	2.20	1.13	2.48	4.08	2.02	1.48
		4		4.390	3.446	0.220	13.18	23.43	20.92	5.46	1.73	2.18	1.11	3.24	5.28	2.52	1.53
		5		5.415	4.251	0.220	16.02	29.33	25.42	6.61	1.72	2.17	1.10	3.97	6.42	2.98	1.57
		6		6.442	5.040	0.220	18.69	35.26	29.66	7.73	1.71	2.15	1.10	4.68	7.49	3.40	1.61
		7		7.404	5.812	0.219	21.23	41.23	33.63	8.82	1.69	2.13	1.09	5.36	8.49	3.80	1.64
		8		8.367	6.568	0.219	23.63	47.24	37.37	9.89	1.68	2.11	1.09	6.03	9.44	4.16	1.68
6	60	5	6.5	5.829	4.576	0.236	19.89	36.05	31.57	8.21	1.85	2.33	1.19	4.59	7.44	3.48	1.67
		6		6.914	5.427	0.235	23.25	43.33	36.89	9.60	1.83	2.31	1.18	5.41	8.70	3.98	1.70
		7		7.977	6.262	0.235	26.44	50.65	41.92	10.96	1.82	2.29	1.17	6.21	9.88	4.45	1.74
		8		9.020	7.081	0.235	29.47	58.02	46.66	12.28	1.81	2.27	1.17	6.98	11.00	4.88	1.78
6.3	63	4	7	4.978	3.907	0.248	19.03	33.35	30.17	7.89	1.96	2.46	1.26	4.13	6.78	3.29	1.70
		5		6.143	4.822	0.248	23.17	41.73	36.77	9.57	1.94	2.45	1.25	5.08	8.25	3.90	1.74
		6		7.288	5.721	0.247	27.12	50.14	43.03	11.20	1.93	2.43	1.24	6.00	9.66	4.46	1.78
		7		8.412	6.603	0.247	30.87	58.60	48.96	12.79	1.92	2.41	1.23	6.88	10.99	4.98	1.82
		8		9.515	7.469	0.247	34.46	67.11	54.56	14.33	1.90	2.40	1.23	7.75	12.25	5.47	1.85
		10		11.657	9.151	0.246	41.09	84.31	64.85	17.33	1.88	2.36	1.22	9.39	14.56	6.36	1.93
7	70	4	8	5.570	4.372	0.275	26.39	45.74	41.80	10.99	2.18	2.74	1.40	5.14	8.44	4.17	1.86
		5		6.875	5.397	0.275	32.21	57.21	51.08	13.31	2.16	2.73	1.39	6.32	10.32	4.95	1.91
		6		8.160	6.406	0.275	37.77	68.73	59.93	15.61	2.15	2.71	1.38	7.48	12.11	5.67	1.95

续表

型号	截面尺寸/mm			截面面积/cm²	理论质量/(kg/m)	外表面积/(m²/m)	惯性矩/cm⁴				惯性半径/cm			截面模数/cm³			重心距离/cm
	b	d	r				I_x	I_{x1}	I_{x0}	I_{y0}	i_x	i_{x0}	i_{y0}	W_x	W_{x0}	W_{y0}	Z_0
7	70	7	8	9.424	7.398	0.275	43.09	80.29	68.35	17.82	2.14	2.69	1.38	8.59	13.81	6.34	1.99
		8		10.667	8.373	0.274	48.17	91.92	76.37	19.98	2.12	2.68	1.37	9.68	15.43	6.98	2.03
7.5	75	5		7.412	5.818	0.295	39.97	70.56	63.30	16.63	2.33	2.92	1.50	7.32	11.94	5.77	2.04
		6		8.797	6.905	0.294	46.95	84.55	74.38	19.51	2.31	2.90	1.49	8.64	14.02	6.67	2.07
		7		10.160	7.976	0.294	53.57	98.71	84.96	22.18	2.30	2.89	1.48	9.93	16.02	7.44	2.11
		8	9	11.503	9.030	0.294	59.96	112.97	95.07	24.86	2.28	2.88	1.47	11.20	17.93	8.19	2.15
		9		12.825	10.068	0.294	66.10	127.30	104.71	27.48	2.27	2.86	1.46	12.43	19.75	8.89	2.18
		10		14.126	11.089	0.293	71.98	141.71	113.92	30.05	2.26	2.84	1.46	13.64	21.48	9.56	2.22
8	80	5		7.912	6.211	0.315	48.79	85.36	77.33	20.25	2.48	3.13	1.60	8.34	13.67	6.66	2.15
		6		9.397	7.376	0.314	57.35	102.50	90.98	23.72	2.47	3.11	1.59	9.87	16.08	7.65	2.19
		7		10.860	8.525	0.314	65.58	119.70	104.07	27.09	2.46	3.10	1.58	11.37	18.40	8.58	2.23
		8		12.303	9.658	0.314	73.49	136.97	116.60	30.39	2.44	3.08	1.57	12.83	20.61	9.46	2.27
		9		13.725	10.774	0.314	81.11	154.31	128.60	33.61	2.43	3.06	1.56	14.25	22.73	10.29	2.31
		10		15.126	11.874	0.313	88.43	171.74	140.09	36.77	2.42	3.04	1.56	15.64	24.76	11.08	2.35
9	90	6		10.637	8.350	0.354	82.77	145.87	131.26	34.28	2.79	3.51	1.80	12.61	20.63	9.95	2.44
		7		12.301	9.656	0.354	94.83	170.30	150.47	39.18	2.78	3.50	1.78	14.54	23.64	11.19	2.48
		8	10	13.944	10.946	0.353	106.47	194.80	168.97	43.97	2.76	3.48	1.78	16.42	26.55	12.35	2.52
		9		15.566	12.219	0.353	117.72	219.39	186.77	48.66	2.75	3.46	1.77	18.27	29.35	13.46	2.56
		10		17.167	13.476	0.353	128.58	244.07	203.90	53.26	2.74	3.45	1.76	20.07	32.04	14.52	2.59
		12		20.306	15.940	0.352	149.22	293.76	236.21	62.22	2.71	3.41	1.75	23.57	37.12	16.49	2.67

续表

型号	截面尺寸/mm			截面面积/cm²	理论质量/(kg/m)	外表面积/(m²/m)	惯性矩/cm⁴				惯性半径/cm			截面模数/cm³			重心距离/cm
	b	d	r				I_x	I_{x1}	I_{x0}	I_{y0}	i_x	i_{x0}	i_{y0}	W_x	W_{x0}	W_{y0}	Z_0
10	100	6	12	11.932	9.366	0.393	114.95	200.07	181.98	47.92	3.10	3.90	2.00	15.68	25.74	12.69	2.67
		7		13.796	10.830	0.393	131.86	233.54	208.97	54.74	3.09	3.89	1.99	18.10	29.55	14.26	2.71
		8		15.638	12.276	0.393	148.24	267.09	235.07	61.41	3.08	3.88	1.98	20.47	33.24	15.75	2.76
		9		17.462	13.708	0.392	164.12	300.73	260.30	67.95	3.07	3.86	1.97	22.79	36.81	17.18	2.80
		10		19.261	15.120	0.392	179.51	334.48	284.68	74.35	3.05	3.84	1.96	25.06	40.26	18.54	2.84
		12		22.800	17.898	0.391	208.90	402.34	330.95	86.84	3.03	3.81	1.95	29.48	46.80	21.08	2.91
		14		26.256	20.611	0.391	236.53	470.75	374.06	99.00	3.00	3.77	1.94	33.73	52.90	23.44	2.99
		16		29.627	23.257	0.390	262.53	539.80	414.16	110.89	2.98	3.74	1.94	37.82	58.57	25.63	3.06
11	110	7		15.196	11.928	0.433	177.16	310.64	280.94	73.38	3.41	4.30	2.20	22.05	36.12	17.51	2.96
		8		17.238	13.535	0.433	199.46	355.20	316.49	82.42	3.40	4.28	2.19	24.95	40.69	19.39	3.01
		10		21.261	16.690	0.432	242.19	444.65	384.39	99.98	3.38	4.25	2.17	30.60	49.42	22.91	3.09
		12		25.200	19.782	0.431	282.55	534.60	448.17	116.93	3.35	4.22	2.15	36.05	57.62	26.15	3.16
		14		29.056	22.809	0.431	320.71	625.16	508.01	133.40	3.32	4.18	2.14	41.31	65.31	29.14	3.24
12.5	125	8	14	19.750	15.504	0.492	297.03	521.01	470.89	123.16	3.88	4.88	2.50	32.52	53.28	25.86	3.37
		10		24.373	19.133	0.491	361.67	651.93	573.89	149.46	3.85	4.85	2.48	39.97	64.93	30.62	3.45
		12		28.912	22.696	0.491	423.16	783.42	671.44	174.88	3.83	4.82	2.46	47.17	75.96	35.03	3.53
		14		33.367	26.193	0.490	481.65	915.61	763.73	199.57	3.80	4.78	2.45	54.16	86.41	39.13	3.61
		16		37.739	29.625	0.489	537.31	1048.62	850.98	223.65	3.77	4.75	2.43	60.93	96.28	42.96	3.68

续表

型号	b	d	r	截面面积/cm²	理论质量/(kg/m)	外表面积/(m²/m)	I_x	I_{x1}	I_{x0}	I_{y0}	i_x	i_{x0}	i_{y0}	W_x	W_{x0}	W_{y0}	Z_0/cm
14	140	10	14	27.373	21.488	0.551	514.65	915.11	817.27	212.04	4.34	5.46	2.78	50.58	82.56	39.20	3.82
		12		32.512	25.522	0.551	603.68	1 099.28	958.79	248.57	4.31	5.43	2.76	59.80	96.85	45.02	3.90
		14		37.567	29.490	0.550	688.81	1 284.22	1 093.56	284.05	4.28	5.40	2.75	68.75	110.47	50.45	3.98
		16		42.539	33.393	0.549	770.24	1 470.07	1 221.81	318.67	4.26	5.36	2.74	77.46	123.42	55.55	4.06
15	150	8		23.750	18.644	0.592	521.37	899.55	827.49	215.25	4.69	5.90	3.01	47.36	78.02	38.14	3.99
		10		29.373	23.058	0.591	637.50	1 125.09	1 012.79	262.21	4.66	5.87	2.99	58.35	95.49	45.51	4.08
		12		34.912	27.406	0.591	748.85	1 351.26	1 189.97	307.73	4.63	5.84	2.97	69.04	112.19	52.38	4.15
		14		40.367	31.688	0.590	855.64	1 578.25	1 359.30	351.98	4.60	5.80	2.95	79.45	128.16	58.83	4.23
		15		43.063	33.804	0.590	907.39	1 692.10	1 441.09	373.69	4.59	5.78	2.95	84.56	135.87	61.90	4.27
		16		45.739	35.905	0.589	958.08	1 806.21	1 521.02	395.14	4.58	5.77	2.94	89.59	143.40	64.89	4.31
16	160	10	16	31.502	24.729	0.630	779.53	1 365.33	1 237.30	321.76	4.98	6.27	3.20	66.70	109.36	52.76	4.31
		12		37.441	29.391	0.630	916.58	1 639.57	1 455.68	377.49	4.95	6.24	3.18	78.98	128.67	60.74	4.39
		14		43.296	33.987	0.629	1 048.36	1 914.68	1 665.02	431.70	4.92	6.20	3.16	90.95	147.17	68.24	4.47
		16		49.067	38.518	0.629	1 175.08	2 190.82	1 865.57	484.59	4.89	6.17	3.14	102.63	164.89	75.31	4.55
18	180	12		42.241	33.159	0.710	1 321.35	2 332.80	2 100.10	542.61	5.59	7.05	3.58	100.82	165.00	78.41	4.89
		14		48.896	38.383	0.709	1 514.48	2 723.48	2 407.42	621.53	5.56	7.02	3.56	116.25	189.14	88.38	4.97
		16		55.467	43.542	0.709	1 700.99	3 115.29	2 703.37	698.60	5.54	6.98	3.55	131.13	212.40	97.83	5.05
		18		61.055	48.634	0.708	1 875.12	3 502.43	2 988.24	762.01	5.50	6.94	3.51	145.64	234.78	105.14	5.13

续表

型号	截面尺寸/mm			截面积/cm²	理论质量/(kg/m)	外表面积/(m²/m)	惯性矩/cm⁴				惯性半径/cm			截面模数/cm³			重心距离/cm
	b	d	r				I_x	I_{x1}	I_{x0}	I_{y0}	i_x	i_{x0}	i_{y0}	W_x	W_{x0}	W_{y0}	Z_0
20	200	14	18	54.642	42.894	0.788	2 103.55	3 734.10	3 343.26	863.83	6.20	7.82	3.98	144.70	236.40	111.82	5.46
		16		62.013	48.680	0.788	2 366.15	4 270.39	3 760.89	971.41	6.18	7.79	3.96	163.65	265.93	123.96	5.54
		18		69.301	54.401	0.787	2 620.64	4 808.13	4 164.54	1 076.74	6.15	7.75	3.94	182.22	294.48	135.52	5.62
		20		76.505	60.056	0.787	2 867.30	5 347.51	4 554.55	1 180.04	6.12	7.72	3.93	200.42	322.06	146.55	5.69
		24		90.661	71.168	0.785	3 338.25	6 457.16	5 294.97	1 381.53	6.07	7.64	3.90	236.17	374.41	166.55	5.87
22	220	16	18	68.664	53.901	0.866	3 187.36	5 681.62	5 063.73	1 310.99	6.81	8.59	4.37	199.55	325.51	153.81	6.03
		18		76.752	60.250	0.866	3 534.30	6 395.93	5 615.32	1 453.27	6.79	8.55	4.35	222.37	360.97	168.29	6.11
		20		84.756	66.533	0.865	3 871.49	7 112.04	6 150.08	1 592.90	6.76	8.52	4.34	244.77	395.34	182.16	6.18
		22		92.676	72.751	0.865	4 199.23	7 830.19	6 668.37	1 730.10	6.73	8.48	4.32	266.78	428.66	195.45	6.26
		24		100.512	78.902	0.864	4 517.83	8 550.57	7 170.55	1 865.11	6.70	8.45	4.31	288.39	460.94	208.21	6.33
		26		108.264	84.987	0.864	4 827.58	9 273.39	7 656.98	1 998.17	6.68	8.41	4.30	309.62	492.21	220.49	6.41
25	250	18	24	87.842	68.956	0.985	5 268.22	9 379.11	8 369.04	2 167.41	7.74	9.76	4.97	290.12	473.42	224.03	6.84
		20		97.045	76.180	0.984	5 779.34	10 426.97	9 181.94	2 376.74	7.72	9.73	4.95	319.66	519.41	242.85	6.92
		24		115.201	90.433	0.983	6 763.93	12 529.74	10 742.67	2 785.19	7.66	9.66	4.92	377.34	607.70	278.38	7.07
		26		124.154	97.461	0.982	7 238.08	13 585.18	11 491.33	2 984.84	7.63	9.62	4.90	405.50	650.05	295.19	7.15
		28		133.022	104.422	0.982	7 700.60	14 643.62	12 219.39	3 181.81	7.61	9.58	4.89	433.22	691.23	311.42	7.22
		30		141.807	111.318	0.981	8 151.80	15 705.30	12 927.26	3 376.34	7.58	9.55	4.88	460.51	731.28	327.12	7.30
		32		150.508	118.149	0.981	8 592.01	16 770.41	13 615.32	3 568.71	7.56	9.51	4.87	487.39	770.20	342.33	7.37
		35		163.402	128.271	0.980	9 232.44	18 374.95	14 611.16	3 853.72	7.52	9.46	4.86	526.97	826.53	364.30	7.48

注：截面图中的 $r_1=1/3d$ 及表中 r 的数据用于孔型设计，不做交货条件。

表2 热轧不等边角钢(GB/T 706—2016)

符号意义：

B——长边宽度；
d——边厚度；
r_1——边端圆弧半径；
i——惯性半径；
X_0——重心距离；

b——短边宽度；
r——内圆弧半径；
I——惯性矩；
W——截面模数；
Y_0——重心距离。

型号	截面尺寸/mm				截面面积/cm²	理论质量/(kg/m)	外表面积/(m²/m)	惯性矩/cm⁴					惯性半径/cm			截面模数/cm³			tan α	重心距离/cm	
	B	b	d	r				I_x	I_{x1}	I_y	I_{y1}	I_u	i_x	i_y	i_u	W_x	W_y	W_u		X_0	Y_0
2.5/1.6	25	16	3	3.5	1.162	0.912	0.080	0.70	1.56	0.22	0.43	0.14	0.78	0.44	0.34	0.43	0.19	0.16	0.392	0.42	0.86
			4		1.499	1.176	0.079	0.88	2.09	0.27	0.59	0.17	0.77	0.43	0.34	0.55	0.24	0.20	0.381	0.46	1.86
3.2/2	32	20	3	3.5	1.492	1.171	0.102	1.53	3.27	0.46	0.82	0.28	1.01	0.55	0.43	0.72	0.30	0.25	0.382	0.49	0.90
			4		1.939	1.522	0.101	1.93	4.37	0.57	1.12	0.35	1.00	0.54	0.42	0.93	0.39	0.32	0.374	0.53	1.08
4/2.5	40	25	3	4	1.890	1.484	0.127	3.08	5.39	0.93	1.59	0.56	1.28	0.70	0.54	1.15	0.49	0.40	0.385	0.59	1.12
			4		2.467	1.936	0.127	3.93	8.53	1.18	2.14	0.71	1.36	0.69	0.54	1.49	0.63	0.52	0.381	0.63	1.32
4.5/2.8	45	28	3	5	2.149	1.687	0.143	4.45	9.10	1.34	2.23	0.80	1.44	0.79	0.61	1.47	0.62	0.51	0.383	0.64	1.37
			4		2.806	2.203	0.143	5.69	12.13	1.70	3.00	1.02	1.42	0.78	0.60	1.91	0.80	0.66	0.380	0.68	1.47

续表

型号	截面尺寸/mm				截面面积/cm²	理论质量/(kg/m)	外表面积/(m²/m)	惯性矩/cm⁴					惯性半径/cm			截面模数/cm³			tan α	重心距离/cm	
	B	b	d	r				I_x	I_{x1}	I_y	I_{y1}	I_u	i_x	i_y	i_u	W_x	W_y	W_u		X_0	Y_0
5/3.2	50	32	3	5.5	2.431	1.908	0.161	6.24	12.49	2.02	3.31	1.20	1.60	0.91	0.70	1.84	0.82	0.68	0.404	0.73	1.51
			4		3.177	2.494	0.160	8.02	16.65	2.58	4.45	1.53	1.59	0.90	0.69	2.39	1.06	0.87	0.402	0.77	1.60
5.6/3.6	56	36	3	6	2.473	2.153	0.181	8.88	17.54	2.92	4.70	1.73	1.80	1.03	0.79	2.32	1.05	0.87	0.408	0.80	1.65
			4		3.590	2.818	0.180	11.45	23.39	3.76	6.33	2.23	1.79	1.02	0.79	3.03	1.37	1.13	0.408	0.85	1.78
			5		4.415	3.466	0.180	13.86	29.25	4.49	7.94	2.67	1.77	1.01	0.78	3.71	1.65	1.36	0.404	0.88	1.82
6.3/4	63	40	4	7	4.058	3.185	0.202	16.49	33.30	5.23	8.63	3.12	2.02	1.14	0.88	3.87	1.70	1.40	0.398	0.92	1.87
			5		4.993	3.920	0.202	20.02	41.63	6.31	10.86	3.76	2.00	1.12	0.87	4.74	2.07	1.71	0.396	0.95	2.04
			6		5.908	4.638	0.201	23.36	49.98	7.29	13.12	4.34	1.96	1.11	0.86	5.59	2.43	1.99	0.393	0.99	2.08
			7		6.802	5.339	0.201	26.53	58.07	8.24	15.47	4.97	1.98	1.10	0.86	6.40	2.78	2.29	0.389	1.03	2.12
7/4.5	70	45	4	7.5	4.547	3.570	0.226	23.17	45.92	7.55	12.26	4.40	2.26	1.29	0.98	4.86	2.17	1.77	0.410	1.02	2.15
			5		5.609	4.403	0.225	27.95	57.10	9.13	15.39	5.40	2.23	1.28	0.98	5.92	2.65	2.19	0.407	1.06	2.24
			6		6.647	5.218	0.225	32.54	68.35	10.62	18.58	6.35	2.21	1.26	0.98	6.95	3.12	2.59	0.404	1.09	2.28
			7		7.657	6.011	0.225	37.22	79.99	12.01	21.84	7.16	2.20	1.25	0.97	8.03	3.57	2.94	0.402	1.13	2.32
7.5/5	75	50	5	8	6.125	4.808	0.245	34.86	70.00	12.61	21.04	7.41	2.39	1.44	1.10	6.83	3.30	2.74	0.435	1.17	2.36
			6		7.260	5.699	0.245	41.12	84.30	14.70	25.37	8.54	2.38	1.42	1.08	8.12	3.88	3.19	0.435	1.21	2.40
			8		9.467	7.431	0.244	52.39	112.50	18.53	34.23	10.87	2.35	1.40	1.07	10.52	4.99	4.10	0.429	1.29	2.44
			10		11.590	9.098	0.244	62.71	140.80	21.96	43.43	13.10	2.33	1.38	1.06	12.79	6.04	4.99	0.423	1.36	2.52

续表

型号	B	b	d	r	截面面积/cm²	理论质量/(kg/m)	外表面积/(m²/m)	I_x	I_{x1}	I_y	I_{y1}	I_u	i_x	i_y	i_u	W_x	W_y	W_u	$\tan\alpha$	X_0	Y_0
					截面尺寸/mm			惯性矩/cm⁴					惯性半径/cm			截面模数/cm³				重心距离/cm	
8/5	80	50	5	8	6.375	5.005	0.255	41.96	85.21	12.82	21.06	7.66	2.56	1.42	1.10	7.78	3.32	2.74	0.388	1.14	2.60
			6		7.560	5.935	0.255	49.49	102.53	14.95	25.41	8.85	2.56	1.41	1.08	9.25	3.91	3.20	0.387	1.18	2.65
			7		8.724	6.848	0.255	56.16	119.33	16.96	29.82	10.18	2.54	1.39	1.08	10.58	4.48	3.70	0.384	1.21	2.69
			8		9.867	7.745	0.254	62.83	136.41	18.85	34.32	11.38	2.52	1.38	1.07	11.92	5.03	4.16	0.381	1.25	2.73
9/5.6	90	56	5	9	7.212	5.661	0.287	60.45	121.32	18.32	29.53	10.98	2.90	1.59	1.23	9.92	4.21	3.49	0.385	1.25	2.91
			6		8.557	6.717	0.286	71.03	145.59	21.42	35.58	12.90	2.88	1.58	1.23	11.74	4.96	4.13	0.384	1.29	2.95
			7		9.880	7.756	0.286	81.01	169.60	24.36	41.71	14.67	2.86	1.57	1.22	13.49	5.70	4.72	0.382	1.33	3.00
			8		11.183	8.779	0.286	91.03	194.17	27.15	47.93	16.34	2.85	1.56	1.21	15.27	6.41	5.29	0.380	1.36	3.04
10/6.3	100	63	6	10	9.617	7.550	0.320	99.06	199.71	30.94	50.50	18.42	3.21	1.79	1.38	14.64	6.35	5.25	0.394	1.43	3.24
			7		11.111	8.722	0.320	113.45	233.00	35.26	59.14	21.00	3.20	1.78	1.38	16.88	7.29	6.02	0.394	1.47	3.28
			8		12.534	9.878	0.319	127.37	266.32	39.39	67.88	23.50	3.18	1.77	1.37	19.08	8.21	6.78	0.391	1.50	3.32
			10		15.467	12.142	0.319	153.81	333.06	47.12	85.73	28.33	3.15	1.74	1.35	23.32	9.98	8.24	0.387	1.58	3.40
10/8	100	80	6	10	10.637	8.350	0.354	107.04	199.83	61.24	102.68	31.65	3.17	2.40	1.72	15.19	10.16	8.37	0.627	1.97	2.95
			7		12.301	9.656	0.354	122.73	233.20	70.08	119.98	36.17	3.16	2.39	1.72	17.52	11.71	9.60	0.626	2.01	3.0
			8		13.944	10.946	0.353	137.92	266.61	78.58	137.37	40.58	3.14	2.37	1.71	19.81	13.21	10.80	0.625	2.05	3.04
			10		17.167	13.476	0.353	166.87	333.63	94.65	172.48	49.10	3.12	2.35	1.69	24.24	16.12	13.12	0.622	2.13	3.12

续表

型号	截面尺寸/mm				截面面积/cm²	理论质量/(kg/m)	外表面积/(m²/m)	惯性矩/cm⁴					惯性半径/cm			截面模数/cm³			tan α	重心距离/cm	
	B	b	d	r				I_x	I_{x1}	I_y	I_{y1}	I_u	i_x	i_y	i_u	W_x	W_y	W_u		X_0	Y_0
11/7	110	70	6	10	10.637	8.350	0.354	133.37	265.78	42.92	69.08	25.36	3.54	2.01	1.54	17.85	7.90	6.53	0.403	1.57	3.53
			7		12.301	9.656	0.354	153.00	310.07	49.01	80.82	28.95	3.53	2.00	1.53	20.60	9.09	7.50	0.402	1.61	3.57
			8		13.944	10.946	0.353	172.04	354.39	54.87	92.70	32.45	3.51	1.98	1.53	23.30	10.25	8.45	0.401	1.65	3.62
			10		17.167	13.476	0.353	208.39	443.13	65.88	116.83	39.20	3.48	1.96	1.51	28.54	12.48	10.29	0.397	1.72	3.70
12.5/8	125	80	7	11	14.096	11.066	0.403	227.98	454.99	74.42	120.32	43.81	4.02	2.30	1.76	26.86	12.01	9.92	0.408	1.80	4.01
			8		15.989	12.551	0.403	256.77	519.99	83.49	137.85	49.15	4.01	2.28	1.75	30.41	13.56	11.18	0.407	1.84	4.06
			10		19.712	15.474	0.402	312.04	650.09	100.67	173.40	59.45	3.98	2.26	1.74	37.33	16.56	13.64	0.404	1.92	4.14
			12		23.351	18.330	0.402	364.41	780.39	116.67	209.67	69.35	3.95	2.24	1.72	44.01	19.43	16.01	0.400	2.00	4.22
14/9	140	90	8	12	18.038	14.160	0.453	365.64	730.53	120.69	195.79	70.83	4.50	2.59	1.98	38.48	17.34	14.31	0.411	2.04	4.50
			10		22.261	17.475	0.452	445.50	913.20	140.03	245.92	85.82	4.47	2.56	1.96	47.31	21.22	17.48	0.409	2.12	4.58
			12		26.400	20.724	0.451	521.59	1 096.09	169.79	296.89	100.21	4.44	2.54	1.95	55.87	24.95	20.54	0.406	2.19	4.66
			14		30.456	23.908	0.451	594.10	1 279.26	192.10	348.82	114.13	4.42	2.51	1.94	64.18	28.54	23.52	0.403	2.27	4.74
15/9	150	90	8	12	18.839	14.788	0.473	442.05	898.35	122.80	195.96	74.14	4.84	2.55	1.98	43.86	17.47	14.48	0.364	1.97	4.92
			10		23.261	18.260	0.472	539.24	1 122.85	148.62	246.26	89.86	4.81	2.53	1.97	53.97	21.38	17.69	0.362	2.05	5.01
			12		27.600	21.666	0.471	632.08	1 347.50	172.85	297.46	104.95	4.79	2.50	1.95	63.79	25.14	20.80	0.359	2.12	5.09
			14		31.856	25.007	0.471	720.77	1 572.38	195.62	349.74	119.53	4.76	2.48	1.94	73.33	28.77	23.84	0.356	2.20	5.17

续表

| 型号 | 截面尺寸/mm | | | | 截面面积/cm² | 理论质量/(kg/m) | 外表面积/(m²/m) | 惯性矩/cm⁴ | | | | | 惯性半径/cm | | | 截面模数/cm³ | | | tan α | 重心距离/cm | |
	B	b	d	r				I_x	I_{x1}	I_y	I_{y1}	I_u	i_x	i_y	i_u	W_x	W_y	W_u		X_0	Y_0
15/9	150	90	15	12	33.952	26.652	0.471	763.62	1 684.93	206.50	376.33	126.67	4.74	2.47	1.93	77.99	30.53	25.33	0.354	2.24	5.21
			16		36.027	28.281	0.470	805.51	1 797.55	217.07	403.24	133.72	4.73	2.45	1.93	82.60	32.27	26.82	0.352	2.27	5.25
16/10	160	100	10	13	25.315	19.872	0.512	668.69	1 362.89	205.03	336.59	121.74	5.14	2.85	2.19	62.13	26.56	21.92	0.390	2.28	5.24
			12		30.054	23.592	0.511	784.91	1 635.56	239.06	405.94	142.33	5.11	2.82	2.17	73.49	31.28	25.79	0.388	2.36	5.32
			14		34.709	27.247	0.510	896.30	1 908.50	271.20	476.42	162.23	5.08	2.80	2.16	84.56	35.83	29.56	0.385	2.43	5.40
			16		39.281	30.835	0.510	1 003.04	2 181.79	301.60	548.22	182.57	5.05	2.77	2.16	95.33	40.24	33.44	0.382	2.51	5.48
18/11	180	110	10	14	28.373	22.273	0.571	956.25	1 940.40	278.11	447.22	166.50	5.80	3.13	2.42	78.96	32.49	26.88	0.376	2.44	5.89
			12		33.712	26.440	0.571	1 124.72	2 328.38	325.03	538.94	194.87	5.78	3.10	2.40	93.53	38.32	31.66	0.374	2.52	5.98
			14		38.967	30.589	0.570	1 286.91	2 716.60	369.55	631.95	222.30	5.75	3.08	2.39	107.76	43.97	36.32	0.372	2.59	6.06
			16		44.139	34.649	0.569	1 443.06	3 105.15	411.85	726.46	248.94	5.72	3.06	2.38	121.64	49.44	40.87	0.369	2.67	6.14
20/12.5	200	125	12	14	37.912	29.761	0.641	1 570.90	3 193.85	483.16	787.74	285.79	6.44	3.57	2.74	116.73	49.99	41.23	0.392	2.83	6.54
			14		43.687	34.436	0.640	1 800.97	3 726.17	550.83	922.47	326.58	6.41	3.54	2.73	134.65	57.44	47.34	0.390	2.91	6.62
			16		49.739	39.045	0.639	2 023.35	4 258.88	615.44	1 058.86	366.21	6.38	3.52	2.71	152.18	64.89	53.32	0.388	2.99	6.70
			18		55.526	43.588	0.639	2 238.30	4 792.00	677.19	1 197.13	404.83	6.35	3.49	2.70	169.33	71.74	59.18	0.385	3.06	6.78

注:截面图中的 $r_1 = 1/3d$ 及表中 r 的数据用于孔型设计,不做交货条件。

表 3　热轧普通槽钢（GB/T 706—2016）

符号意义:

h——高度;

b——腿宽度;

d——腰厚度;

t——腿中间厚度;

r——内圆弧半径;

r_1——腿端圆弧半径;

I——惯性矩;

W——截面模数;

i——惯性半径;

Z_0——重心距离。

型号	截面尺寸/mm						截面面积/cm²	理论质量/(kg/m)	惯性矩/cm⁴			惯性半径/cm		截面模数/cm³		重心距离/cm
	h	b	d	t	r	r_1			I_x	I_y	I_{y1}	i_x	i_y	W_x	W_y	Z_0
5	50	37	4.5	7.0	7.0	3.5	6.928	5.438	26.0	8.30	20.9	1.94	1.10	10.4	3.55	1.35
6.3	63	40	4.8	7.5	7.5	3.8	8.451	6.634	50.8	11.9	28.4	2.45	1.19	16.1	4.50	1.36
6.5	65	40	4.3	7.5	7.5	3.8	8.547	6.709	55.2	12.0	28.3	2.54	1.19	17.0	4.59	1.38
8	80	43	5.0	8.0	8.0	4.0	10.248	8.045	101	16.6	37.4	3.15	1.27	25.3	5.79	1.43
10	100	48	5.3	8.5	8.5	4.2	12.748	10.007	198	25.6	54.9	3.95	1.41	39.7	7.80	1.52
12	120	53	5.5	9.0	9.0	4.5	15.362	12.059	346	37.4	77.7	4.75	1.56	57.7	10.2	1.62
12.6	126	53	5.5	9.0	9.0	4.5	15.692	12.318	391	38.0	77.1	4.95	1.57	62.1	10.2	1.59

续表

| 型号 | 截面尺寸/mm | | | | | | 截面面积/cm² | 理论质量/(kg/m) | 惯性矩/cm⁴ | | | 惯性半径/cm | | 截面模数/cm³ | | 重心距离/cm |
	h	b	d	t	r	r_1			I_x	I_y	I_{y1}	i_x	i_y	W_x	W_y	Z_0
14a	140	58	6.0	9.5	9.5	4.8	18.516	14.535	564	53.2	107	5.52	1.70	80.5	13.0	1.71
14b		60	8.0	9.5	9.5	4.8	21.316	16.733	609	61.1	121	5.35	1.69	87.1	14.1	1.67
16a	160	63	6.5	10.0	10.0	5.0	21.962	17.24	866	73.3	144	6.28	1.83	108	16.3	1.80
16b		65	8.5	10.0	10.0	5.0	25.162	19.752	935	83.4	161	6.10	1.82	117	17.6	1.75
18a	180	68	7.0	10.5	10.5	5.2	25.699	20.174	1 270	98.6	190	7.04	1.96	141	20.0	1.88
18b		70	9.0	10.5	10.5	5.2	29.299	23.000	1 370	111	210	6.84	1.95	152	21.5	1.84
20a	200	73	7.0	11.0	11.0	5.5	28.837	22.637	1 780	128	244	7.86	2.11	178	24.2	2.01
20b		75	9.0	11.0	11.0	5.5	32.837	25.777	1 910	144	268	7.64	2.09	191	25.9	1.95
22a	220	77	7.0	11.5	11.5	5.8	31.846	24.999	2 390	158	298	8.67	2.23	218	28.2	2.10
22b		79	9.0	11.5	11.5	5.8	36.246	28.453	2 570	176	326	8.42	2.21	234	30.1	2.03
24a	240	78	7.0	12.0	12.0	6.0	34.217	26.860	3 050	174	325	9.45	2.25	254	30.5	2.10
24b		80	9.0	12.0	12.0	6.0	39.017	30.628	3 280	194	355	9.17	2.23	274	32.5	2.03
24c		82	11.0	12.0	12.0	6.0	43.817	34.396	3 510	213	388	8.96	2.21	293	34.4	2.00
25a	250	78	7.0	12.0	12.0	6.0	34.917	27.410	3 370	176	322	9.82	2.24	270	30.6	2.07
25b		80	9.0	12.0	12.0	6.0	39.917	31.335	3 530	196	353	9.41	2.22	282	32.7	1.98
25c		82	11.0	12.0	12.0	6.0	44.917	35.260	3 690	218	384	9.07	2.21	295	35.9	1.92

续表

型号	截面尺寸/mm h	b	d	t	r	r₁	截面面积/cm²	理论质量/(kg/m)	惯性矩/cm⁴ I_x	I_y	I_{y1}	惯性半径/cm i_x	i_y	截面模数/cm³ W_x	W_y	重心距离/cm Z_0
27a	270	82	7.5	12.5	12.5	6.2	39.284	30.838	4 360	216	393	10.5	2.34	323	35.5	2.13
27b		84	9.5				44.684	35.077	4 690	239	428	10.3	2.31	347	37.7	2.06
27c		86	11.5				50.084	39.316	5 020	261	467	10.1	2.28	372	39.8	2.03
28a	280	82	7.5	12.5	12.5	6.2	40.034	31.427	4 760	218	388	10.9	2.33	340	35.7	2.10
28b		84	9.5				45.634	35.823	5 130	242	428	10.6	2.30	366	37.9	2.02
28c		86	11.5				51.234	40.219	5 500	268	463	10.4	2.29	393	40.3	1.95
30a	300	85	7.5	13.5	13.5	6.8	43.902	34.463	6 050	260	467	11.7	2.43	403	41.1	2.17
30b		87	9.5				49.902	39.173	6 500	289	515	11.4	2.41	433	44.0	2.13
30c		89	11.5				55.902	43.883	6 950	316	560	11.2	2.38	463	46.4	2.09
32a	320	88	8.0	14.0	14.0	7.0	48.513	38.083	7 600	305	552	12.5	2.50	475	46.5	2.24
32b		90	10.0				54.913	43.107	8 140	336	593	12.2	2.47	509	49.2	2.16
32c		92	12.0				61.313	48.131	8 690	374	643	11.9	2.47	543	52.6	2.09
36a	360	96	9.0	16.0	16.0	8.0	60.910	47.814	11 900	455	818	14.0	2.73	660	63.5	2.44
36b		98	11.0				68.110	53.466	12 700	497	880	13.6	2.70	703	66.9	2.37
36c		100	13.0				75.310	59.118	13 400	536	948	13.4	2.67	746	70.0	2.34
40a	400	100	10.5	18.0	18.0	9.0	75.068	58.928	17 600	592	1 070	15.3	2.81	879	78.8	2.49
40b		102	12.5				83.068	65.208	18 600	640	114	15.0	2.78	932	82.5	2.44
40c		104	14.5				91.068	71.488	19 700	688	1 220	14.7	2.75	986	86.2	2.42

注：表中 r、r_1 的数据用于孔型设计，不做交货条件。

表 4 热轧普通工字钢(GB/T 706—2016)

符号意义:

h——高度;
b——腿宽度;
d——腰厚度;
t——腿中间厚度;
r——内圆弧半径;
r_1——腿端圆弧半径;
I——惯性矩;
W——截面模数;
i——惯性半径;
S_x——半截面的静矩①

型号	截面尺寸/mm						截面面积/cm²	理论质量/(kg/m)	惯性矩/cm⁴		惯性半径/cm		截面模数/cm³	
	h	b	d	t	r	r_1			I_x	I_y	i_x	i_y	W_x	W_y
10	100	68	4.5	7.6	6.5	3.3	14.345	11.261	245	33.0	4.14	1.52	49.0	9.72
12	120	74	5.0	8.4	7.0	3.5	17.818	13.987	436	46.9	4.95	1.62	72.7	12.7
12.6	126	74	5.0	8.4	7.0	3.5	18.118	14.223	488	46.9	5.20	1.61	77.5	12.7
14	140	80	5.5	9.1	7.5	3.8	21.516	16.890	712	64.4	5.76	1.73	102	16.1
16	160	88	6.0	9.9	8.0	4.0	26.131	20.513	1 130	93.1	6.58	1.89	141	21.2
18	180	94	6.5	10.7	8.5	4.3	30.756	24.143	1 660	122	7.36	2.00	185	26.0
20a	200	100	7.0	11.4	9.0	4.5	35.578	27.929	2 370	158	8.15	2.12	237	31.5
20b	200	102	9.0	11.4	9.0	4.5	39.578	31.069	2 500	169	7.96	2.06	250	33.1

① 编者注:工字钢半截面静矩 S_x 的参考公式为 $S_x = \dfrac{d}{8}(h-2t)^2 + \dfrac{bt}{2}(h-t) + 0.214\,6(h-2t)(r^2-r_1^2) - 0.959(r^3-r_1^3)$。

续表

型号	截面尺寸/mm						截面面积/cm²	理论质量/(kg/m)	惯性矩/cm⁴		惯性半径/cm		截面模数/cm³	
	h	b	d	t	r	r_1			I_x	I_y	i_x	i_y	W_x	W_y
22a	220	110	7.5	12.3	9.5	4.8	42.128	33.070	3 400	225	8.99	2.31	309	40.9
22b		112	9.5				46.528	36.524	3 570	239	8.78	2.27	325	42.7
24a	240	116	8.0	13.0	10.0	5.0	47.741	37.477	4 570	280	9.77	2.42	381	48.4
24b		118	10.0				52.541	41.245	4 800	297	9.57	2.38	400	50.4
25a	250	116	8.0				48.541	38.105	5 020	280	10.2	2.40	402	48.3
25b		118	10.0				53.541	42.030	5 280	309	9.94	2.40	423	52.4
27a	270	122	8.5	13.7	10.5	5.3	54.554	42.825	6 550	345	10.9	2.51	485	56.6
27b		124	10.5				59.954	47.064	6 870	366	10.7	2.47	509	58.9
28a	280	122	8.5				55.404	43.492	7 110	345	11.3	2.50	508	56.6
28b		124	10.5				61.004	47.888	7 480	379	11.1	2.49	534	61.2
30a	300	126	9.0	14.4	11.0	5.5	61.254	48.084	8 950	400	12.1	2.55	597	63.5
30b		128	11.0				67.254	52.794	9 400	422	11.8	2.50	627	65.9
30c		130	13.0				73.254	57.504	9 850	445	11.6	2.46	657	68.5
32a	320	130	9.5	15.0	11.5	5.8	67.156	52.717	11 100	460	12.8	2.62	692	70.8
32b		132	11.5				73.556	57.741	11 600	502	12.6	2.61	726	76.0
32c		134	13.5				79.956	62.765	12 200	544	12.3	2.61	760	81.2
36a	360	136	10.0	15.8	12.0	6.0	76.480	60.037	15 800	552	14.4	2.69	875	81.2
36b		138	12.0				83.680	65.689	16 500	582	14.1	2.64	919	84.3
36c		140	14.0				90.880	71.341	17 300	612	13.8	2.60	962	87.4

续表

型号	截面尺寸/mm						截面面积/cm²	理论质量/(kg/m)	惯性矩/cm⁴		惯性半径/cm		截面模数/cm³	
	h	b	d	t	r	r_1			I_x	I_y	i_x	i_y	W_x	W_y
40a	400	142	10.5	16.5	12.5	6.3	86.112	67.598	21 700	660	15.9	2.77	1 090	93.2
40b		144	12.5	16.5	12.5	6.3	94.112	73.878	22 800	692	15.6	2.71	1 140	96.2
40c		146	14.5	16.5	12.5	6.3	102.112	80.158	23 900	727	15.2	2.65	1 190	99.6
45a	450	150	11.5	18.0	13.5	6.8	102.446	80.420	32 200	855	17.7	2.89	1 430	114
45b		152	13.5	18.0	13.5	6.8	111.446	87.485	33 800	894	17.4	2.84	1 500	118
45c		154	15.5	18.0	13.5	6.8	120.446	94.550	35 300	938	17.1	2.79	1 570	122
50a	500	158	12.0	20.0	14.0	7.0	119.304	93.654	46 500	1 120	19.7	3.07	1 860	142
50b		160	14.0	20.0	14.0	7.0	129.304	101.504	48 600	1 170	19.4	3.01	1 940	146
50c		162	16.0	20.0	14.0	7.0	139.304	109.354	50 600	1 220	19.0	2.96	2 080	151
55a	550	166	12.5	21.0	14.5	7.3	134.185	105.335	62 900	1 370	21.6	3.19	2 290	164
55b		168	14.5	21.0	14.5	7.3	145.185	113.970	65 600	1 420	21.2	3.14	2 390	170
55c		170	16.5	21.0	14.5	7.3	156.185	122.605	68 400	1 480	20.9	3.08	2 490	175
56a	560	166	12.5	21.0	14.5	7.3	135.435	106.316	65 600	1 370	22.0	3.18	2 340	165
56b		168	14.5	21.0	14.5	7.3	146.635	115.108	68 500	1 490	21.6	3.16	2 450	174
56c		170	16.5	21.0	14.5	7.3	157.835	123.900	71 400	1 560	21.3	3.16	2 550	183
63a	630	176	13.0	22.0	15.0	7.5	154.658	121.407	93 900	1 700	24.5	3.31	2 980	193
63b		178	15.0	22.0	15.0	7.5	167.258	131.298	98 100	1 810	24.2	3.29	3 160	204
63c		180	17.0	22.0	15.0	7.5	179.858	141.189	102 000	1 920	23.8	3.27	3 300	214

注:表中 r、r_1 的数据用于孔型设计,不做交货条件。

说明:

在现行国家标准《热轧型钢》(GB/T 706—2016)工字钢部分的参数表中已列出了惯性矩 I_x 数据,但仍没有列出半截面对 x 轴静矩 S_x 的数据或惯性矩与半截面静矩比值 I_x/S_x 的数据,比值 I_x/S_x 是教学过程中计算型钢工字钢截面最大弯曲切应力的必备数据,而 S_x 数据不能由表中所给参数经简单计算得到,该数据的缺失会给相关内容的教学造成一定困难。为了便于教学,编者参照国家标准给出的工字钢截面图确定了附图 1 所示工字钢的截面模型,根据该模型推导了 S_x 的解析计算公式。

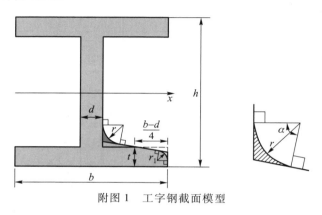

附图 1 工字钢截面模型

腿的高度直线斜度为 1:6 时,以内圆弧半径 r 和腿端圆弧半径 r_1 为曲线半径的曲边三角形的 α 角均取为 80.54°。

由附图 1 所示模型按组合截面(含负面积)根据静矩定义推导的 S_x 的计算公式为

$$S_x = \frac{d}{8}(h-2t)^2 + \frac{bt}{2}(h-t) + 0.144\,3(h-2t)(r^2-r_1^2) - \frac{(b-d)^3}{3\,456} - $$
$$0.012\,03(b-d)(r^2+r_1^2) - 0.044\,6(r^3+r_1^3)$$

为了便于应用,根据早期标准所示参数类型的惯例将 I_x/S_x 比值的计算结果在表 5 中列出,供教学参考用,I_x 按现行标准取值,S_x 由上述公式计算。

表 5　工字钢截面惯性矩与半截面静矩之比 I_x/S_x

型号	I_x/S_x/cm	型号	I_x/S_x/cm	型号	I_x/S_x/cm
10	8.695	16	13.980	22a	19.133
12	10.449	18	15.589	22b	18.809
12.6	10.986	20a	17.408	24a	20.897
14	12.197	20b	17.106	24b	20.593

续表

型号	I_x/S_x/cm	型号	I_x/S_x/cm	型号	I_x/S_x/cm
25a	21.758	32c	26.919	50b	42.387
25b	21.433	36a	31.054	50c	41.850
27a	23.483	36b	30.488	55a	47.113
27b	23.119	36c	30.161	55b	46.501
28a	24.294	40a	34.381	55c	46.019
28b	23.954	40b	33.971	56a	47.926
30a	25.969	40c	33.607	56b	47.334
30b	25.603	45a	38.497	56c	46.802
30c	25.279	45b	38.103	63a	53.737
32a	27.712	45c	37.646	63b	53.124
32b	27.221	50a	42.893	63c	52.419

另外说明一点,由该模型推导出来的工字钢截面面积计算公式为

$$A = (h-2t)d + 2bt + 0.577\ 2(r^2 - r_1^2)$$

与国家标准《热轧型钢》(GB/T 706—2016)给出的工字钢截面面积公式

$$A = hd + 2t(b-d) + 0.577(r^2 - r_1^2)$$

几乎相同,由此可知附图 1 模型是精确可信的。

参 考 文 献

［1］ 刘明威．理论力学［M］.武汉:武汉大学出版社,1988.

［2］ 哈尔滨工业大学理论力学教研室．理论力学:Ⅰ、Ⅱ［M］.8 版.北京:高等教育出版社,2016.

［3］ 孙训芳,方孝淑,关来泰．材料力学:Ⅰ、Ⅱ［M］.6 版．北京:高等教育出版社,2018.

［4］ 龙驭球,包世华,袁驷.结构力学Ⅰ:基础教程［M］.4 版.北京:高等教育出版社,2018.

［5］ 龙驭球,包世华,袁驷.结构力学Ⅱ:专题教程［M］.4 版.北京:高等教育出版社,2018.

作 者 简 介

李前程　长期从事理论力学、建筑力学等课程的教学研究工作，以及实验教学及实验仪器的开发研制工作。主要研究方向：1. 结构振动分析，模态综合技术，创新了模态综合技术，并提出了简支界面模态综合法；2. 实验技术分析。发表论文 20 多篇，主编了不同版本的《建筑力学》，参编《简明理论力学》等。主持并参加了省、部级面向 21 世纪建筑力学系列课程的教改课题。建筑力学系列课程改革成果荣获黑龙江省优秀教育科研成果一等奖。

安学敏　长期从事材料力学、建筑力学的教学与教学研究工作。主编《材料力学自学指导》《材料力学试题解答与分析》《建筑力学》，参编《材料力学》。主持和参加了省、部级面向 21 世纪建筑力学系列课程的教改课题，我国建筑教育与建设类专门人才培养模式的研究等课题 5 项。获省、部级奖 3 项。发表论文 20 余篇。

郑重声明

　　高等教育出版社依法对本书享有专有出版权。任何未经许可的复制、销售行为均违反《中华人民共和国著作权法》,其行为人将承担相应的民事责任和行政责任;构成犯罪的,将被依法追究刑事责任。为了维护市场秩序,保护读者的合法权益,避免读者误用盗版书造成不良后果,我社将配合行政执法部门和司法机关对违法犯罪的单位和个人进行严厉打击。社会各界人士如发现上述侵权行为,希望及时举报,我社将奖励举报有功人员。

　　反盗版举报电话　　(010)58581999　58582371
　　反盗版举报邮箱　　dd@hep.com.cn
　　通信地址　　北京市西城区德外大街4号　高等教育出版社法律事务部
　　邮政编码　　100120

读者意见反馈

　　为收集对教材的意见建议,进一步完善教材编写并做好服务工作,读者可将对本教材的意见建议通过如下渠道反馈至我社。

　　咨询电话　　400-810-0598
　　反馈邮箱　　gjdzfwb@pub.hep.cn
　　通信地址　　北京市朝阳区惠新东街4号富盛大厦1座
　　　　　　　　高等教育出版社总编辑办公室
　　邮政编码　　100029

防伪查询说明

　　用户购书后刮开封底防伪涂层,使用手机微信等软件扫描二维码,会跳转至防伪查询网页,获得所购图书详细信息。

　　防伪客服电话　　(010)58582300